高性能计算技术丛书

Parallel Programming: Concepts and Practice

并行程序设计

概念与实践

[德] 贝蒂尔·施密特(Bertil Schmidt)
[西] 豪尔赫·冈萨雷斯-多明格斯(Jorge González-Domínguez)
[德] 克里斯蒂安·洪特(Christian Hundt)
[德] 莫里茨·施拉布(Moritz Schlarb)
著

张常有 吴长茂 解庆春 译

机械工业出版社
China Machine Press

图书在版编目（CIP）数据

并行程序设计：概念与实践 /（德）贝蒂尔·施密特（Bertil Schmidt）等著；张常有，吴长茂，解庆春译．—北京：机械工业出版社，2020.5（2024.2 重印）
（高性能计算技术丛书）
书名原文：Parallel Programming: Concepts and Practice

ISBN 978-7-111-65666-1

I. 并…　II. ① 贝…　② 张…　③ 吴…　④ 解…　III. 并行程序－程序设计　IV. TP311.11

中国版本图书馆 CIP 数据核字（2020）第 090091 号

北京市版权局著作权合同登记　图字：01-2018-6842 号。

Parallel Programming: Concepts and Practice
Bertil Schmidt, Jorge González-Domínguez, Christian Hundt, Moritz Schlarb
ISBN: 9780128498903

《并行程序设计：概念与实践》(张常有　吴长茂　解庆春　译)
ISBN:9787111656661

出版发行：机械工业出版社（北京市西城区百万庄大街 22 号　邮政编码：100037）
责任编辑：柯敬贤　　　责任校对：周文娜
印　　刷：北京捷迅佳彩印刷有限公司　　　版　　次：2024 年 2 月第 1 版第 4 次印刷
开　　本：186mm × 240mm　1/16　　　印　　张：23.25
书　　号：ISBN 978-7-111-65666-1　　　定　　价：119.00 元

客服电话：（010）88361066　68326294

The Translator's Words 译 者 序

本书的作者 Bertil Schmidt 是德国美因茨约翰内斯·古腾堡大学并行与分布式架构领域的终身全职教授和首席教授。此前，他曾是南洋理工大学（新加坡）和新南威尔士大学（UNSW）的教师。在本书中，作者结合大量编程实例，讲述了他对并行计算概念和编程方法的独到理解，分享了基于 Web 的并行代码自动评估工具。

如今，并行计算无处不在。任意一款现代 CPU 都至少包含 2 个核心，几乎人手一部的智能手机都配备了多核 CPU 与异构加速器。高性能计算机已经广泛用于工业、农业、服务业、科研教育等行业。因此，学会在这类系统上直接高效编写程序，成为工程师、科学家等必须具备的重要能力。本书针对共享内存和分布式内存两种体系结构，介绍了实用的并行编程方法，包括 C++11 线程 API、开放式多重处理（Open Multiprocessing，OpenMP）、统一计算设备架构（Compute Unified Device Architecture，CUDA）、消息传递接口（Message Passing Interface，MPI）、统一并行 C++（Unified Parallel C++，UPC++），以及必不可少的理论背景。另外，还提供了大量的编程实例和实用编程工具。

本书非常适合用作并行计算 / 编程方面的教材，也适合用作相关课程的参考资料。本书的内容分为并行编程基础和高级并行编程两部分，教师可根据学生的专业基础和学习目标，适当筛选部分内容讲授。本书也很适合用作相关领域专业人员的参考资料，譬如研究科学家、数据分析师或研发工程师等，因为书中自带的并行实例和源代码都可以用作并行程序的范例，成为并行算法开发的初始版本。阅读本书内容需要的预备知识主要有编写 C/C++ 串行代码的经验，以及基本的数学知识。

张常有、吴长茂、解庆春是本书翻译工作的主要组织者。张常有博士现任中国科学院软件研究所并行软件与计算科学实验室研究员，主要负责第 1 章到第 5 章以及前言的翻译；吴长茂博士现任中国科学院软件研究所并行软件与计算科学实验室副研究员，负责第 6 章、第 9

章、第 10 章的翻译；解庆春博士现任新思科技（中国）公司高级工程师，曾任 AMD 异构计算高级工程师，负责第 7 章和第 8 章的翻译；张常有负责全书的统稿审校。

我们的一致想法是，通过理解作者的思想，融入译者的经验，结合汉语表达特点和习惯，尽力保持本书的可读性。希望它的出版能够帮助读者结合并行编程实践，深入理解并行计算概念，建立并行计算思想，并顺利应用于各自从事的工作领域。

感谢许多同行学者的协助。肖娇娇、李良燕、石琳、薄文、孟繁堃、蔡晓峰、段磊等参与了本书不同章节的代码测试与文字校对工作，感谢他们在翻译过程中的贡献。

由于时间仓促，加之译者水平有限，书中错误和不准确之处在所难免。敬请广大读者指正。译者邮箱：changyou@iscas.ac.cn。

译者

于北京（中国科学院软件园区）

Preface 前　　言

并行无处不在！如今，任意一款现代 CPU 都至少包含 2 个核心，一些 CPU 甚至配置了超过 50 个处理单元。对于有多个 CPU 的更大的系统，比如多个服务器节点、计算机集群、超级计算机等，它们甚至能够获得更高的并行度。因此，对于科学家、工程师、程序员来说，必须具备在这类系统上直接高效编写程序的能力。本书的主题是全面介绍并行编程领域的知识，以满足上述需求。本书针对共享内存和分布式内存体系结构讲解了实用的并行编程方法，包括 C++11 线程 API、OpenMP、CUDA、MPI、UPC++，以及必不可少的理论背景。本书还提供大量的编程实例，它们基于 C++ 编程语言针对多线程特性的扩展版本 C++11 和 C++14。

本书以“并行编程”或者“高性能计算”两门课程的学生为目标读者。在计算机科学专业或计算机工程专业，很多大学都为高年级本科生或者研究生开设了这两门课程。此外，本书还适合用作其他学科学生在辅修计算机科学时的教材，或者用作相关领域专业人员的参考资料，譬如研究科学家、数据分析师或研发工程师等。理解本书内容需要有编写 C/C++ 串行代码的经验，并具备基本的数学知识。

高性能计算和自然科学之间历来有良好的共生关系，我们将基于真实应用讲述并行概念。这些应用包括：基本线性代数例程、机器学习算法，以及物理模拟和计算机科学领域中的传统算法。编写正确而高效的代码是每一位程序员的关键技能，因此我们关注算法的真正实现和性能评估。尽管如此，我们还是深入讨论了算法的理论特性。每章都有一组附加的编程练习，可在本书配套的 Web 框架中完成这些练习。自动代码评估系统（System for Automated Code Evaluation，SAUCE）为提交解答方案和后续的课堂讲解提供了一个基于 Web 的测试环境。仅需的前提条件是一个与 HTML5 兼容的 Web 浏览器，以支持嵌入课堂教学的交互编程练习。SAUCE 已经以 docker 镜像发布，可在以下网站下载：

https://parallelprogrammingbook.org

该网站汇集了本书相关的在线资源，比如安装指南、勘误表、附加材料（如课件、针对教师精选的部分练习答案）等。本书涉及的部分源代码，可在以下网站下载：

https://github.com/JGU-HPC/parallelprogrammingbook

如果你是一名学生或者专业人士，目标是学习编程技术，那么我们建议你首先阅读前 3 章，从并行编程基础、理论模型、硬件体系结构开始。然后，你就可以深入学习 C++11 多线程、OpenMP、CUDA 或 MPI 中的任意一章。这些都是介绍性章节，内容几乎自成体系。关于高级 C++11 多线程、高级 CUDA 和 UPC++ 的内容依赖前导章节中的技术，所以不能独立阅读。

如果你是一名教师，我们推荐一套包含 14 讲的授课体系，大体上覆盖了介绍性章节中提到的全部应用程序。你可以从第 1 章开始，第 1 讲讨论基础知识，包括利用超立方体并行求和的算法及其分析、基本度量标准（如加速比、并行效率、开销等）以及对排名指标的讨论等。第 2 讲应该包括 PRAM、网络拓扑、强弱可扩展性等。如果将来想详细讨论 CUDA，或者重点强调 CPU 的硬件体系结构，可以在 PRAM 上分配更多时间。可以用 2 ～ 3 讲的时间讲解 C++11 线程 API、CUDA、MPI 方面的基础知识。OpenMP 相关内容可以分配 1 ～ 2 讲的时间。剩余时间可以选择讨论多线程、CUDA 或者基于 PGAS 的 UPC++ 语言等高级章节的相关内容。

另外一种可选的方法是，把本书内容分成两门课程，重点放在课堂上的“结对编程”。第一门课可以从基于 CPU 的并行编程技术开始，涵盖从前 3 章中选定的主题。这样，C++11 多线程、OpenMP、MPI 就能够讲解得足够细致。第二门课将侧重于高级并行方法，包括 CUDA 感知的 MPI 或基于 PGAS 的 UPC++ 等技术相结合的扩展 CUDA 编程。

希望本书陪伴你度过快乐时光。充满活力，探索代码！最后，我们将非常高兴能收到你的任何反馈，以便帮助我们尽可能完善本书相关内容。

Acknowledgements 致　谢

没有众人的贡献，本书不可能出版。

首先，要感谢那些匿名和少数非匿名审阅者，他们为本书的初稿和终稿提出了建议：Eduardo Cesar Galobardes、Ahmad AI-Khasawneh 和 Mohammad Olaimat。

再者，还要感谢我的同事，他们独立地审阅了全书各章，并提供了极其重要的反馈：André Müller 在 C++ 编程方面给出了宝贵的建议，Robin Kobus 严格审阅了代码，Felix Kallenborn 踏踏实实地完成了校对环节，Daniel Jünger 对 CUDA 章节反复挑毛病，还有 Stefan Endler 和 Elmar Schömer 提出了不少建议。

另外，要感谢 Morgan Kaufman 和 Elsevier 的工作人员，他们协调了本书的出版过程，特别要提到的是 Nate McFadden。

最后，还要感谢我的团队成员的妻子们和孩子们，在我们缺席了本应陪伴他们的无数时光里，他们一如既往地给予了我们支持和耐心。

贝蒂尔·施密特

目　录 *Contents*

第 1 章 *Chapter 1*

绪　　论

摘要

近些年来，并行编程方面的教学变得日益重要，原因是便携设备、工作站、计算机集群中已经普遍配置了并行处理器。现代 CPU 中单线程性能遇到了瓶颈，需要未来的计算机科学家和工程师编写高度并行的代码，以充分利用当前硬件体系结构的计算能力。然而，由于存在平时难以预见的困难，并行算法设计非常富有挑战性，尤其对缺乏经验的学生而言。比如，竞赛环境中会出现并发访问共享资源、不完美的通信模式导致死锁，或者利用全部可用计算单元有效扩展应用规模之类的大型任务。因此，获得并行编程技能，是当下众多本科生和研究生课程的重要部分。更重要的是，并发概念学习并不仅限于高性能计算（High Performance Computing，HPC）领域。深度学习和大数据课程的出现，要求教师和学生把 HPC 作为知识领域的必备部分。对基本概念的理解是进一步深入理解基本并行技术的必经之路。

本章的目标是为并行计算领域的概念和术语提供一个简要综述。通过分析一个简单但指导性强的例子（使用变化个数的处理器为多个数字求和），我们的学习从加速比、效率、开销、可扩展能力、计算通信比等开始，之后进一步学习两类最重要的并行体系结构——分布式内存系统和共享内存系统。高效的并行程序设计需要大量经验，针对这个问题，我们将学习一系列经典方法，比如问题划分策略、通信模式、同步、负载均衡。本章结束时，我们将学习现在和过去的超级计算机，包括它们的历史和未来体系结构的发展趋势。

关键词

并行度，加速比，并行化，效率，可扩展性，归约，计算通信比，分布式内存，共享内存，划分，通信，同步，负载均衡，任务并行，前缀和，深度学习，TOP500

1.1 一个有趣的例子及其分析

本节中，我们将学习一些基本概念和术语。对于分析并行算法或并行程序以理解程序行为，这些概念和术语非常重要。我们用一个简单的多个数字求和的例子——其中采用递增的处理器数目，解释和应用下面的概念。

- **加速比**（Speedup）。假如你设计好了一个并行算法，或者写好了一段并行代码。现在，你想知道它比你的串行方法快多少，也就是说，你想知道其加速比。对于几乎所有的并行代码或并行算法的加速效果，通常用加速比 S 来度量或计算。加速比简单地定义为，使用单个处理器运行程序花费的时间 $T(1)$ 除以使用 P 个处理器运行程序花费的时间 $T(p)$ 得到的商（见公式（1.1））。

$$S=\frac{T(1)}{T(p)} \tag{1.1}$$

- **效率**（Efficiency）和**开销**（Cost）。通常期望得到的最好加速比是一个*线性加速比*（Linear Speedup），也就是说，你用 p 个处理器或核心，能够得到的最大加速比为 p（尽管存在例外情形，被称为超线性加速比）。那么，我们希望把加速比与使用的处理器或核心的个数建立关联。效率 E 通过加速比 S 除以 p 正好度量了这一点（见式（1.2））；也就是说，线性加速比将用一个接近 100% 的值表示。开销 C 类似，通过 $T(p)$ 乘以 p，在运行时长 $T(p)$（代替加速比）与使用的处理器或核心的个数之间建立关联（见式（1.3））。

$$E=\frac{S}{p}=\frac{T(1)}{T(p)\times p} \tag{1.2}$$

$$C=T(p)\times p \tag{1.3}$$

- **可扩展性**（Scalability）。我们常常不仅想度量特定数目的处理器或核的加速效率，还想知道处理器或核的数目变化场景下的加速效率。例如，P=1，2，4，8，16，32，64，128，等等。这称为*可扩展性分析*，表明处理器数目增多时并行程序的行为。在运行编写的代码时，除了变化处理器个数外，输入数据的规模可能也是你想变化的另一个参数。因此，有两类扩展性：*强可扩展性*（Strong Scalability）和*弱可扩展性*（Weak Scalability）。对于强可扩展性，我们测量效率时仅变化处理器的数目，而输入数据的规模保持不变。相反，弱可扩展性表明，处理器的数目随输入数据规模共同变化，并行代码的效率保持不变，也就是说，当处理器数目翻倍时，我们也把输入数据的规模翻倍。
- **计算通信比**（Computation-to-communication Ratio）。这是一个重要的度量指标，会影响到一种并行实现方案能获得的可扩展性。计算通信比定义为计算花费的时间除以处理器间消息通信花费的时间。通常更高的比值会带来更好的加速比和效率提升。

现在我们来看一看简单*求和*。也就是说，给定一个有 n 个数字的数组 A，我们要计算

$\sum_{i=0}^{n-1} A[i]$。我们用一组处理单元（Processing Elements，PE）并行处理该问题，给出如下假设（不一定符合实际）：

- **计算**。在 1 个时间单位内，每个 PE 能完成 2 个数相加，并在本地内存中保存计算结果。
- **通信**。在 3 个时间单位内，一个 PE 能够把数据从自己的本地内存发送到另一个 PE 的本地内存。
- **输入和输出**。程序开始时，整个输入数组 A 保存在 0 号处理单元 PE#0。程序结束时，计算结果也应该汇聚到 PE#0。
- **同步**。所有 PE 以同步方式运行。也就是说，它们同时进行计算、通信，或处于空闲状态。因此，这种体系结构不能支持计算和通信的重叠。

加速比是相对的。因此，我们首先需要为一个串行程序设定运行时间。串行程序简单地使用单个处理器（比如，PE#0），耗费 $n-1$ 个时间单位，用 $n-1$ 次加法操作把 n 个数字相加。也就是说，$T(1,n) = n-1$。接下来，我们举例说明采用可变参数 p 的并行算法。这里 p 指的是使用的 PE 个数。我们进一步假设 n 是 2 的幂，也就是说，对于正整数 k，$n=2^k$。

- $p=2$。0 号处理单元 PE#0 发送数组 A 的一半数据给 1 号处理单元 PE#1（花费 3 个时间单位），2 个处理单元分别计算它们各自负责的 $n/2$ 个数字（花费 $n/2-1$ 个时间单位），然后 PE#1 发送它负责计算出的部分求和结果给 PE#0（花费 3 个时间单位）。PE#0 把两个部分求和结果加起来（花费 1 个时间单位）。总共需要的运行时间 $T(2,n)=3+n/2-1+3+1$。图 1.1 示例了 $n=1\,024=2^{10}$，其运行时间为 $T(2, 1\,024)=3+511+3+1=518$。这比串行程序的运行时间明显地快了很多。我们计算这个例子的加速比为 $T(1,1\,024)/T(2,1\,024)=1\,023/518=1.975$。这很接近最优值 2，并且相应的*效率*达到 98.75%（由加速比除以使用的 PE 个数计算得到，即 1.975/2）。
- $p=4$。0 号处理单元 PE#0 发送数组 A 的一半数据给 1 号处理单元 PE#1（花费 3 个时间单位），然后，PE#0 和 PE#1 分别发送 1/4 输入数据给 PE#2 和 PE#3（花费 3 个时间单位），全部 4 个处理单元以并行方式分别计算它们各自负责的 $n/4$ 个数字的和（花费 $n/4-1$ 个时间单位）。PE#2 和 PE#3 发送它们各自负责计算出的部分求和结果给 PE#0 和 PE#1（花费 3 个时间单位），PE#0 和 PE#1 加上它们对应的部分和（花费 1 个时间单位），PE#1 发送它负责计算的部分求和结果给 PE#0（花费 3 个时间单位），最后，PE#0 把两个部分求和结果加起来（花费 1 个时间单位）。总共需要的运行时间为 $T(4,n)=3+3+n/4-1+3+1+3+1$。图 1.2 示例了 $n=1\,024=2^{10}$，其运行时间为 $T(4,1\,024)=3+3+255+3+1+3+1=269$。我们计算这个例子的加速比为 $T(1,1\,024)/T(4, 1\,024)=1\,023/269=3.803$，效率为 95.07%。尽管这个值仍然接近 100%，但与 $p=2$ 时相比，它还是略微低了些。效率降低的根本原因是更大数目的处理单元需要更多的额外通信开销。
- $p=8$。0 号处理单元 PE#0 发送数组 A 的一半数据给 1 号处理单元 PE#1（花费 3 个时间单位），然后，PE#0 和 PE#1 分别发送 1/4 输入数据给 PE#2 和 PE#3（花费 3 个时间单位)，之后，PE#0、PE#1、PE#2 和 PE#3 分别发送 1/8 输入数据给 PE#4、PE#5、PE#6 和 PE#7（花费 3 个时间单位）。图 1.3 示例了 n=1 024=2^{10} 时原始数据分发的 3 个步骤。全部 8 个处理单元分别计算它们各自负责的 n/8 个数字的和（花费 n/8−1 个时间单位）。PE#4、PE#5、PE#6 和 PE#7 发送它们各自负责计算出的部分求和结果给 PE#0、PE#1、PE#2 和 PE#3（花费 3 个时间单位），接下来，PE#0、PE#1、PE#2 和 PE#3 加上它们对应的部分和（花费 1 个时间单位），PE#2 和 PE#3 分别发送它们的部分求和结果给 PE#0 和 PE#1（花费 3 个时间单位），PE#0 和 PE#1 加上它们对应的部分和（花费 1 个时间单位），PE#1 发送它负责计算出的部分求和结果给 PE#0（花费 3 个时间单位）。最后，PE#0 把两个部分求和结果加起来（花费 1 个时间单位）。总共需要的运行时间 $T(8,n)$=3+3+3+n/8−1+3+1+3+1+3+1。对于 n=1 024=2^{10}，其运行时间为 T(8,1 024)=3+3+3+127+3+1+3+1+3+1=148。这个例子的加速比为 T(1,1 024)/T(8,1 024)=1 023/148=6.91，效率为 86%。效率降低的根本原因仍然是更大数目的处理单元需要更多的额外通信开销。

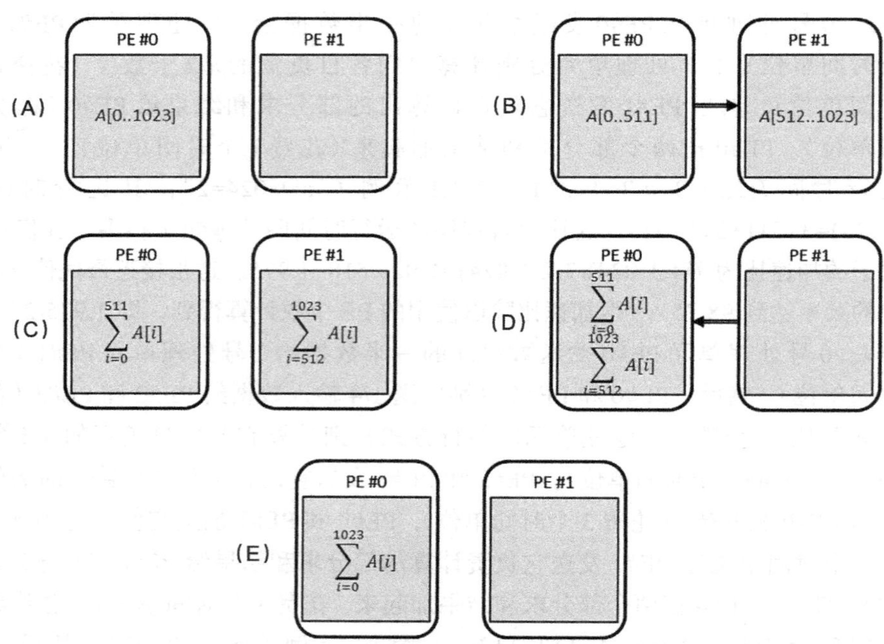

图 1.1 n=1 024 个数字在 p=2 个处理单元上的求和：（A）最初 PE#0 本地存储全部输入数据；（B）PE#0 发送一半输入数据给 PE#1（花费 3 个时间单位）；（C）每个处理单元把它的 512 个数字加起来（花费 511 个时间单位）；（D）PE#1 把它的部分求和结果返回给 PE#0（花费 3 个时间单位）；（E）PE#0 把 2 个部分求和结果相加（花费 1 个时间单位），计算结束。这样，总运行时间为 T(2,1 024)=3+511+3+1=518

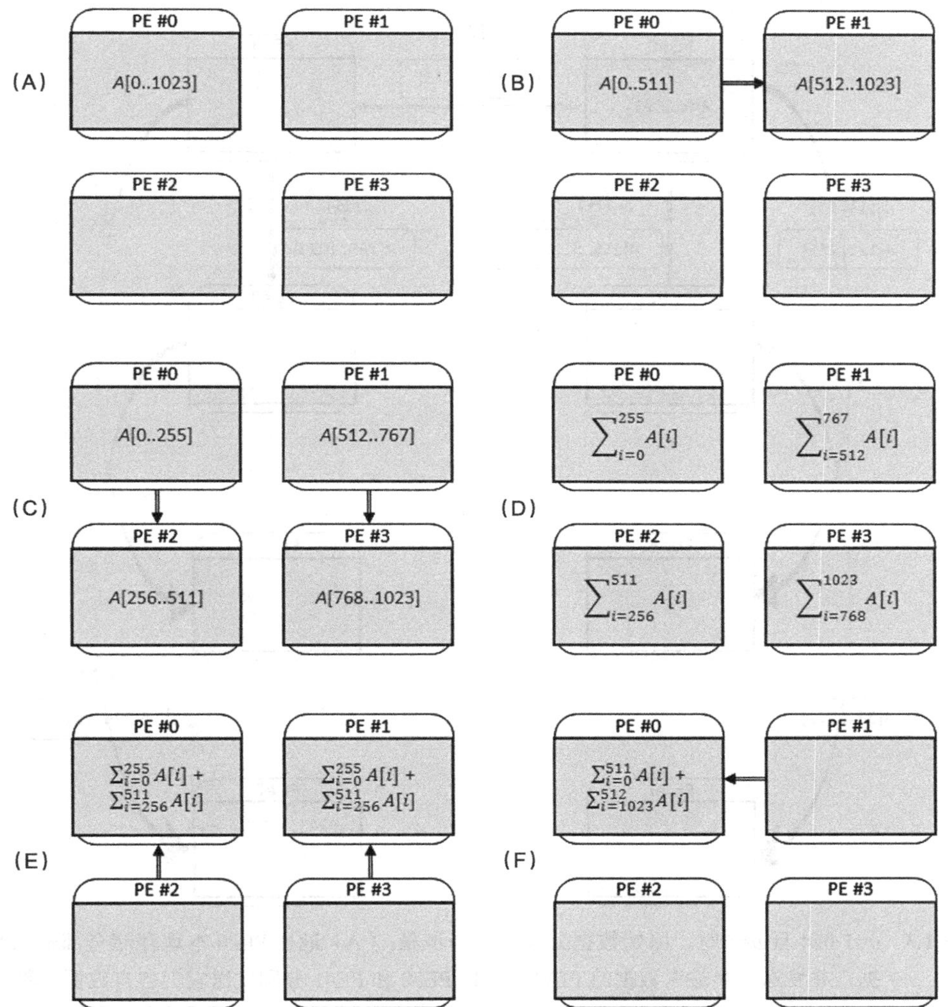

图 1.2 n=1 024 个数字在 p=4 个处理单元上的求和：（A）最初 PE#0 本地存储全部输入数据；（B）PE#0 发送一半输入数据给 PE#1（花费 3 个时间单位）；（C）PE#0 和 PE#1 分别发送它们的各自数据的一半给 PE#2 和 PE#3（花费 3 个时间单位）；（D）每个处理单元把它的 256 个数字加起来（花费 255 个时间单位）；（E）PE#2 和 PE#3 发送它们各自负责计算出的部分求和结果给 PE#0 和 PE#1（花费 3 个时间单位）；接下来，PE#0 和 PE#1 加上它们对应的部分和（花费 1 个时间单位）；（F）PE#1 把它的部分求和结果返回给 PE#0（花费 3 个时间单位），然后，PE#0 把 2 个部分求和结果相加（花费 1 个时间单位），计算结束。这样，总运行时间为 $T(4,1\ 024)=3+3+255+3+1+3+1=269$

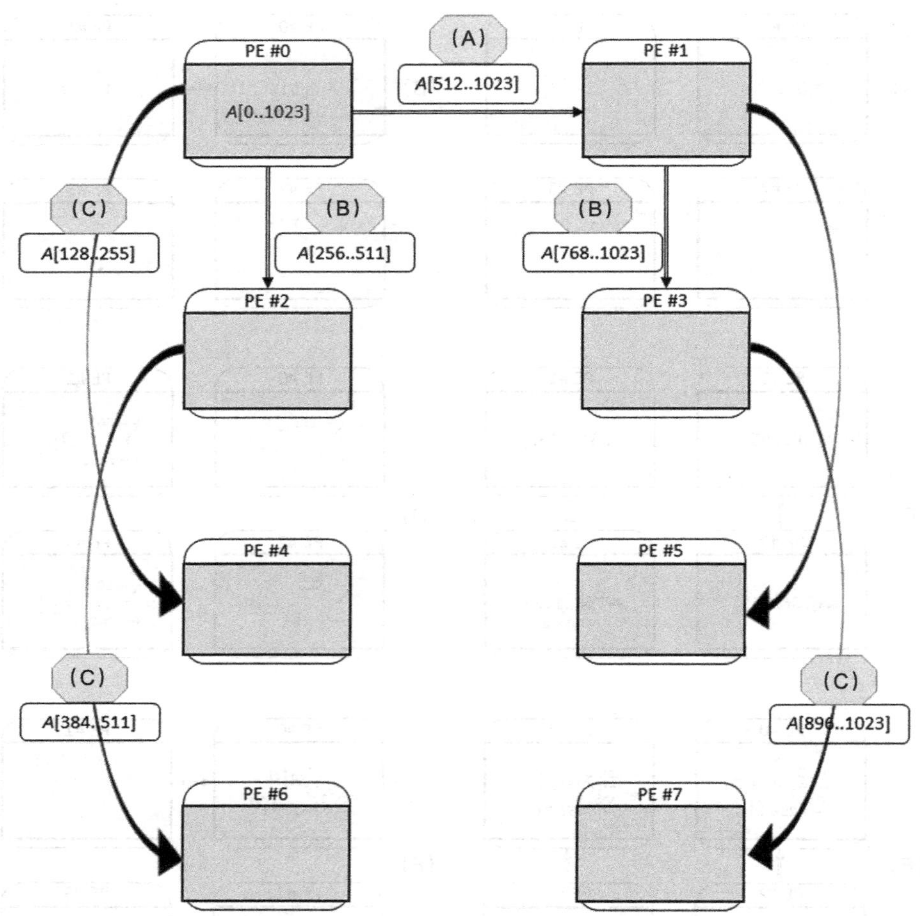

图 1.3　n=1 024 且 p=8 时，原始数据分发的 3 个步骤：（A）最初 PE#0 本地存储全部输入数据，并发送一半输入数据给 PE#1；（B）PE#0 和 PE#1 分别发送它们各自数据（剩余）的一半给 PE#2 和 PE#3；（C）PE#0、PE#1、PE#2 和 PE#3 分别发送剩余数据的一半给 PE#4、PE#5、PE#6 和 PE#7

现在，我们能够用更一般化的方式分析并行求和算法的运行时间，使用 $p=2^q$ 个处理单元以及 $n=2^k$ 个输入整数：

- 数据分发次数：$3\times q$；
- 本地求和：$n/p-1=2^{k-q}-1$；
- 收集中间结果：$3\times q$；
- 中间结果求和：q。

因此，我们得到运行时间的计算公式如下：

$$T(p,n)=T(2^q,2^k)=3q+2^{k-q}-1+3q+q=2^{k-q}-1+7q \tag{1.4}$$

图 1.4 展示了当 n=1 024，p 从 1 到 512 取值时并行算法的运行时间、加速比、开销和效率变化规律。这种运行时间分析（其中，输入数据规模保持不变，PE 的个数扩展）称为**强可扩展性分析**。我们可以看到，PE 的数目较小时（即 $p \ll n$），效率比较高，但 PE 个数较大时（即 $p \approx n$），效率较低。从公式（1.4）中也能推导出这种现象：对于 $p \ll n$ 的情况，使得 $2^{k-q} \ll 7q$（也就是说，计算时间项为主导）；对于 $p \approx n$ 的情况（也就是说，通信时间项为主导），使得 $2^{k-q} \ll 7q$。因此，我们得出结论，这个算法不是强可扩展的。

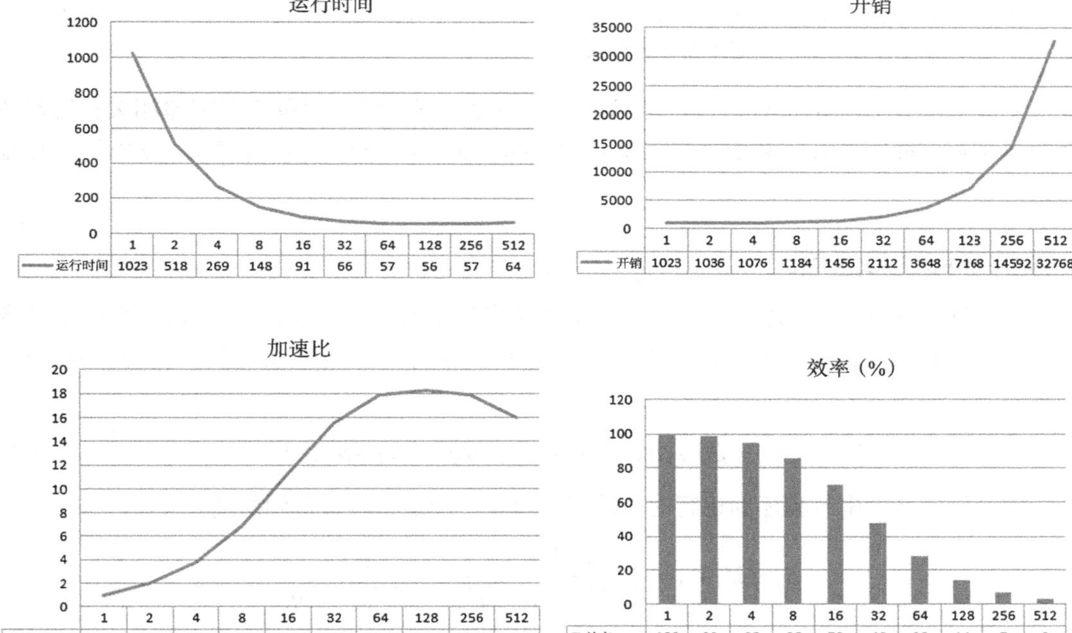

图 1.4 强可扩展性分析：对于 n=1 024 个整数在数目变化的处理单元上求和的情形（p 从 1 到 512），并行求和算法的运行时间、加速比、开销和效率

现在，我们想变通一下分析方法，不仅增加 PE 的数目，同时还额外增加输入数据的规模。这就是所谓的**弱可扩展性分析**。图 1.5 展示了算法的加速比和效率，其中 n 从 1 024 变化到 524 288（2^{19}），p 从 1 变化到 512。我们发现算法一直保持高效率，即使 PE 的数目增加到很大。这种现象也能由公式（1.4）推导出来：因为 n 和 p 以同样的比例扩展规模，与计算耗时相关的项在变化 PE 数目（也就是说，在图 1.5 中 2^{k-q}=1 024）时保持常量，同时，与通信耗时（$7q=7\times\log(p)$）相关的项仅以对数速率增长。因此，我们得到结论，这个算法具有弱可扩展性。

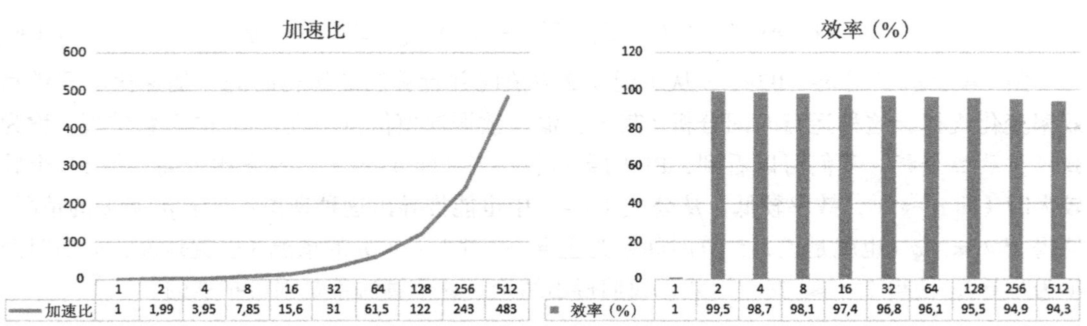

图 1.5 弱可扩展性分析：对于 $n=1\,024\times p$ 个整数在 p 个 PE（p 从 1 变化到 512）上求和时，并行求和算法的加速比和计算效率

弱可扩展性和强可扩展性这两个术语也与并行计算领域的两条知名定律相关：阿姆达尔定律（Amdahl's Law）和古斯塔夫松定律（Gustafsson' Law），它们将在第 2 章更详尽地讨论。

一般情形和计算通信比

一般地，设 $\alpha>0$ 为执行一次单独的加法操作需要的时长，$\beta>0$ 为传输一批整数的通信时长。值得注意的是，我们已经在前面选定了 $\alpha=1$和$\beta=3$。那么，运行时长的一般公式如下：

$$T_{\alpha,\beta}(2^q,2^k)=\beta q+\alpha(2^{k-q}-1)+\beta q+\alpha q=2\beta q+\alpha(2^{k-q}-1+q) \qquad (1.5)$$

加速比定义为串行程序的运行时长除以并行程序的运行时长得到的商：

$$S_{\alpha,\beta}(2^q,2^k)=\frac{T_{\alpha,\beta}(2^0,2^k)}{T_{\alpha,\beta}(2^q,2^k)}=\frac{\alpha(2^k-1)}{2\beta q+\alpha(2^{k-q}-1+q)} \qquad (1.6)$$

对于我们的例子，我们定义计算通信比为 $\gamma=\dfrac{\alpha}{\beta}$。对于 $q>0$，如果我们计算 $\gamma\to 0$ 时的极限，则加速比趋向于 0：

$$S_\gamma(2^q,2^k)=\frac{\gamma(2^k-1)}{2q+\gamma(2^{k-q}-1+q)},\lim_{\gamma\to 0}S_\gamma(2^q,2^k)=0 \qquad (1.7)$$

对于固定的 q 和 k，$S_\gamma(2^q,2^k)$ 关于 γ 的一阶导数总为正数，也就是说，如果我们增加通信时间（减小γ 的值），加速比单调递减。令 $k>q>0$，$A(k)=2^k-1>0$，并且 $B(q,k)=2^{k-q}-1+q>0$，简单地应用商法则我们就能得到：

$$\frac{\mathrm{d}}{\mathrm{d}\gamma}S_\gamma(2^q,2^k)=\frac{\mathrm{d}}{\mathrm{d}\gamma}\frac{\gamma A(k)}{2q+\gamma B(q,k)}=\frac{2qA(k)}{(2q+\gamma B(q,k))^2}>0 \qquad (1.8)$$

由此可见，降低计算通信比的值就降低了加速比，与使用的计算单元个数 $p=2^q>1$ 无

关——对于大多数并行算法都是如此。加速比 $S_\gamma(2^q, 2^k)$ 解释为 q 的函数，在

$$p = \frac{\gamma \ln 2}{2+\gamma} n$$

时取得局部最大值，因为

$$\begin{aligned}\frac{\mathrm{d}}{\mathrm{d}q} S_\gamma(2^q, 2^k) &= \frac{\mathrm{d}}{\mathrm{d}q} \frac{\gamma A(k)}{2q + \gamma(2^{k-q} - 1 + q)} \\ &= -\frac{\gamma A(k)(2 - \gamma 2^{k-q} \ln 2 + \gamma)}{(2q + \gamma(2^{k-q} - 1 + q))^2} \overset{!}{=} 0\end{aligned} \tag{1.9}$$

因此有

$$2 + \gamma - \gamma 2^{k-q} \ln 2 \overset{!}{=} 0 \Leftrightarrow 2^q = \frac{\gamma \ln 2}{2+\gamma} 2^k$$

对于 $\gamma = 1/3$，n=1 024，正如在我们的“玩具模型”中，为得到最优加速比，采用大约 $p \approx 100$ 个计算单元。更进一步地，我们观察到，对于更大的通信时长，应该采用更少的计算单元。在求和的整数数目 $n=2^{10}$=1 024 不变的情况下，图 1.6 画出了加速比 $F(\gamma, q) := S_\gamma(2^q, 2^{10})$ 的函数依赖关系。

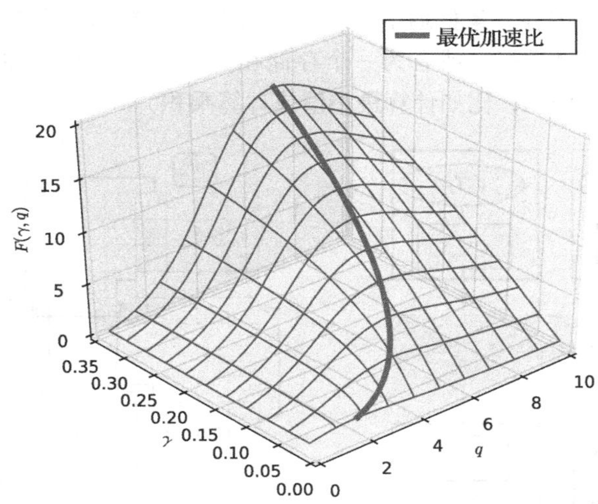

图 1.6 加速比 $F(\gamma, q) = S_\gamma(p, n)$ 的函数依赖关系：变化处理单元个数 p=2q，变化“计算通信比 γ”，固定被处理的求和整数数目 $n=2^{10}$（强扩展）。粗线表示当 $p(\gamma) = \frac{\gamma \ln 2}{\gamma + 2} n$ 时的最优加速比点 $S_\gamma(p(\gamma), n)$

综上，我们从前面的一般性分析中推导得到如下关键规律：

1）当被处理数据的规模固定时，加速比依赖于采用的计算单元个数和计算通信比。

❑ 通常情况下，加速比随着使用的计算单元增多而上升到局部最大；然而，如果我们

使用了过多的计算单元，加速比会降低。

- 最优加速比依赖于计算通信比。通信时长占比越大，使用的计算单元应该越少。

2）当被处理数据的规模固定时，并行效率依赖于采用的计算单元个数和计算通信比。对于采用的计算单元个数和计算通信比来说，它都是单调函数。

1.2 并行计算基础

1.2.1 分布式内存系统

在前一节的并行求和算法中，每个 PE 都只能访问它自己的本地内存。如果访问存储在另一个 PE 内存中的数据，必须通过一个显式的通信步骤来实现。这一类并行计算机体系结构称为*分布式内存系统*。图 1.7（A）示例了这种体系结构的一般设计。全部 CPU（或节点，或处理单元）都通过互联网络连接在一起。每个 CPU 只能操作存储在其本地内存中的数据。远程数据访问需要通过跨互联网络的消息传递显式实现。例如，一个用来从 CPU1 向 CPU2 发送数据的点到点通信（Point-to-Point Communication)，其实现方式是，通过 CPU1 调用一个函数，用来发送存储在本地内存的数据给 CPU2，CPU2 调用一个从 CPU1 接收数据的函数以存储数据到本地内存。集群通信操作中，组内的全部 CPU 都参与通信。例如，从一个 CPU 向其余 CPU 广播数据，或者为一个存储在全部 CPU 中的变量计算全局和（或者另外一种类型的联合归约操作，比如计算最小值或计算乘积）。

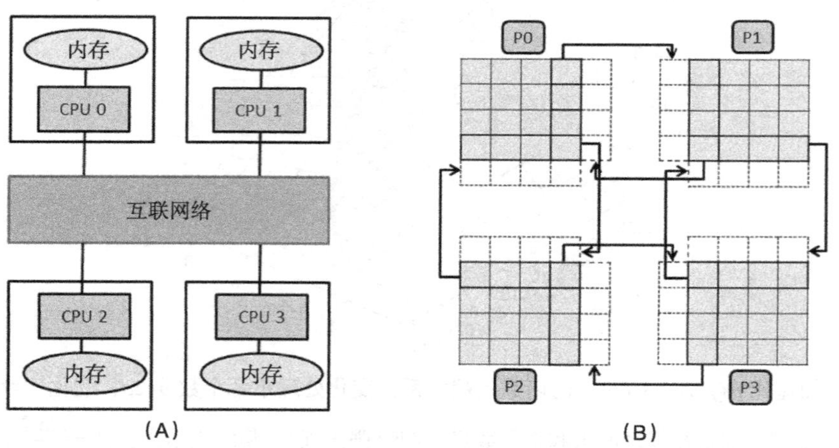

图 1.7 （A）分布式内存系统的总体设计；（B）8×8 矩阵在 4 个进程（P0，P1，P2，P3）上的分布式内存划分，用于一个 5 点 stencil 代码的实现。对邻居单元的访问需要在进程对之间发送和接收数据

互联网络是分布式内存系统的一个重要结构因素，通常用点到点链接或者交换网络实现。标准网络协议（比如 Infiniband 或者以太网（Ethernet））常常用来完成通信任务。对于

很多应用，网络拓扑（Network Topology）决定了其体系结构的可扩展性。在第 3 章，我们将学习一些典型的拓扑，并根据图论概念（比如度、对分宽度、直径等）讨论它们的质量。主流的分布式内存系统是计算集群和片上网络（Network-on-Chip，NOC）体系结构。

后面章节将详细讨论关于分布式内存系统的编程语言，比如在第 9 章学习 MPI（Message Passing Interface），在第 10 章学习 UPC++（Unified Parallel C++）。MPI 无疑是分布式内存系统并行编程方面最流行的编程语言。在启动时，MPI 生成固定个数的进程（例如，一个计算节点或 CPU 对应一个进程）。每个进程只能访问其本地内存。两个进程间的数据交换通过 `MPI_Send` 和 `MPI_Recv`（不同版本）命令实现，而组内进程之间的数据通信通过群组功能实现，比如 `MPI_Bcast`、`MPI_Reduce`、`MPI_Gather` 或者 `MPI_Scatter`。

我们已经能从上面的基本描述中推出，*数据划分*（data partitioning，也就是在多个进程之间分发数据）是分布式内存系统编程的关键问题。图 1.7（B）展示了一个 8×8 的矩阵在 4 个进程上的一种划分方案：每个进程存储 4×4 的子矩阵。现在，假设我们想在这个矩阵上实现一段 stencil 代码，其中每个数组元素的更新需要借助访问其上下左右的邻居（也就是 5 点 stencil）。这种情况下，每个进程需要分配额外的内存，目的是存储从另一个进程接收的额外行和额外列。同样，它还需要发送一行和一列给另一个进程。我们将在第 9 章详细学习几种典型的数据分发及相关的通信模式。

分区全局地址空间（Partitioned Global Address Space，PGAS）是另一种为分布式内存系统开发程序的主流方法。它用一个从逻辑上划分的全局地址空间把分布式内存编程和共享内存概念结合在一起，对于每个进程而言分区都是本地的。因此，共享内存空间的分区都与其中一个特定的进程密切关联，从而利用访存局部性。PGAS 模型是 UPC++ 的基础，我们将在第 10 章学习。

1.2.2 共享内存系统

接下来我们会想到*共享内存系统*（Shared Memory System），它是并行计算机体系结构的第 2 种重要类型。图 1.8 示例了其总体设计。通过一个共享总线或者纵横交换机，所有的 CPU（或者核心）都能够访问同一块公共内存空间。这类系统的主流例子是基于现代多核 CPU 的工作站，其中的所有核心共享相同的主存空间。除了共享主存外，每个核心通常还包含一块更小的本地内存（比如，一级缓存），以降低访问主存的高昂代价（被称为冯·诺依曼瓶颈）。为了保证正确性，存储在（可写的）本地缓存中的值必须与存储在共享内存中的值保持一致。这称为*缓存一致性*，将在第 3 章详细解释。现代多核系统支持缓存一致性，这也常被称为*缓存一致非统一访问架构*（ccNUMA）。

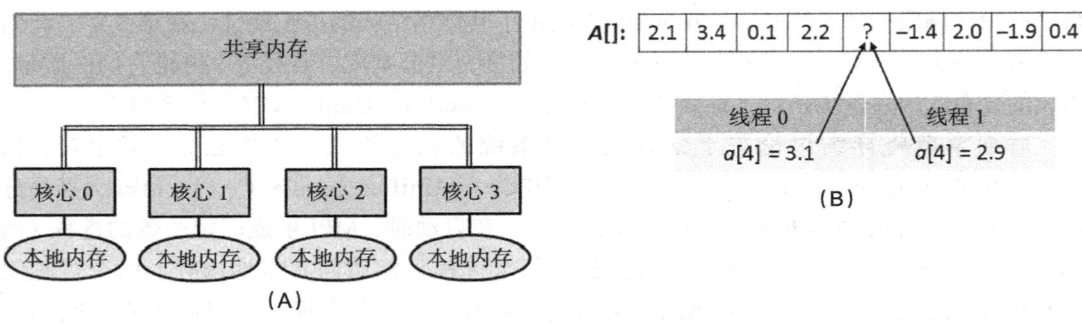

图 1.8 （A）共享内存系统的总体设计；（B）两个线程正在共享数组 A 的同一个位置写入，形成了竞争条件

共享内存系统上的编程方法将在第 4 章、第 6 章和第 7 章详细学习。并行性的产生通常是在系统上启动多个线程，并发运行。数据交换的途径常常是通过多个线程在共享内存位置读取和写入数据来实现。因此，当多个线程在同一数据上并发工作时，程序员就需要明智地在多个线程之间实现必要的数据一致性。特别地，应该主动避免产生竞争条件。当两个线程并发访问一个共享变量（未使用锁或者同步机制）时，就会产生竞争条件，导致无法预测的结果（见图 1.8）。用来避免竞争条件的一系列编程技术（比如，互斥锁、条件变量、原子操作等）将在第 4 章讨论。

在第 4 章，你将学习在多核 CPU 上用 C++11 多线程编写多线程程序。通常情况下，一个程序的启动是从一个只运行单个线程的进程开始的。这个主线程创建一定数目的从属线程，这些从属线程随后又会并入主线程，以终止其运行。每个线程都能够定义自己的局部变量，也能够访问共享变量。与创建进程相比，创建线程更快更轻量。因此，线程通常在程序执行期间自动创建和终止。表 1.1 展示了在典型的 Intel CPU 上，线程和进程的初始化额外开销在时间耗费方面的差值竟然能超过 2 个数量级。

表 1.1 在 Intel i5 CPU 上使用 Visual Studio 创建线程和创建进程的初始化额外开销之间的差别

函数调用	耗时
CreateProcess(..)	12.76ms
CreatThread(..)	0.037ms

OpenMP 是另一种基于半自动并行化的多线程编程方法（第 6 章）。OpenMP 提供一种应用程序编程接口（Application Programming Interface，API），目的是简化基于指导语句（Pragmas）的多线程编程。指导语句是编译器用来产生多线程代码的预编译指令。这样，当使用 OpenMP 并行化一段串行代码时，程序员通常只需要使用合适的指导语句注释代码。不过，获得高效且可扩展的程序实现方案仍然需要更深厚的知识。

程序中使用线程的数量可以从一个很小的数字（比如，多核 CPU 中的每一个核心上使用 1 ～ 2 个线程）到数千个，甚至几百万个。这种类型的大规模多线程编程通常用在现代加速器体系结构上。我们将在第 7 章学习 CUDA 编程语言，为 GPU 编写高效的大规模并行代码。

1.2.3 并行程序设计需考虑的因素

假设你接到一个问题，或者需要并行化改写一段串行代码。在准备设计并行解决方案时，需要考虑以下几个典型的因素，这些因素与特定的体系结构无关，也与你可能使用的编程语言无关。

- **划分**：给定的问题需要分解成子问题。如何做到呢？有不同的方法。主要的划分方案有数据并行、任务并行、模型并行等。
- **通信**：选定的划分方案决定了进程或线程之间需要的通信量和通信类型。
- **同步**：为了以正确的方式共同运行，线程或进程之间可能需要同步操作。
- **负载平衡**：多个线程或多个进程之间的工作量需要平均分配，以平衡它们各自的负载，并最小化空闲时间。

第一个需要考虑的因素常常是关于潜在的并行资源。举例来说，给定一段串行代码，包含一个 for 循环，循环步 i 的结果依赖于循环步 $i-1$。在这种所谓 loop-carried 数据依赖（loop-carried data dependency）情况下，发现并行性显得尤为困难，但并非不可能。

考虑前缀和（prefix sum）的例子，包含如下循环：

```
for (i=1; i<n; i++) A[i] = A[i] + A[i-1]
```

前缀和计算的一种可能的并行化方法是：首先进行数据划分，也就是把输入数组 A 在 p 个核心上等分，然后每个核心并行地计算其分得的本地数组的前缀和，随后取出每个本地数组中最右边的值，生成数组元素个数为 p 的数组 B，为数组 B 同样计算另一个前缀和。这个并行算法实现需 $\log_2(p)$ 步。然后，每个核心把 B 中对应的值并行地加到它本地数组的每个值上，以计算总体前缀和。这个概念的示例见图 1.9。实际上，并行算法的设计中，并行前缀计算（不仅用于求和，也用于其他二进制相关的操作）是重要的基本构成要素，我们将在第 2 章详尽地分析它们的理论效率。

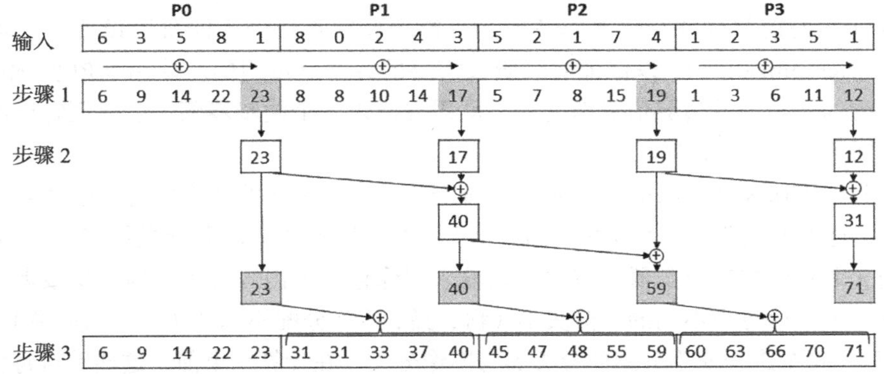

图 1.9 使用 4 个处理器进行并行前缀计算，其中每个处理器分配得到输入数组的 5 个元素。步骤 1：每个处理器进行本地求和；步骤 2：使用每个本地数组的最右边一个元素计算前缀和；步骤 3：针对步骤 2 中计算得到的值，从本地数组的左侧邻居位置取一个值，与每个本地数组元素相加

到目前为止，正如前面讨论的例子中证实的，对于并行算法设计来说，你选择的划分策略（partitioning strategy）至关重要。数据并行（data parallelism）策略在不同的处理器或核心上分发数据，随后，这些处理器或核心对它们分得的数据进行操作。一个例子是，矩阵的区域分解在如图 1.7 中所示的分布式内存系统上实现 stencil 代码。选定的划分模式也决定了多个任务之间需要的通信方式。一些数据并行算法甚至高度并行（embarrassingly parallel），能够独立地操作它们分得的数据。比如，在一个图像分类任务中，不同的图像数据能够分派给不同的处理器，这些处理器就能以并行方式独立地为每张图像分类（见图 1.10）。其他的划分方案会更为复杂，需要在不同任务之间显式通信。再次考虑图 1.7 中展示的 stenil 代码，这种划分方案需要一种在每一个处理器对之间的通信方案，其中分配得到的子矩阵中的整列或者整行需要被发送到另一个进程。

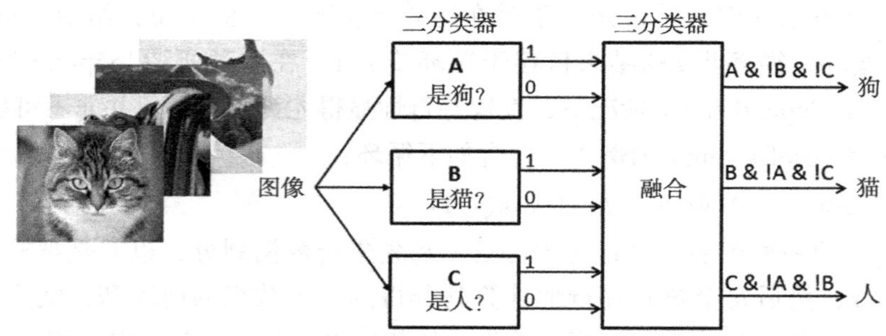

图 1.10 三分类器的设计。按照每幅输入图像包含的内容分类：要么是一只猫，或者是一条狗，或者是一个人。如果采用数据并行方法，每个处理器或者核心上都运行整体分类器，为不同的图像分类；如果采用任务并行方法，每个处理器或者核心上运行一个不同的二分类器。然后针对每幅图像融合 3 个分类器得到的结果

对于数据并行算法的实现，有时候需要在进程或线程间执行同步操作。例如，使用多线程实现前述的前缀和并行计算算法时，可能需要在算法的不同阶段设置一个障碍同步（Barrier Synchronization），以保证后续阶段需要的数据是可用的。使用 MPI 实现的 stencil 代码在分配的子矩阵的边界值更新之前，就需要插入一个同步步骤，以保证它已经从邻居进程接收到了需要的行和列。

任务并行（Task Parallelism）（或者功能分解）分配不同的操作集合给这些处理器或核心。然后，这些处理器或核心在相同的数据上执行。回顾图 1.10 展示的图像三分类器任务，图中使用 3 个对应的二分类器，按照每幅输入图像包含的内容分类：猫、狗或者人。在任务并行方法中，给每个不同的二分类器（狗、猫、人）分配不同的进程（比如说 P0、P1 和 P2）。然后，每个进程使用分到的分类器为图像分类。在计算结束前，这些针对每幅图像的 3 个二分类器结果被发送到一个单独的处理器（比如 P0），融合生成最终结果。值得注意的是，在这个例子中能够并行运行的任务数量上限为 3。因此，如果想要将规模扩展到更大的处理器数量，任务并行就需要与数据并行相结合。

多个处理器或核心得到相等的工作分配，称为负载平衡（Load Balancing）。假设针对人的二分类器比针对狗和猫的二分类器更复杂。这种情况下，任务并行方法中的进程P2（分配了针对人的分类器），会比另外两个进程花费更长的时间。导致的结果是计算结束前的融合操作需要等待，直到P2完成任务，而这时P0和P1在空闲阶段运行，导致负载不平衡（load imbalance）。这限制了本来可能获得的更大的加速比。自动调度策略（dynamic scheduling）能够用来得到更好的负载平衡。比如说，在数据并行方法中，可以把输入图像划分成一定数量的数据批。一旦进程完成了分给它的这批数据的分类任务，调度器就为它自动分配一批新的图像数据。

通过大量层数的神经网络训练（我们熟知的深度学习），计算机就能够在大规模图像分类任务中超越人类（超人的表现）。然而，训练这类神经网络模型的计算强度很高，因为训练过程需要基于大量的图像数据集。因此，配有数量巨大的大规模并行GPU的计算集群常常会用于这类任务，目的是减少相应的计算时间。然而，复杂神经网络的规模常常超过单块GPU的主存。因此，数据并行方法中，在每块GPU上用不同的图像数据训练同一个模型常常不能有效工作。一种称为模型并行（model parallelism）的划分策略能够用于实现多块GPU上的深度学习训练过程。该方法在多个GPU上等量划分神经网络的全部权值（见图1.11），然后，只需要在每块GPU上存储和处理神经网络模型的一部分。然而，所有GPU需要针对给定的全体图像集合在模型的训练过程中协同工作。在每层之后产生的分布式输出向量，需要在下一层继续计算之前聚集（gather）到每块GPU上（也就是说，通信和同步都需要）。

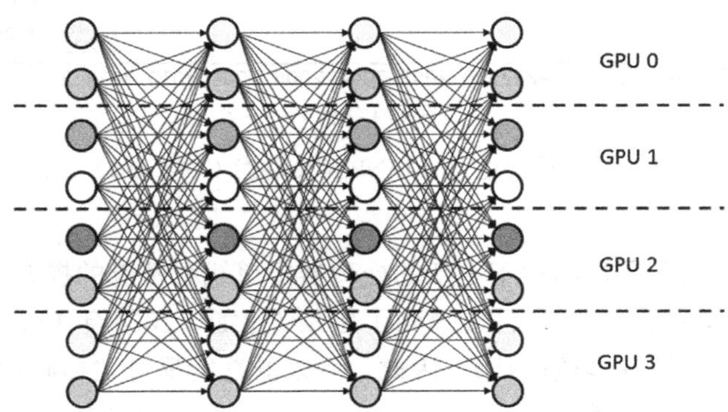

图1.11 模型并行：在4块GPU上划分一个4层的全连接神经网络

1.3 HPC动态和排名

当前，全世界哪台计算机最快？这常常是一个受到广泛关注的问题。有一些项目定期公开发布超级计算机的排名。这些排名结果，为标明HPC的历史趋势以及当前发展状况提供了有价值的资源。无可争辩，最知名的项目是TOP500（top500.org），自1993年开始每半年发布一次。在每次公布的列表中，按照这些超级计算机能够达到的 LINPACK 最高性能值进行排序。这个测试基准按照每秒 10 亿浮点操作次数（GFlop/s），度量一个 HPC 系统求解线性方程（$A \cdot x=b$）稠密系统时的浮点计算性能。

图 1.12 展示了自 1993 年以来每次发布的列表中，最高排名系统、前 500 的系统的历史性能，以及全部 500 个系统的性能总和与平均值。过去的时间里，性能正在以指数级速率增长：1993 年最快的系统 Connection Machine CM5/1024 的 LINPACK 性能是 59.7GFlop/s，然而 2016 年最快的神威太湖之光的性能达到了 93 014 600 GFlop/s！这相当于超过 6 个数量级的性能提升。

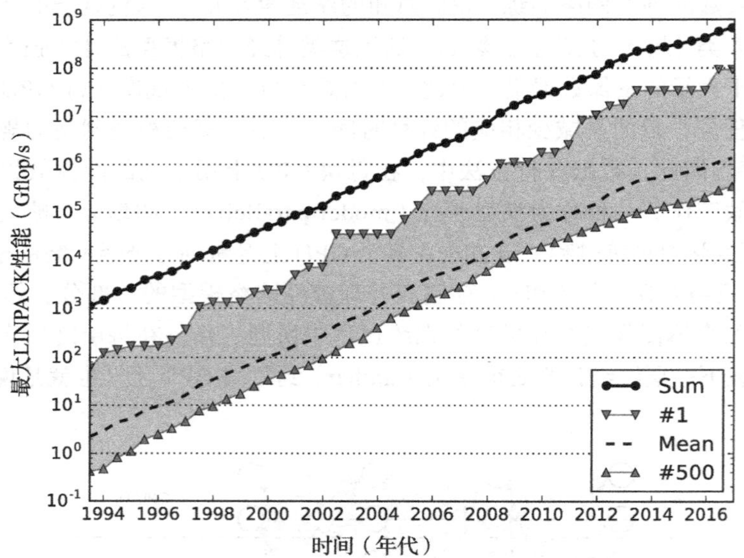

图 1.12 自 1993 年以来，按照最大达到的 LINPACK 性能（GFLop/s），TOP500 中超级计算机的性能增长走势

早些年，性能的提升通常归功于更新的处理器中单线程性能的提升。然而，自 21 世纪第一个 10 年以来，单线程的 CPU 性能遇到了瓶颈（比如，2004 年 Intel 就放弃了研发最新单核处理器的努力，转移到多核设计）。因此，后来的性能提升主要归功于并行度的大幅增长。这些可由系统的核心总数证实：Connection Machine CM5/1024 系统仅包含 1024 个核心，而神威太湖之光总共包含了超过 1000 万个核心。

然而，不惜一切代价提升性能并不是一个可持续的解决方案，因为超级计算机不仅造价高，而且电力消耗也非常巨大。比如，神威太湖之光的电力消耗超过 15MW。因而，Green500 列表考虑了 HPC 系统的功率效率（power-efficiency）。在这个列表中，根据系统达到的 LINPACK 性能中，每瓦特产生的 Flop/s 值（Flop/s-per-Watt）对超级计算机的性能排名。使用加速器体系结构（也称为异构计算（heterogeneous computing））已成为追求最高电能效率的一种重要趋势。截至 2016 年 11 月，Green500 列表上的十佳系统中，大多数在每一个节点中要么采用 CUDA 驱动的 GPU，要么采用 Xeon Phis 作为加速设备。然而，不远的未来可能兴起的另一种趋势是，*新型异构体系结构*（neo-heterogeneous architecture）的用量增加。这种方法在同一个芯片上集成使用不同类型的核心，比如，神威太湖之光的节点中采用的 SW26010 芯片就是这种体系结构的一个例子。

在当前的超级计算机上编写能够扩展到巨大数量的可用核心的代码非常具有挑战性。目前排名进入 TOP500 的系统通常包含多个层次的并行性。因此，常常使用多种语言的混杂组合来编写代码（见图 1.13）。

- **节点级并行化**：需要针对分布式内存机器的模型实现算法，例如 MPI（在第 9 章深入学习）或者 UPC++（在第 10 章深入学习）等。
- **节点内的并行化**：通常基于针对共享内存系统（多核 CPU）的语言，比如 C++ 多线程（在第 4 章深入学习），或者 OpenMP（在第 6 章深入学习）。
- **加速卡级的并行化**：把一部分计算任务分配给加速卡承担，比如大规模并行 GPU 等，借助包括 CVDA 在内的特定语言（将在第 7 章深入学习）。

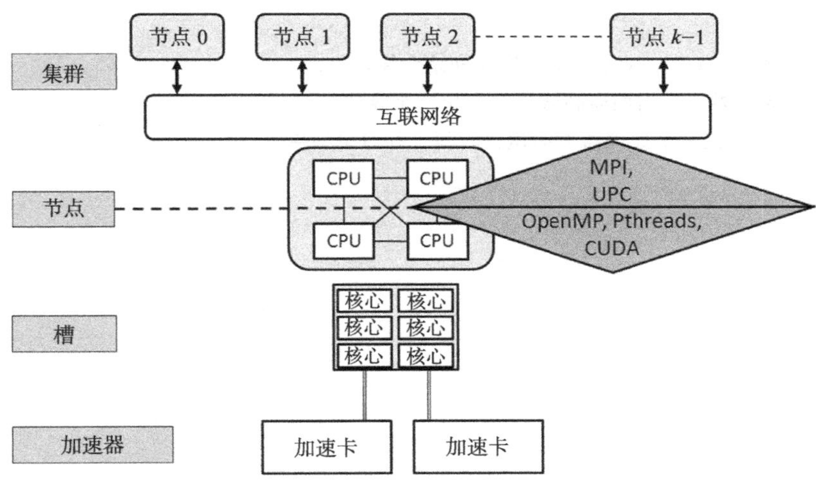

图 1.13 异构 HPC 系统的例子和相关的并行程序语言

1.4 附加练习

1. 分析在 1.1 节描述的并行求和算法的加速比和效率。使用 n=2048 个数字，假设每个 PE 能在 1ms 内把 2 个数字相加，并且每个 PE 能在 2+m/1 024ms 内把 m 个数字发送给另一个 PE，PE 的数目从 1 到 1 024（取 2 的幂）变化。
2. 考虑图 1.9 中描述的前缀计算并行算法。总体上阐述该并行算法如何在共享内存机器上工作。令输入数组的规模为 $n=2^k$，使用 n/4 个核心。取得的加速比有多高？

3. 在图像处理中，直方图计算是一个频繁使用的操作。直方图简单统计给定图像中每个色调值出现的次数。考虑一个二维 $n\times n$ 灰度图像 I 作为输入，它的直方图（用全 0 初始化）的串行计算如下：

```
for (i=0; i<n; i++)
   for (j=0; j<n; j++)
       histogram[I[i,j]]++
```

对于图像直方图计算的并行方法，讨论下面 2 种划分策略的优缺点：

a. 按照直方图的柱在处理器间划分。

b. 按照输入图像在处理器间划分。

4. 另一个熟知的 HPC 排名是 Graph500 项目。研究网站 www.graph500.org 并回答下列问题：

a. 使用的测试基准是什么？如何度量性能？

b. 顶级系统的实测性能和配置是什么？

c. 与前面提到的 TOP500 项目相比，Graph500 的优点和缺点各是什么？

5. 在黑板上写出 1 到 1 000 之间的所有素数。在每一步中，允许你在黑板上擦去 2 个数（记为 x 和 y），在擦去的 2 个数的位置写下数字 $x+y+x*y$。重复这个过程，直到仅剩下一个数字（称为 Q）。所有可能的数字组合中，Q 的最小值是什么？假设我们已经提前计算出了 1 到 1 000 之间的 n 个素数。此外，我们使用了一个第三方的软件库，能处理任意长度的整数[⊖]，这样就无须担心可能的整数溢出问题。

(i) 证明运算 $x\odot y:=x+y+x\cdot y$ 满足交换律和结合律。

(ii) 利用 (i) 的结果，我们如何高效地并行化这个算法？

(iii) 研究这个算法在 p 个处理器上的运行时间，并讨论结果。

⊖ 或者，我们可以使用 Python 本身提供的大整数支持。

第2章 Chapter 2 理论背景

摘要

本书中我们的并行编程教学方法以实际例子为基础。尽管如此，在本章开始实际编程之前，先学习一些重要的理论概念也很重要。我们从PRAM（Parallel Random Access Machine）模型开始。PRAM是一个抽象的共享内存机器模型，它可以看作一个理想化的计算模型，常常用于并行算法设计。这些理论上的设计方案常常对真正的并行程序实现很有帮助（比如说，高效的PRAM算法常常也是CUDA线程块层面上效率最高的算法）。从算法开销的角度，我们将分析一些流行的PRAM算法，学习一些开销最优的PRAM算法的设计方案。接下来，我们学习一些分布式内存系统的经典拓扑结构和网络体系结构。我们按照图论概念中的度、对分宽度、直径等对比它们的性质。采用的拓扑结构会影响到处理器之间的通信实现效率。例如，MPI中的聚合通信（collective communication）操作。Amdahl定律和Gustafson定律用来推断并行程序的加速比能够达到的上限。我们将其用作更通用的扩展加速比公式的特殊情形来学习。本章以用于并行算法设计的Foster方法论结束，它对于探索和比较分布式内存体系结构的可能并行方法非常有用。

关键词

PRAM，并行归约，前缀扫描，网络拓扑，度，直径，对分宽度，线性数组，网格（Mesh），二叉树，超立方体，Amdalh定律，Gustafson定律，强扩展，弱扩展，扩展加速比（Scaled Speedup），等效率分析（Iso-efficiency analysis），Foster方法论，并行算法设计，Jacobi迭代

2.1 PRAM

与在特定的并行体系结构上实现一个（复杂的）算法相比，有时候更好的办法是先退一步，针对特定的体系结构或编程语言分开考虑可能的资源和算法限制。对于这种探索，使用理论计算机模型就很有益处。对于这种情形，一种最流行的模型就是并行随机访问机器模型 PRAM。PRAM 可以看作一个理想化的共享内存体系结构，而不考虑真实计算机系统的许多特质，比如缓慢且非规则的内存访问时长、同步开销、缓存等。因此，在设计 PRAM 算法时，我们能够集中精力于设计尽可能好的并行算法，而不是想办法规避一些特殊的技术限制。最优 PRAM 算法的渐近运行时间常常能被视为真实机器上实现的算法下界。而且，我们常常能够把用在我们设计 PRAM 算法的技术转换为实际的并行实现。例如，在大规模并行 CUDA 使能的 GPU 上实现的第一个归并排序算法，就从 PRAM 的并行归并算法中获得了灵感。

图 2.1 展示了 PRAM 的一些总体特征。系统包含 n 个独立的处理器 P_i，i=0，…，n−1，以锁定步骤（lock-step）方式操作。每一个步骤中，每个处理器分 3 个阶段执行 1 个指令周期：

- **读阶段**：每个处理器并发地从（各自的）共享内存单元中读取单条数据，保存到本地寄存器。
- **计算阶段**：每个处理器针对它的本地数据执行一个基本操作，将结果存储在寄存器中。
- **写阶段**：每个处理器并发地写一条数据到共享内存单元。由此，独占式写的 PRAM 模式变体中只允许不同处理器在不同的内存单元中执行写操作，而并发式写的 PRAM 模式变体允许处理器在相同的位置执行写操作（竞争条件）。

3 阶段 PRAM 指令同步执行。我们应该注意到，PRAM 中的通信需要依靠在共享内存中读和写来实现。这种类型的内存能够以统一的方式访问。也就是说，每个处理器对任何内存位置的访问都使用统一（常数）的时间。这使得它比真实的共享内存机器更加强大。真实机器系统中，访问（大规模）共享内存通常会耗费的时间不能统一，并且比在寄存器上执行计算任务显得慢很多。因此，PRAM 可以看作是一个共享内存机器的理性化模型。比如说，我们不能期望一个针对真实并行机器的解决方案比一个最优的 PRAM 算法效率更高。

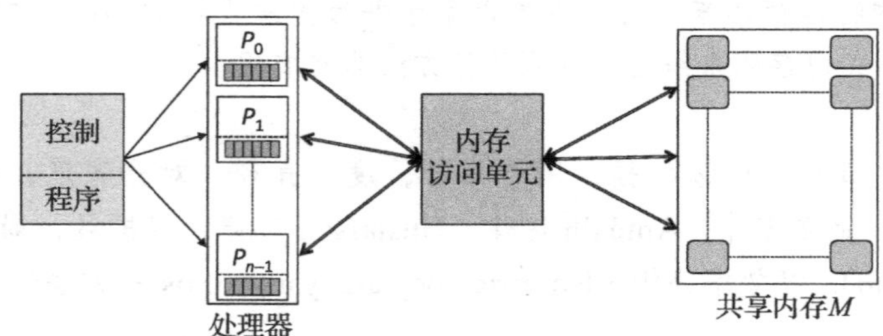

图 2.1 PRAM 的重要特征：n 个处理器 P_0，…，P_{n-1} 连接到全局共享内存 M，因而，对于任意处理器都能够以常数时间统一访问任何存储单元，处理器之间的通信通过对全局可访问的共享内存的读和写操作来实现

2.1.1 PRAM变体

你或许已经注意到，在相同的指令周期内，当多个处理器读或写相同的共享内存单元时就会发生冲突。为了解决这种冲突，已经定义了几种不同类型的PRAM变体，它们的区别在于读/写共享内存中数据的方式：只允许独占方式，还是也允许并发方式。如图2.2示例了4种可能的组合：ER（独占式读）、CR（并发式读）、EW（独占式写）、CW（并发式写）。

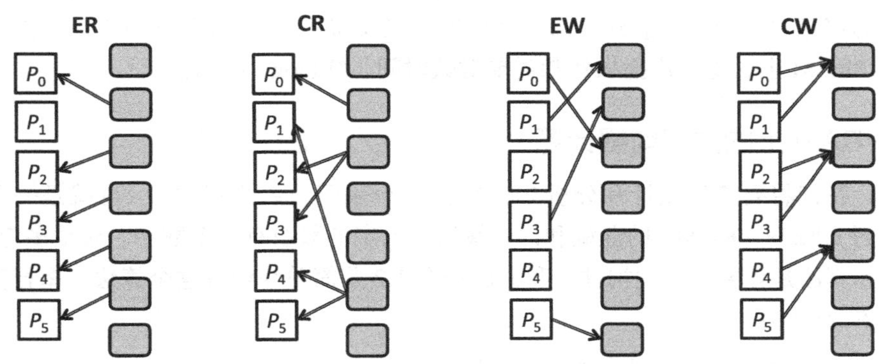

图2.2 PRAM上共享内存数据读写方式的4种不同的变体

接下来，我们看看最流行的3中变体：EREW PRAM、CREW PRAM和CRCW PRAM。

- **独占式读独占式写**（Exclusive Read Exclusive Write，EREW）：在任何一个周期内，不允许两个处理器在相同的共享内存单元上读或写；
- **并发式读独占式写**（Concurrent Read Exclusive Write，CREW）：多个处理器可以并发地从相同的共享内存单元读数据，但是，不允许不同的处理器在相同的共享内存单元中写数据；
- **并发式读并发式写**（Concurrent Read Concurrent Write，CRCW）：这种变体中，读和写操作都允许在相同的共享内存单元上并发。若发生并发写的情形（类似于一个竞争条件），我们需要进一步指明真正保留的将会是哪个值。对于2个（或以上）处理器试图在相同的时钟周期内向相同的存储位置写数据的情形，有4种常见的应对方法：

1）优先（Priority）CW：处理器分配了不同的优先级，优先级最高的处理器成功写入其值。

2）任意（Arbitrary）CW：随机选中的一个处理器成功写入其值。

3）共同（Common）CW：如果这些值都相等，则写入这个共同的值；否则，该内存位置的值不变。

4）组合（Combining）CW：通过一种关联二进制运算，比如求和、求积、最小值或者逻辑与（AND）等，把将要写入的全部值组合成一个单独的值。

显然，CRCW PRAM 是最强大的变体，而 EREW 反之。

我们考虑一个统一访问的模型，其中每个 PRAM 指令周期能在常数时间内执行。并行归约算法中，n 个存储在共享内存中的值将会累积成一个单独的值，在一台装配 n 个处理器的组合 CRCW PRAM 上能够（有点不切实际地）在仅仅一个指令周期中完成（也就是说，在常数时间 $\mathcal{O}(1)$ 内）。然而，在一台 EREW PRAM 或者 CREW PRAM 上这个工作将需 $\lceil\log_2(n)\rceil+1$ 条指令。此外，在一台 CREW PRAM 或者 CRCW PRAM 上，把一个存储在某个处理器的寄存器中的值广播到全部 n 个处理器仅仅需要常数时间（$\mathcal{O}(1)$）；然而，在一台 EREW PRAM 上，这个广播操作却需要对数时间（$\mathcal{O}(\log(n))$）。

2.1.2 PRAM 上的并行前缀计算

现在，我们将要着手设计和分析 PRAM 上一个采用独占式写访问（也就是一个 EREW PRAM 或者 CREW PRAM）的前缀和计算算法，给定的数组有 n 个数字。对很多应用来说，并行前缀和算法是重要的基础构件。我们已经在 1.2 节简单介绍过这个算法。串行算法包括了几个简单的循环：

```
for (i=1; i<n; i++) A[i] = A[i] + A[i-1];
```

这个问题对应的计算复杂度明显是线性的，或者用渐近符号表示为 $\mathcal{O}(n)$。我们的目标是，为前缀求和设计一个开销最优化的 PRAM 算法。也就是说，一个算法的开销 $C(n)=T(n,p)*p$ 关于 n 呈线性。$T(n,p)$ 表示 n 个输入数字和 p 个处理器情况下需要的计算时间。

我们的第一个方法使用了 $p=n$ 个处理器，以一个递归加倍技术为基础，如图 2.3 所示。从列表 2.1 给出的伪代码中，我们能容易地看出共需要 $\lceil\log_2(n)\rceil$ 次循环。结果是算法开销为 $C(n) = T(n,p) \times p = \mathcal{O}(\log(n)) \times n = \mathcal{O}(n \times \log(n))$。

```
// each processor copies an array entry to a local register
for (j=0; j<n; j++) do_in_parallel
    reg_j = A[j];

// sequential outer loop
for (i=0; i<ceil(log(n)); i++) do
    // parallel inner loop performed by Processor j
    for (j = pow(2,i); j<n; j++) do_in_parallel {
        reg_j += A[j-pow(2,i)];  // perform computation
        A[j] = reg_j; // write result to shared memory
    }
```

列表 2.1 长度为 n 的数组 A 的并行前缀求和算法，数组保存在一台 n 个处理器的 EREW PRAM 共享内存中

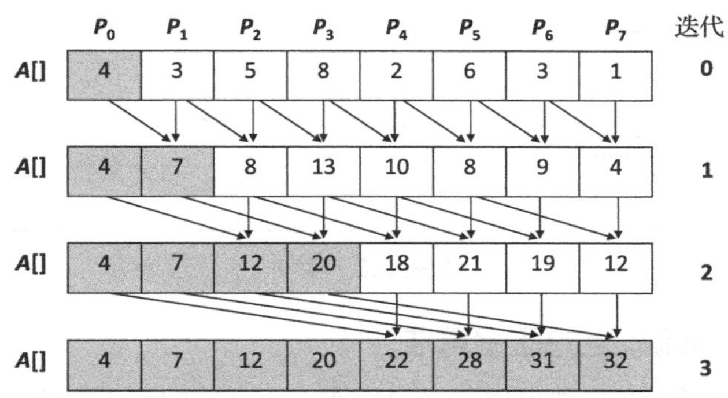

图 2.3 在一个采用 8 个处理器的 PRAM 上，用了 3 个迭代步，基于递归折回技术，针对长度为 8 的数组 A 的并行前缀求和算法

看上去，我们的第一种方法不是开销最优的，那么我们怎样改进它？为了把开销从对数线性减小到线性，我们要么需要（渐近地）降低运行时间，要么减少处理器的个数。因为降低运行时间有困难，我们简单地减少采用的处理器个数，从 $p=n$ 减少到 $p=n/\log_2(n)$。使用减少后的处理器个数，我们现在设计一个用对数步数的 PRAM 算法，其 3 个阶段如下：

1）把 n 个输入值划分大小为 $\log_2(n)$ 的数据块。各处理器并行地计算本地数据块中数值的前缀和（花费时间为 $\mathcal{O}(\log(n))$）。

2）在 $n/\log_2(n)$ 个划分结果上执行旧的非开销最优的前缀和算法（花费时间为 $\mathcal{O}(\log(n/\log(n)))$）。

3）每个处理器针对它负责的数据块中的所有数值，把第 2 步计算得到的值加上该处理器负责区域的左边邻居的值（花费时间为 $\mathcal{O}(\log(n))$）。

这种方法实际上已经在 1.2 节讨论过，并且在图 1.9 中示例。我们进一步在列表 2.2 中提供算法细节。为简单起见，我们在列表 2.2 中假设 n 的取值为 2 的幂（$n=2^k$），从而 $p=n/k$。我们前面已经忽略了向本地寄存器显式复制数据的过程（和列表 2.1 相同），现在我们仍然隐含假设这种情形。因为列表 2.2 中的 3 个阶段中的任意一个阶段都能在对数时间内完成，我们的第 2 种方法产生的开销为 $C(n) = T(n,p) \times p = \mathcal{O}(\log(n)) \times \mathcal{O}(n/\log(n)) = \mathcal{O}(n)$，这个开销是经过优化的。

```
//Stage 1: each Processor i computes a local
//prefix sum of a subarray of size n/p = log(n) = k
for (i=0; i<n/k; i++) do_in_parallel
    for (j=1; j<k; j++)
        A[i*k+j] += A[i*k+j-1];

//Stage 2: Prefix sum computation using only the rightmost value
// of each subarray which takes O(log(n/k)) steps
for (i=0; i<log(n/k); i++) do
    for (j = pow(2,i); j<n/k; j++) do_in_parallel
```

列表 2.2 长度为 n 的数组 A 在 EREW PRAM 上的并行前缀求和。处理器的个数为 n/k，同时假设 n 为 2 的幂（2^k）

```
        A[j*k-1] += A[(j-pow(2,i))*k-1];

//Step 3: each Processor i adds the value computed in Step 2 by
//Processor i-1 to each subarray element except for the last one
for (i=1; i<n/k; i++) do_in_parallel
    for (j=0; j<k-1; j++)
        A[i*k+j] += A[i*k-1];
```

列表 2.2 （续）

2.1.3 PRAM 上稀疏数组的压缩算法

并行的前缀计算可以在多种应用程序中用作一个高效的实现原语。现在我们就开始讨论一个这样的例子：数组压缩。假定你有一个一维数组 A，其中大多数元素为零。这种情况下，我们能用一种更节省内存的方法表示这个数组，方法是仅保存非零元素的值（在数组 V 中）和这些元素对应的位置（在数组 C 中）。图 2.4 展示了一个例子。

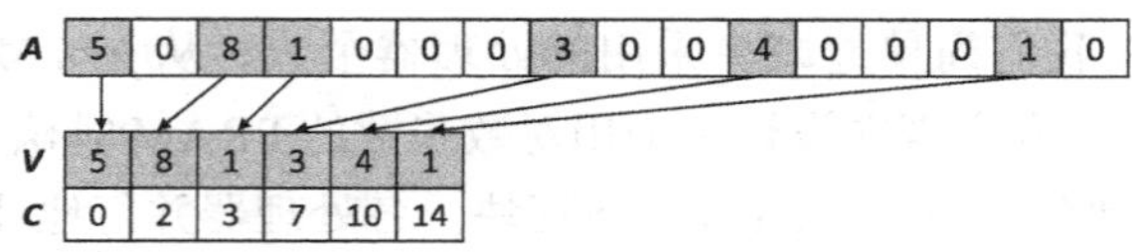

图 2.4 长度为 16 的稀疏数组 A 压缩到 2 个小数组的例子：V（值）和 C（位置）

一个串行算法能通过在数组 A 的 n 个元素上从左到右简单地迭代，并以 n 的时间线性递增地叠加构建 V 和 C。现在，我们能基于并行前缀和方法，使用 $p=n/\log_2(n)$ 个处理器构造一个开销优化的 PRAM 算法。方法如下：

1）我们生成一个临时数组（tmp），如果 $A[i] \neq 0$，则 $tmp[i]=1$，否则 $tmp[i]=0$。然后，我们在 tmp 上执行并行前缀求和计算。对于数组 A 中的每一个非零元，现在 tmp 数组中存储的各个值对应于数组 V 中元素的目标地址。

2）使用并行前缀求和计算得到的地址列表，我们把数组 A 的非零元素写入 V。同样的方式对应的坐标能够写入 C。

图 2.5 示例了创建 V 的过程。同样，使用 $p=n/\log_2(n)$ 个处理器，每一步都在对数时间内完成，由此得到开销优化的解决方案：$C(n)=T(n,p)\times p=\theta(\log(n))\times\theta\left(\dfrac{n}{\log(n)}\right)=\theta(n)$。

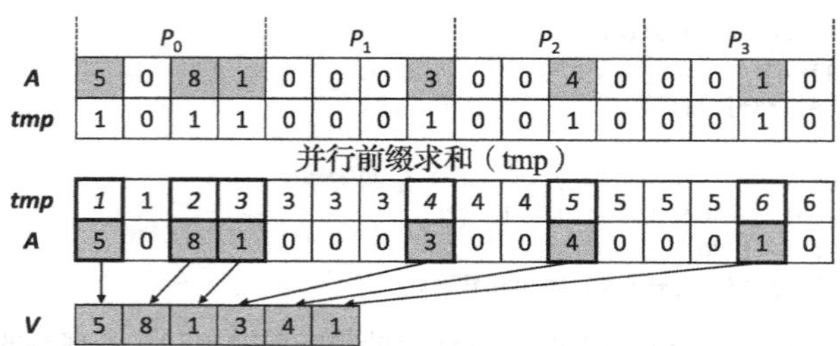

图 2.5 在 4 个处理器的 PRAM 上将长度为 16 的稀疏数组 A 的值压缩到数组 V

总之，我们得到结论，PRAM 能用作一个理论模型，针对不同的算法探索其潜在的并行资源，并对比它们的效率。在 PRAM 上探索的许多技术也与算法的真正实现相关度很高。举例来说，Satish 等人[6]就已经借鉴前面讲到的，在 PRAM 模型上对有序序列对的并行合并排序算法方面的研究工作用在了针对 CUDA 的大规模并行 GPU 上，设计实现了一个高效的合并排序算法。

在 2.5 节，我们将在 PRAM 上对有序序列归并排序的算法作为练习。而且，在文献中能找到大量的各种各样的 PRAM 算法，例如文献 [5]。除了 PRAM 外，还提出了许多其他的并行计算模型，比如 BSP（Bulk-Synchronous Parallel）模型[7]。

2.2 网络拓扑

互联网络是并行计算机系统的体系结构中的重要要素。共享和交换是 2 种主要的网络类型。共享网络最典型的例子是总线（比如传统的以太网），它每次最多只能同时通信一条消息。与交换网络相比，这常常限制了系统的可扩展能力。交换网络能在不同的节点对之间同时传输多条消息。

因此，高性能分布式内存体系结构中的互联网络代表性实现方式是交换网络，允许节点之间能快速地点到点通信。对于决定并行计算机体系结构的可扩展性和性能而言，特定的**网络拓扑**（network topology）是一个关键因素。

现在开始，我们学习几种典型的交换网络拓扑，并按照图论概念对比它们的性质。我们把网络表示为一个连通图（Graph）。其中，图的顶点（Vertex）代表节点（它们可能是交换机或者处理器），图的边（Edge）表示通信链路（link）。图可以分为直接（direct）网络和间接（indirect）网络。在直接网络中，所有顶点关联到一个处理器，也就是说，处理器之间都有直接的连接。相反，间接网络中，也包含仅用于路由的中间节点。

那么，我们将从如下 3 个方面的特征对比不同网络拓扑的性质：

- 度：网络的度（deg），指的是所有节点中邻居数目的最大值。
- 对分宽度：一个网络的对分宽度（bw），指的是一个边集合的最小数目，当这些边（或链接）从网络中移除后，网络分裂成为尺寸相等的两个不连通的部分。
- 直径：网络的直径（diam），指任意 2 个节点之间全部最短路径中的最大值。

互联网络的设计通常在一系列相互矛盾的需求之间寻求折中。使用在上面定义的 3 个特征，我们可以归结出如下 3 个理想属性。

- 常数度：网络的度应该是个常数，也就是说，它应该与网络的规模无关。这个属性将允许网络规模扩展到更大的节点数，而不必增加过多的连接数。
- 小直径：为了支持任意进程对之间的高效通信，直径需要最小化。
- 高对分宽度：对分宽度代表的是一个网络的潜在瓶颈，隐含表示系统的内部带宽。一个较低的对分宽度会使大量聚合通信操作变得更慢，从而严重限制应用程序的性能。然而，为了获得更高的对分宽度，也许需要网络直径不再是常数。

我们考虑的第一种拓扑结构是 n 个节点 P_0，……，P_{n-1} 的**线性排列**（linear array），记为 L_n。节点 P_i（$0<i<n-1$）链接到它的左邻居 P_{i-1} 和它的右邻居 P_{i+1}，因而其度为 2。也就是说，deg（L_n）=2。任意 2 个节点之间的最长的距离是最左端的节点 P_0 和最右端的节点 P_{n-1} 之间的距离。它们之间的数据通信需要遍历 $n-1$ 条链接，所以 diam(L_n)=$n-1$。最后，对分宽度为 1（bw（L_n）=1），因为只要去除在节点 $P_{\lfloor (n-1)/2 \rfloor}$ 和 $P_{\lceil n/2 \rceil}$ 之间的链接，就能把 L_n 分成两个互相不连通的半部。L_8 的例子如图 2.6 所示。

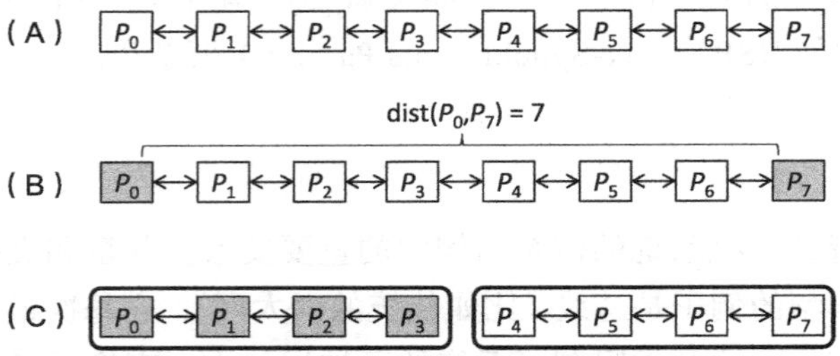

图 2.6 （A）包含 8 个节点的线性数组，每个节点最多 2 个邻居，也就是说，deg（L_8）=2。（B）最长的距离出现在 P_0 和 P_7 之间，得到直径为 7。（C）去除节点 P_3 和 P_4 之间的链接，L_8 断裂为 2 个尺寸相等的半部，即 bw(L_8)=1

通过增加线性数组的维度，有可能在保持常数度的情况下改进对分宽度和直径。在 **2D 网面**（mesh）中，n 个节点排成一个尺寸为 $n=k*k$ 的网面（通常是方形），记为 $M_{k,k}$。为简单起见，我们进一步假设 k 为偶数。我们在图 2.7 中示例了 k=4 时的这种拓扑。可以看出，每个节点最多连接到 4 个其他节点，也就是说，deg($M_{k,k}$)=4。因此，度与实际的网面大小无关——这是我们提出的重要的网面属性之一。节点对之间的最长距离发生在遍历左上角和右下角节点之间或者右上角和左下角节点之间。这种情况需要遍历 2（$k-1$）条边，得到 diam($M_{k,k}$)=2（$k-1$）=2（$\sqrt{n}-1$）——与线性数组相比有明显的改进。为了把 $M_{k,k}$ 分裂成两个相等的不连通的半部，我们需要移除至少 k 条边，比如，连接中间两行节点之间的所有边，或者中间两列节点之间的所有边。这样，它得到了 bw（$M_{k,k}$）=k=$\sqrt{n}$，这明显大于线性数组的对分宽度。

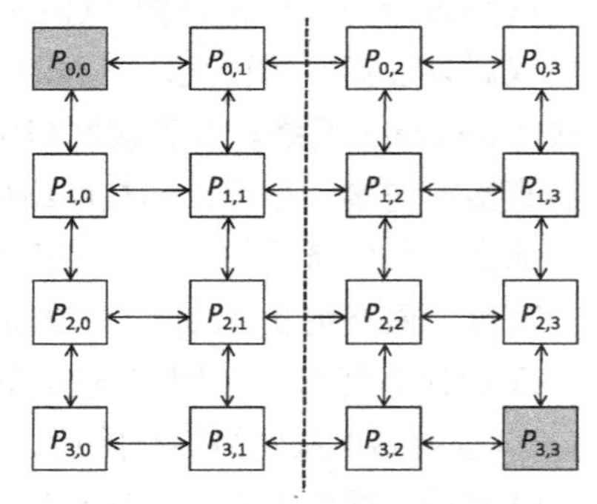

图 2.7 一个大小为 4×4 的 2D 网面。每个节点最多 4 个邻居。也就是说，deg($M_{4,4}$)=4。最长的距离，比如 $P_{0,0}$ 和 $P_{3,3}$ 之间，产生了一个长度为 6 的直径。去除第 2 列和第 3 列（或者第 2 行和第 3 行）之间的全部链接，$M_{4,4}$ 分裂成 2 个大小相等的半部，即 bw($M_{4,4}$)=4

一个常用的网面（mesh）扩展方式是环面（torus）。例如，一个 **2D 环面** $T_{k,k}$ 通过增加环绕边

（wrap-around edge）扩展 $M_{k,k}$ 得到。这些环绕边是把每一行的左边节点和右边节点直接连接，同时每一列的底端节点与顶端节点直接连接。与 2D 网面（mesh）相比，这种拓扑把直径和对分宽度降低为 1/2，同时保持了度为常数 4。通过另一个维度，一个 2D 网面拓展到 **3D 网面** $M_{k,k,k}$，它的度为 6，直径为 3（$k-1$）=3（$\sqrt[3]{n}-1$），对分宽度为 $k^2=n^{2/3}$。一个 **3D 环面**用 2D 情形相似的方式进一步扩展为 3D 网面。一个 3D 环面有许多可取的特性，比如常数度、相当低的直径、相当高的对分宽度。因此，它曾经用作 TOP500 中许多超级计算机的互联网络，包括 IBM 的 Blue Gene/L、Blue Gene/P 和 Cray XT3。

如果我们想进一步减小网络直径，可以采用基于树的结构。例如，在深度为 d，记为 BT_d 的二叉树（binary tree）中，$n=2^d-1$ 个顶点排布在一个深度为 d 的完全二叉树中，如图 2.8 的 d=3 的二叉树所示。每个节点（除了根节点和叶子节点外）连接到其父亲节点和 2 个子节点，得到度为 3，即 $\deg(BT_d)=3$。BT_d 中的最长距离出现在遍历左半部的一个叶子节点和右半部的一个叶子节点之间。这个遍历需要向上走到根节点（$d-1$ 条链接），再向下走到叶子节点（$d-1$ 条链接），即直径 diam（BT_k）=2（$d-1$）= $2\log_2(n+1)$。因此，度是常数，直径也比较小（关于节点个数的对数级（logarithmic））——2 个值得关注的特征。然而，二叉树拓扑的缺点是其对分宽度极低：通过移除与根节点相连的仅单条链接，我们就能够把网络劈成 2 个包含不同节点的不连通的部分，即 $\mathrm{bw}(BT_k)=1$。这个缺点的应对办法是在靠近树结构层次的顶部引入更多的链接，形成**胖树**（fat tree）网络拓扑，即顶部层次中的链接比靠近底部层次中的链接更胖。胖树的一个变体是**超树网络**（hypertree network），将在 2.5 节的一道练习题中讨论。胖树型互联网络用在很多超级计算机中，包括天河 2（Tianhe-2）和地球模拟器（Earth Simulator）。

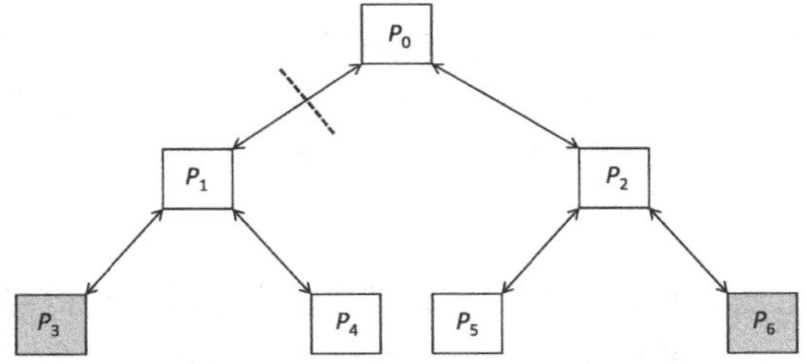

图 2.8 一个深度为 3（BT_3）的二叉树，每个节点最多 3 个邻居，也就是说，$\deg(BT_3)=3$。最长的距离出现在（例如）P_3 和 P_6 之间，得到直径为 4。移除邻接到根节点的单条链接，树分裂为（最多）两个相等的半部，即 bw（BT_3）=1

维度为 d（$d \geqslant 1$，记为 Q_d）的**超立方体**网络能够表示为一个 $n=2^d$ 个节点的图。图的每一个顶点用一个长度为 d 的唯一的位串标记。进一步，当且仅当与顶点关联的位串中恰好有 1 个比特位不相等时，这 2 个顶点相链接。如图 2.9 展示了 Q_4 作为一个例子。明显地，每个节点恰好连接到 d 个其他节点，因为相关的位串中的 d 个比特位的每一个比特位都可以翻转，即 deg（Q_d）=$d=\log_2(n)$。其中，当 2 个位串的每个位置都不相等时，相关联的 2

个节点之间出现最长的距离（也就是说，2 个位串之间为海明距离 d）。这种情况下，需要 d 比特位的逐位比对（bit-flip），目的是把一个比特串转换为另外一个比特串，对应于在网络中遍历 d 个链接。因此，diam（Q_d）$=d=\log_2(n)$。去除所有以标签 0 开头的节点到所有以标签 1 开头的节点之间的链接，就把 Q_d 断开成 2 个相等的半部。因为每个标有 $0x_1\cdots x_{n-1}$ 恰好连接到一个另外的标有 1（$1\overline{x_1}\ldots\overline{x_{n-1}}$）的节点，它产生的对分宽度 bw（$Q_d$）$=2^{d-1}=n/2$。总之，到目前我们的研究为止，超立方体有最高的网络对分宽度（与节点个数呈线性关系）。另外，超立方体网络的直径非常小（与节点个数呈对数关系）。这种网络的缺点是它不是常数度。每个节点需要的链接个数是网络规模的一个（对数）函数，很难扩展到大量节点。由此得到的结论是，超立方体拓扑曾经用在了一些早期的消息传递的机器上，但当前最优秀的超级计算机中未再见到。

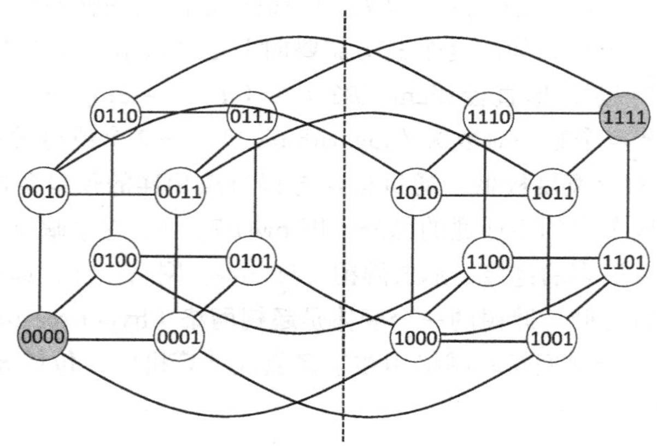

图 2.9　一个四维的超立方体（Q_4），每个节点正好有 4 个邻居，也就是说 deg（Q_4）=4。最长的距离出现在（例如）节点标记为 0000 和节点标记为 1111 之间，得到直径为 4。去除以 0 开头标记的节点和以 1 开头标记的节点之间的所有链接，Q_4 断开成 2 个相等的半部，也就是说 bw（Q_4）=8

按照节点个数渐近记法，我们总结上面讨论的网络拓扑的特性如表 2.1。除了这些拓扑类型还有其他许多类型，这些特性将在 2.5 节的练习中讨论。另外，其他用于刻画网络拓扑的属性和特征还有，比如最大边（链接）长度、节点间平均距离、错误容忍。总的来说，互联网络的设计常常是在不同互相矛盾的需求之间的一个折中（比如，一个高的对分宽度和常数度之间）。因此，不存在简单意义上理想的网络拓扑，但是不同的拓扑都有它们各自的优点和缺点。

表 2.1　本文讨论的互连网络拓扑的度、直径、对分宽度（按照渐近节点数目的渐近记法）

拓扑	度	直径	对分宽度
线性排列	$\mathcal{O}(1)$	$\mathcal{O}(n)$	$\mathcal{O}(1)$
2D 网面 / 环面	$\mathcal{O}(1)$	$\mathcal{O}(\sqrt{n})$	$\mathcal{O}(\sqrt{n})$
3D 网面 / 环面	$\mathcal{O}(1)$	$\mathcal{O}(\sqrt[3]{n})$	$\mathcal{O}(n^{2/3})$

（续）

拓扑	度	直径	对分宽度
二叉树	$\mathcal{O}(1)$	$\mathcal{O}(\log(n))$	$\mathcal{O}(1)$
超立方体	$\mathcal{O}(\log(n))$	$\mathcal{O}(\log(n))$	$\mathcal{O}(n)$

2.3 Amdahl 定律和 Gustafson 定律

现在，我们将学习一个理论方法，在并行化给定的串行程序时，用来推算可能达到的加速比上界。这个理论方法在实际并行化工作之前，用于分析这种并行化工作是否值得。该方法需要把程序的执行时间分成两部分：

- T_{ser}：不能从并行化中获益的程序部分（可以认为这部分程序要么本质上是串行的，要么视为从未并行化）。
- T_{par}：能从并行化中获益的程序部分。

串行程序在单个处理器上的运行时间 $T(1)$ 就是这两部分的简单相加：

$$T(1) = T_{ser} + T_{par} \tag{2.1}$$

我们进一步假设，我们能取得的最佳的加速比是线性的（也就是说，在实际中可能出现的超线性加速比，比如，由于缓存效果而没有被本方法考虑）。因此，最好的情况下，可并行部分能够在 p 个处理器上运行快了 p 倍，而串行部分保持不变。这样能够导出在 p 个处理器上的运行时间的下界 $T(p)$：

$$T(p) \geqslant T_{ser} + \frac{T_{par}}{p} \tag{2.2}$$

用 $T(1)$ 除以 $T(p)$ 的结果，就是使用 p 个处理器可达到的加速比上界 $S(p)$：

$$S(p) = \frac{T(1)}{T(p)} \leqslant \frac{T_{ser} + T_{par}}{T_{ser} + \dfrac{T_{par}}{p}} \tag{2.3}$$

换一种方式，不使用绝对运行时间（T_{ser} 和 T_{par}），而是使用它们的时间占比。令 f 表示 T_{ser} 相对于 T_1 的比例，也就是说，$T_{ser}=f*T(1)$。那么 $1-f$ 就是 T_{par} 相对于 T_1 的比例，也就是说，$T_{par}=(1-f)*T(1)$。明显地，f 是一个介于 0 和 1 之间的数字（$0 \leqslant f \leqslant 1$）。

$$T_{ser}=f*T(1)\,, T_{par} = (1-f)*T(1) \qquad (0 \leqslant f \leqslant 1)$$

把这个式子代入公式（2.3），得到仅依赖于 f 和 p 的加速比上界：

$$S(p) = \frac{T(1)}{T(p)} \leqslant \frac{T_{ser} + T_{par}}{T_{ser} + \dfrac{T_{par}}{p}} = \frac{f \cdot T(1) + (1-f) \cdot T(1)}{f \cdot T(1) + \dfrac{(1-f) \cdot T(1)}{p}} = \frac{f + (1-f)}{f + \dfrac{(1-f)}{p}} = \frac{1}{f + \dfrac{(1-f)}{p}} \tag{2.4}$$

公式（2.4）被称为 Amdahl 定律[1]。通过知道 f，我们就能用它预测使用多个处理器时理论上能够达到的加速比。进一步在图 2.10 中示例这种情形。这里给出应用 Amdahl 定律的 2 个典型的例子：

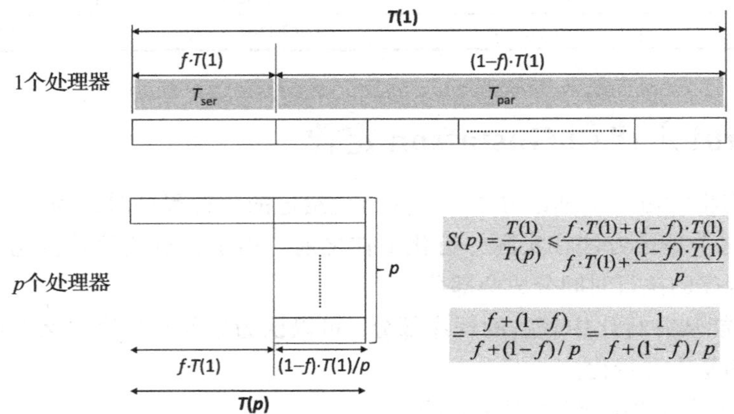

图 2.10 Amdahl 定律示例：对于固定问题规模的加速比建立上界

- 例子 1：程序 95% 的运行时间出现在一个循环内，我们希望把它并行化。对于在 6 个处理器上执行的并行程序版本，我们可能期望得到的最大加速比是多少？

$$S(6)\leqslant\frac{1}{0.05+\frac{(0.95)}{6}}=4.8$$

- 例子 2：程序运行时间的 10% 花费在内在串行性的代码中。这个程序的并行版本能够达到的加速比的上限是多少？

$$S(\infty)\leqslant\lim_{p\to\infty}\frac{1}{0.1+\frac{(0.9)}{p}}=10$$

Amdahl 定律的一个熟知的限制是，它只适用于问题规模为**常数**、处理器个数变化的情形（强可扩展性——一个我们已经在 1.1 节讨论过的概念）。然而，如果使用更多的处理器，我们也能够使用更大的问题规模（类似于弱可扩展性概念——也在 1.1 节讨论过）。这种情况下，与花在非并行化部分的时间 T_{ser} 相比，花在并行部分的时间（T_{par}）能够增长得更快。为了在可达加速比计算（也称为**规模扩展的加速比**（scaled speedup））中也同时考虑这些场景，我们推导一个更一般化的定律，允许按照问题的复杂性扩展两个部分的规模：

- α：根据问题规模的复杂度，不能从并行化中获益的程序部分的尺度函数。
- β：根据问题规模的复杂度，能从并行化中获益的程序部分的尺度函数。

使用这 2 个尺度函数，考虑问题规模复杂度尺度的变化，我们分解程序的串行运行时间：

$$T_{\alpha\beta}(1)=\alpha\cdot T_{ser}+\beta\cdot T_{par}=\alpha\cdot f\cdot T(1)+\beta\cdot(1-f)\cdot T(1) \tag{2.5}$$

用 $T_{\alpha\beta}(1)$ 除以 $T_{\alpha\beta}(p)$（对于使用 p 个处理器情形）为可达加速比 $S_{\alpha\beta}(p)$，得到一个规模扩展上界：

$$S_{\alpha\beta}(p)=\frac{T_{\alpha\beta}(1)}{T_{\alpha\beta}(p)}\leqslant\frac{\alpha\cdot f\cdot T(1)+\beta\cdot(1-f)\cdot T(1)}{\alpha\cdot f\cdot T(1)+\dfrac{\beta\cdot(1-f)\cdot T(1)}{p}}=\frac{\alpha\cdot f+\beta\cdot(1-f)}{\alpha\cdot f+\dfrac{\beta\cdot(1-f)}{p}} \tag{2.6}$$

因为我们主要对 2 个问题规模尺度函数的比率感兴趣，我们定义 $\gamma=\alpha/\beta$ 为可并行部分与不可并行部分之间的问题复杂度扩展比率。

那么，我们按照 γ 重写公式（2.6）：

$$S_{\gamma}(p)\leqslant\frac{f+\gamma\cdot(1-f)}{f+\dfrac{\gamma\cdot(1-f)}{p}} \tag{2.7}$$

按照 p 的个数对 γ 使用不同的函数，得到如下特例：

1）γ =1（即 $\alpha=\beta$）：比率为常数，因此特例正好就是 Amdahl 定律（见公式（2.4））。

2）γ =p（比如 $\alpha=1,\beta=p$）：可并行部分以线性 p 增长，而不可并行部分保持常量。这种特例被称为 Gustafson 定律 [4]，如下表示：

$$S(p)\leqslant f+p\cdot(1-f)=p+f\cdot(1-p) \tag{2.8}$$

3）γ 是任意依赖 p 的其他函数。

Gustafson 定律进一步在图 2.11 中示例。通过对 f 的理解，当可并行化部分随着问题规模线性扩展，而串行部分保持常数的情况下，我们能用 f 去预测使用多个处理器时理论上能够达到的加速比。

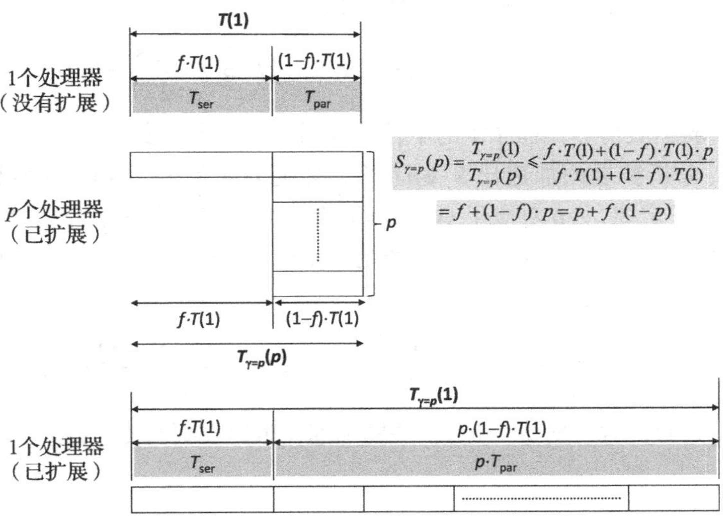

图 2.11 Gustafson 定律示例：为扩展加速比建立上界

有 2 个典型的例子，应用我们推导出的一般化的规模扩展定律。

- 例子 1：设想我们有一个并行程序，其中 15% 为串行，85% 在给定的问题规模下为线性可并行。假设（绝对）串行时间不会随着问题规模的增长而增长。

（i）如果我们使用 50 个处理器，问题规模不扩展，我们能达到多大加速比？

$$S_{\gamma=1}(50) \leqslant \frac{f+\gamma\cdot(1-f)}{f+\dfrac{\gamma\cdot(1-f)}{p}} = \frac{1}{0.15+\dfrac{(0.85)}{50}} = 5.99$$

（ii）假设我们以 100 倍扩展问题规模，用 50 个处理器，能达到的加速比有多大？

$$S_{\gamma=100}(50) \leqslant \frac{f+\gamma\cdot(1-f)}{f+\dfrac{\gamma\cdot(1-f)}{p}} = \frac{0.15+100\cdot 0.85}{0.15+\dfrac{100\cdot 0.85}{50}} = 46.03$$

- 例子 2：假设你想写一个程序，它在 128 个处理器上需要能达到的加速比为 100。

（i）在强可扩展性假设条件下，如果想达到这个加速比，程序中的串行部分的比例最大能有多少？

我们从 Amdahl 定律开始，那么单独用 f 如下：

$$100 = \frac{1}{f+\dfrac{(1-f)}{128}} = \frac{128}{128\cdot f+1-f} = \frac{128}{127\cdot f+1} \Rightarrow f = \frac{0.28}{127} = 0.0022$$

因此，对于强扩展情形，你的程序中串行部分必须小于 1%。

（ii）在弱可扩展性假设条件下，从而比率 γ 线性可扩展，如果想达到这个加速比，程序中的串行部分的比例最大能有多少？

现在，我们从 Gustafson 定律开始，那么独立使用 f 如下：

$$100 = 128 + f\cdot(1-128) = 128 - 127\cdot f \Rightarrow f = \frac{28}{127} = 0.22$$

因此，对于弱扩展情形，程序中的串行部分明显可以高很多！

最后，我们分析扩展的加速比 $S_\gamma(p)$ 的上界随着 p 和 γ 的不同，f 值如何表现：因为 $\gamma=1$ 对应于 Amdahl 定律，$\gamma=p$ 对应于 Gustafson 定律，我们选择一个合适的参数化 $\gamma(p,\delta)=p^\delta$ 为 γ 依赖 p 的程度建模。现在选择 $\delta=0$，指的是 $\gamma=1$ 和 $\delta=1$，得到 $\gamma=p$。规模扩展的加速比和效率的结果表达式列举如下：

$$S_{\gamma=p^\delta}(p) = \frac{f+(1-f)\cdot p^\delta}{f+(1-f)\cdot p^{\delta-1}}, \quad E_{\gamma=p^\delta}(p) = \frac{f+(1-f)\cdot p^\delta}{p\cdot f+(1-f)\cdot p^\delta} \tag{2.9}$$

正如我们看到的，对于度 $\delta \leqslant 0$，扩展的加速比限定在要么 1，要么 $1/f$。因为

$$\lim_{p\to\infty}\frac{f+(1-f)\cdot p^{\delta}}{f+(1-f)\cdot p^{\delta-1}}\bigg|_{\delta<0}=\frac{f}{f}=1,\ \lim_{p\to\infty}\frac{f+(1-f)\cdot p^{\delta}}{f+(1-f)\cdot p^{\delta-1}}\bigg|_{\delta=0}=\frac{1}{f} \quad (2.10)$$

相反，对于 $\delta>0$，$S_{\gamma=p^\delta}(p)$ 无上界，也就是说，只要输入尺度函数 γ（p）单调依赖于 p，如果我们增加处理单元的数量，就能够虚拟地得到任意加速比。图 2.12 示例了对于不同的串行比率 f=0.1 和 f=0.5 阐述上面的行为。另外，**并行效率**（parallel efficiency）$E_\gamma= p^\delta$（p）在极限 $p\to\infty$ 时，Gustafson 情形（δ=1）下趋向于（$1-f$），而在 Amdahl 定律（δ=0）下完全消失，如图 2.13 所示。

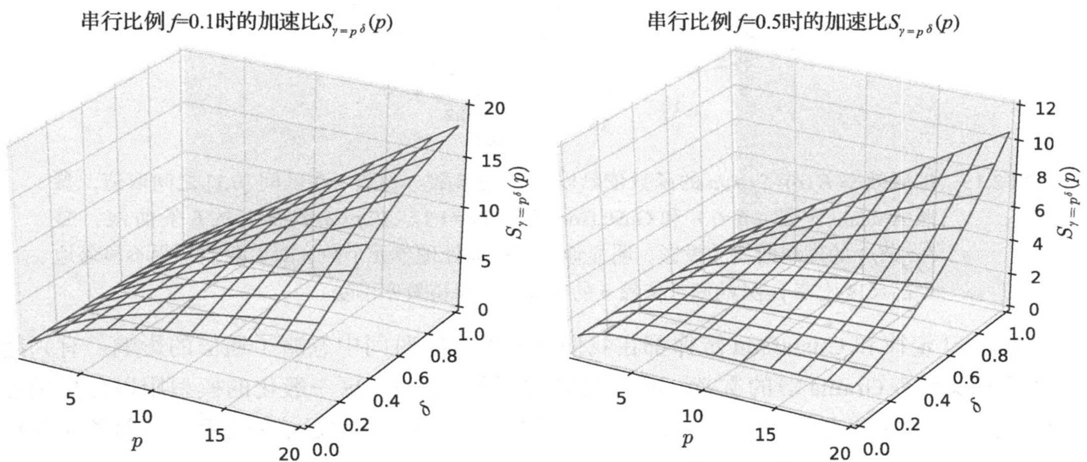

图 2.12 扩展的加速比 S_γ（p）用 $\gamma=p^\delta$ 参数化后的函数依赖。参数 δ 在区间 [0,1] 之间取值，参照 Amdahl 定律（δ=0）和 Gustafson 定律（δ=1）。串行比例固定为 f=0.1（图的左半部分）和 f=0.5（图的右半部分）。明显地，越小的 f 值隐含了越好的扩展能力

总之，大家可能感兴趣于使用的处理单元数量 p 对效率函数的其余参数（比如，γ 或者 δ）的依赖性。展开讲，对于一个已知时间复杂度的给定算法，以增加 p 值同时保持高并行效率为目标，大家对如何选择合适的扩展方案很感兴趣。保证常数效率的变量（我们例子中的 p 和 δ）线性参数设定，被称为理想的**效率线**（iso-efficiency line）。从数学意义上讲，我们对所有的带来相同效率的（p，δ）二元组感兴趣。遗憾的是，在一般情况下计算得到解析解并非直接可行。局部应用隐函数定理能够得到数值解。图 2.13 展示了相应的理想效率线，在 $p-\delta$ 平面中画出了我们一般化的尺度定理。明显地，我们总是不得不提高参数 δ 的值，以便在提高 p 值时，保持并行化效率。不严格地讲，如果我们想在使用更多的处理单元的同时，保持不变的效率，就不得不增加我们问题的可并行化部分。

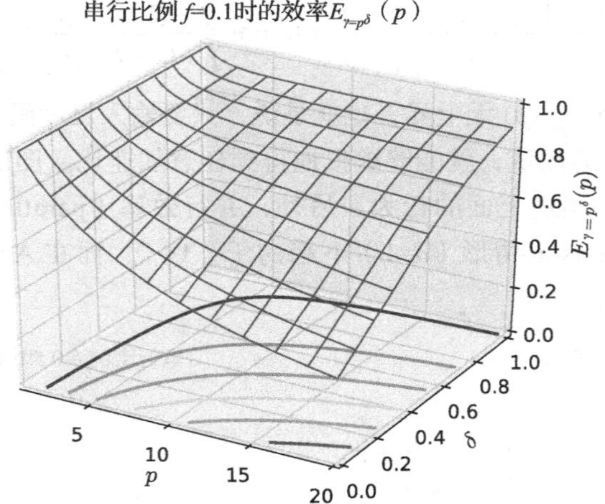

图 2.13 扩展效率 $E_\gamma(p)=S_\gamma(p)/p$ 的函数依赖以 $\gamma=p^\delta$ 为参数。参数 δ 在区间 [0,1] 之间取值，参照 Amdahl 定律（$\delta=0$）和 Gustafson 定律（$\delta=1$）。在 $p-\delta$ 平面上的 6 条曲线，是 $E_\gamma=p^\delta(p)$ 的理想曲线的投影。明显地，当增加处理单元个数 p 时，我们不得不显著地提高尺度比率 $\gamma=p^\delta$ 的函数依赖 δ 的等级，以保持效率不变

Amdahl 定律和 Gustafson 定律都在我们程序的运行时间中忽略了通信的影响。有兴趣的读者可以参考 Grama 等的文献。参考文献 [3] 提出了一个更一般化的模型用以分析理想效率。我们在 2.5 节有一个练习，该练习要求你同时考虑计算和通信的时间，计算给定并行系统（Jacobi 迭代）的理想效率函数（扩展问题规模以保持效率不变）。

2.4 Foster 的并行算法设计方法学

假设你得到一个有趣的问题或者一个串行问题，需要你去并行化。这是一个很有挑战性的任务，因为没有任何人知道秘诀，能够把任何问题或串行程序转换成高效的并行程序。更糟糕的是，常常可能会存在多种不同可能的并行方案。为了解决这种并行化问题，我们已经在 1.2 节讨论了几个指导方针。当我们设计一个并行解决方案时可以考虑它们：

- 划分
- 通信
- 同步
- 负载平衡

但是，我们怎样能够准确应用这些指导方针？以怎样的顺序使用？为了系统地寻找可能的并行解决方案，Ian Foster 提出了一种并行算法方法学[2]。该方法包括 4 个阶段，用首字母缩写表示为 PCAM（Partitioning、Communication、Agglomeration、Mapping），如图 2.14 所示。前 2 个阶段的目标是发现（细粒度的）并行性，而其余 2 个阶段聚焦于最大化数据局部性和在多处理器间平分工作负载。

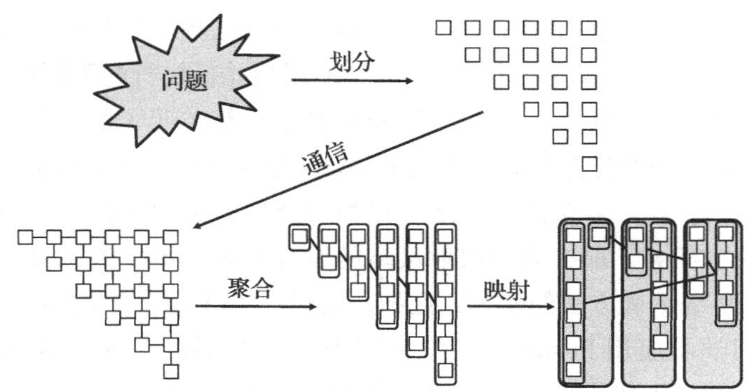

图 2.14 Foster 的并行算法设计方法学示例：(i) 一个给定的问题首先划分成大量的小任务；(ii) 通过不同任务之间的连线指定任务之间的通信；(iii) 多个小任务聚合成更大的任务，本例子中在同一列中的所有任务合并在一起从而减少与左右邻居的通信额外开销；(iv) 任务映射到处理器以减少整体的执行时间。在本例子中，6 个任务被映射到 3 个处理器，以追求好的（静态）负载平衡

划分：在第一个阶段，通过把问题划分（或者分解）为更多的小任务来确定潜在的并行资源。在 1.2 节我们已经学过 2 种可供选用的划分策略：区域分解和功能分解。在区域分解方法中，我们首先为数据确定一个合适的划分方案，然后安排相应的计算。在功能分解方法中，这种顺序被翻转：我们首先分解计算，然后安排相应的数据。通过为相同的问题选用不同的划分策略，我们通常得到不同的并行方案。因为在这个阶段，我们希望尽最大可能发现最多的并行性，我们常常以标识任务数目的最大化为目标（称之为细粒度并行化）。值得注意的是，与任务并行性相比（功能分解），数据并行性（区域分解）常常粒度更细。

通信：在这一阶段，我们希望确定划分阶段中标识的任务之间需要的通信。我们指明 2 个任务之间必须传输的数据，术语上称为这些任务之间链接的通道。在通道上，一个任务能够发送消息，另一个任务能够接收消息。在实践中，我们会遇到过很多不同的通信模式，比如局部或者全局、结构化或者非结构化、静态或者动态、同步或者异步等。举例来说，在一个使用局部通信的区域分解模式中，为了执行计算，每个任务需要与一个小的邻居任务集合通信，而在一个使用全局通信的区域分解模式中，每个任务需要与全部其他任务通信。

聚合：在第三个阶段，我们希望通过合并一定数量的小任务变成更大的任务，提高我们在划分阶段和通信阶段设计的粒度。在划分阶段和通信阶段研发的细粒度并行设计如果直接部署在一台实际的机器上（比如一台分布式内存体系结构的机器），不见得真正能获得很高的效率。其中的一个原因是，使用不同的进程（或线程）并行执行大量的小任务，可能会因为通信的额外开销而大大降低效率。为减少这样的额外开销，把几个小任务在同一台机器上聚合成一个独立的更大的任务可能是有益的。这常常会提高数据局部性（data locality），并且因此减少在任务之间数据通信的数量。

映射：在第四阶段，我们希望映射这些任务到处理器上执行（比如，通过进程调度到计算集群上的处理器)。映射过程的目标是：(i) 通过把通信频率高的任务分配到同一个处理器以降低处理器之间的通信；(ii) 通过把任务分配到能并行执行的不同处理器以促成并发；(iii) 在处理器之间平衡工作负载。有时候，这种映射是简单明了的。举例来说，如果算法有固定数量的相等且平衡的任务量和结构化的局部 / 全局通信，任务容易映射从而处理器间的通信量最小。然而，在更复杂的场景下，比如每个任务中的工作量可变的算法、非结构化通信模式或者动态任务，那么高效映射策略的设计就面临更多的挑战。这样的例子包括大量的静态和动态负载平衡方法的变体，比如，基于一个并行分支界定搜索的优化问题。

接下来，我们学习应用 Foster 方法学去实现一个作用在二维数组 data (i,j)(也称为 Jacobi 迭代) 上的 stencil 代码的计算。该计算中 data (i,j) 中的每个值都由其 4 个邻居的平均值更新，如公式 (2.11) 所示。这种更新规则采用了迭代的方式去计算一系列矩阵值 $\text{data}_t(i,j)$，t 取 $1,\cdots,T$。

$$\text{data}_{t+1}(i,j) \leftarrow \frac{\text{data}_t(i-1,j)+\text{data}_t(i+1,j)+\text{data}_t(i,j-1)+\text{data}_t(i,j+1)}{4} \tag{2.11}$$

如果在这个问题中使用 PCAM 方法，我们首先为每个数组元素定义一个细粒度的并行任务，然后定义它们之间的通信，如图 2.15 (A) 所示。这些细粒度任务随后聚合成粗粒度任务。对于这一步，我们现在分析比较 2 种不同的聚合方法：

- **方法 1**：图 2.15 (B) 聚合所有在相同行的任务。通过合并相邻的几个行 (任务)，这些生成的大任务被映射到多个处理器上，如图 2.15 (C)。
- **方法 2**：图 2.15 (D) 聚合了在一个正方形网格中的几个任务。通过合并在图 2.15 (E) 中一个矩形内的相邻的几个正方形 (任务)，这些生成的大任务被映射到多个处理器上。

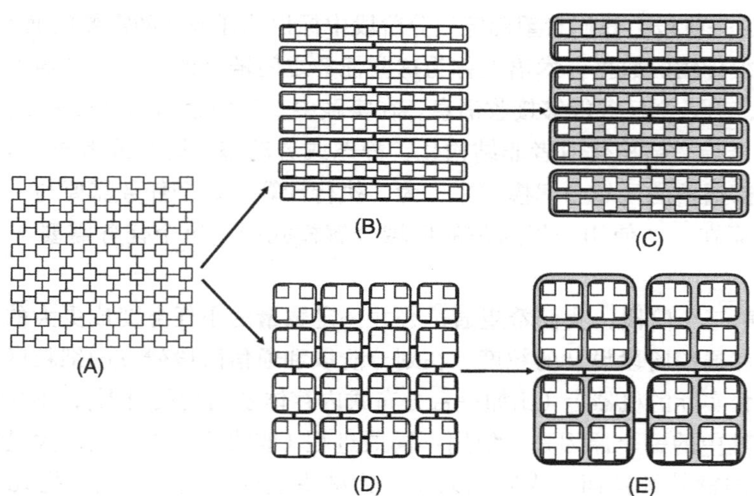

图 2.15 面向 Jacobi 迭代的 2 种不同的聚合方案。我们从相同的划分和通信模式开始 (A)。方法 1 沿着相同的行聚合所有任务 (B)，然后把其中的几个大任务映射到多个处理器上 (C)。方法 2 聚合了正方形网格任务 (D)，然后把其中的几个映射到多个处理器上 (E)

值得注意的是，这个例子中，映射这一步骤是简单的，因为这个例子采用的是固定数目的相等尺寸的任务以及结构化的局部通信。我们现在比较 2 种方法的通信复杂度。因此，在 2 个处理器之间发送 n 个字节需要的时间在公式（2.12）中计算：

$$T_{\text{comm}}(n) = s + r \cdot n \tag{2.12}$$

使用 p 个处理器，对于方法 1，公式（2.12）在两个处理器之间产生了 2（s+r*n）的通信时间，而对于方法 2 产生了 $4(s + r(n/\sqrt{p}))$ 的通信时间。因此，对于处理器数目很大的情形，聚合 / 映射方法 2 更优，因为需要的通信时间随着 p 的增大而减小，而方法 1 中保持了常数。

对于矩阵链的排序问题和根据购物篮交易记录计算频繁项集问题，我们在 2.5 节的练习中包括了两个另外的例子应用 Foster 并行算法方法论。

2.5 附加练习

1. **使用 CREW PRAM 的矩阵乘法**。令 $A,B \in \mathbb{R}^{n\times n}$ 是 2 个正方形矩阵，且 $C = A \cdot B$ 的矩阵乘积给出如下：

$$C_{ij} := \sum_{k=0}^{n-1} A_{ik} \cdot B_{kj}, \text{其中} i,j \in \{0,\cdots,n-1\}$$

设计一个 CREW PRAM 算法，使用 $\mathcal{O}$（n^3）处理器和 $\mathcal{O}$（n^3）内存在对数时间内计算矩阵 C。

(i) 写一段伪代码，说明对于 n 为 2 的幂时需要的计算过程。

(ii) 如果 n 不是 2 的幂，给出一个简单的解决方案。此时渐近复杂度是否受到影响吗？

(iii) 你的解决方案在开销方面是优化的吗？如果不是，尝试优化它。

2. **针对有序键值对数组的压缩**。令 $K=(k_i)_i$，$V=(v_i)_i$ 是 2 个数组，长度分别为 $n=2^m$，对于自然数 $m>0$。进一步，假设 K 中的键已经排序，就像 $k_0 \leqslant k_1 \leqslant \cdots \leqslant k_{n-1}$，但不一定唯一，也就是说，当 i 不等于 j 时，允许出现 2 个相等的键 $k_i=k_j$。在图 2.16 中给出了一个例子。

K	1	1	1	1	2	2	2	3	3	4	5	5	5	5	6	7
V	v_0	v_1	v_2	v_3	v_4	v_5	v_6	v_7	v_8	v_9	v_{10}	v_{11}	v_{12}	v_{13}	v_{14}	v_{15}

图 2.16 K 和 V 中有 16 个有序键值对元素的一个例子

键的数组 K 能够被压缩成一个新的键数组 $\bar{K}$，其中包含的键唯一。为了顾及多个值的出现，我们需要计算另一个索引数组 $P=(P_j)_j$，存放属于键 $k_i \in K$ 的一个值 $v_i \in V$ 的第一个位置 $p_j=i$（见图 2.17）。

$\bar{K}$	1	2	3	4	5	6	7									
P	0	4	7	9	10	14	15									
V	v_0	v_1	v_2	v_3	v_4	v_5	v_6	v_7	v_8	v_9	v_{10}	v_{11}	v_{12}	v_{13}	v_{14}	v_{15}

图 2.17 使用唯一值的 K 和 V 的压缩表示

基于 CREW PRAM 使用 n 个处理器设计一个高效的并行算法。你的实现方案合算吗？讨论内存使用量并证明你的说法。

3. **使用 CREW PRAM 的 All-to-All 比较**。假设有 2 个包含 m 个实数值序列的向量 $A:=(a^{(0)}, a^{(1)},\ldots,a^{(m-1)})$，$B:=(b^{(0)},b^{(1)},\ldots,b^{(m-1)})$，其中，对于所有 $0\leqslant l<\mathrm{m}$ 都有 $a^{(l)}\in\mathbb{R}^n$，且 $b^{(l)}\in\mathbb{R}^n$。每个 $a_{(i)}$ 和 $b_{(j)}$ 中的第 k 个坐标分别表示为 $a_k^{(i)}$ 和 $b_k^{(j)}$。接下来，完全配对距离矩阵 C_{ij} 由欧几里得距离度量（Euclidean distance measure，ED）计算得到：

$$Cij:=\mathrm{ED}(a^{(i)},b^{(j)})=\sqrt{\sum_{k=0}^{n-1}(a_k^{(i)}-b_k^{(j)})^2},\ i,j\in\{0,\ldots,m-1\}$$

设计一个 CREW PRAM 算法，使用 $\mathcal{O}(m_2{}^*n)$ 个处理器，并且每个处理器常量内存使用 $\mathcal{O}$（$\log_n$）时间计算矩阵 C。

（i） 写一段伪代码，说明对于 n 为 2 的幂时需要的计算过程，你能使它适用于任意维度 n 吗？

（ii） 从加速比、效率、开销的角度分析你的算法。

（iii）使用 $\mathcal{O}$（m^2*（n/log$n$））个处理器重新分析。

4. **PRAM 二分查找**。知名的二分查找串行算法用于在 n 个数组的有序数组 A[] 中查找一个元素 x，其工作过程如下：

- ❑ X 与 A 的中值比较
- ❑ 如果相等，返回数组 A 中标识的元素的索引，过程停止
- ❑ 如果 x 更大，那么 A 的下半部分被丢弃，搜索操作在数组 A 的上半部分递归进行
- ❑ 如果 x 更小，那么 A 的上半部分被丢弃，搜索操作在数组 A 的下半部分递归进行

（i） 设计一个在 CRCW PRAM 上使用 n 个处理器的二分查找并行版本。你的方案开销最优吗？

（ii） 设计一个在 CRCW PRAM 上使用 $N<n$ 个处理器的二分查找并行版本。分析你的算法的运行时间。

5. **PRAM 上的归并算法**。长度分别为 m 和 n 的 2 个有序数字的数组 A 和 B，考虑 A 和 B 的归并排序问题。设计一个 CREW PRAM 上使用 $(m+n)/\log(m+n)$ 个处理器的并行归并算法。你的算法的时间复杂度是多少？

6. **de Bruijn 图**。r 维空间的 de Bruijn 图包含 2^r 个节点和 2^{r+1} 个有向边。每个节点对应一个唯一的 r 位二进制数字 $u_1u_2\cdots u_r$。从节点 $u_1u_2\cdots u_r$ 到 $u_2\cdots u_r0$ 和 $u_2\cdots u_r1$ 之间存在一条有向边。

（i） 画一个三维的 de Bruijn 图。

（ii） r 维空间 de Bruijn 图的直径是多少？证明你的答案。

7. **超树网络**。有一些并行机器采用了超树网络拓扑作为其互联网络。一个度为 k 深度为 d 的超树能够描述为一个自顶向下的 k 叉树（前视图）和一个自底向上的深度为 d 的完全二叉树（侧视图）的合并。图 2.18 展示了 k=3 且 d=2 的例子。试确定一个度为 k 深度为 d 的超树的度、直径和对分宽度。

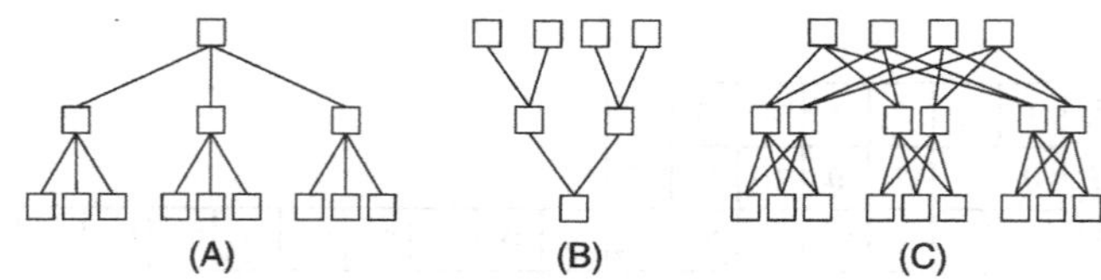

图 2.18 前视图为（A）、侧视图为（B）、度 k=3、深度 d=2 的超树的完全拓扑

8. **蝴蝶网络**。阶（order）为 k 的蝴蝶网络包含 2^k（k+1）个节点。这些节点被安排在 k+1 个等级，每个等级包含 $n=2^k$ 个节点。我们现在为每个节点分配唯一标签 $[i, j]$，其中 i=0,…,k 且 j=0,…,n−1。我们按如下方式连接这些节点：
   - 每个节点 $[i, j]$ 连接到 $[i+1, j]$，对于所有 $i \in \{0,\cdots,k-1\}$，$j \in \{0,\cdots,n-1\}$。
   - 每个节点 $[i, j]$ 连接到 $[i+1,(j+2^{k-i-1})\bmod 2^k]$，对于所有 $i \in \{0,\cdots,k-1\}$，$j \in \{0,\cdots,n-1\}$。

   (i) 画一个阶为 3 的蝴蝶网路。

   (ii) 阶为 k 的蝴蝶网络其直径和对分宽度分别是多少？证明你的答案。

   (iii) 查找 FFT（Fast Fourier Transform）算法，解释蝴蝶网络如何用于输入信号规模为 n 的 FFT 的高效计算中。
9. **超立方体上的前缀和**。设计一个并行算法，计算给定的 $n=2^d$ 个数字的数组 A 在 d 维超立方体上的前缀和。算法开始时，每个处理器应该恰好存储 A 的一个元素；在算法结束时，每个处理器应该存储了结果前缀数组中的一个元素。分析你的算法的运行时间。
10. **Amdahl 定律和 Gustafson 定律**。假设你希望并行化一个给定的串行程序，想要在 16 个处理器上得到的加速比至少为 10。程序的最大串行比例是多少？分别考虑：

    (i) Amdahl 定律。

    (ii) Gustafson 定律。
11. **更一般的规模扩展**。假设你已经实现了一个串行程序的并行版本，该串行程序有下列规模扩展特性：

    (i) 程序中内在的串行部分的运行时间是（2 500+n）ms，其中 n 是问题规模。

    (ii) 程序的可并行部分的运行时间是 n^2ms。

    计算该程序在问题规模为 n=10 000 时可达到的最大加速比。
12. **Jacobi 迭代的理想效率分析**。在理想效率分析方面，我们感兴趣的是问题规模 n 需要提高多大，在增加处理器的个数 p 时才能够保持并行效率不变。考虑 $n \times n$ 数组的 Jacobi 迭代及图 2.15（C）和图 2.15（E）中讨论的 2 种并行化方法。

    (i) 每个方法中的运行时间指定为 $T_{comp}+T_{comm}$（其中 T_{comp} 代表计算时间，T_{comm} 代表通信时间）均为 n 和 p 的函数。

    (ii) 确定 2 种方法的理想效率函数（也就是说，扩展问题规模以保持常数效率的必要性）。2 种并行方案中，哪种规模扩展性更好些？
13. **矩阵链排序问题的并行设计**。考虑一个 2D 矩阵的序列。矩阵链排序问题（Matrix Chain Ordering Problem，MCOP）的目标是找到这些矩阵连乘操作的效率最高的顺序。

    举例来说，如果给定 3 个矩阵 M_1、M_2 和 M_3，规模分别是 20×50、50×8 和 8×80。计算它们的乘积有 2 种可能的顺序：(i)（$M_1 \times M_2$）$\times M_3$，(ii) $M_1 \times$（$M_2 \times M_3$）。然而，这 2 种顺序在需要的数学操作次数方面存在差异：(i) 需要（20*50*80）+（20*8*80）=12 800 次操作，(ii) 需要（50*8*80）+（20*50*80）=112 000 次操作。明显地，前一种顺序更加有效。

    一般地，给定 n 个矩阵 M_i，规模为 $d_i-1 \times d_i$，其中 $i \in \{1,\cdots,n\}$，下面的递推关系定义了一个动态规划矩阵 $F[i, j]$。

$$F[i,j]=\begin{cases}0, & 若 i=j\\ \min_{i\le k<j}\{F[i,k]+F[k+1,j]+d_{i-1}\cdot d_k\cdot d_j\}, & 若 j<j\end{cases}$$

保存在 $F[i,j]$（$i \leqslant j$）中的值等于需要的操作次数（开销），对应于计算矩阵乘积 $M_i \times \cdots \times M_j$ 中采用的矩阵链优化顺序。因此，整体最小的开销保存在 $F[1,n]$ 中。

(i) 针对规模为 35×40、40×20、20×10、10×15 的 4 个矩阵，计算动态规划矩阵。

(ii) 使用 Foster 方法学为 MCOP 设计一个并行算法，并计算算法的运行时间。

14. **频繁项集计算的并行算法设计**。数据挖掘中的一个重要任务是从一个给定的交易数据库中计算最频繁的交易条目集合（比如，针对关联规则的学习）。图 2.19 示例了一个例子，使用的是超市购物篮交易。使用 Foster 方法学针对给定的交易数据库设计 2 个从中计算频繁项集的并行算法，并对比它们。

交易数据库

ID	购买物品
1:	{ 笔记本电脑，显示器，电缆 }
2:	{ 打印机，平板电脑，显示器 }
3:	{ 笔记本电脑，平板电脑，电缆 }
4:	{ 笔记本电脑，平板电脑，显示器，电缆 }
5:	{ 笔记本电脑，电缆 }
6:	{ 笔记本电脑，平板电脑，显示器 }
7:	{ 打印机，平板电脑 }
8:	{ 笔记本电脑，平板电脑，显示器，电缆 }
9:	{ 打印机，平板电脑，电缆 }
10:	{ 笔记本电脑，显示器，电缆 }

⇨

购物项集的频繁程度（频率次数最低为 4）

1 项	2 项	3 项
{ 笔记本电脑 } 7	{ 笔记本电脑，平板电脑 } 4	{ 笔记本电脑，显示器，电缆 } 4
{ 平板电脑 } 7	{ 笔记本电脑，电缆 } 6	
{ 显示器 } 6	{ 平板电脑，显示器 } 4	
{ 电缆 } 7	{ 平板电脑，电缆 } 4	
	{ 显示器，电缆 } 4	
	{ 笔记本电脑，显示器 } 5	

图 2.19 从给定的有 10 条超市购物篮交易记录的数据库中计算频繁项集的例子

参考文献

[1] Gene M. Amdahl, Validity of the single processor approach to achieving large scale computing capabilities, in: Proceedings of the April 18–20, 1967, Spring Joint Computer Conference, ACM, 1967, pp. 483–485.

[2] Ian Foster, Designing and Building Parallel Programs, vol. 191, Addison Wesley Publishing Company, Reading, 1995.

[3] Ananth Grama, Anshul Gupta, Vipin Kumar, Isoefficiency Function: A Scalability Metric for Parallel Algorithms and Architectures, 1993.

[4] John L. Gustafson, Reevaluating Amdahl's law, Communications of the ACM 31 (5) (1988) 532–533.

[5] Joseph JáJá, An Introduction to Parallel Algorithms, vol. 17, Addison-Wesley, Reading, 1992.

[6] Nadathur Satish, Mark J. Harris, Michael Garland, Designing efficient sorting algorithms for manycore GPUs, in: 23rd IEEE International Symposium on Parallel and Distributed Processing, IPDPS 2009, Rome, Italy, May 23–29, 2009, 2009, pp. 1–10.

[7] Leslie G. Valiant, A bridging model for parallel computation, Communications of the ACM 33 (8) (1990) 103–111.

第3章 Chapter 3 现代体系结构

摘要

在过去的10年里，每一次发布的处理器版本中单核性能的提升，一度成为应用程序运行时间提升的主要贡献。当今，单线程CPU的性能几乎停滞不前，现代CPU的性能提升主要归功于核心数目的增多。尽管如此，为充分利用现代体系结构的优势，许多情况下，不仅需要复杂的并行算法设计，还需要懂得现代体系结构特点方面的知识。一个重要的例子是内存系统。现代微处理器能够以远远高于从主存中读取数据的速率处理数据——这就是众所周知的冯·诺依曼瓶颈（von Neumann bottleneck）。导致的结果是，很多程序受限于访存，而不是真正计算。本章中，你将学习内存层次结构，包含一个快速缓存层位于CPU和主存之间，尝试消除冯·诺依曼瓶颈。从并行程序员的视角理解基于缓存的内存子系统的结构和功能显得非常重要。反过来，这能够帮助程序有效利用可用的内存系统。在有多级共享/本地缓存的多核系统中，这种情形变得更加复杂，需要考虑缓存的凝聚性和数据共享失效。除了持续增长的核心数目，现代体系结构还包含一些与计算性能提升相关的体系结构特征。一个典型的例子是，基于SIMD（Single-Instruction Mutiple-Data）概念的细粒度并行，即使用单条指令可以同时处理多个数值。我们将学习SIMD并行的基础和Flynn计算机体系结构分类法。常见的微处理器采用寄存器向量支持SIMD并行。你将学习在标准的CPU上使用内部函数的算法向量化方法。高效的向量化代码设计常常需要像数据布局转换这样的高级技术。

关键词

CPU，缓存，冯·诺依曼瓶颈，内存受限，带宽，延迟，矩阵乘法，主存，计算受限，缓存算法，缓存命中，缓存未命中，缓存一致性，伪共享，预取，SIMD，MIMD，向量化，Flynn分类法，指令级并行

3.1 存储层次

3.1.1 冯·诺依曼瓶颈

在经典的冯·诺依曼体系结构中，处理器（CPU）通过总线连接主存，如图 3.1 所示。在早期的计算机系统中，访问主存的耗费时长与计算耗费时长两者非常平衡。然而，在过去的几十年中，计算速度提高的速率远远高于主存访问速度增长的速率，正在产生一个明显的性能鸿沟。这种在 CPU 计算速度和主存（DRAM）速度之间的差异通常被称为**冯·诺依曼瓶颈**。

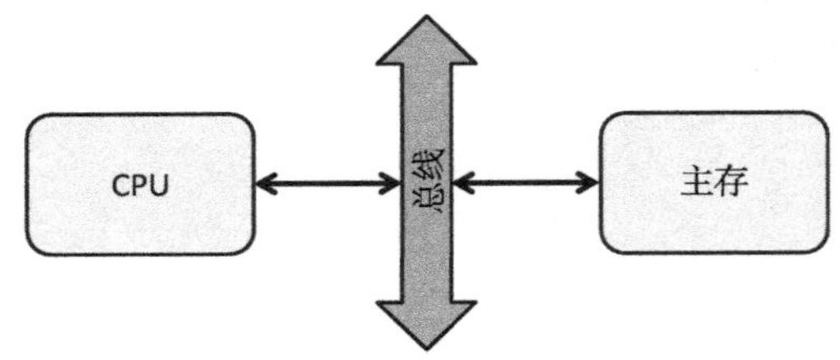

图 3.1　经典的冯·诺依曼体系的基本结构

让我们通过一个例子说明冯·诺依曼瓶颈。考虑一个 CPU 有 8 个核心，时钟频率为 3 GHz。此外，假设每个核心在 1 个时钟周期内能够执行 16 个双精度浮点操作（Flop）。那么，产生的峰值计算性能是 3 × 8 × 16GHz=384GFlop/s。这个 CPU 连接到一个 DRAM 模块，其峰值内存传输速率为 51.2GB/s。我们打算为这套计算机系统设置一个性能上限，任务是计算 2 个包含 n 个双精度数的向量 u 和 v 的点积，2 个向量都存储在主存中。

```
double dotp = 0.0;
for (int i = 0; i < n; i++)
   dotp += u[i] * v[i];
```

我们进一步假设，2 个向量的长度都足够大，为 $n=2^{30}$。因为，在循环的一次迭代中执行了 2 个操作（1 个乘法操作和 1 个加法操作），我们总共需要 $2 \times n=2^{31}$Flops 次计算。另外，2 个向量必须从主存传输到 CPU。这样的话，需要传输的数据总量为 $2^{31} \times 8\text{B}=16\text{GB}$。基于我们的系统规格说明我们能判定，在计算方面和数据传输方面各自需要的时间长度分别为

- 计算：$t_{\text{comp}} = \dfrac{2\text{GFlops}}{384\text{GFlop/s}} = 5.2\text{ms}$
- 数据传输：$t_{\text{mem}} = \dfrac{16\text{GB}}{51.2\text{GB/s}} = 312.5\text{ms}$

如果我们把计算和数据传输时间重叠，推导出总执行时长的下限是

$$t_{\text{exec}} \geqslant \max(t_{\text{comp}}, t_{\text{mem}}) = \max(5.2\text{ms}, 312.5\text{ms}) = 312.5\text{ms} \quad (3.1)$$

数据传输时间明显占了主导。值得注意的是，每个矩阵元素仅使用了一次，不存在数据重用。这样的话，点积计算是内存受限（memory bound）的。对应的可达性能上限可计算为 $\dfrac{2^{31}\text{Flop}}{312.5\text{ms}} = 6.4\text{GFlop/s}$，这意味着仅仅比理论上可达的峰值性能低了 2%。

为了克服冯·诺依曼瓶颈，计算机体系结构引入了一些对传统体系结构的扩展。其中的一项扩展是在 CPU 和主存之间插入一块快速存储，称之为**缓存**（Cache）。现代 CPU 基

本上都包含了一种 3 级缓存（L1，L2，L3）的层次结构，当前的 CUDA 使能的 GPU 包含 2 级的层次结构。在容量和速度之间通常存在一个折中，比如 L1- 缓存小而快，而 L3- 缓存大而慢。除此之外，缓存可能为单个核心私有，也可能在多个核心之间共享。接下来我们学习更多的关于缓存如何工作的知识，以及几个高效使用缓存的程序。

3.1.2　高速缓冲存储器

缓存是在 CPU 和主存之间插入的一种快速存储器。与主存相比，它的特点是有更高的带宽和更低的延迟。然而，它的容量却小很多。如图 3.2 所示，CPU 不再直接连接到主存。所有的装载和存入都必须经过缓存。更进一步，CPU 和缓存之间有一条专用连接，以加快通信速度。通常，缓存与 CPU 的核心集成在同一块芯片上。

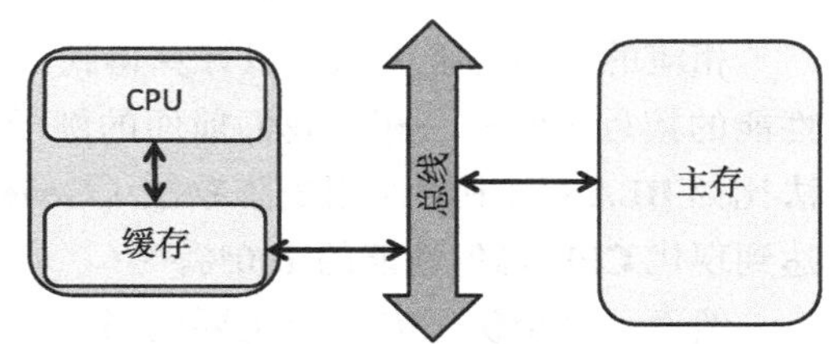

图 3.2　带有单个缓存的 CPU 基本结构

我们再看一个例子，它展示引入高速缓冲存储器后的潜在好处。与前面的例子相同，考虑 8 核 3GHz 的 CPU，其峰值性能为 384GFlop/s，主存峰值带宽为 51.2GB/s。现在，我们的系统另外包含了一个（共享的）缓存，容量是 512KB。进一步，我们假设缓存的速度非常快，CPU 全部核心都能在单个时钟周期内访问缓存，也就是说，它的操作速度是寄存器速度（register-speed）。我们打算为系统设置一个性能上限，用于计算矩阵乘法 $W=U\times V$，其中所有矩阵的形状都是 $n\times n$，且 n=128。

```
for (int i = 0; i < n ; i++)
     for (int j = 0; j < n; j++) {
          double dotp = 0.0;
          for (int k = 0; k < n; k++)
              dotp += U[i][k] * V[k][j];
          W[i][j] = dotp;
     }
```

这个例子中的矩阵维度很小，因而每个矩阵的数据量为 128×128×8B=128KB（假设是双精度数）。因此，全部 3 个矩阵（3×128KB=384KB）能装入缓存（512KB）。这样，在一开始，我们能把矩阵 U 和 V 一次性从主存传输到缓存，结束时，把输出的矩阵结果 W 从缓存传输到主存。计算过程中，所有矩阵数据将驻留在缓存，不需要任何主存传输。对于矩阵 W 中的 n^2 个值需要计算一个标量积，有 $2n$ 个操作，结果是总共执行 $2\times n^3=2\times 128^3=2^{22}$Flops。基于系统规格说明，我们能够断定需要的计算和数据传输的最小时间如下：

- 计算：$t_{\text{comp}}=\dfrac{2^{22}\text{Flop}}{384\text{GFlop/s}}=10.4\mu\text{s}$
- 数据传输：$t_{\text{mem}}=\dfrac{384\text{KB}}{51.2\text{GB/s}}=7.5\mu\text{s}$

由于使用了高速缓冲存储器，在计算输出矩阵中的 n 个不同的标量积时，我们就能重用输入矩阵的每个元素。导致的结果是，这次的计算时间比数据传输时间更长。矩阵相乘算法也因此变成了*计算受限*（compute bound）。假设在这个例子中没有把计算和通信重叠，我们设定总执行时长的下限：

$$t_{\text{exec}} \geqslant t_{\text{comp}} + t_{\text{mem}} = 10.4\mu s + 7.5\mu s = 17.9\mu s \tag{3.2}$$

相应的可达性能上限可以计算得到：2^{22}Flop/17.9μs=223GFlop/s。这相当于可达的峰值性能的接近 60%——相比我们前面的例子，性能提升超过 1 个数量级。高度优化的实现方法比如 BLAS 库中的通用矩阵乘法（General Matrix Multiplication，GEMM）[1]，甚至能够达到现代 CPU 峰值性能的 100%。

然而，这个例子有一个主要的限制：我们已经假设全部数据都恰好能装入缓存。绝大多数情况下这实际上不能满足。因此，我们需要考虑如果矩阵规模大于缓存的限制大小将发生什么事情。这种情况下，需要一系列适应性的策略在程序运行期间来决定什么数据将放入缓存，以及哪些数据将移出缓存。这个问题将在下一小节讨论。

3.1.3 缓存算法

高速缓冲存储器是一种不需要用户显式管理的资源。缓存由一套缓存替换策略（也称为*缓存算法*）管理，在程序执行期间决定哪些数据存储在缓存中。为了在提高效率的同时有效控制成本，缓存常常比主存小好几个数量级（比如，典型情形下 L1 缓存有几 KB，L3 缓存有几 MB，相比之下，主存有几 GB 甚至几 TB）。结果是，对于很多应用程序，我们正在工作的数据集（工作集）非常容易就能超过缓存容量。为了应对这种限制，缓存算法需要解决以下问题：

- 我们需要从主存装载哪些数据，我们把它存储在缓存的什么位置？
- 如果缓存已满，我们移出哪些数据？

在程序执行期间，如果 CPU 请求数据项，它首先确认这些数据是否已存储在缓存中。如果是这种情形，这次请求就能够通过从缓存中读取实现，而不需要一个耗时的主存传输。这种情形被称为**缓存命中**（cache hit）。否则，我们称之为**缓存未命中**（cache miss）。缓存算法的目的在于优化**命中率**（hit ratio），也就是说，数据请求中的百分比导致一次缓存命中。这些算法的设计遵循 2 条原则：

- **空间局部性**。许多算法从连续的内存位置访问数据，有较高的空间局部性。考虑后面的代码片段，确定长度为 n 的数组 a 中的最大值（其中，a[] 的元素连续存储）：

```
for (int i = 0; i < n; i++)
    maximum = max(a[i], maximum);
```

假设缓存起初为空。第一次迭代中请求 a[0] 值，导致缓存未命中。因此，需要从主存中载入。一般地，一次载入一个完整的**缓存行**（cache line），连同地址相邻的其他值，而不是仅装入请求的单个值。假设典型的缓存行的大小是 64B，数组中的值是双精度浮点数，这意味着 8 个连续的值 a[0]，a[1]，a[2]，a[3]，a[4]，a[5]，a[6]，a[7] 会一起载入缓存。后续的 7 次迭代结果将是缓存命中。再往后的迭代中，请求 a[8] 的结果是再次出现缓存未命中，以此类推。总的来说，我们这个例子中的命中率高达 87.5%，原因是利用了空间局部性。

- **时间局部性**。缓存被组织成了一定数目的块（缓存行）。每个块有固定的大小（比如 64B）。缓存映射策略决定主存中一个特定数据条目的备份将保存在缓存的哪个位置。在直接映射缓存（direct-mapped cache）中，从主存中载入的每个块能够准确地存储在一个缓存行。尽管这种操作模式容易实现，但它通常受制于一个较高的缓存未命中率。在一个 2 路组相联缓冲存储器（two-way set associative cache）中，从主存装载的每个数据块允许存储在 2 个可能的缓存行的其中之一（如图 3.3 所示）。一个常常使用的策略目的是决定选取 2 个可能位置中的哪一个。这个策略基于时间局部性，被称为最近最少使用（least-recently used，LRU）。LRU 简单地移出最近最少使用的条目。从直接映射缓存进化为 2 路组相联缓存，能显著提高缓存命中率[2]。2 路组相联缓存的一般化被称为全相联（fully associative）。这种方法中，替代的策略是自由选择任意缓存行来保存从主存装载的数据备份。尽管缓存命中率可能会进一步提高，但实现一个全相联缓存的相关代价通常特别昂贵。因此，实际中 *n* 路相联缓存的设计通常会优先选择 *n* 的取值为 2,4 或者 8。

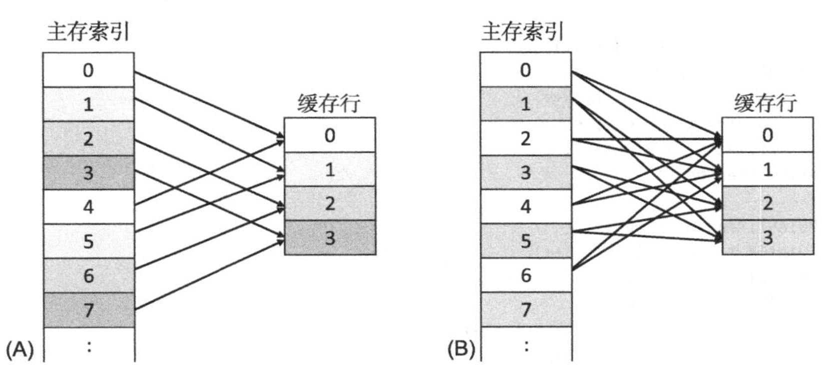

图 3.3　示例：(A) 直接映射缓存；(B) 2 路相联缓存

3.1.4　优化缓存访问

我们刚刚学习了缓存的工作原理。接下来，我们将应用刚刚学过的知识改进给定（串行）程序的性能。我们使用矩阵乘法作为一个学习案例。

```
#include <iostream>
#include <cstdint>
#include <vector>
```

列表 3.1　矩阵乘法的 2 种不同的实现：原生方法和转置乘法

```
#include "../include/hpc_helpers.hpp"

int main () {

    // matrix shapes
    const uint64_t m = 1 << 13;
    const uint64_t n = 1 << 13;
    const uint64_t l = 1 << 13;

    TIMERSTART(init)
    // sum_k A_ik * B_kj = sum_k A_ik * B^t_jk = C_ij
    std::vector<float> A (m*l, 0); // m x l
    std::vector<float> B (l*n, 0); // l x n
    std::vector<float> Bt(n*l, 0); // n x l
    std::vector<float> C (m*n, 0); // m x n
    TIMERSTOP(init)

    TIMERSTART(naive_mult)
    for (uint64_t i = 0; i < m; i++)
        for (uint64_t j = 0; j < n; j++) {
            float accum = 0;
            for (uint64_t k = 0; k < l; k++)
                accum += A[i*l+k]*B[k*n+j];
            C[i*n+j] = accum;
        }

    TIMERSTOP(naive_mult)

    TIMERSTART(transpose_and_mult)
    TIMERSTART(transpose)
    for (uint64_t k = 0; k < l; k++)
        for (uint64_t j = 0; j < n; j++)
            Bt[j*l+k] = B[k*n+j];
    TIMERSTOP(transpose)

    TIMERSTART(transpose_mult)
    for (uint64_t i = 0; i < m; i++)
        for (uint64_t j = 0; j < n; j++) {
            float accum = 0;
            for (uint64_t k = 0; k < l; k++)
                accum += A[i*l+k]*Bt[j*l+k];
            C[i*n+j] = accum;
        }

    TIMERSTOP(transpose_mult)
    TIMERSTOP(transpose_and_mult)

}
```

列表 3.1 （续）

列表 3.1 展示了一个矩阵乘法 $A \cdot B{=}C$ 的 C++ 程序，使用的矩阵维度分别为 $m\text{x}l$、$l\text{x}n$ 和 $m \times n$。这 3 个矩阵以行优先的线性数组存放。第一组 for 循环以直接而原生的方式实现了矩阵乘法。研究关于索引 k 的内层循环的访问模式表明，A 的元素以连续方式访问。然而，

矩阵 B 的访问并没有充分利用空间局部性：访问 k 行 j 列的值之后，接下来的迭代访问 $k+1$ 行 j 列的值。这些值实际上存储在主存中相距 $l\times$ sizeof(float) 字节的位置。这样的话，它们将不会存储在同一个缓存行。对存储在同一个缓存行的值的访问，比如存储在矩阵 B 第 k 行第 $j+1$ 列的值，将只能在 l 次迭代步之后发生。如果 l 足够大（比如就像我们的例子中 $l=2^{13}$），对应的缓存行可能已经从 L1 缓存中移出。这导致对于 l 比较大的情况，行命中率低。这种情形如图 3.4 中的左图所示。

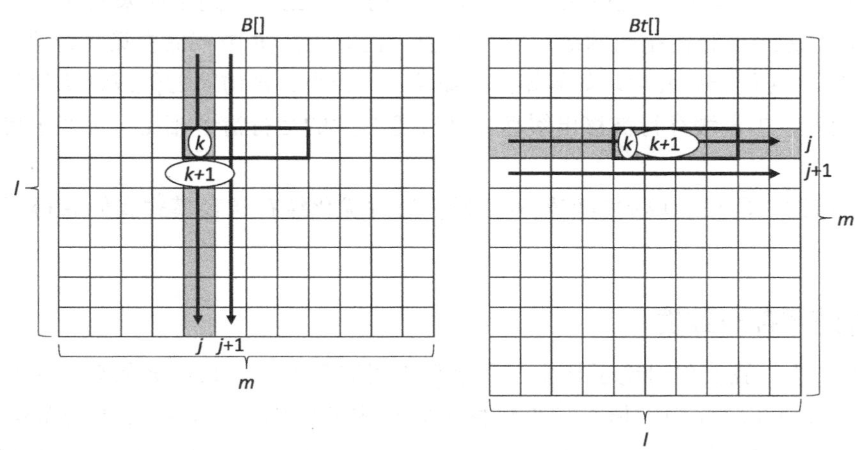

图 3.4　数组 B[] 在原生实现（左）和数组 Bt[] 在转置乘法实现（右）中的访问模式。其中针对的是变量 k 上的内层迭代和变量 j 上的紧邻外层循环。当前迭代步中，位于同一个缓存行（假设 1 个缓存行能够容下 4 个浮点值）的矩阵元素用粗体的矩形框标识

列表 3.1 中接下来的部分以一种不同的方式实现了矩阵乘法。首先，使用了一个额外的临时数组 Bt[] 存储转置矩阵 B^T。最后的一组 for 循环把 A 与 B^T 相乘。因为用了转置操作，就能为数组 A[] 和 Bt[] 使用相同的访问模式。在整个乘法过程中都有很高的缓存命中率。这种使用 Bt[] 的访问模式如图 3.4 中的右图所示。

令矩阵维度 $m=n=l=2^{13}$，我们的程序在 Intel i7-6800K CPU 上执行，产生如下输出：

```
# elapsed time (init): 0.164688s
# elapsed time (naive_mult):5559.46s
# elapsed time (transpose):  0.752526s
# elapsed time (transpose_mult): 497.911s
# elapsed time (transpose_and_mult): 498.663s
```

首先，值得注意的是，每个矩阵的规模（$2^{13}\times2^{13}\times$ sizeof(float)B=256MB）已经超出了有效的缓存容量。这样的话，根据预期我们的原生实现中访问数组 B[] 的缓存命中率比较低。我们使用的 CPU 的缓存行大小是 64B。因此，一次内存读访问系统能装载 16 个浮点值。对于在转置乘法例子中访问 Bt[]，这种模式使缓存命中率达到了 93.75%。矩阵 B 的转置操作带来的额外开销可以忽略不计（但是，需要额外的内存空间）。与原生的矩阵乘法实

现相比，转置乘法（包括转置操作）获得了非常可观的加速比 11.1。使用更小的 l 值实际上能提高原生方法的缓存命中率。令 $m=n=2^{13}$，$l=2^{8}$，输出了如下结果：

```
# elapsed time (init): 0.0944191s
# elapsed time (naive_mult): 28.0118s
# elapsed time (transpose): 0.0133463s
# elapsed time (transpose_mult): 12.9108s
# elapsed time (transpose_and_mult): 12.9242s
```

我们能够看出，与原生程序相比，转置程序的加速比降低到了原来的 45%。正如我们前面讨论的，访问存储在相同的缓存行中的值，比如矩阵 B 中存储在第 k 行第 $j+1$ 列的一个值，将在 l 次迭代步后发生。如果矩阵的维度 l 比较小，被访问的值或许仍保存在缓存中（因为在此期间，少量缓存行被移出缓存），与 l 值更大的运行情形相比，会产生更高的缓存命中率。

总之，借助一段很简单的矩阵转置代码，通过优化缓存访存模式我们获得了非常可观的加速比。

3.1.5 高速缓存一致性

到目前为止，我们仅讨论了从主存和缓存中读取数据。写数据会怎么样呢？假设我们想重写一个已经在缓存中的值，如果仅修改缓存中的值则会导致缓存中的备份值与主存中保存的原始值之间产生不一致性（inconsistency）。为了保证缓存和主存之间的一致性（coherence），可以采用两种主要的写策略：

- **直写式**：如果我们打算写入数据的主存地址中对应的数据已经缓存，则主存中原始地址修改的同时，对应的缓存行也要同样修改。后续的操作中即使该缓存行可能移出高速缓存，也不会产生任何不一致。这种策略的缺点是，过多的写操作会减慢程序的运行速度，因为每个写操作都产生了一个主存访问。
- **回写式**：这种操作模式中，主存地址不会立即修改。只是修改对应的缓存行，并标记为 dirty。只有在移出一个 dirty 的缓存行时，存储的数据才写入主存。

在一个多核 CPU 系统中，这种情形会变得更加复杂。现代多核芯片通常包含多个缓存级别，因此，每个核心有一个私有即不共享（小而快）的低级缓存，比如 L1 缓存。同时，全体核心共享一个公共（大而慢）的高级缓存，比如 L2 缓存，如图 3.5 所示。因为每个核心有一个私有缓存，那么共享数据就有可能出现多份复制。举例来说，一份复制存储在 0 号核心的 L1 缓存，另一份复制存储在 1 号核心的 L1 缓存——除此之外，还有一份复制存储在主存中。这时，如果 0 号核心在对应的缓存行上执行写操作，可能采用直写式或者回写式策略。这种情况下，只更新了 0 号核心的 L1 缓存中的值，而没有更新 1 号核心的 L1 缓存中的值，这就产生了缓存不一致。这意味着对应于同一个主存地址缓存了不同的值。图 3.6 的简单例子说明了缓存不一致性。

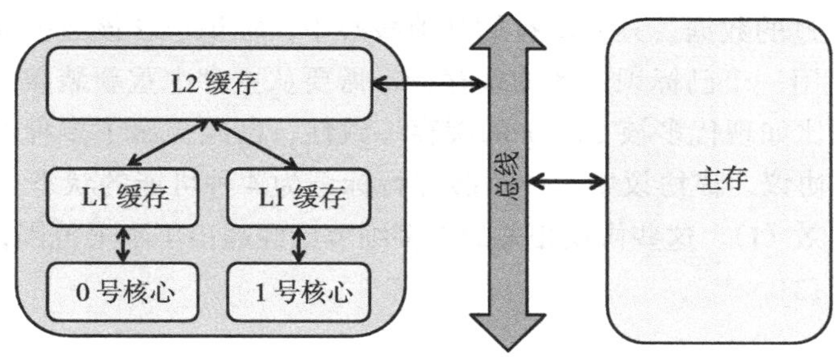

图 3.5　有 2 个核心和 2 级缓存的 CPU 芯片示例：一个私有的 L1 缓存和一个共享的 L2 缓存

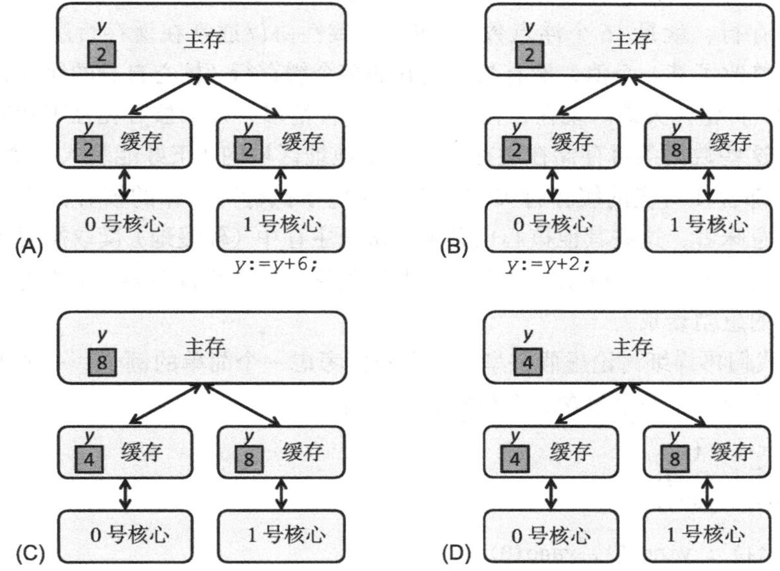

图 3.6　缓存不一致的例子：（A）变量 y 存储在（共享的）主存中。它已经缓存在 0 号核心和 1 号核心各自私有的高速缓冲存储器中。这时，1 号核心执行指令 y:=y+6，因而它从自己的私有缓存复制中读取 y 的值 2。（B）1 号核心完成了指令执行，并存储结果（8）到它的私有缓存。同时，0 号核心执行指令 y:=y+2，因而它也从自己的私有缓存复制中读取 y 的值 2。（C）0 号核心完成了指令执行，并存储结果（4）到它的私有缓存。同时，1 号核心把前面指令中得到的结果（8）直接写入 y 的主存位置。（D）0 号核心也把前面指令中得到的结果（4）直接写入 y 的主存位置。由于同一个变量 y 在两块不同的缓存中存储了不同的值，从而产生了缓存不一致

运行并行程序时，多个缓存值的不一致性可能导致难以预料的结果。因此，并行体系结构需要保证缓存一致性。这意味着需要一种机制，把发生在本地数据复制上的修改结果传播到系统中的其他复制。一种可能的实现方式是更新系统中所有核心的私有缓存。遗憾的是，提供对不同核心缓存的直接访问将异常缓慢——特别是核心数量很大的情形。另一

种方法是对于修改过的数据，只在所有的其他核心中，标识包含该数据复制的缓存行为失效。如果进一步引用一个已标识失效的缓存行，需要从主存中重新装载对应的缓存行。为了实现并行系统（比如现代多核 CPU）的缓存一致性，已经提出了多种不同的协议。一个主流例子是 MESI 协议。该协议中，一个缓存行标记为 4 种可能的状态：修改（M）、专用（E）、共享（S）、失效（I）。这些协议相关的更多细节已经超出了本书范围，但可在相关文献中查阅，比如文献 [3]。

3.1.6 虚假共享

我们前面学过，高速缓存划分成一系列的缓存行，因此，每行能存多个值（比如，对于 64B 长度的缓存行，就是 16 个浮点数）。缓存一致性协议通常在缓存行层面上工作，也就是说，若核心修改了某一个值，所有与之关联的多个缓存行（核心自身的缓存行与其他核心的缓存行一起）将整体失效。现在，让我们设想一种情形，多个核心在互不相同的数据条目上同时操作，这些数据条目存储在主存的同一个地址区域内（正好能装入一个缓存行）。任何一个写操作都会使对应的缓存行失效，不仅对应于执行写操作的核心，还对应于其他核心。接下来就意味着，这些其他核心也必须再次从主存中（较慢地）读取需要的数据，尽管这些数据条目实际上并没有改动。这造成了人为假象，称为*虚假共享*（也称为*缓存行乒乓*）。它将导致性能的急剧衰减。

在 4.3 节我们再详细讨论虚假共享。现在我们考虑一个简单的例子：一个 128 位的紧凑数据结构。它适合装入一个包含 2 个整数的缓存行：

```
struct pack_t {
    uint64_t ying;
    uint64_t yang;

    pack_t() : ying(0), yang(0) {}
};
```

列表 4.12 包含了一段串行代码，递增 2 个整数 ying 和 yang，同时还包含一段并行代码，使用 2 个线程独立地实现这 2 个整数的递增操作。测试这 2 段代码的运行时间，结果显示多线程代码的运行慢了大约 6 倍。这明确地演示了虚假共享导致的潜在的性能急剧下降。

对程序员有用的一个准则是，当使用并行的多线程时，要因此避免对存储在同一个缓存行中的数据条目的过度更新。此外，在寄存器中而不是在缓存中存储中间结果常常是有用的。

3.1.7 并发多线程技术和预取技术

如果数据没有缓存（比如说，因为在你的算法中没有足够多的数据重用），数据仍然必须从慢速的主存中传送出来。在现代 CPU（以及 GPU）体系结构上，这样的访问会带来非常高的延迟，常常达到几百个时钟周期。现代体系结构使用了并发多线程技术（Simultaneous multi-threading，SMT）和硬件预取技术（hardware prefetching）等方法，以隐藏这些延迟。

SMT 在同一个核心上并发执行多个需要共享可用资源的线程。如果一个线程因为需要从主存中读取数据而耽搁，系统能够调度另一个线程在已经装载的数据上执行计算操作。因此，内存请求的服务过程能够通过线程间的多路复用技术用计算过程掩盖。这意味着系统需要具备在多个线程间快速切换的能力。当前的 Intel CPU 实现了一种被称为超线程（hyper-threading）的 2 路 SMT。此外，现代 CUDA 使能的 GPU 中每个 SM（streaming multiprocessor）上执行大量线程，我们将在 7.2 节详细学习。

如果能提前知道处理器未来需要哪些数据，这种情形就能使用预取技术。这种情况下，在线程实际需要这些数据之前，相应的数据能提前从主存装载，存储在缓存中。数据的传输过程能够用针对已装载数据的计算过程所掩盖。一旦恰好需要预取数据，相应的请求就能由缓存访问（缓存命中）完成。因此，在特定情况下，预取技术对隐藏主存访问延迟有益。预取技术既可以显式地由程序员实现（软件预取技术），也可以自动实现（硬件预取技术）。

3.1.8 展望

在本书的后面几章中，你可以应用学到的关于内存系统的知识。4.3 节、5.3 节和 6.3 节在多核 CPU 上用多线程 C++ 和 OpenMP 应用缓存技术。另外，第 7 章在 CUDA 使能的 GPU 上扩展应用内存优化技术，比如 7.2 节、7.3 节和 7.4 节。

另外，我们将使用数据传输与计算之间的覆盖作为不同体系结构上的重要概念贯穿全书。例子包括 6.3 节中的使用 CUDA 的多 GPU 上的通信和计算之间的交错进行，以及 9.6 节中使用 MPI 的分布式内存体系结构的多节点上的通信和计算之间的隐藏覆盖。

3.2 并行性的层次

我们前面讨论了内存的层次结构作为现代体系结构的一个重要特征，以应对处理器和内存之间传输数据的冯·诺依曼瓶颈。此外，现代微处理器（比如 CPU、GPU）也包含几个层次的并行性，以提升其计算性能。

3.2.1 Flynn 分类法

一个常用的普遍认可的把并行性分成不同类型的分类方法是 Flynn 分类法[4]。按照体系结构的指令和数据流，它们分为以下 4 种类型：

- **单指令流单数据流 SISD**（Single Instruction, Single Data），指传统的冯·诺依曼体

系结构，一个单独的串行的处理单元（Processing Element，PE）操作一条单独的数据流。

- **单指令流多数据流 SIMD** (Single Instruction, Multiple Data)，在多个数据条目上并发执行同一个操作。
- **多指令流多数据流 MIMD** (Multiple Instruction, Multiple Data)，使用多个处理单元 PE，在不同的数据流上执行不同的指令。
- **多指令流单数据流 MISD** (Multiple Instruction, Single Data)，使用多个处理单元 PE，在一个单独的数据流上执行不同的指令。这种类型的并行性很少见，但可用于流水线体系结构，比如脉动阵列（systolic array）[10]。

我们在图 3.7 中进一步示例了 Flynn 分类法。现代 CPU 和 GPU 包含了多个特征，使用了不同层次的并行性。

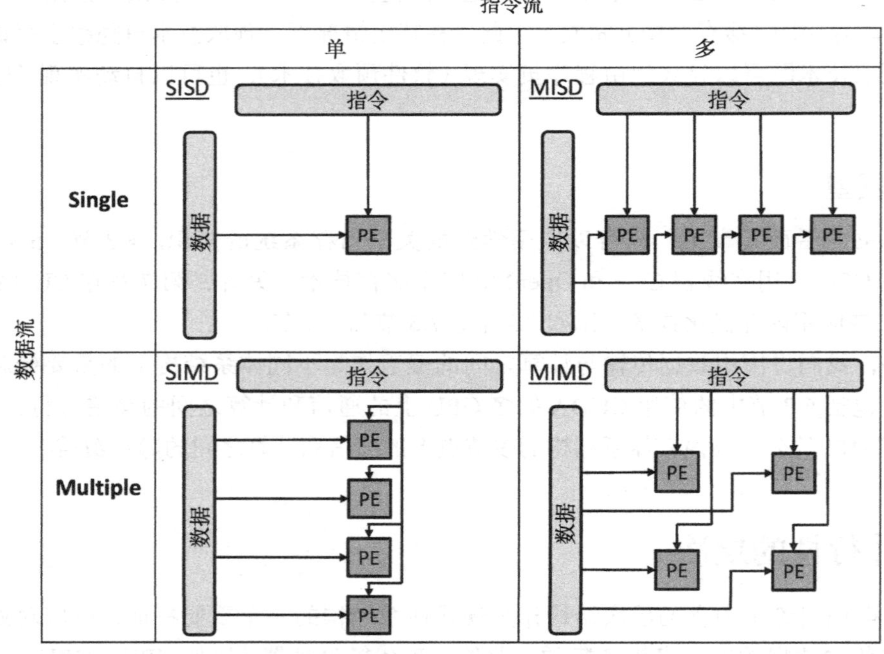

图 3.7 按照指令流的个数和数据流的个数，Flynn 分类法把计算机体系结构分为 4 种类型：SISD、MISD、SIMD、MIMD

- **多重核心**。通过集成一定数量的核心（或者多处理器构成的流水线），其上能异步独立执行多个线程，现代微处理器使用 MIMD 并行。你将在第 4 章、第 6 章和第 7 章学习在 CPU 和 GPU 上执行多线程的编程方法。
- **向量单元**。通过在每个核心中集成基于 SIMD 的向量单元，现代体系结构开发了数据层面的并行性。向量单元能够在一定数量的数据条目上并发地执行向量指令，比如，一个 512 位的向量单元能够并行执行 16 对单精度浮点数的加法操作。

- **指令级并行**。通过指令流水线和超标量执行，当前的处理器进一步开发了指令级并行性（Instruction-Level Parallelism，ILP）。流水线叠盖了多条指令的不同执行阶段，比如指令获取、指令解码、寄存器获取、执行、内存访问、寄存器回写等。在超标量并行中，多重执行单元用于并发地（独立）执行多重指令。为了利用超标量并行性，指令的执行可能会由系统通过乱序执行机制（Out-of-Order Execution，OOE）重新排序。这种情况下的一个重要考虑是数据依赖性，比如说，如果 2 条指令互相依赖，则它们就不能并行执行。对于更多关于 ILP 方面的细节，我们建议有兴趣的读者参考 Hennessy 和 Paterson 的教材 [5]，或者 Duois、Annavaran 和 Stenström 的教材 [3]。

3.2.2 SIMD 概念

在每个时钟周期，通过向全体可用 PE 或者算数逻辑单元（Arithetic Logical Unit，ALU）分发相同的指令，SIMD 体系结构实现了*数据并行*（data parallelism）机制。因此，它们只需要一个单独的（中心化的）控制单元。这常常简化了 PE 的设计，因为它们不需要为程序控制添加任何额外的逻辑。

让我们考虑一个简单的例证分析。我们希望下面的循环串行程序映射到一个 SIMD 机器上，以实现针对 2 个向量 u 和 v 按元素顺序相减：

```
for (i = 0; i < n; i++)
    w[i] = u[i] - v[i];
```

明显地，循环中的所有迭代都是独立且规则的。因此，它很容易 SIMD 化。考虑 n 个 ALU 在一个控制单元下运行，如图 3.8 所示。这种情况下，通过首先把 $u[i]$ 的值和 $v[i]$ 的值装载到各个数学逻辑单元 ALU 内置的寄存器 U 和 V，然后简单执行减法指令 $U-V$，ALU_i（$0 \leq i<n$）就能并行计算值 $w[i]$。

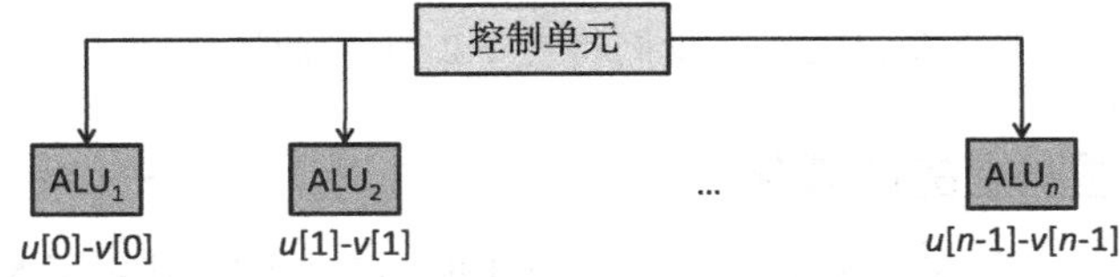

图 3.8 SIMD 体系结构执行数据并行减法指令的例子，其中 2 个向量 u 和 v 相减，每个 ALU 存储每个向量中各自一个元素

然而，并非所有算法都对 SIMD 友好。这样的例子包括任务的内层循环中含有条件语句。对于前面的例子，我们在其中引入一个 if-then-else 语句：

```
for (i = 0; i < n; i++)
    if (u[i] > 0)
        w[i] = u[i] - v[i];
```

```
else
    w[i] = u[i] + v[i];
```

为了把一个包含条件语句的 for 循环映射到一个 SIMD 体系结构，我们现在允许一个 ALU 空闲（idle）（除了执行由控制单元广播的指令之外）。根据这个新特性，我们能用以下 3 个步骤实现上面的 if-then-else 语句（如图 3.9 所示）：

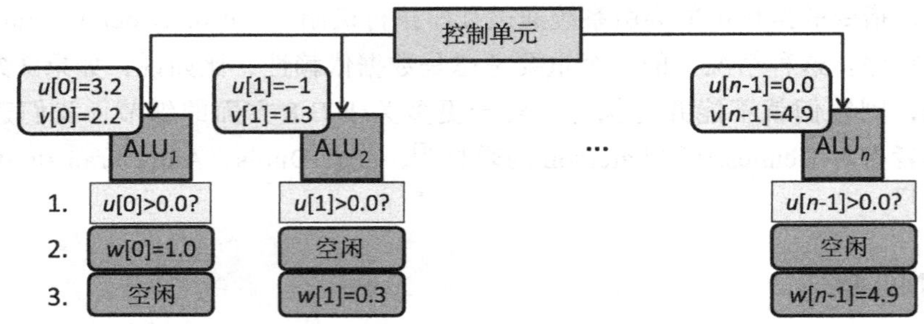

图 3.9 SIMD 体系结构执行条件语句的例子，实现 2 个数组 *u* 和 *v* 对应值的操作：如果 *u* 的值为正，则执行减法；否则执行加法

1）每个 ALU 把其寄存器 *U* 和 0 相比较，设置一个对应于较大值的标签。

2）所有 ALU 执行指令 *U*−*V*，但只是设置了标签的 ALU，把结果存储到 *W*。

3）所有 ALU 执行指令 *U*+*V*，但只是未设置标签的 ALU，把结果存储到 *W*。

总的来说，频繁使用条件语句会显著降低 SIMD 系统的性能。在我们上面的例子中，SIMD 的效率是 50%，因为平均有一半 ALU 是空闲的。如果是嵌套的条件语句，效率会进一步降低。例如，双重嵌套的 if-then-else 语句效率会降低到 25%。

一些早期的大规模并行机器采用了 SIMD 理念，比如 Thinking Machines 的 CM-1/CM-2 和 MasPar MP-1/MP-2 [8]。如今的微处理器通常包含一个更小规模的 SIMD 并行。举例来说，每个 CPU 核心通常包含一个向量单元（vector unit），能够并行操作一定数目的数据条目（我们将在后续章节中讨论这些问题）。在 CUDA 使能的 GPU 上，一个所谓的 Warp 块内的所有线程以 SIMD 的方式执行，我们将在 7.2 节详细学习。

3.2.3 通用微处理器上的向量化

在基于 x86 的 CPU 上支持 SIMD 操作始于 1997 年。当时引入了 MMX（Multi Media Extension-Intel）和 3DNow！（AMD）技术，借助合并 64 位带宽（向量）寄存器，算术计算能够在填充数据类型上执行，比如 2 个 32 位寄存器类型、4 个 16 位整数类型、4 个 8 位整数类型等。经过几年发展，这些向量寄存器的尺寸逐步增大。单指令多数据流扩展 SSE（流式 SIMD 扩展，1999 年启动）增加了 128 位带宽寄存器和指令，支持填充整数类型与浮点数类型的操作。2011 年，向量寄存器长度进一步增大到 256 位，带有高级向量扩展 AVX（Advanced Vector Extension）。2015 年增大到 512 位，带有 AVX-512。

开发可用向量寄存器计算能力的一种途径是使用**内联函数**（intrinsic）。内联函数包含了可用于 C 和 C++ 源代码的汇编代码函数[⊖]和数据类型定义。例如，2 个 256 位的 AVX 寄存器能够用如下方式相加：

```
__m256 a,b,c;             // declare AVX registers
...                       // initialize a and b
c = _mm256_add_ps(a,b);   // c[0:8] = a[0:8] + b[0:8]
```

__m256 数据类型的变量表示一个 256 位长度的 AVX 寄存器，存放 8 个 32 位的浮点类型值。AVX 内联函数 _mm256_add_ps 执行一个 8 路 SIMD 形式的加法操作，如图 3.10 所示。还有类似的内联函数用于其他数据类型和其他数学操作。接下来的 2 个例子基于 AVX2 技术（AVX 指令集上引入 Haswell 微体系结构的一种扩展）和单精度浮点数。通过替换相应的内联函数、数据类型和偏移量，使用的方法能够轻松地移植到其他技术和数据类型。举例来说，对于 AVX-512 技术，使用了 __m512 数据类型和 __mm512_add_ps 内联函数把 16 个单精度浮点数相加，或者 __mm512_add_pd 把 8 个双精度浮点数相加。Intel C++ 编译器参考资料 [7] 提供了可用的内联函数的完整概览。

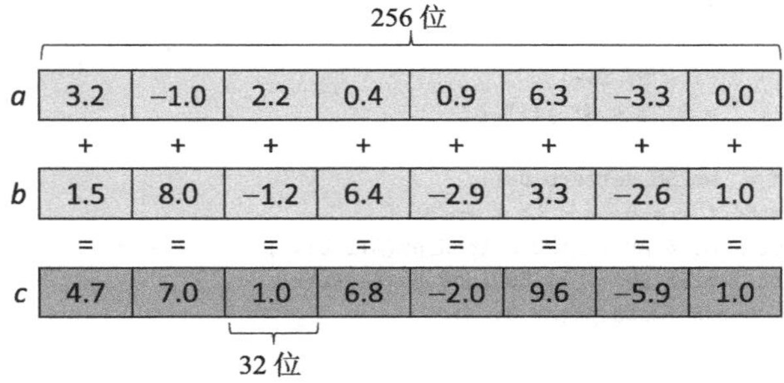

图 3.10　2 个 AVX 寄存器的并行加法，每个寄存器存放 8 个单精度（32 位）浮点数。8 个位置中的每一个也被称为一个向量车道

在列表 3.1 中，我们展示了用于矩阵乘法 $A \times B = C$ 的 C++ 程序，矩阵的维度分别为 $m \times l$、$l \times n$、$m \times n$。这些程序的运行时间对比表明，转置后矩阵（包括转置运算）的加速比超过原生实现方法的加速比高达一个数量级。现在，我们希望借助基于带有 AVX2 的 256 位寄存器实现一个 SIMD 向量化，进一步改善标准的 CPU 上转置矩阵乘法的运行时间。

```
#include <cstdint>      // uint32_t
#include <iostream>     // std::cout
#include <immintrin.h>  // AVX intrinsics
```

列表 3.2　2 个用于转置矩阵乘法的 C++ 函数：plain_tmm（串行非向量化版本）和 avx2_tmm（AVX2 向量化）

⊖ 值得注意的是，并非所有内联函数都直接映射到一条单独的汇编指令，但能用多条汇编指令实现。尽管如此，内联函数一般提供可靠的高性能实现。

```
void plain_tmm(float * A,
               float * B,
               float * C,
               uint64_t M,
               uint64_t L,
               uint64_t N) {

    for (uint64_t i = 0; i < M; i++)
        for (uint64_t j = 0; j < N; j++) {
            float accum = float(0);
            for (uint64_t k = 0; k < L; k++)
                accum += A[i*L+k]*B[j*L+k];
            C[i*N+j] = accum;
        }
}

void avx2_tmm(float * A,
              float * B,
              float * C,
              uint64_t M,
              uint64_t L,
              uint64_t N) {

    for (uint64_t i = 0; i < M; i++)
        for (uint64_t j = 0; j < N; j++) {

            __m256 X = _mm256_setzero_ps();
            for (uint64_t k = 0; k < L; k += 8) {
                const __m256 AV = _mm256_load_ps(A+i*L+k);
                const __m256 BV = _mm256_load_ps(B+j*L+k);
                X = _mm256_fmadd_ps(AV,BV,X);
            }

            C[i*N+j] = hsum_avx(X);
        }
}
```

列表 3.2 （续）

列表 3.2 展示了 2 个 C++ 函数用于计算转置矩阵乘法：plain_tmm 是一个直接的串行非向量化的实现；avx2_tmm 是一个 AVX2 向量化的实现。我们首先需要包含 immintrin.h 头文件，以构建使用内联函数的应用程序。内层循环计算矩阵 A 的第 i 行和 B 的第 j 行的标量积。向量化的函数在 A 和 B 中取出的 8 个值上并发操作，而对应的非向量化方法仅在单个元素上操作。命令 _mm256_load_ps(A+i*L+k) 和命令 _mm256_load_ps(B+j*L+k) 从矩阵 A 和 B^T 装载 8 个连续的单精度浮点数，到 256 位的寄存器 AV 和 BV。值得注意的是，这个内联函数仅从对齐的内存地址中装载数据。因此，我们需要保证 2 个矩阵确实被分配到 32 字节边界。例如，这能用 _mm_malloc 命令实现。

```
auto A = static_cast<float*>(_mm_malloc(M*L*sizeof(float), 32));
auto B = static_cast<float*>(_mm_malloc(N*L*sizeof(float), 32));
```

然后，内联函数 _mm256_fmadd_ps(AV,BV,X) 用 BV 的 8 个浮点数乘以 AV 的 8 个浮点数，再把存储在向量 X 中的每个值加起来（如图 3.11 所示）。内层循环结束时，X 存储了 8 个片段标量乘积。然后，调用用户定义的函数 hsum_avx(X) 把这 8 个值横向加起来，得到全部标量积（这个实现留作 3.3 节的一个练习）。

AV	A[i*L]	A[i*L+1]	A[i*L+2]	A[i*L+3]	A[i*L+4]	A[i*L+5]	A[i*L+6]	A[i*L+7
	*	*	*	*	*	*	*	*
BV	B[j*L]	B[j*L+1]	B[j*L+2]	B[j*L+3]	B[j*L+4]	B[j*L+5]	B[j*L+6]	B[j*L+7]
	+	+	+	+	+	+	+	+
X	X[0]	X[1]	X[2]	X[3]	X[4]	X[5]	X[6]	X[7]
	=	=	=	=	=	=	=	=
X	X[0]	X[1]	X[2]	X[3]	X[4]	X[5]	X[6]	X[7]

图 3.11 列表 3.2 中的内层循环使用的内联函数 _mm256_fmadd_ps(AV,BV,X) 的示例

我们的程序实际运行在 Intel i7-6800K CPU 上，使用的矩阵维度 m=1 024，l=2 048，n=4 096，产生的运行时间如下：

```
# elapsed time (plain_tmm): 12.2992
# elapsed time (avx2_tmm): 2.133s
```

这样来看，与未向量化的实现版本相比，我们的 AVX2 版本获得了大约 5.8 倍的加速比。这明确展示了在标准的 CPU 上使用 SIMD 计算的优越性。因此，能使用多线程基于 MIMD 并行，进一步减少运行时间。例如，在我们的超线程 6 核 i7-6800K CPU 上使用 12 个线程对 avx2_tmm 函数的外层循环并行化，又提升运行性能达到 6.7 倍：

```
# elapsed time (avx2_tmm_multi): 0.317763s
```

总结一下，与一个消费级 CPU 上的原生版本的基线实现相比，如果考虑数据布局转换、向量化、多线程等技术，我们获得了总体上 2 个数量级的加速比。值得注意的是，avx2_tmm_multi 函数的实现采用了 OpenMP 多线程技术，这将在第 6 章详细学习。

3.2.4 结构体数组和数组结构体

为了充分发掘 SIMD 的并行性潜力，常常需要调整采用的数据结构布局。在本小节中，我们学习 2 种不同的方式存储一系列记录，每条记录包含的元素数目固定：

- **结构体数组**（Array of Structures，AoS）简单地在单个数组中连续存储一系列结构体。
- **数组结构体**（Structure of Array，SoA）每个维度对应一个数组，每个数组仅存储相应元素维度的值。

作为一个学习案例，我们使用一组 n 个实数值的 3D 向量（即每个向量有 x、y、z 坐标），

比较 SIMD 与 AoS 及 SoA 的友好性：

```
auto xyz = new float[3*n];
```

对应的 SoA 定义有如下形式：

```
auto x = new float[n];
auto y = new float[n];
auto z = new float[n];
```

图 3.12 示例了一组 3D 向量的 AoS 和 SoA 内存布局。

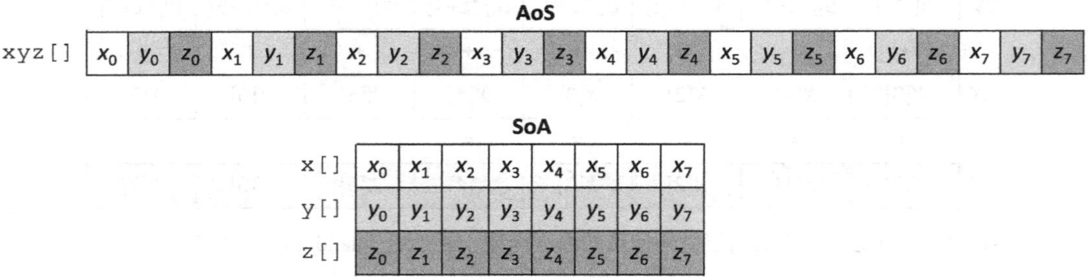

AoS

xyz[]	x_0	y_0	z_0	x_1	y_1	z_1	x_2	y_2	z_2	x_3	y_3	z_3	x_4	y_4	z_4	x_5	y_5	z_5	x_6	y_6	z_6	x_7	y_7	z_7

SoA

x[]	x_0	x_1	x_2	x_3	x_4	x_5	x_6	x_7
y[]	y_0	y_1	y_2	y_3	y_4	y_5	y_6	y_7
z[]	z_0	z_1	z_2	z_3	z_4	z_5	z_6	z_7

图 3.12　一组 8 个 3D 向量的 AoS 和 SoA 的内存布局比较

我们现在希望规范化每个向量，也就是说，我们想把每个向量 $v_i=(x_i, y_i, z_i)$ 映射到

$$\hat{v}_i = \frac{v_i}{\| v_i \|} = \left(\frac{x_i}{\rho_i}, \frac{y_i}{\rho_i}, \frac{z_i}{\rho_i} \right), \text{其中 } \rho_i = \sqrt{x_i^2 + y_i^2 + z_i^2} \tag{3.3}$$

向量规范化是计算机图形学和计算几何学中的一个常用操作。如前文定义，在数组 xyz 中使用的 n 个 3D 向量以 AoS 数据布局存储，通过函数 plain_aos_norm，向量规范化能以直接简单的非向量化方式按次序执行。

```
void plain_aos_norm(float * xyz, uint64_t length) {

    for (uint64_t i = 0; i < 3*length; i += 3) {
        const float x = xyz[i+0];
        const float y = xyz[i+1];
        const float z = xyz[i+2];
        float irho = 1.0f/std::sqrt(x*x+y*y+z*z);

        xyz[i+0] *= irho;
        xyz[i+1] *= irho;
        xyz[i+2] *= irho;
    }
}
```

遗憾的是，基于 AoS 格式的 3D 向量规范化操作的向量化效率很低，主要原因是：

1）向量寄存器未能充分利用。比如，对于一个 128 位的寄存器和单精度浮点数，单个向量仅占用了向量通道的 3/4。

2）平方和（对于 plain_aos_norm 函数中的变量 irho 计算）需要在相邻（水平的）通道之间操作，平方根倒数计算的结果仅为一个值。

3）扩展到更长的向量寄存器时效率会变得更低。

相反，当 3D 向量以 SoA 格式存储时，SIMD 并行化效率会更高。下面的函数 avx_soa_norm 使用 AVX2 寄存器以 SoA 数据布局存储这 *n* 个向量，以 3 个数组 x、y、z 实现规范化：

```
void avx_soa_norm(float * x, float * y, float * z,
                  uint64_t length) {

    for (uint64_t i = 0; i < length; i += 8) {

        // aligned loads
        __m256 X = _mm256_load_ps(x+i);
        __m256 Y = _mm256_load_ps(y+i);
        __m256 Z = _mm256_load_ps(z+i);

        // R <- X*X+Y*Y+Z*Z
         __m256 R = _mm256_fmadd_ps(X, X,
                    _mm256_fmadd_ps(Y, Y,
                    _mm256_mul_ps  (Z, Z)));

        // R <- 1/sqrt(R)
        R = _mm256_rsqrt_ps(R);

        // aligned stores
        _mm256_store_ps(x+i, _mm256_mul_ps(X, R));
        _mm256_store_ps(y+i, _mm256_mul_ps(Y, R));
        _mm256_store_ps(z+i, _mm256_mul_ps(Z, R));
    }
}
```

每个循环迭代步中，8 个向量并发地规范化。通过 SoA 布局，其中数组 x[]、y[] 和 z[] 的每个通道存储向量对应的坐标，有助于高效的 SIMD 实现，如图 3.12 所示。

然而，有的应用程序仍然偏好以紧凑的 AoS 格式布局其几何数据，因为其他操作将受益于更稠密填充的向量。尽管如此，我们仍然愿意使用高效的基于 SoA 的 SIMD 代码。在这种情况下，使用 256 位的寄存器，一个可能的解决方案，工作步骤如下。

1）使用 3 个 256 位的寄存器，把 8 个连续的以 AoS 格式存储的 3D 向量转换到 SoA 格式。

2）使用 SoA 格式执行向量化 SIMD 计算。

3）把结果从 SoA 转换，回到 AoS 格式。

在 AoS 和 SoA 之间的数据转换需要多个值之间的交换。一种可能的实现方法见图 3.13。为了使用 AVX2 实现演示的数据从 AoS 到 SoA 的重新布局，我们将利用下面的 3 个内联函数。

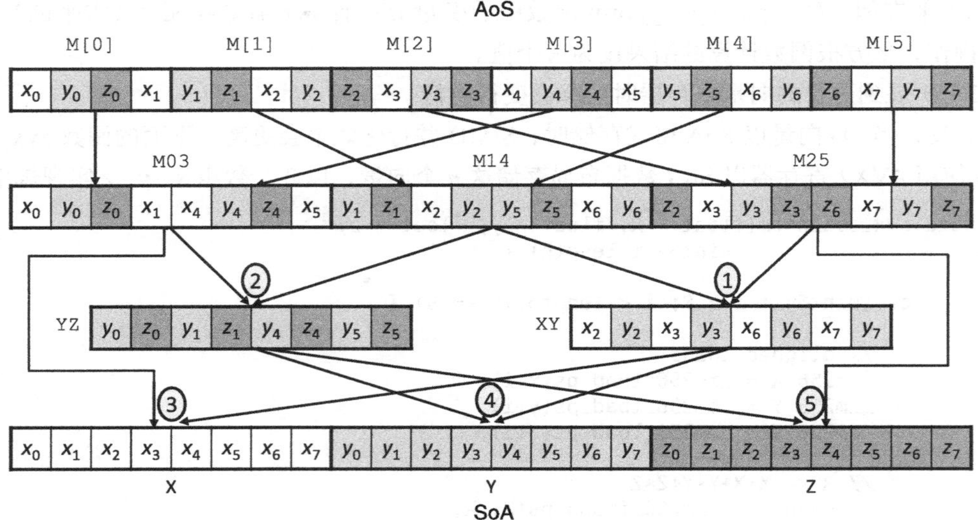

图 3.13　8 个 3D 向量的转换：(x_0，y_0，z_0)，…，(x_7，y_7，z_7) 以 AoS 格式存储，使用 256 位寄存器转换到以 SoA 格式存储。按照列表 3.3 中使用的变量标识寄存器名称。上半部分装载向量元素到寄存器 M03、M14、M25，下半部分执行了 5 个置乱（shuffle）操作，把向量存储到 256 位的寄存器 X、Y、Z。每个置乱操作上标注的数字对应于列表 3.3 中的置乱内联函数调用的次序

- __m256_mm256_shuffle_ps(__m256 m1,__m256 m2, const int sel)：按照保存在变量 sel 中的 4 个 2- 比特值（即 0 到 3）选择从 m1 到 m2 的元素，放置到输出向量。按照 sel 的前 2 个比特构成的比特对（bit-pair）从 m1 的前 4 个元素选择，作为输出向量的前 2 个元素。按照 sel 的第 3 和第 4 比特构成的组（bit-pair）从 m2 的前 4 个元素选择，作为输出向量的第 3 和第 4 个元素。输出向量的第 5 到第 8 个元素以类似的方式选择得到，替换为选择 m1 和 m2 的第 5 到第 8 个元素。举例来说，图 3.13 中的置乱操作“2”实现如下：

```
YZ = _mm256_shuffle_ps(M03, M14, _MM_SHUFFLE(1,0,2,1));
```

其中，值 1 和 2 从 M03 中（也就是说，y_0、z_0 从低位半部，y_4、z_4 从高位半部）选择元素，值 0 和 1 从 M14 中（也就是说，y_1、z_1 从低位半部，y_5、z_5 从高位半部）选择元素。然后它们在 YZ 中组合成向量 (y_0，z_0，y_1，z_1，y_4，z_4，y_5，z_5)。

- __m256_mm256_castps128_ps256(__m128 a)：一个 128 位向量类型转换到一个 256 位向量。输出向量的低位半部包含源向量的值，高位半部未定义。
- __m256_mm256_insertf128_ps(__m256 a, __m128 b, int offset)：按照一定的偏移量（offset），在一个 256 位的向量中插入一个 128 位的向量。例如，要用 2 个 128 位的向量 M[0] 和 M[3] 分别存储元素 x_0、y_0、z_0、x_1 和 x_4、y_4、z_4、x_5，再装载到 1 个 256 位的 AVX 寄存器，M03 用如下函数完成。

```
M03 = _mm256_castps128_ps256(M[0]);
M03 = _mm256_insertf128_ps(M03 ,M[3],1);
```

```
#include <random>       // prng
#include <cstdint>      // uint32_t
#include <iostream>     // std::cout
#include <immintrin.h>  // AVX intrinsics

// timers distributed with this book
#include "../include/hpc_helpers.hpp"

void aos_init(float * xyz, uint64_t length) {

    std::mt19937 engine(42);
    std::uniform_real_distribution<float> density(-1, 1);

    for (uint64_t i = 0; i < 3*length; i++)
        xyz[i] = density(engine);
}

void avx_aos_norm(float * xyz, uint64_t length) {

    for (uint64_t i = 0; i < 3*length; i += 3*8) {

/////////////////////////////////////////////////////////////////
// AOS2SOA: XYZXYZXYZXYZXYZXYZXYZXYZ --> XXXXXXX YYYYYYY ZZZZZZZZ
/////////////////////////////////////////////////////////////////

        // registers: NOTE: M is an SSE pointer (length 4)
        __m128 *M = (__m128*) (xyz+i);
        __m256 M03, M14, M25;

        // load lower halves
        M03 = _mm256_castps128_ps256(M[0]);
        M14 = _mm256_castps128_ps256(M[1]);
        M25 = _mm256_castps128_ps256(M[2]);

        // load upper halves
        M03 = _mm256_insertf128_ps(M03 ,M[3],1);
        M14 = _mm256_insertf128_ps(M14 ,M[4],1);
        M25 = _mm256_insertf128_ps(M25 ,M[5],1);

        // everyday I'm shuffling...
        __m256 XY = _mm256_shuffle_ps(M14, M25,
                                  _MM_SHUFFLE( 2,1,3,2));
        __m256 YZ = _mm256_shuffle_ps(M03, M14,
                                  _MM_SHUFFLE( 1,0,2,1));
        __m256 X  = _mm256_shuffle_ps(M03, XY ,
                                  _MM_SHUFFLE( 2,0,3,0));
        __m256 Y  = _mm256_shuffle_ps(YZ , XY ,
                                  _MM_SHUFFLE( 3,1,2,0));
```

列表 3.3 通过即时转换为 SoA 格式，以 AoS 格式存储的 3D 向量数组实现向量规范化以及结果的反向转换

```
        __m256 Z  = _mm256_shuffle_ps(YZ , M25,
                          _MM_SHUFFLE( 3,0,3,1));

////////////////////////////////////////////////////////////////
// SOA computation
////////////////////////////////////////////////////////////////

        // R <- X*X+Y*Y+Z*Z
        __m256 R = _mm256_fmadd_ps(X, X,
                   _mm256_fmadd_ps(Y, Y,
                   _mm256_mul_ps  (Z, Z)));

        // R <- 1/sqrt(R)
        R = _mm256_rsqrt_ps(R);

        // normalize vectors
        X = _mm256_mul_ps(X, R);
        Y = _mm256_mul_ps(Y, R);
        Z = _mm256_mul_ps(Z, R);

////////////////////////////////////////////////////////////////
// SOA2AOS: XXXXXXX YYYYYYY ZZZZZZZZ -> XYZXYZXYZXYZXYZXYZXYZXYZ
////////////////////////////////////////////////////////////////

        // everyday I'm shuffling...
        __m256 RXY = _mm256_shuffle_ps(X,Y,
                     _MM_SHUFFLE(2,0,2,0));
        __m256 RYZ = _mm256_shuffle_ps(Y,Z,
                     _MM_SHUFFLE(3,1,3,1));
        __m256 RZX = _mm256_shuffle_ps(Z,X,
                     _MM_SHUFFLE(3,1,2,0));
        __m256 R03 = _mm256_shuffle_ps(RXY, RZX,
                     _MM_SHUFFLE(2,0,2,0));
        __m256 R14 = _mm256_shuffle_ps(RYZ, RXY,
                     _MM_SHUFFLE(3,1,2,0));
        __m256 R25 = _mm256_shuffle_ps(RZX, RYZ,
                     _MM_SHUFFLE(3,1,3,1));

        // store in AOS (6*4=24)
        M[0] = _mm256_castps256_ps128(R03);
        M[1] = _mm256_castps256_ps128(R14);
        M[2] = _mm256_castps256_ps128(R25);
        M[3] = _mm256_extractf128_ps(R03, 1);
        M[4] = _mm256_extractf128_ps(R14, 1);
        M[5] = _mm256_extractf128_ps(R25, 1);
    }
}

int main () {
    const uint64_t num_vectors = 1UL << 28;
    const uint64_t num_bytes = 3*num_vectors*sizeof(float);

    auto xyz = static_cast<float*>(_mm_malloc(num_bytes , 32));

```

列表 3.3 （续）

```
    aos_init(xyz, num_vectors);

    TIMERSTART(avx_aos_normalize)
    avx_aos_norm(xyz, num_vectors);
    TIMERSTOP(avx_aos_normalize)

    _mm_free(xyz);
}
```

列表 3.3 （续）

以 AoS 格式存储的 3D 向量数组实现向量规范化的操作代码如列表 3.3 所示。我们的解决方案一次转换 8 个 3D 向量子序列。对应的函数 avx_aos_norm 包含 3 个阶段：AoS2SoA、SoA 计算以及 SoA2AoS。AoS2SoA 阶段首先使用内联函数 _mm256_castps128_ps256 和 _mm256_insertf128_ps，把 4 个子向量元素对，装载到 256 位寄存器，如前文描述和图 3.13 上半部分示例。

接下来，我们应用 5 个 _mm256_shuffle_ps 操作实现向量元素必需的置乱过程，如图 3.13 下半部所示。然后，高效的向量化的 SoA 计算就能以我们前面学习的方式进行。因为结果以 SoA 格式存储，需要再转换回到 AoS 格式。这需要通过函数的 SoA2AoS 部分的 6 个对应的置乱操作来实现。

我们的 AVX 程序和对应的简单 AoS 程序实际在 Intel i7-6800K CPU 上执行，使用 $n=2^{28}$ 个向量，产生的运行时间如下：

```
# elapsed time (plain_aos_normalize): 0.718698s
# elapsed time (avx_aos_normalize): 0.327667s
```

我们能看到，尽管转换产生额外开销，向量化实现方法仍然能达到约 2.2 倍的加速比。

3.2.5 展望

本小节，我们学习了数据布局和相应的转换对使能 SIMD 处理潜力至关重要。另外的一些例子有 stencil 代码 [6] 和分子动力学模拟 [9]。作为 3.3 节的一个练习，我们也包含了针对 1D Jacobi stencil 的数据布局转换。

为了追求更高的性能，向量内联函数能与多线程代码混合使用。在 6.5 节，我们将学习 AVX 怎样结合 OpenMP 去实现一个更高效率的回归（softmax regression）分类器。

除了使用内联函数，针对 SIMD 的更高级编程语言的多种结构体正在变得日益流行。一个例子是 OpenMP 中的 SIMD 编译指令，我们将在 6.7 节学习。另外，8.1 节 CUDA 中的 Warp 内嵌函数也基于 SIMD 概念。

3.3 附加练习

1. **卷积的性能**。考虑一个运行频率为 2.5GHz 的单核 CPU，每个时钟周期能执行 8 次单精度浮点操作。该 CPU 连接到一个 DRAM 模块，峰值内存传输速率为 25.6GB/s。它有一个大小为 256KB 的缓存，操作速度与寄存器相同。我们希望计算一个存储在主存中的 2D 图像 I 的卷积。图像的尺寸为 $n\times n$，卷积窗口（Mask）M 尺寸为 $(2k+1)\times(2k+1)$。也就是说，我们希望用以下式子计算得到一幅尺寸为 $n\times n$ 的图像 C：

$$C[x][y]=\sum_{i=-k}^{k}\sum_{j=-k}^{k}I[x+i][y+j]\times M[k-i][k-j],\text{对所有}0\leqslant x,y\leqslant n-1$$

上面的式子中，如果 $x+i<0$ 或者 $x+i\geqslant n$ 或者 $y+j<0$ 或者 $y+j\geqslant n$，我们令 $I[x+i][y+j]=0$。

（i）为这个系统建立一个可达到的性能上界，计算真实值图像 I 的卷积，图像尺寸为 256×256，卷积窗口 M 尺寸为 1×1。

（ii）如果卷积窗口 M 尺寸为 5×5，性能上界还一样吗？

（iii）如果 I 的尺寸比缓存大很多，更好的缓存策略是什么？

2. **缓存行和向量化**。考虑一个 CPU，缓存行长度 L=sizeof(float)*16，及 2 个方阵 A，$B\in \text{float}^{N\times N}$，每个方阵的长度 N=1 024。我们希望计算 $C=A+B$，通过矩阵元素的按索引顺序处理。对于任意 $i,j\in\{0,\cdots,N-1\}$ 有 $C_{ij}=A_{ij}+B_{ij}$。

（i）计算函数 row_wise_add 中的缓存未命中的总次数：

```
// row-major-order addition
void row_wise_add(float * A, float * B,
                  float * C, size_t  N) {

    for (int i = 0; i < N; i++)
        for (int j = 0; j < N; j++)
            C[i*N+j] = A[i*N+j] + B[i*N+j];

}
```

（ii）对于函数 col_wise_add，与（i）中的结果对比一样吗？你认为哪个函数执行更快？为什么？

```
// col-major-order addition
void col_wise_add(float * A, float * B,
                  float * C, size_t  N) {

    for (int j = 0; j < N; j++)
        for (int i = 0; i < N; i++)
            C[i*N+j] = A[i*N+j] + B[i*N+j];
}
```

（iii）使用内敛函数 _mm256_load_ps，你能从对齐的数组（aligned array）[⊖]中一次性装载 8 个 float 值，也能一次性把它们保存到局部变量 __m256 tmp。对等的函数 _mm256_store_ps 用来把 tmp 写回到原始数组。为 2 个 __m256 类型的变量的加法找到正确的命令。之后，实现一个 AVX 向量化的 row_wise_add 函数变体版本。

（iv）对比（i ～ iii）得到的运行时间，它们与你的期望一致吗？

3. **矩阵的连乘**。我们现在再次考虑矩阵乘法 $A\cdot B=C$，矩阵维度分别为 $m\times l$、$l\times n$、$m\times n$。在本章我们已经学习过简单的实现方案，因为受限于缓存命中率问题而性能低下。

⊖ 确保你知道对齐内存的含义。

```
void mat_mult_naive(float * A, float * B, float * C,
                    size_t m, size_t l, size_t n) {
    for (uint64_t i = 0; i < m; i++)
        for (uint64_t j = 0; j < n; j++) {
            float accum = 0;
            for (uint64_t k = 0; k < l; k++)
                accum += A[i*l+k]*B[k*n+j];
            C[i*n+j] = accum;
        }
}
```

一个减少缓存未命中率的方法是把矩阵 A 和 B 划分为小的矩形瓦片。2 个这样的瓦片乘法能够在缓存中执行，从而开发数据重用和空间局部性。将函数 mat_mult_naive 修订成缓存友好的瓦片矩阵乘法。

4. **虚假共享、加速比和效率**。再次考虑 2 个方阵加法 $C=A+B$。我们可能希望利用 P 个处理器并行计算，在 4.1 节介绍 C++ 多线程模型的一般性基础知识中将得到一个总体感受。

(i) 源程序 false_sharing.cpp[⊖]中的函数 false_sharing_add 派生 P 个线程，并且它们都调用方法 add_interleaved 计算求和，详细解释为什么发生了虚假共享。相关程序片段如下：

```
// adds entries (threadID, threadID+P, ...)
void add_interleaved(float * A, float * B, float * C,
                     size_t  N, size_t  P, size_t ID) {

    for (int i = 0; i < N; i++)
        for (int j = ID; j < N; j += P)
            C[i*N+j] = A[i*N+j] + B[i*N+j];

}

// spawns P threads and calls add_interleaved
// for each threadID
void false_sharing_add(float * A, float * B, float * C,
                       size_t  N, size_t  P) {

    std::thread threads[P];

    for (int i = 0; i < P; i++)
        threads[i] = std::thread(add_interleaved,
                                 A, B, C, N, P, i);

    for (int i = 0; i < P; i++)
        threads[i].join();
}
```

(ii) 写一个新函数 coalesced_mem_add，用于按 N/P 大小分批计算 $C=A+B$ 的和，仅使用凝聚的内存访问。

(iii) 对不同的 $p \in \{1, \cdots, P\}$ 测量其运行时间。针对使用的处理器个数 p 分别计算获得的加速比和效率。如果你假设“+”为单次浮点操作，你能得到多少 GFlop/s？对得到的结果展开讨论。

(iv) 选做：使用向量化改善得到的运行时间。

⊖ 源程序由本书的配套网站（https://parallelprogrammingbook.org）提供。

5. **最大值归约的循环展开**。下面的（串行）函数计算一个给定的浮点数组的最大值：

```
float plain_max(float * data,
                uint64_t length) {

    float max = -INFINITY;

    for (uint64_t i = 0; i < length; i++)
        max = std::max(max, data[i]);

    return max;
}
```

函数 plain_max_unroll_2 和函数 plain_max_unroll_4 执行相同的计算，但展开循环使用的系数分别为 2 和 4：

```
float plain_max_unroll_2(float * data,
                         uint64_t length) {
    float max_0 = -INFINITY;
    float max_1 = -INFINITY;

    for (uint64_t i = 0; i < length; i += 2) {
        max_0 = std::max(max_0, data[i+0]);
        max_1 = std::max(max_1, data[i+1]);
    }

    return std::max(max_0, max_1);
}

float plain_max_unroll_4(float * data,
                         uint64_t length) {

    float max_0 = -INFINITY;
    float max_1 = -INFINITY;
    float max_2 = -INFINITY;
    float max_3 = -INFINITY;

    for (uint64_t i = 0; i < length; i += 4) {
        max_0 = std::max(max_0, data[i+0]);
        max_1 = std::max(max_1, data[i+1]);
        max_2 = std::max(max_2, data[i+2]);
        max_3 = std::max(max_3, data[i+3]);
    }

    return std::max(max_0, std::max(max_1,
                    std::max(max_2, max_3)));
}
```

对于尺寸为 2^{28} 的向量，在 Intel i7-6800K 的 CPU 上执行这些函数，产生的运行时间如下：

```
# elapsed time (plain_max): 0.230299s
# elapsed time (plain_max_unroll_2): 0.116835s
# elapsed time (plain_max_unroll_4): 0.0856038s
```

解释为什么循环展开的函数能显著提高运行速度。

6. **SIMD 的水平求和**。在列表 3.2 中，我们转置的矩阵乘法实现方案中包含了函数调用 hsum_avx(X)，为存储在256位寄存器X中的全部8个向量元素求和。请给出一个使用内联函数（一个AVX和SSE的结合）的hsum_avx(X)实现版本。

7. **内联函数的命名约定**。起初内联函数的命名（比如_mm256_set_pd或者_mm512_sll_epi32）可能有点混乱。描述内联函数命名约定的一种方式，使人仅看到函数名就很容易（大概）确定函数的功能。

8. **向量化的Jacobi 1D Stencil**。Jacobi迭代在许多应用程序中是一种重要方法。一个简单的1D Jacobi 3点stencil能够由下面的代码片段实现：

```
for (uint64_t t = 0; t < T; t++) {
    for (uint64_t i = 1; i < N-1; i++) {
        B[i] = 0.33*(A[i-1] + A[i] + A[i+1]);
    for (uint64_t i = 1; i < N-1; i++)
        A[i] = B[i];
}
```

第1个内层循环执行了实际的stencil计算，而第2个内层循环简单地把输出数组复制到输入数组，准备下次迭代。

(i) 分析串行代码中的数据依赖性。

(ii) 提出一个有利于实现高效的向量化的数据布局转换方法。

(iii) 你提出的向量化实现需要哪个内联函数？

参考文献

[1] L. Susan Blackford, et al., An updated set of basic linear algebra subprograms (BLAS), ACM Transactions on Mathematical Software 28 (2) (2002) 135–151.

[2] Ulrich Drepper, What every programmer should know about memory, http://people.redhat.com/drepper/cpumemory.pdf, 2007.

[3] Michel Dubois, Murali Annavaram, Per Stenström, Parallel Computer Organization and Design, Cambridge University Press, 2012.

[4] Michael J. Flynn, Some computer organizations and their effectiveness, IEEE Transactions on Computers 100 (9) (1972) 948–960.

[5] John L. Hennessy, David A. Patterson, Computer Architecture: A Quantitative Approach, Elsevier, 2011.

[6] Tom Henretty, et al., A stencil compiler for short-vector SIMD architectures, in: Proceedings of the 27th International ACM Conference on International Conference on Supercomputing, ACM, 2013, pp. 13–24.

[7] Intel, Intel C++ compiler 17.0 developer guide and reference, https://software.intel.com/en-us/intel-cplusplus-compiler-17.0-user-and-reference-guide (visited on 10/24/2016).

[8] Neil B. MacDonald, An overview of SIMD parallel systems–AMT DAP, Thinking Machines CM-200, & MasPar MP-1, in: The Workshop on Parallel Computing, Quaid-i-Azam University, Islamabad, Pakistan, 26th–30th April 1992, Citeseer, 1992.

[9] Simon J. Pennycook, et al., Exploring SIMD for molecular dynamics, using Intel® Xeon® processors and Intel® Xeon Phi coprocessors, in: Parallel & Distributed Processing (IPDPS), 2013 IEEE 27th International Symposium on, IEEE, 2013, pp. 1085–1097.

[10] Patrice Quinton, Yves Robert, Systolic Algorithms & Architectures, Prentice Hall, 1991.

Chapter 4 第4章

C++ 多线程编程

摘要

过去的10年里，由于硅基半导体硬件体系结构的限制，现代CPU的单核性能几乎停滞。一方面，过去的时间里，工艺过程缩小了3个数量级，从几毫米到几纳米，未来不会再继续缩小下去。量子力学的离域效应在纳米尺度上的物理学领域占支配地位，能用来解释这一现象。另一方面，集成电路的电力消耗特征是，它二次方依赖于电压，线性依赖于频率。这样的话，根据电能消耗，大幅提高CPU频率的做法也已经受到限制。因此，如果再不考虑在未来的硬件上使用多重处理单元实现并行，我们就无法期望单线程程序运行得更快。也就是说，免费的午餐已经结束。未来运行时间的优化只能通过使用多个处理单元来实现。

历史上看，已经有几种基于C和C++的库支持多重CPU核心的多线程编程。POSIX Threads，简写为PThreads，已经成为几十年来Linux/UNIX世界的主流实现。有些Windows版本打造了一个POSIX兼容的层，但在更新的Windows版本中已经废弃，都是为了支持Microsoft的自带的多线程编程API。Intel的线程构件块TBB（Threading Building Block）是另一个流行的实现。这种异构软件环境为C或C++编写跨平台可移植的代码增加了困难。随着C++11及其新版本多线程编程API的发布，用C++写出跨平台代码终于成为可能。它得到来自Linux/UNIX世界和Windows生态2类编译器的支持，而不需要像Intel TBB一样的第三方库。因此，本章中我们的多线程编程方法是基于C++中现代的C++11和C++14特定版本。

关键词

多线程编程，C++，C++11，线程派生，竞争条件，Promise，Future，死锁，任务并行性，异步任务，静态调度，矩阵向量乘法，线程分配，闭包，虚假共享，缓存行，负载平衡，动态调度，互斥锁，条件变量

4.1 多线程编程简介

在本章，你将学习如何使用 C++ 编程语言中最新的 C++11 和 C++14 版本编写多线程程序。这包括一些例子：基于普通并行计算模式的基本应用程序、异步任务并行以及使用高级同步机制和内置线程信号量技术等。

4.1.1 多线程编程和多进程编程的区别

开始编程前，我们先简要概括一下多线程编程的基本概念，同时也讨论与另一个有关的称之为多进程编程范式的区别。从发展历史看，多线程编程和多进程编程范式之间的区别在硬件层面上可以归结为如下几点：

- **多进程编程**在多重计算单元（例如，CPU 的多个核心）上并行化一个程序，目的是利用冗余的资源，比如不同的 CPU 核心上的寄存器、运算逻辑单元（ALU）等，以提高计算速度。
- **多线程编程**共享硬件资源，比如单个核心或多个核心的缓存和 RAM，目的是避免空闲的未使用资源。

上面阐述的 2 个定义并不互相对立，这常常是造成混淆的主要原因。多线程程序能够（但并非必须）利用不同的 CPU 核心，因此，根据具体情形，也可能符合多进程的定义。另外，多进程编程不会明确拒绝使用共享资源，因此也能在多线程编程场景中实现，但是，仍然要采用重量级进程通信，要么基于套接字，要么基于 MPI。对于更复杂的情况，一些作者专门使用了术语**硬件线程**（hardware thread）和**超线程**（hyperthread）。硬件线程适用的情形是，对于每个线程，CPU 核心表现出冗余的处理流水线；超线程由 Intel 提出，适用的情形是，基于复杂的调度策略，核心在同一个处理流水线中有能力处理多个独立的任务。

从编程的角度看，好的方面是，我们不必关心这些技术细节，因为现代操作系统（Operation System，OS）对待硬件线程和在同一个 CPU 核心上执行的超线程，以及在不同的 CPU 核心上执行的多个线程完全相同。举例子来说，Xeon E5-2683 v4 CPU 提供了 16 个有超线程能力的物理核心，由 OS 按 32 个独立的核心对待。这并不意味着我们能期望获得 32 倍的加速比，但我们在编程过程中不需要人为地区分硬件线程和超线程。

4.1.2 派生和并入线程

系统的主线程能够派生出任意数量的软件线程。它甚至能够从已经派生出来的线程中递归地派生线程。并发运行的线程实际数量应该调整到与你的系统的物理核心数量大值相匹配，因为如果实际的线程数量超过了可用核心的数量，操作系统会使用昂贵的上下文切换，串行化它们的执行。这种称为*超额申请*（oversubscription）的行为应该避免，以防止性能锐减。

全部线程共享其父进程的系统资源，也就是说，它们能够访问相同的内存空间。这很有好处，因为线程派生延迟较低，也能从轻量级的线程间通信（使用共享寄存器和数组）中获益。线程的一个缺点是，一个线程能够轻易地窥探到另一个线程的数据。举一个例子，比如我们希望编写一个 Web 浏览器，支持不同的标签。如果不同标签使用了不同的线程，恶意的网站或者插件就能够访问另一个标签的敏感数据，甚至摧毁整个应用程序。因此，程序员应该使用具有独立内存空间的不同系统进程来实现安全攸关的应用程序，就像流行的浏览器 Google Chrome。总之，多个线程并发执行在一个独立的系统进程内存空间中，是一个轻量级的内存共享机制。相比之下，多个系统进程独立执行在分布式内存，基于重量级信道（如套接字）通信。基于进程的并行方法将在第 9 章和第 10 章详细讨论。

派生（spawn）出一定数量的线程之后，你可能会问，如何以正确的方式终止它们？主线程的指令流与派生线程中完成的工作各自独立地继续进行，直到我们到达主函数的结尾。为了保证所有派生线程都能完成它们的工作，我们必须在主线程中等待它们。这种等待操作使用一个并入（join）调用完成。另一种可以选择的方法是，你可以分派（detach）多个线程，也就是说，主进程可以在这些线程运行期间杀死它们，而不等待它们结束。使用后面的方法时，必须特别谨慎，因为我们无法保证这些分派的线程是否已经完成了既定的工作。最坏的情况是，你可能中断了一个写了一半的文件，或者正在发送中的网络消息。总之，我们必须考虑 4 件事情：

1）每个线程只能并入或分派一次；

2）分派的线程不能并入，反之亦然；

3）并入或分派的线程不能再次使用；

4）所有线程在它们的声明域内必须要么并入，要么分派。

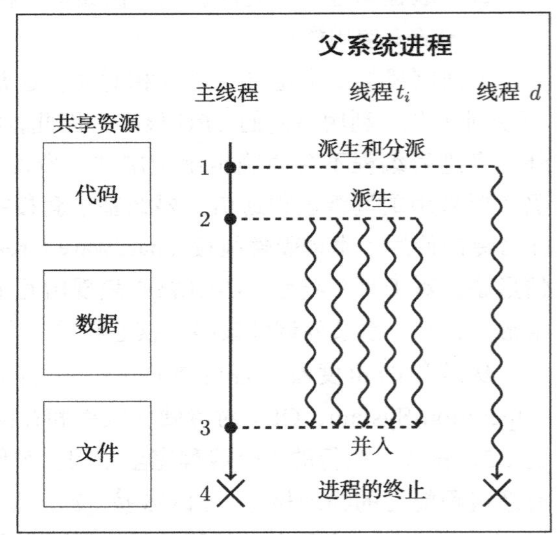

图 4.1 多线程程序的工作流程典范：首先，我们派生一个线程 d，并立即分派它。这个线程执行一些工作，直到结束，或者在我们程序的结尾处终止（4）；其次，派生 5 个线程 t_i，并发处理一些数据；再次，主线程通过并入操作等待它们结束；最后，我们到达程序结尾，因此主线程和全部分派的线程终止，代码、数据、文件句柄等都在全体线程（各自范围内）间共享

一旦不慎忽略了前面提到的规则，可能会导致程序提前终止。比如最后一条规则，你必须意识到，当离开线程的声明域时一定没有隐含的线程并入操作和线程分派操作。图 4.1 展示了一个执行线程派生、并入、分派操作的典型工作流程。

我们最后总结一下分派的线程。实际上，在没有非平凡（non-trivial）同步的分派线程方面缺少好的用例。一些作者主张[4]，线程应该都经历分派过程，因为很难沿所有可能的执行路径跟踪，保证它们最终并入。另外有些人对分派线程的主张是，由操作系统保持未分派线程的活跃状态直到有人把它们并入，这会使性能分析变得很困难。然而，本书中的例子特意派生了固定数目的线程，以便易于跟踪和并入。对于分派线程，一个没有任何同步场景的实际用例是，在一个线程执行期间监控我们的应用程序，并适时将输出信息写到日志文件。尽管如此，我们还是需要应对潜在的日志条目不完整等可能情形。这种问题未来也必须由一个错误感知的解析器处理。简单地讲，分派线程的原生作用是，把你的问题有效地转交给其他人——最坏的情形是转交给未来的自己。在这两种情况下，无论是并入还是分派的线程，程序员必须要么小心地维护一个将要并入的派生线程列表，要么显式地实现同步机制，以避免针对附带媒体的不完整事务。

4.1.3 我们的第一个多线程程序

让我们开始编码。列表 4.1 中的 Hello World 例子派生了 4 个线程，各自在命令行打印一个问候消息。

```
#include <cstdint>    // uint64_t
#include <vector>     // std::vector
#include <thread>     // std::thread

// this function will be called by the threads (should be void)
void say_hello(uint64_t id) {
    std::cout << "Hello from thread: "  << id << std::endl;
}

// this runs in the master thread
int main(int argc, char * argv[]) {

    const uint64_t num_threads = 4;
    std::vector<std::thread> threads;

    // for all threads
    for (uint64_t id = 0; id < num_threads; id++)
        // emplace the thread object in vector threads
        // using argument forwarding, this avoids unnecessary
        // move operations to the vector after thread creation
        threads.emplace_back(
            // call say_hello with argument id
            say_hello, id
        );

    // join each thread at the end
    for (auto& thread: threads)
        thread.join();
}
```

列表 4.1 使用 4 个线程的多线程 Hello World 例子

上面列举的源代码很简单直接。起初，我们给线程句柄预留了一些内存。在我们的例子中用一个空语句 std::vector 完成。std::vector 来自标准库包含了 std::thread 对象（见第 14 行）。随后，我们派生 num_threads 个线程，每个线程使用参数 id（第 21 ～ 24 行）执行 say_hello 方法，接下来把它们存放在向量 threads 中。作为另一种可选择的方案，我们也可以使用向量 threads 的成员函数 push_back 隐式地启动线程对象：

```
threads.push_back(std::thread(say_hello, id));
```

为了在第 28 行的并入阶段再一次访问线程句柄，我们需要显式地存储它们。程序可以用一个 C++11 兼容编译器（这里是 GCC5.4.0）在命令行编译：

```
g++ -O2 -std=c++11 -pthread hello_world.cpp -o hello_world
```

编译器选项 -02 启动标准代码优化，-std=c++11 使能支持 C++11，-pthread 加载了基于 PThreads 库的多线程编程支持。值得一提的是，在 Linux/Unix C++11 生态系统中的多线程编程 API 只是对传统 PThreads 库的一个包装。因此，我们能够编写现代的 C++ 兼容代码，而不会牺牲性能。我们程序的输出是 4 个问候消息，可能以随机顺序打印：

```
Hello from thread: 3
Hello from thread: 1
Hello from thread: 0
Hello from thread: 2
```

最后，让我们简要讨论下使用的数据结构和方法。线程句柄也可以选择存储在一个传统的动态数组：

```
std::thread * threads = new std::thread[num_threads];
```

这种方法必须在程序的结尾处使用 delete [] threads; 手动释放动态数组。std::vector 的一个优点是当离开相关程序域时它自动调用析构器。因此，可以把我们从手动释放内存的负担中解放出来，以避免内存泄漏。std::thread 类的构造器接受任意数量的参数。第一个参数对应于调用的函数，需要返回 void 类型，因为 std::thread 没有提供直接访问返回值的机制。剩下部分枚举了被调函数的参数列表。值得注意的是，我们必须显式地说明函数模板的潜在模板参数，因为它们在编译时段无法从参数列表中自动推断。假设我们实现了一个函数模板 say_hello<T>，它接受任意整数类型用作线程标识：

```
template <typename index_t>
void say_hello(index_t id) {
    std::cout << "Hello from thread: "  << id << std::endl;
}
```

在线程启动时，模板中 say_hello 的参数就需要显式指定：

```
std::thread my_thread_handle(say_hello<uint64_t>, id);
```

在第 28 行最后的循环中，我们并入了所有派生线程。线程对象的正确数据类型是自动获得的。这使用关键字 auto 实现，从右手边的容器对象 std::vector<std::thread> 推断出对应的元素类型（std::thread）。因为类型 std::thread 的对象为只迁移型（也就是说，不能复制），我们不得不使用引用类型 auto&。尽管如此，使用 std::move 能迁移线程，程序片段如下：

```
std::thread yang(some_function);
auto ying = std::move(yang);
ying.join();
```

值得注意的是，完成从 yang 到 ying 的迁移后我们不再能安全地访问 yang。原生的复制 autoying=yang; 导致的结果是一个编译时错误。然而，声明一个引用 auto& ying = yang; 是一个允许的操作。在后一种情况下，ying 和 yang 指向同一个对象。不建议使用常量引用 const auto& ying=yang; 因为 join 不是 std::thread 的一个 const 成员函数。

4.2　处理返回值

线程能执行带有任意参数的函数，并返回值。然而，线程对象不提供对返回值直接访问的方法。在我们的 Hello World 例子中，这可能是一种可以接受的行为，但把我们的代码限制在一种“发后即忘”的情形，其中，我们启动一定数量的线程，执行一些没有任何反馈的工作。本节我们讨论几种用于有返回值函数的不同的方法。为简单起见，我们选择了一个基本的标量函数，迭代计算第 n 个 Fibonacci 数。Fibonacci 数列由隐式方程递归定义：

$$a_n=a_{n-1}+a_{n-2}，\text{初始条件为}\quad a_0=0，\quad a_1=1 \tag{4.1}$$

这个序列从 n=0 开始逐步赋值，产生熟知的序列（0，1，1，2，3，5，8，13，…）。序列中的每一项 a_n 能够基于平方乘方法更有效地计算，使用浮点运算时时间复杂度为 $\mathcal{O}$（log（n）），或者甚至 $\mathcal{O}$（1）。Fibonacci 数列和密切相关的黄金分割率 $\Phi=\lim_{n\to\infty}\frac{a_n}{a_{n-1}}=\frac{1+\sqrt{5}}{2}$ 普遍存在于信息和流行科学。它们能用于构造哈希函数、AVL 树平衡分析等，还对建筑学、艺术和音乐等产生影响。一个用 C++ 语言编写的对应于线性时间的实现代码见列表 4.2。

```
template <
    typename value_t,
    typename index_t>
value_t fibo(
    value_t n) {

    // initial conditions
    value_t a_0 = 0;
    value_t a_1 = 1;

    // iteratively compute the sequence
```

列表 4.2　迭代计算第 n 个 Fibonacci 数的基本函数模板

```
    for (index_t index = 0; index < n; index++) {
        const value_t tmp = a_0; a_0 = a_1; a_1 += tmp;
    }

    return a_0;
}
```

列表 4.2 （续）

接下来，我们通过为每个数派生一个线程并发地计算 Fibonacci 数列，随后把结果传回给主线程。

4.2.1 传统方法

在 C 编程语言中，传统的错误处理模型是用函数的返回值保留错误代码。例如，main 函数返回一个整型数，指示函数是否成功结束。因此，其他计算得到的量常常通过参数列表中的指针传递，这些参数随后在函数内部的函数体中操作。由线程调用的函数使用类似的方法也是可行的：我们简单传递一个指向结果值的指针，并把计算得到的值写入相关联的地址，对应的实现代码在列表 4.3 中展示。

```
#include <iostream>        // std::cout
#include <cstdint>         // uint64_t
#include <vector>          // std::vector
#include <thread>          // std::thread

template <
    typename value_t,
    typename index_t>
void fibo(
    value_t n,
    value_t * result) {    // <- here we pass the address

    value_t a_0 = 0;
    value_t a_1 = 1;

    for (index_t index = 0; index < n; index++) {
        const value_t tmp = a_0; a_0 = a_1; a_1 += tmp;
    }

    *result = a_0;         // <- here we write the result
}

// this runs in the master thread
int main(int argc, char * argv[]) {

    const uint64_t num_threads = 32;
    std::vector<std::thread> threads;

    // allocate num_threads many result values
```

列表 4.3 传递返回值的传统方式

```
30     std::vector<uint64_t> results(num_threads, 0);
31
32     for (uint64_t id = 0; id < num_threads; id++)
33         threads.emplace_back(
34             // specify template parameters and arguments
35             fibo<uint64_t, uint64_t>, id, &(results[id])
36         );
37
38     // join the threads
39     for (auto& thread: threads)
40         thread.join();
41
42     // print the result
43     for (const auto& result: results)
44         std::cout << result << std::endl;
45 }
```

列表 4.3 （续）

我们讨论一下源代码。首先，我们通过在第 30 行声明一个 std::vector 类型变量，用来保存 num_threads 个元素（线程的结果）。其次，在派生线程的同时，向量中每个元素的地址传递过去（见第 35 行）。最后，我们用在 fibo 函数中计算得到的结果（第 20 行）修改存储在指针地址中的值。

值得注意的是，通过指针通信是可能的，因为在多线程环境下所有线程共享相同的内存空间。尽管如此，你仍然必须小心一个潜在的风险：在第一个 for 循环（第 38 行）中，内存通过指针传递，在线程执行期间必须保持不变。在第一个 for 循环（第 33 行）的循环体内定义的一个变量或者对象将在每个循环结束之后立即销毁，因为我们离开了它的作用域。因此，线程将有可能在一个已经释放的内存上操作，导致段错误。另外，在线程执行期间，我们必须保证不从主线程内修改计算结果的值，避免潜在的竞争条件。结论是，你必须保证线程内操控的对象在线程执行期间仍然存在，并且共享资源上没有数据竞争。

4.2.2 使用 promise 和 future 的现代方法

C++11 提供了一种专门传递返回值的机制，旨在适应异步执行的特点。程序员可以定义所谓的 promise，将在 future 中履行（fulfill）。这种机制的实现方法是使用一对绑定对象 $s=(p,f)$，其中 p 是状态 s 的一个可写视图，即 promise，可以设置为一个特定的值。这个信令步只能够完成一次，因此被称为履行 promise。对象 f，即 future，是状态 s 的一个可读视图，能够在 promise 发出信令之后访问。因此，我们在 promise p 和 future f 之间建立一个因果依赖，能够用作调用主线程及其派生线程之间的异步机制。整体工作流程描述如下：

1）首先，使用语句 std::promise<T> p; 为一个特定的数据类型 T，初始化声明一个 promise p；随后，用 std::future<T> f = p.get_future(); 分配与 p 相关联的 future f；从而，我们创建了状态 $s=(p,f)$。

2）通过 std::promise<T> && p 语句传递 promise p，作为被调函数签名中的 rvalue 引

用。因此，p 必须使用语句 std::move()，从主线程移动到派生线程。

3）使用语句 p.set_vale(some_value);通过设置对应的值，在派生线程程序体内实现 promise p。

4）最后，在主线程中使用语句 f.get()，我们能够读出 future f。主线程阻塞其执行，直到 f 从 p 得到通知。

需要记住的是，状态 $s=(p,f)$ 在派生的线程和主线程之间建立了一个有意义的关系，因为它们共享了同一个对象 s 的 2 个不同视图 p 和 f。因此，你的程序可能会发生死锁，如果企图读 future f，而没有预先实现 promise p（见图 4.2）。我们的 Fibonacci 例子对应的实现使用了 promise 和 future，见列表 4.4。需要注意的是，promise 和 future 在 future 头中定义。

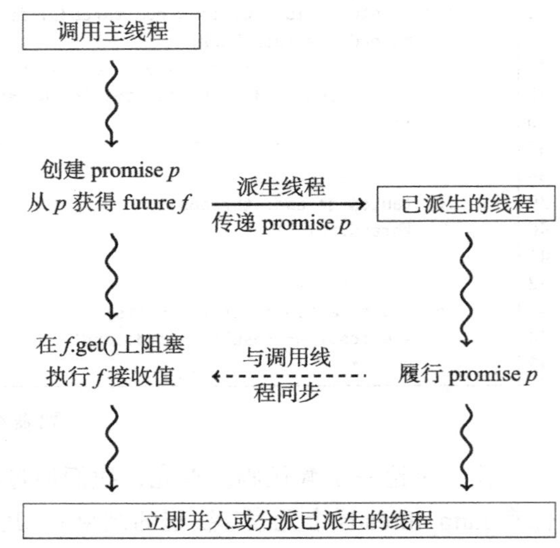

图 4.2 使用 promise 和关联 future 同步 2 个线程

```
#include <iostream>                     // std::cout
#include <cstdint>                      // uint64_t
#include <vector>                       // std::vector
#include <thread>                       // std::thread
#include <future>                       // std::promise/future

template <
    typename value_t,
    typename index_t>
void fibo(
    value_t n,
    std::promise<value_t> && result) {  // <- pass promise

    value_t a_0 = 0;
    value_t a_1 = 1;

    for (index_t index = 0; index < n; index++) {
        const value_t tmp = a_0; a_0 = a_1; a_1 += tmp;
    }

    result.set_value(a_0);              // <- fulfill promise
}

int main(int argc, char * argv[]) {

    const uint64_t num_threads = 32;
    std::vector<std::thread> threads;
```

列表 4.4 使用 promise 和 future 传递返回值

```
28
29      // storage for futures
30      std::vector<std::future<uint64_t>> results;
31
32      // for each thread
33      for (uint64_t id = 0; id < num_threads; id++) {
34
35          // define a promise and store the associated future
36          std::promise<uint64_t> promise;
37          results.emplace_back(promise.get_future());
38
39          // emplace the spawned thread
40          threads.emplace_back(
41              // move the promise to the spawned thread
42              // note that promise is now moved elsewhere
43              // and cannot be accessed safely anymore
44              fibo<uint64_t, uint64_t>, id, std::move(promise)
45          );
46      }
47
48      // read the futures resulting in synchronization of threads
49      // up to the point where promises are fulfilled
50      for (auto& result: results)
51          std::cout << result.get() << std::endl;
52
53      // this is mandatory since threads have to be either
54      // joined or detached at the end of our program
55      for (auto& thread: threads)
56          thread.join();
57  }
```

列表 4.4 （续）

列表 4.3 中，代码与传统的指针传递方法类似。首先，我们在第 30 行为 num_threads 个 future 保留存储空间。其次，在第一个 for 循环的循环体内为每个线程创建状态 $s=(p, f)$（见第 36 ～ 37 行）。接下来，作为 rvalue 引用，关联的 promise 被移动到派生出的线程。值得注意的是，在第 44 行之后 promise 不能被安全访问，因为它已经不再处于有效状态。再次，在 fibo 函数（第 21 行）的函数体内通过把它设置为计算得到的值 a_0，实现了 promise result。然后，我们在主线程（第 51 行）中通过调用 get() 函数读取 future。主线程等待所有 future 被通知，从而在实现 promise 的程序点上强制同步。更确切地说，线程以读取 future 完全相同的顺序同步。最后，在我们程序的结尾，全部线程必须要么并入，要么分派。对于第一种情况，又设置一个同步屏障，等待全部线程终止。相反，如果在我们的程序结尾分派线程就不保证全部线程在实现其 promise 之后已经完成了预定的工作。然而，分派在这里是一个可行的选择，因为 fibo 函数在实现 promise 之后（见第 21 行）没有执行任何工作。

这种机制能用于与主线程传递一个或多个值的函数。在多变量情况下，你能够简单地在参数列表中传递多重 promise。尽管如此，对于仅传递单个值时，上述方法看上去并不简便。值得庆幸的是，C++11 提供了一种机制，把函数转换为任务，带有对应的 future 对象处理返回值。future 头提供了函数 std::packaged_task，考虑了任务对象的构造的方便性。

假设我们希望创建一个任务，映射到一个 Boolean 函数 comp，用于确定一个特定的浮点值 float value 是否小于某个给定的整型阈值 int64_t threshold：

```
bool comp(float value, int64_t threshold) {
    return value < threshold;
}
```

那么，就能够创建任务，并以简单直接的方式使用：

```
// create the task and assign future
std::packaged_task<bool(float, int64_t)> task(comp);
auto future = task.get_future();

// call the task with arguments
task(value, threshold); // WARNING: this is sequential!

// access future object (either true or false)
std::cout << future.get() << std::endl;
```

上述方法的缺点是，你必须在 std::packaged_task 的模板参数中硬编码被调函数的签名。模板参数影响实际参数的类型。如果你希望在同一个容器类中存储几个封装不同函数的任务，函数又有不同的实际参数，这可能会成为一个问题。如果所有任务展现相同的签名 void task(void)，独立于分配的函数它将会更加方便。这能够通过一个自制的任务工厂函数模板实现，如列表 4.5 所示：

```
#include <iostream>
#include <future>

template <
    typename Func,       // <-- type of function func
    typename ... Args,   // <-- type of arguments arg0,arg1,...
    typename Rtrn=typename std::result_of<Func(Args...)>::type>
auto make_task(          // ^-- type of return value func(args)
    Func &&    func,
    Args && ...args) -> std::packaged_task<Rtrn(void)> {

    // basically build an auxilliary function aux(void)
    // without arguments returning func(arg0,arg1,...)
    auto aux = std::bind(std::forward<Func>(func),
                         std::forward<Args>(args)...);

    // create a task wrapping the auxilliary function:
    // task() executes aux(void) := func(arg0,arg1,...)
    auto task = std::packaged_task<Rtrn(void)>(aux);

    // the return value of aux(void) is assigned to a
    // future object accessible via task.get_future()
    return task;
}
```

列表 4.5 自制的任务工厂函数模板

函数模板 make_task 的第 1 个模板参数 Func 指定了函数 func 的类型。第 2 个参数 ...Args 是可变参数，也就是说，我们可能不传递或者传递多个参数 args。args 左边的 3 个点“...”（见第 10 行）意思是封装了（packed）的参数（解释为单个实体）。相反，args 右边的 3 个点“...”（见第 15 行）指这些参数未被另一个参数封装。不要对这些表示符感到迷惑，为了函数能传递任意数量的参数[⊖]，可变参数模板只是一种精心设计的方式。作为一个例子，表达式 func(args...) 引用前面例子中提到的 comp(value, threashold)。下一步，我们在第 14 行创建一个辅助函数 aux，使用 std::bind 为 func(args...) 赋值。值得注意的是，如前所述，按照设计，aux 没有接受任何参数。接下来，我们在第 19 行创建任务，最后在第 23 行返回它。任务工厂现在可以使用如下：

```
// create the task and assign future
auto task = make_task(comp, value, threshold);
auto future = task.get_future();

// call the task with NO arguments
task(); // WARNING: this is sequential!

// alternatively spawn a thread and detach it
// std::thread thread(std::move(task)); thread.detach();

// access future object (either true or false)
std::cout << future.get() << std::endl;
```

无可否认，源代码的可读性得到了显著提高。我们将在后面使用我们自制的 make_task 工厂实现一个线程池，在一个队列中维护这些任务。尽管如此，这对我们的 Fibonacci 例子还是有用，现在我们的例子能够以一种清楚简单的方式编写了（见列表 4.6）：

```
#include <iostream>  // std::cout
#include <cstdint>   // uint64_t
#include <vector>    // std::vector
#include <thread>    // std::thread
#include <future>    // std::packaged_task

// fill in custom make_task factory here

// traditional signature of fibo without syntactic noise
uint64_t fibo(uint64_t n) {

    uint64_t a_0 = 0;
    uint64_t a_1 = 1;

    for (uint64_t index = 0; index < n; index++) {
        const uint64_t tmp = a_0; a_0 = a_1; a_1 += tmp;
    }

```

列表 4.6　使用封装的任务传递返回值

⊖ 感兴趣的读者可以参考文献 [6]，找到关于多参数模板更多的细节。

```
    return a_0;
}

int main(int argc, char * argv[]) {

    const uint64_t num_threads = 32;

    // storage for threads and futures
    std::vector<std::thread> threads;
    std::vector<std::future<uint64_t>> results;

    // create tasks, store futures and spawn threads
    for (uint64_t id = 0; id < num_threads; id++) {
        auto task = make_task(fibo, id);
        results.emplace_back(task.get_future());
        threads.emplace_back(std::move(task));
    }

    for (auto& result: results)
        std::cout << result.get() << std::endl;

    for (auto& thread: threads)
        thread.detach();
}
```

列表 4.6 （续）

4.2.3 异步方式

C++11 提供了另一个开箱即用的机制，就是 std::async，它与我们的 make_task 工厂类似，用于简便地创建任务对象：

```
auto future = std::async(fibo, id);
```

遗憾的是，必须谨慎使用命令 std::async，因为它的行为可能变得非常不直观，尽管其语法很简单。让我们简要枚举几个使用方面的严重缺陷：

1）对 std::async 的原生调用并非意味着会派生一个新线程。运行过程有可能由主调线程执行。

2）如果我们没有通过 future.get() 访问对应的 future，任务的执行有可能永远延后。

3）如果我们没有特别关注对应的 future 的定义域，可能会导致不同任务以串行方式执行。

乍听起来这似乎十分令人沮丧。然而，前面提到的每个问题都能够用比较简单的方式解决。首先，如果没有特别指定，std::async 使用一个默认的发射策略，其行为依赖实现方式。因此，被调函数（我们的例子中是 fibo）有可能在主线程上执行，在任何时候都和在派生线程上执行一样。

我们能得到的保障仅仅是任务异步执行。这并不意味着它能执行完全。精确地说，我们能信赖的事实仅是 2 个或更多个发行任务的执行顺序相互交错（如果执行完全的话）。值得庆幸的是，通过明确地从 2 种可行的发射策略中指定一种，我们能够改变这种行为：

- std::langch::async 派生一个线程，立即执行任务。
- std::langch::deferred 以一种延迟计算的风格执行任务，在遇到主调（同一个）线程的 future 第一次使用 get() 函数访问时开始执行。

如果我们想委派一些不需要先验知识的计算任务，其结果又第一次使用，那么，第 2 种策略或许更加得心应手。在高性能计算环境领域，这种行为不重要，因为我们想并发地充分利用全部 CPU 核心的可用计算能力。明显地，我们在这个案例中应该使用 std::launch:async 策略。该策略能在 std::async 的重载变体中作为第一个参数传递：

```
auto future = std::async(std::launch::async, fibo, id);
```

相反，如果我们没有通过 future.get() 函数访问 future，下面的任务可能会一直拖延，因为请求执行了惰性计算：

```
auto future = std::async(std::launch::deferred, fibo, id);
```

甚至，当使用会强制创建一些新线程的 std::launch::async 策略时，我们仍然可能会遇到由隐含同步导致的串行执行。特别是，如果调用了 future 的析构函数，任务就会同步。如果我们离开 future 声明域，这也会发生。因此，后续代码把发行的多个任务串行化了：

```
for (uint64_t id = 0; id < num_threads; id++) {
    auto future = std::async(std::launch::async, fibo, id);
} // <- here, the destructor of future is called
```

值得注意的是，后续代码片段发生了同样的情形：

```
for (uint64_t id = 0; id < num_threads; id++)
    std::async(std::launch::async, fibo, id);
```

防止这类行为发生的唯一途径是把 future 存储在 for 循环的循环体外。导致的结果是，不建议在没有返回值的函数中使用 std::async，除非你想故意浪费内存来存储 future 对象，而其仅仅产出了 void。使用刚刚阐述的技术，我们的 Fibonacci 例子能重写为：

```
#include <iostream>  // std::cout
#include <cstdint>   // uint64_t
#include <vector>    // std::vector
#include <future>    // std::async

// traditional signature of fibo without syntactic noise
uint64_t fibo(uint64_t n) {

    uint64_t a_0 = 0;
    uint64_t a_1 = 1;

    for (uint64_t index = 0; index < n; index++) {
        const uint64_t tmp = a_0; a_0 = a_1; a_1 += tmp;
    }
```

列表 4.7　使用 std::async 传递多个返回值

```

    return a_0;
}

int main(int argc, char * argv[]) {

    const uint64_t num_threads = 32;
    std::vector<std::future<uint64_t>> results;

    // for each thread
    for (uint64_t id = 0; id < num_threads; id++)
        // directly emplace the future
        results.emplace_back(
            std::async(
                std::launch::async, fibo, id
            )
        );

    // synchronization of spawned threads
    for (auto& result: results)
        std::cout << result.get() << std::endl;
}
```

列表 4.7 （续）

你可能已经注意到，没有必要为 std::thread 对象提供存储空间，因为它们完全隐藏在 std::async 实现程序的内部。

4.3 基于静态分发的调度机制

本节，你将在案例中学习如何静态地调度 for 循环，其中任务数远远高于可用的 CPU 核心数。特别是，我们研究静态区块分发、循环分发、区块 - 循环分发等。另外，我们讨论如何以一种简洁的方式向线程传递多个参数。这能通过采用匿名函数的捕捉机制实现，就是所谓的 *lambdas*。该技术借用稠密矩阵向量乘积（DMV，Dense Matrix Vector）演示。DMV 是线性代数中的一个常见操作，出现在信息和自然科学的多种多样的应用中。特别地，DMV 是神经网络、softmax 回归、离散马尔科夫链中的基础构件。自然科学的例子包括坐标系线性变换、量子力学状态的有限维度近似值传播、通用线性系统建模等。

令 $A \in \mathbb{R}^{m\times n}$ 是形状为 $m\times n$ 的实数矩阵，$x \in \mathbb{R}^n$ 是一个 n 维向量。A 把 x 从 n 维向量空间线性映射到 m 维向量空间（也就是说，平行线映射到平行线）。A 中的元素用 A_{ij} 表示，其中索引 i 枚举各行，j 指向其各列。乘积 b:=$A \cdot x$ 以坐标形式书写如下：

$$b_i = \sum_{j=0}^{n-1} A_{ij} \cdot x_j \text{ ,对所有的 } i \in \{0,\cdots,m-1\} \qquad (4.2)$$

基于 j 的求和可以根据每个固定的索引 i 独立计算，产生总共 $m \cdot n$ 个加法操作。因此，在 $\mathcal{O}(m)$ 复杂度上由 i 枚举的外层索引，矩阵向量乘法的并行化是可行的。另一种方法是在

$\mathcal{O}(\log(n))$ 步内使用并行归约，在 j 上并行化内层循环。然而，后者在每次归约步之后包含了重要的同步操作，将本例子不必要地复杂化了。

4.3.1　串行程序

我们先写一个串行程序。矩阵 A、向量 x 和向量 b 保存在线性内存中。这时，我们选择一个 std::vector 容器作为这些值的存储结构。列表 4.8 展示了对应的串行源代码：

```
#include <iostream>                      // std::cout
#include <cstdint>                       // uint64_t
#include <vector>                        // std::vector
#include <thread>                        // std::thread (not used yet)

#include "../include/hpc_helpers.hpp" // custom timers

// initialize A as lower triangular matrix
// simulating prefix summation and vector x
// with consecutive values (0, 1, 2, 3, ...)
template <
    typename value_t,
    typename index_t>
void init(
    std::vector<value_t>& A,
    std::vector<value_t>& x,
    index_t m,
    index_t n) {

    for (index_t row = 0; row < m; row++)
        for (index_t col = 0; col < n; col++)
            A[row*n+col] = row >= col ? 1 : 0;

    for (index_t col = 0; col < n; col++)
        x[col] = col;
}

// the sequential matrix vector product
template <
    typename value_t,
    typename index_t>
void sequential_mult(
    std::vector<value_t>& A,
    std::vector<value_t>& x,
    std::vector<value_t>& b,
    index_t m,
    index_t n) {

    for (index_t row = 0; row < m; row++) {
        value_t accum = value_t(0);
        for (index_t col = 0; col < n; col++)
            accum += A[row*n+col]*x[col];
        b[row] = accum;
```

列表 4.8　串行矩阵向量乘法

```
44         }
45     }
46
47     int main(int argc, char* argv[]) {
48
49         const uint64_t n = 1UL << 15;
50         const uint64_t m = 1UL << 15;
51
52         TIMERSTART(overall)
53
54         TIMERSTART(alloc)
55         std::vector<uint64_t> A(m*n);
56         std::vector<uint64_t> x(n);
57         std::vector<uint64_t> b(m);
58         TIMERSTOP(alloc)
59
60         TIMERSTART(init)
61         init(A, x, m, n);
62         TIMERSTOP(init)
63
64         TIMERSTART(mult)
65         sequential_mult(A, x, b, m, n);
66         TIMERSTOP(mult)
67
68         TIMERSTOP(overall)
69
70         // check if summation is correct
71         for (uint64_t index = 0; index < m; index++)
72             if (b[index] != index*(index+1)/2)
73                 std::cout << "error at position "
74                           << index << std::endl;
75
76     }
```

列表 4.8 （续）

我们讨论一下源代码。首先，我们包含了标准库中必要的头文件，还包含了一个用户文件 hpc_helpers.hpp 头文件，用于方便运行时间的测试。第 11 行的函数模板 init 在 A 的对角线下填充了 1，其他位置填充了 0，模拟前缀和计算。向量 $x=(0,1,2,\cdots)$ 用递增的整数初始化。因此，我们期望 $b=A\cdot x$ 中的元素 b_i 正好是从 0 到 i 的部分和。第二，第 29 行的函数模板 sequential_mult 处理了实际的矩阵向量乘积，通过连续计算 A 的第 i 行和向量 x 的标量积。第三，我们在 main 函数中（见第 55 行）为矩阵 A、向量 x 和 b 分配存储空间。然后，我们在第 61 行使用 init 初始化它们，最后在第 65 行执行矩阵向量乘法。程序能够在命令行编译，调用的命令是

```
g++ -O2 -std=c++11 matrix_vector.cpp -o matrix_vector
```

如果在 Xeon E5-2683 v4 CPU 上执行，产生如下输出：

```
# elapsed time (alloc): 2.74034s
# elapsed time (init): 1.31006s
# elapsed time (mult): 1.2569s
```

```
# elapsed time (overall): 5.30746s
```

初始化阶段和乘法步骤两者的运行时间大致一样长，因为它们理论上的时间复杂度 $\mathcal{O}(m{\cdot}n)$ 相同。然而，初始化分配（见第 55 ～ 57 行）的代价看上去十分昂贵。这可以解释为默认情况下 std::vector 的 std::allocator 初始化全部元素，要么通过调用它们的构造器，要么对于旧的简单数据类型设定它们的默认值。然而，在我们的案例中这完全没有必要，因为我们总是在 init 中初始化内存。遗憾的是，还没有找到简单的办法弥补这个问题，除非你实现一个用户定制的分配器类，但这种方法超出了本书的范围。另一种可能的选择是你可以为旧的简单数据类型写一个类模板 no_init_t<T>，用来封装所有操作符，同时让构造器为空，如列表 4.9 中的第 13 行所示。值得注意的是，no_init_t 的封装器是 hpc_helpers.hpp 头文件的一部分，需要在支持 C++14 的环境中编译。

```
1  #include <type_traits> // std::is_fundamental, ...
2
3  template<class T>
4  class no_init_t {
5  public:
6
7      // check whether it is a fundamental numeric type
8      static_assert(std::is_fundamental<T>::value &&
9                    std::is_arithmetic<T>::value,
10                   "must be a fundamental, numeric type");
11
12     //do nothing
13     constexpr no_init_t() noexcept { /* HERE WE DO NOTHING! */ }
14
15     //convertible from a T
16     constexpr no_init_t(T value) noexcept: v_(value) {}
17
18     //act as a T in all conversion contexts
19     constexpr operator T () const noexcept { return v_; }
20
21     // negation on a value-level and bit-level
22     constexpr no_init_t& operator - () noexcept {
23         v_ = -v_; return *this;
24     }
25     constexpr no_init_t& operator ~ () noexcept {
26         v_ = ~v_; return *this;
27     }
28
29     // increment/decrement operators
30     constexpr no_init_t& operator ++ ()    noexcept {
31         v_++; return *this;
32     }
33     constexpr no_init_t& operator ++ (int) noexcept {
34         v_++; return *this;
35     }
```

列表 4.9 针对旧的简单数据类型的封装类模板

```
    constexpr no_init_t& operator -- ()    noexcept {
        v_--; return *this;
    }
    constexpr no_init_t& operator -- (int) noexcept {
        v_--; return *this;
    }

    // assignment operators
    constexpr no_init_t& operator  += (T v) noexcept {
        v_  += v; return *this;
    }
    constexpr no_init_t& operator  -= (T v) noexcept {
        v_  -= v; return *this;
    }
    constexpr no_init_t& operator  *= (T v) noexcept {
        v_  *= v; return *this;
    }
    constexpr no_init_t& operator  /= (T v) noexcept {
        v_  /= v; return *this;
    }

    // bitwise assignment operators
    constexpr no_init_t& operator  &= (T v) noexcept {
        v_  &= v; return *this;
    }
    constexpr no_init_t& operator  |= (T v) noexcept {
        v_  |= v; return *this;
    }
    constexpr no_init_t& operator  ^= (T v) noexcept {
        v_  ^= v; return *this;
    }
    constexpr no_init_t& operator >>= (T v) noexcept {
        v_ >>= v; return *this;
    }
    constexpr no_init_t& operator <<= (T v) noexcept {
        v_ <<= v; return *this;
    }

private:
   T v_;
};
```

列表 4.9 （续）

随后，你需要用 no_init<uint64_t> 封装 uint64_t 数据类型。

```
std::vector<no_init_t<uint64_t>> A(n*n);
std::vector<no_init_t<uint64_t>> x(n);
std::vector<no_init_t<uint64_t>> b(n);
```

用支持 C++14 的编译器重新编译程序如下：

```
g++ -O2 -std=c++14 matrix_vector.cpp -o matrix vector
```

对应的运行时间现在明显减少，因为我们没有在初始化上花费双倍的时间。分配操作变得非常轻松，初始化操作完全在 init 中执行。

```
# elapsed time (alloc): 1.8089e-05s
# elapsed time (init): 2.88586s
# elapsed time (mult): 1.29033s
# elapsed time (overall): 4.17636s
```

另一个可行的选项是使用动态数组代替向量：

```
uint64_t * A = new uint64_t[m*n];
```

这将使用 std::unique_ptr 封装，目的是避免手工释放内存。总的来说，你必须注意标准库中容器对象的内存分配产生的额外的初始化开销。

4.3.2　线程的区块分发

实现了 DMV 的串行版本后，我们就可以进一步对它并行化了。如前所述，对矩阵 A 的行 a_i 与向量 x 的标量乘积 $b_i=<a_i \mid x>$ 分别并行化是可行的。不同于上一节中的 Fibonacci 例子，我们并发处理了一组任务，现在，我们必须采用一种更高级别的并行化，因为与可用的 CPU 核心数量相比，行数达到了 $m=2^{15}=32\ 768$，是一个相当高的数字。简单派生 2^{15} 个线程将导致过度的超额申请，强制操作系统使用昂贵的上下文切换为执行的线程划分时间片。如果通过迭代地派生少量线程限制我们自己在行的处理中使用少数几批线程，以上问题能够避免。尽管如此，上述计算模式将在一台有 $p=8$ 个 CPU 核心的机器上连续派生 $m/p=4\ 096$ 个 $p=8$ 的线程组，也将带来不可忽略的线程创建额外开销。

一个更好的方法是一次派生 p 个线程，其中每个线程处理 m/p 行。如果 m 并非正好是一个 p 的整倍数（也就是说，$m\%p \neq 0$,），每个线程应该至少计算 $\lfloor m/p \rfloor$ 个任务。我们定义线程块的大小为 $c=\lceil m/p \rceil$。按照下面对安全整数除法的近似表达式，后者就能写成使用独占式整数数学运算的形式：

$$\mathrm{SDIV}(x,y)=\left\lfloor \frac{x+y-1}{y} \right\rfloor \geqslant \frac{x}{y} \quad ,\text{对所有的} x,y \in \mathbb{R}^+ \tag{4.3}$$

SDIV 宏在 hpc_helper.hpp 头文件中定义。在这一点上，我们能选择不同的赋值策略分配矩阵 A 中的 c 个行给一个线程。一个显而易见的选择是，在一个单独的线程中计算 c 个连续的行。这种模式就称为线程的*静态区块分发*，采用的线程块大小为 c。图 4.3 展示了一个静态区块分发的例子，使用的线程块大小为 $c=m/p=4$。

<table>
<tr><td colspan="4">线程 0</td><td colspan="4">线程 1</td><td>···</td><td colspan="4">线程 $p-1$</td></tr>
<tr><td>0</td><td>1</td><td>2</td><td>3</td><td>4</td><td>5</td><td>6</td><td>7</td><td>···</td><td>$m-4$</td><td>$m-3$</td><td>$m-2$</td><td>$m-1$</td></tr>
</table>

图 4.3　一个静态区块分发的例子，p 个线程中的每个线程分配 $c=4$ 个连续的任务，目的是并发地处理全部 $p \cdot c=m$ 个任务

在开始编码之前，我们简单讨论一下必须传递给线程的参数。明显地，我们需要传递矩阵 A、向量 x 和 b 以及它们各自的形状。然后，我们必须传递线程标识符 id、线程块大

小 c。而且，对应线程块的第 1 个和最后 1 个线程标识符能够通过一个函数即时算出来。这个函数以线程标识符 id、线程总数 p 以及每个线程中的矩阵形状 $m \times n$ 为参数。尽管如此，全部参数列表 A、x、b、m、n、p 和 id 显得过于冗长，导致代码缺乏可读性。注意到，线程标识符 id 是唯一必须显式地通过值传递的参数，因为每个线程都不相同——其余的参数能够以引用方式传递，或者在一个共享范围内访问。后者能够通过声明 A、x、b、m、n、p 为全局变量实现。从软件工程的视角不推荐采用这种方式。另一种可能的选择是采用匿名函数的捕捉机制，所谓的闭包（closure）或者 lambdas，以一种优雅的方式传递引用。作为一个例子，我们声明一个 lambda 表达式 add_one，为一个给定的值 uint64_t v 实现递增：

```
auto add_one = [] (const uint64_t& v) { return v+1; };
```

匿名函数 add_one 能够在其声明范围内向任意其他传统函数一样调用，例如 autotwo=add_one(1)。值得一提的是，在 lambda（花括号内）的声明体内我们不能直接访问在该范围外声明的变量和对象。也就是说，下面的代码片段导致一个编译时错误：

```
uint64_t w = 1;
// ERROR: w is not declared within the body of add_w!
auto add_w = [] (const uint64_t& v) { return v+w; };
```

这个问题可以使用 lambda 的捕捉机制来解决。我们可以在前导（leading）方括号中指定一个变量或者对象的列表，通过值（=）或者引用（&）传递给闭包。

```
uint64_t w = 1;  // w will be accessed inside lambdas

// capture w by value
auto add_w_0 = [w]  (const uint64_t& v) { return v+w; };

// capture w by reference
auto add_w_1 = [&w] (const uint64_t& v) { return v+w; };

// capture everything accessed in add_w_2 by reference
auto add_w_2 = [&]  (const uint64_t& v) { return v+w; };

// capture everything accessed in add_w_3 by value
auto add_w_3 = [=]  (const uint64_t& v) { return v+w; };
```

在 DMV 案例中通过引用（如在 add_w_2 中的实现）的自动范围捕捉是一个可行的选项：我们在参数列表中以 const 引用传递线程标识符 id，通过在引用层面捕捉整个范围无缝地传递其余变量。值得注意的是，通过值捕捉整个范围（正如时间的 add_w_3）不是一个容易驾驭的选项，因为它将执行大矩阵 A 的冗余复制，并进一步在 b 的复制中写入结果，这些不能在主线程范围内访问。最终使用静态区块分发的方式实现并发的 DMV 还比较轻松简单：

```
template <
    typename value_t,
```

列表 4.10 使用静态区块分发方式的 DMV 模板

```
3       typename index_t>
4   void block_parallel_mult(
5       std::vector<value_t>& A,
6       std::vector<value_t>& x,
7       std::vector<value_t>& b,
8       index_t m,
9       index_t n,
10      index_t num_threads=8) {
11
12      // this function is called by the threads
13      auto block = [&] (const index_t& id) -> void {
14          //        ^-- capture whole scope by reference
15
16          // compute chunk size, lower and upper task id
17          const index_t chunk = SDIV(m, num_threads);
18          const index_t lower = id*chunk;
19          const index_t upper = std::min(lower+chunk, m);
20
21          // only computes rows between lower and upper
22          for (index_t row = lower; row < upper; row++) {
23              value_t accum = value_t(0);
24              for (index_t col = 0; col < n; col++)
25                  accum += A[row*n+col]*x[col];
26              b[row] = accum;
27          }
28      };
29
30      // business as usual
31      std::vector<std::thread> threads;
32
33      for (index_t id = 0; id < num_threads; id++)
34          threads.emplace_back(block, id);
35
36      for (auto& thread : threads)
37          thread.join();
38  }
```

列表 4.10 （续）

我们讨论一下代码。第 13 行的闭包 block 在连续行块上执行 DMV。因为 block 通过引用（通过 [&]）捕捉整个范围，我们能够访问变量和向量，而不用显式地传递它们。线程标识符 id 是一个例外，它必须在后面作为参数传递，因为它没有在第 13 行声明。在闭包内我们首先使用安全整除（第 17 行）计算块大小。第二，我们继续进行初始行 lower（第 18 行）和对应的 upper 行（独占的）的计算。值得注意的是，如果 upper 的值超过了最后一个块（第 19 行）的总行数，就不得不削减它，因为 chunk 是一个由 n/p 偏高估计的数字。部分矩阵向量乘积，随后将在 for 循环（第 22 ～ 27 行）中执行。其余的代码段都比较简单：我们派生 num_threads 个线程，调用闭包 block，在后面并入它们。注意，因为缺少同步，这里的派遣（detaching）方式不可行。如果在 Xeon E5-2683 v4 CPU 上使用 8 个线程执行时，块并行乘法运行了大约 230ms，这相当于加速比大约是 5.6，并行效率大约是 70%。

4.3.3 线程的循环分发

作为另一种选择，我们可能已选用了一种不同的线程分发方案，其中按照步长 p，把 c 个任务委派个 p 个线程中的每个线程。作为一个例子，线程 0 将依次处理任务 0、任务 p、任务 $2p$，等等。一般地，线程 id 处理的任务列表（任务 id，任务 id+p，任务 id+$2p$，…）一直到我们穷举了可用任务列表的尽头。按照这种 round-robin 方式，这种分发方式称为线程的静态循环分发。图 4.4 可视化了描述的分配策略：

线程	0	1	2	$\cdots$	$p-1$	0	1	2	$\cdots$	$p-1$	$\cdots$
任务	0	1	2	$\cdots$	$p-1$	p	$p+1$	$p+2$	$\cdots$	$2p-1$	$\cdots$

图 4.4　静态循环分发的示例。采用线程步长为 p 的 round-robin 方式委托 c 个任务给每个线程

使用循环分发的基于闭包的 DMV 对应的实现程序见列表 4.11。尤其是，代码甚至变得更简单了，因为我们不必显式地计算块的大小及其相关变量 lower 和 upper。按行的循环分发由闭包中的第一个 for 循环专门处理，适用于任意的线程数量和行数。上面提供的并行化方案与块循环变体中的实现速度相同（$\approx$ 230ms，适用 8 个线程）。

```
template <
    typename value_t,
    typename index_t>
void cyclic_parallel_mult(
    std::vector<value_t>& A,
    std::vector<value_t>& x,
    std::vector<value_t>& b,
    index_t m,
    index_t n,
    index_t num_threads=8) {

    // this function is called by the threads
    auto cyclic = [&] (const index_t& id) -> void {

        // indices are incremented with a stride of p
        for (index_t row = id; row < m; row += num_threads) {
            value_t accum = value_t(0);
            for (index_t col = 0; col < n; col++)
                accum += A[row*n+col]*x[col];
            b[row] = accum;
        }
    };

    // business as usual
    std::vector<std::thread> threads;

    for (index_t id = 0; id < num_threads; id++)
        threads.emplace_back(cyclic, id);

```

列表 4.11　使用静态循环分发的 DMV 模板

```
    for (auto& thread : threads)
        thread.join();
}
```

列表 4.11 （续）

4.3.4 虚假共享

与块分发方案相比，循环索引模式更容易实现，并且有相同的执行速度。尽管如此，我们必须注意一个常见的缺陷。假设我们已经实现了一个闭包 cyclic 如下：

```
// WARNING: This code fragment is suboptimal
auto cyclic = [&] (const index_t& id) -> void {

    for (index_t row = id; row < n; row += num_threads) {

        // initialize result vector to zero
        b[row] = 0;
        // directly accumulate in b[row]
        for (index_t col = 0; col < n; col++)
            b[row] += A[row*n+col]*x[col];
    }
};
```

乍看起来代码没有什么特别，实际上也得到了正确结果。与原版的 cyclic 闭包唯一不同的是我们直接在结果向量 b 中累加标量乘积的贡献，而没有声明一个专用的寄存器变量 accum，目的是缓存中间结果。你可能争论说，这对性能不会有多大影响，因为现代 CPU 提供了复杂的缓存策略，目的是最小化访问附带 RAM 的实际次数。然而，对于循环分发这种特殊情况，这种假设或许是错误的。

假设我们使用 2 个或更多线程计算循环 DMV，在同一个 CPU 的不同核心上运行，每个核心有它们各自的缓存层级，由低延迟的片上存储实现，比附带的片下 RAM 快几个数量级（也更贵了[2]）。为简单起见，我们进一步假设每个 CPU 核心仅配备了单个缓存级别（省略了可能的 L2 和 L3 缓存）。所有核心的缓存都在整个 CPU 内保持一致性。也就是说，使用合适的一致性协议，每个核心都能够互相标记缓存条目为 dirty。把改动过的缓存条目在对等的缓存间相互传播非常重要，目的是确保一个核心 A 不会重用一个早先已经由另一个核心 B 修改而过期的值。同时导致的结果是，缓存条目由核心 B 更新后，核心 A 不得不从缓慢的片下 RAM 中重新装载这个标记为 dirty 的缓存条目。简单地说，如果至少一个核心修改了一个驻留在其相关缓存中的值，这个值就需要随后从对等缓存中读进来，然后更新的值就不得不通过缓慢的 RAM 互相通信。

理论上讲，使用循环 DMV 不会出现这种情况，因为所有对 b[row] 执行的写操作和读操作都没有数据竞争，也就是说，每个线程的运行都独占各自的一系列数据行。尽管如此，出于性能方面的考虑，导致的结果是，缓存条目实际上并非单独地更新，而是按照几个字节组成的块一起更新。在现代 Intel CPU 上，这些缓存行的长度为 64 字节。因此，整个存储区都标记为 dirty 会使临近的几个值也失效，尽管对等缓存的有些值从来都没有被修改过。

在我们的 DMV 实现中结果向量 b 的类型是 uint64_t，占了 8 个字节存储。因此，b 中 64/8=8 个连续的条目驻留在相同的缓存行，尽管常常由 8 个不同的线程访问。共享缓存行的这种过度失效现象有些文献中称之为*虚假共享*（false sharing）。虚假共享会急剧影响程序的运行时间。举例来说，对于 $m=8$ 行 $n=2^{27}$ 列的循环 DMV，没有虚假共享的情况下运行时间大约为 240ms，而有虚假共享的情况下，运行时间为 290ms。这种性能削减超过了 20%。

我们总结一下，在一个小例子中观测证实虚假共享的短代码片段：我们独立地递增 2 个整数 ying 和 yang，一起存储在一个结构体中（见列表 4.12）。值得注意的是，使用了 volatile 关键字（第 15 行和第 25 行），避免了在第 17 行、第 28 行、第 33 行中的 for 循环优化。如果不使用 volatile 关键词，编译器将简单地用 ying+=1<<30; 和 yang+=1<<30; 替代 for 循环。需要注意，C++ 中的 volatile 关键字与 Java 编程语言中的目的和功效完全不同。特别地，它不保证原子性，也不保证能避免内存访问的竞争条件。

```
1  #include "../include/hpc_helpers.hpp" // timers
2  #include <thread>                     // std::thread
3
4  // this is a 128-bit packed data structure that fits
5  // into a cache line of 64 bytes holding two integers
6  struct pack_t {
7      uint64_t ying;
8      uint64_t yang;
9
10     pack_t() : ying(0), yang(0) {}
11 };
12
13 // sequentially increment the integers
14 void sequential_increment(
15     volatile pack_t& pack) {
16
17     for (uint64_t index = 0; index < 1UL << 30; index++) {
18         pack.ying++;
19         pack.yang++;
20     }
21 }
22
23 // use one thread for each member of the packed data type
24 void false_sharing_increment(
25     volatile pack_t& pack) {
26
27     auto eval_ying = [&pack] () -> void {
28         for (uint64_t index = 0; index < 1UL << 30; index++)
29             pack.ying++;
30     };
31
```

列表 4.12　虚假共享小例子

```
    auto eval_yang = [&pack] () -> void {
        for (uint64_t index = 0; index < 1UL << 30; index++)
            pack.yang++;
    };

    std::thread ying_thread(eval_ying);
    std::thread yang_thread(eval_yang);
    ying_thread.join();
    yang_thread.join();
}

int main(int argc, char* argv[]) {

    pack_t seq_pack;

    TIMERSTART(sequential_increment)
    sequential_increment(seq_pack);
    TIMERSTOP(sequential_increment)

    std::cout << seq_pack.ying << " "
              << seq_pack.yang << std::endl;

    pack_t par_pack;

    TIMERSTART(false_sharing_increment_increment)
    false_sharing_increment(par_pack);
    TIMERSTOP(false_sharing_increment_increment)

    std::cout << par_pack.ying << " "
              << par_pack.yang << std::endl;
}
```

列表 4.12 （续）

对应程序的输出显示，如果出现虚假共享，运行时间显著增加：

```
# elapsed time (sequential_increment): 0.542641s
1073741824 1073741824
# elapsed time (parallel_increment): 3.26746s
1073741824 1073741824
```

总之，如果使用了多于一个线程的并行计算，需要确保避开了针对存储在同一个内存行中的条目执行过多的更新操作。此外，尽量在寄存器中缓存中间结果，目的是减少对缓存条目的更新频率，就像在 cyclic 和 block 闭包中使用的辅助变量 accum 展示的情形。

4.3.5 线程的块循环分发

块分发和循环分发能合并在一起，就是所谓的*块循环分发*（block-cyclic distribution）。这种方法为每 p 个线程分发了一个包含 c 个任务的固定块，这些任务块由每个线程顺序处理。这样的话，我们首先分配 $s:=p\cdot c$ 个将要并行处理的任务。如果我们在第一轮不能分完全部 m 个任务，也就是说，$m>s$，我们用步长 s 简单重复上述过程。笼统地讲，我们使用了

一个在固定长度 c 的块上的循环分发（见图 4.5）。纯粹的块和循环分发可以看作块循环变体的一种特例。如果我们为每个块选择一个元素，那么 c=1 的块循环分发就对应为纯粹的循环分发。反之，选择 $c=\lceil m/p \rceil$实现了一个纯粹的块分发。

线程 0		线程 1		⋯	线程 $p-1$		线程 0		线程 1		⋯
0	1	2	3	⋯	$s-2$	$s-1$	s	$s+1$	$s+2$	$s+3$	⋯

图 4.5　静态块循环分发的示例。其中为每个线程设置 c=2 个任务，这些块以一个 round-robin 方式执行，使用的步长 $s=p \cdot c$

参数 c 能用于调整你希望的分布特性。在多个异构任务必须隐式负载平衡的情况下一个小的 c 值是有益的，如下一节所示。然而，如果我们选择的 c 太小就可能会导致内存访问模式出现次优的缓存表现，或者甚至会有虚假共享。相反，高 c 值对应于缓存友好的访问模式，但可能导致异构任务的负载不平衡，因为这些异构任务的执行时间剧烈波动变化。一个合理的折中如下：我们选择能覆盖整个缓存行的 c 值，也就是说，对于 32 位数据类型选择 c=16，对于 64 位数据类型选择 c=8。作为结果，我们能确保缓存友好的访问模式，同时提供了一种大粒度的并行性，避免了潜在的负载不平衡。对应的 DMV 块循环实现如列表 4.13 所示。

```
template <
    typename value_t,
    typename index_t>
void block_cyclic_parallel_mult(
    std::vector<value_t>& A,
    std::vector<value_t>& x,
    std::vector<value_t>& b,
    index_t m,
    index_t n,
    index_t num_threads=8,
    index_t chunk_size=64/sizeof(value_t)) {

    // this function is called by the threads
    auto block_cyclic = [&] (const index_t& id) -> void {

        // precompute offset and stride
        const index_t offset = id*chunk_size;
        const index_t stride = num_threads*chunk_size;

        // for each block of size chunk_size in cyclic order
        for (index_t lower = offset; lower < m; lower += stride) {

            // compute the upper border of the block (exclusive)
            const index_t upper = std::min(lower+chunk_size, m);

```

列表 4.13　使用静态块循环分发的 DMV 模板

```
26             // for each row in the block
27             for (index_t row = lower; row < upper; row++) {
28 
29                 // accumulate the contributions
30                 value_t accum = value_t(0);
31                 for (index_t col = 0; col < n; col++)
32                     accum += A[row*n+col]*x[col];
33                 b[row] = accum;
34             }
35         }
36     };
37 
38     // business as usual
39     std::vector<std::thread> threads;
40 
41     for (index_t id = 0; id < num_threads; id++)
42         threads.emplace_back(block_cyclic, id);
43 
44     for (auto& thread : threads)
45         thread.join();
46 }
```

列表 4.13 （续）

在 for 循环（第 21 行）的外层循环使用一个步长 $s=p \cdot c$ 的循环索引机制，实现这些块的枚举。在第 2 个 for 循环（第 27 行）中使用的步长为 1，实现对块中条目的访问。在第 31 行的最后一个 for 循环中，计算了特定行 row 的标量积贡献。结论是，块循环分发方法最为通用，但从源代码的角度也是最长的解决方案。有人可能开玩笑说，除了并行硬件上的编程，高性能计算实际上就是修正索引的艺术。

4.4　处理负载不平衡

前几节中讲到的静态分发方法之所以称为静态，是因为分发给线程任务的模式在程序开始时预先确定。这意味着我们已经提前仔细分析了程序，随后选择了一个合适的线程分发方案。如果处理一个特定任务划分的时间变化很大，这可能会有问题。当一部分线程仍在处理它们对应的任务块，而另一部分线程已经完成了计算任务，这种情况就称为负载不平衡。这一节向你展示如何使用多线程的静态和动态分发方法来平衡这些严重倾斜的工作分发。在我们的例子中，我们为 MNIST 数据集 [3] 计算全对距离矩阵。MNIST 数据集包含 65 000 手写体数字，每个数字存储为 28 × 28 大小的灰度图像，对应于从 0 到 9 的标签。图 4.6 描述了 20 个典型的情形。

对于我们的目标，把 m=65000 幅图像中的每一幅表示为一个简单的有 n=784 个亮度值的向量。假设我们把这些图像存储在一个数据矩阵 $D_{ij} = x_j^{(i)}$中，形状为 $m \times n$，其中 i 表示 m 幅图像的索引，索引 j 枚举每幅图像中的 n 个像素。

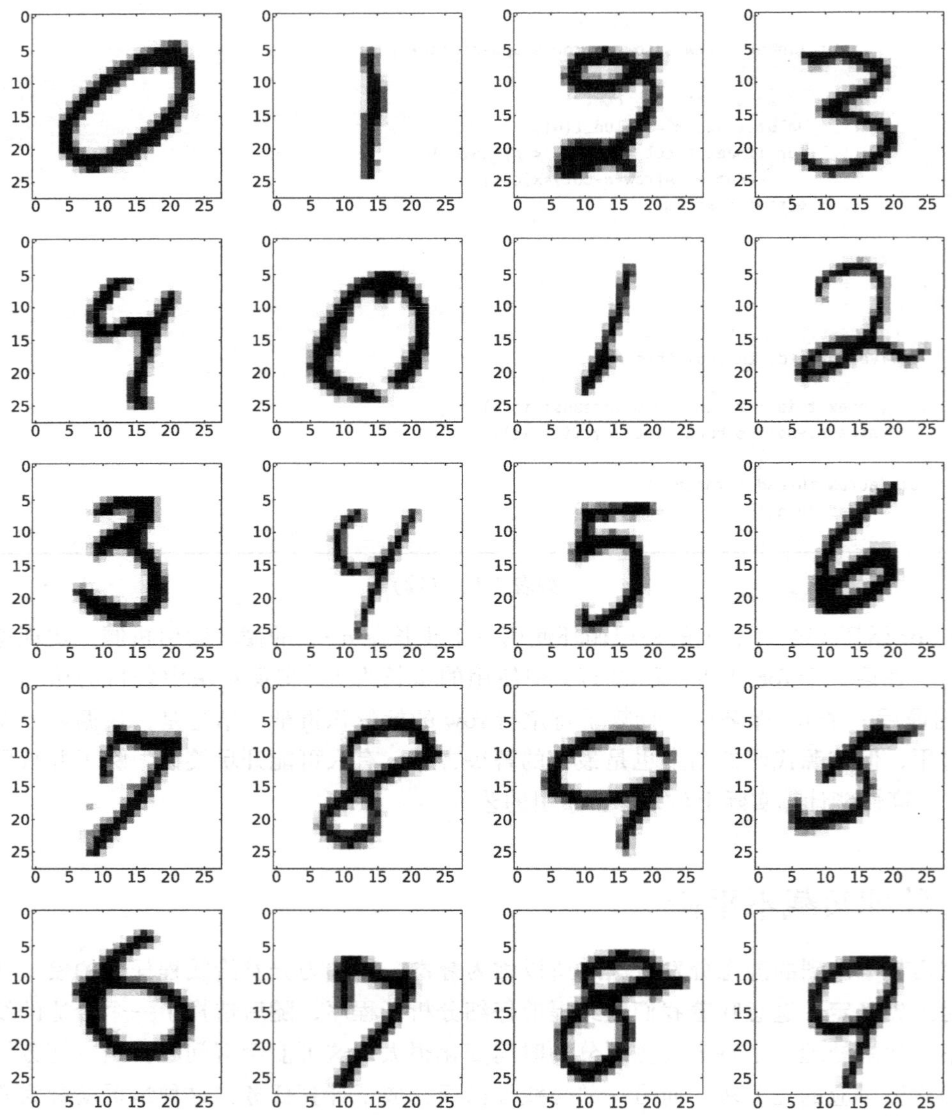

图 4.6　包含 65　000 个手写体数字的 MNIST 数据集中的 20 个有代表性的例子。图像形状为 28×28 装载到 784 维 $\mathbb{R}^{784}$ 的简单向量

数据挖掘和机器学习中常见的任务是数据的有监督分类和无监督聚类。大量分类算法尤其是 *k*- 最近邻分类（k-nearest neighbor classifiers，k-NN）和支持向量机（support vector machines，SVM），还有聚类算法比如 DBSCAN 和谱聚类（spectral clustering），依赖于全对距离信息。具体地说，我们对所有成对的实例组合 $\Delta_{ii'} = d(x^{(i)}, x^{(i')})$ 对于所有 $i, i' \in \{0, \cdots, m-1\}$ 之间的距离 / 相似度（distance/similarity）感兴趣。使用的距离 / 相似度度量 $d{:}\mathbb{R}^n \times \mathbb{R}^n \to \mathbb{R}$ 可能

是一个传统的由 *Lp*- 范数族导出的度量标准，比如欧几里得距离（Euclidean distance）或者曼哈顿距离（Manhattan distance），但也可能由任意对称的二元函数实现，赋予实例对相似度的概念。对于后者的一个例子是标量积、相关性度量等，比如 Pearson 或 Spearman 相关系数和交互信息等。另外，形状为 $m\times m$ 的矩阵 Δ，能用于构造 SVM 的核。流行的例子是线性核 $K_{ii'}=\langle x^{(i)},x^{(i')}\rangle$，或者基于径向基函数 $K_{ii'}=\exp\left(-\frac{1}{2\sigma^2}\|x^{(i)}-x^{(i')}\|^2\right)$ 的核。简单地说，有大量应用依赖于全对距离信息。

从理论视角看，在每对 n 维 $\mathbb{R}^n$ 向量之间我们必须计算 m^2 个距离 / 相似度分数。假设计算一个分数值花费 $\mathcal{O}(n)$ 时间，我们必须花费渐近 $\mathcal{O}(m^2\cdot n)$ 次操作去计算整个全对距离矩阵 Δ。值得注意的是，对角线以上的全部元素都由对角线以下对应的元素决定，因为对于对称的距离 / 相似度度量 $d(\cdot,\cdot)$，Δ 是一个对称矩阵：

$$\Delta_{ii'}=d(x^{(i)},x^{(i')})=d(x^{(i')},x^{(i)})=\Delta_{i'i}\ \ ,\text{对所有的}\ \ i,i'\in\{0,\cdots,m-1\} \tag{4.4}$$

这样的话，只计算 Δ 的下三角部分然后复制计算出的元素到对应的对角线以上的位置就足够了。为简单起见，我们假设 $d(\cdot,\cdot)$ 用平方欧几里得距离实现：

$$d(x^{(i)},x^{(i')}):=\|x^{(i)}-x^{(i')}\|^2=\sum_{j=0}^{n-1}(D_{ij}-D_{i'j})^2 \tag{4.5}$$

对于平方欧几里得距离，计算全对距离矩阵的对应源码如列表 4.14 所示：

```
#include <iostream>                    // std::cout
#include <cstdint>                     // uint64_t
#include <vector>                      // std::vector
#include <thread>                      // std::thread (not used yet)
#include "../include/hpc_helpers.hpp" // timers, no_init_t
#include "../include/binary_IO.hpp"   // load_binary

template <
    typename index_t,
    typename value_t>
void sequential_all_pairs(
    std::vector<value_t>& mnist,
    std::vector<value_t>& all_pair,
    index_t rows,
    index_t cols) {

    // for all entries below the diagonal (i'=I)
    for (index_t i = 0; i < rows; i++) {
        for (index_t I = 0; I <= i; I++) {

            // compute squared Euclidean distance
            value_t accum = value_t(0);
            for (index_t j = 0; j < cols; j++) {
                value_t residue = mnist[i*cols+j]
                                - mnist[I*cols+j];
```

列表 4.14 全对距离矩阵的串行计算

```
26                 accum += residue * residue;
27             }
28 
29             // write Delta[i,i'] = Delta[i',i] = dist(i, i')
30             all_pair[i*rows+I] = all_pair[I*rows+i] = accum;
31         }
32     }
33 }
34 
35 int main() {
36 
37     // used data types
38     typedef no_init_t<float> value_t;
39     typedef uint64_t         index_t;
40 
41     // number of images and pixels
42     const index_t rows = 65000;
43     const index_t cols = 28*28;
44 
45     // load MNIST data from binary file
46     TIMERSTART(load_data_from_disk)
47     std::vector<value_t> mnist(rows*cols);
48     load_binary(mnist.data(), rows*cols,
49                 "./data/mnist_65000_28_28_32.bin");
50     TIMERSTOP(load_data_from_disk)
51 
52     // compute all-pairs distance matrix
53     TIMERSTART(compute_distances)
54     std::vector<value_t> all_pair(rows*rows);
55     sequential_all_pairs(mnist, all_pair, rows, cols);
56     TIMERSTOP(compute_distances)
57 }
```

列表 4.14 （续）

我们讨论一下源代码。首先，在 main 函数中，我们声明了数据矩阵的形状（第 42 ～ 43 行），随后，把 MNIST 数据集从硬盘装载到一个向量 mnist(第 47 ～ 49 行)。第二，我们为全对距离矩阵申请内存，调用计算全部距离对的串行函数（第 54 ～ 55 行）。第三，对于 $i' \leqslant i$ 索引组合（第 17 ～ 18 行），我们计算平方欧几里得距离（第 22 ～ 27 行）。最后，向全对距离矩阵（第 30 行）写入计算结果。使用一个 C++14 兼容编译器，我们能够编译代码：

```
g++ -O2 -std=c++14 -pthread all_pair.cpp -o all_pair
```

在 Xeon E5-2683 v4 CPU 的单个核心上计算 Δ 中的 $65\,000^2 \approx 4 \cdot 10^9$ 个元素大概用时 30min。这个时间真有点长。容易想到的一个简单的并行化方法是，在 Δ 的每一行上使用一个静态分发策略。然而由于 Δ 的对称性，我们在第 i 行仅需要计算 i+1 个元素，而不是整个行中包含的 m 个元素。这种在不同行上不均衡的工作分发可能导致非最优的调度方案。接下来，我们讨论使用线程的静态分发和动态分法 2 种不同的并行化方法。

4.4.1 静态调度

纯粹块分发或者块循环分发，它们的 chunk 比较大，这样的静态分配方法不适合本书的任务。对于正常数 $\alpha>0$，令 $T(i)=\alpha\cdot(i+1)$ 为计算第 i 行花费的时间，进一步，$0\leqslant i_0<m-c$ 为 chunk 中线程将要处理的第一个行，$c>0$ 是对应的 chunk 大小，那么，整个 chunk 的全部计算时间平方依赖于 c，线性依赖于 c 和 i_0 的乘积，因为

$$\begin{aligned}F(i_0,c)&:=\sum_{l=0}^{c-1}T(i_0+l)=\sum_{l=0}^{i_0+c-1}T(l)-\sum_{l=0}^{i_0-1}T(l)\\&=\alpha\left(\sum_{l=0}^{i_0+c-1}l-\sum_{l=0}^{i_0-1}l+c\right)=\frac{\alpha(c+2i_0\cdot c+c^2)}{2}\end{aligned}\tag{4.6}$$

这里，我们使用了众所周知的等式 $\sum_{l=0}^{k}l=\frac{k\cdot(k+1)}{2}$，得到 $F(i_0,c)$ 的最终表达式。如果我们设置 chunk 的大小 c 为一个小常数，就像在循环分发 ($c=1$) 中的情形，那么，我们得到总体工作负荷 $F(i_0,c)$。$F(\mathrm{i}_0,c)$ 随着 chunk 标识符（它本身是 i_0 的线性函数）线性变化。混合项 $i_0\cdot c$ 的影响随 chunk 的大小提高，也就是说，如果增加 c 的值，会把负载不平衡搞得更糟。最坏的情形是纯粹的块分发方法，其中 chunk 大小采用最大值（$c=\lceil m/p\rceil$）。因此，我们应尽可能为 c 选择小值，目的是让每个 chunk 尽可能有大概相等的运行时间（见图 4.7）。结论是，建议使用静态调度时 chunk 尺寸尽量小，以减轻负载不平衡带来的影响。列表 4.15 展示了使用块循环分发策略的全对矩阵计算的并行实现：

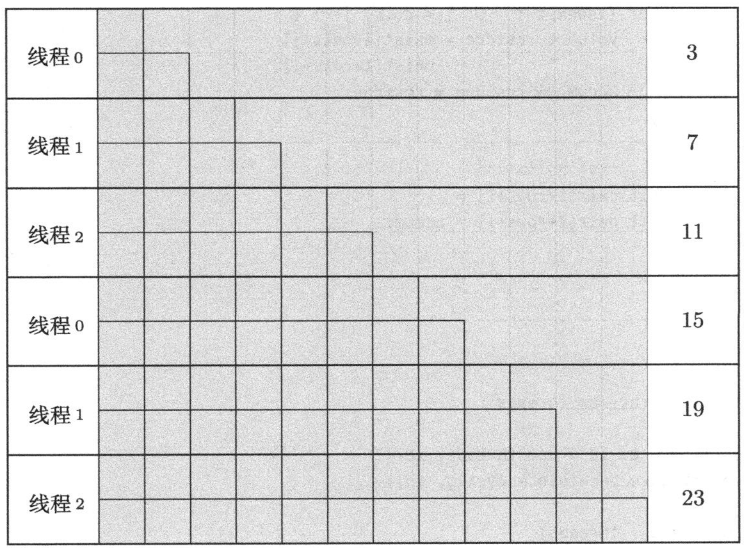

图 4.7 运行在 12×12 的全对距离矩阵上的块循环分发策略，使用的 chunk 尺寸为 2，右边的数字是 chunk 中距离度量值的计算量

```
template <
    typename index_t,
    typename value_t>
void parallel_all_pairs(
    std::vector<value_t>& mnist,
    std::vector<value_t>& all_pair,
    index_t rows,
    index_t cols,
    index_t num_threads=64,
    index_t chunk_size=64/sizeof(value_t)) {

    auto block_cyclic = [&] (const index_t& id) -> void {

        // precompute offset and stride
        const index_t off = id*chunk_size;
        const index_t str = num_threads*chunk_size;

        // for each block of size chunk_size in cyclic order
        for (index_t lower = off; lower < rows; lower += str) {

            // compute the upper border of the block (exclusive)
            const index_t upper = std::min(lower+chunk_size,rows);

            // for all entries below the diagonal (i'=I)
            for (index_t i = lower; i < upper; i++) {
                for (index_t I = 0; I <= i; I++) {

                    // compute squared Euclidean distance
                    value_t accum = value_t(0);
                    for (index_t j = 0; j < cols; j++) {
                        value_t residue = mnist[i*cols+j]
                                        - mnist[I*cols+j];
                        accum += residue * residue;
                    }

                    // write Delta[i,i'] = Delta[i',i]
                    all_pair[i*rows+I] =
                    all_pair[I*rows+i] = accum;
                }
            }
        }
    };

    // business as usual
    std::vector<std::thread> threads;

    for (index_t id = 0; id < num_threads; id++)
        threads.emplace_back(block_cyclic, id);

    for (auto& thread : threads)
        thread.join();
}
```

列表 4.15　使用了静态块循环分发策略的全对矩阵模板

如果 我们使用 64 个软件线程在一个双槽的 Xeon E5-2683 v4 CPU（2 × 16 物理核心 + 超线程），基于 chunk 尺寸 c 得到如下执行时间和加速比（在 10 次运行结果上的平均值）。在前一小节中串行的基准程序实现计算结果耗费了 30min。

Chunk 尺寸 c	1	4	16	64	256	1024
加速比（s）	44.6 40.5	45.0 40.0	45.6 39.5	49.9 36.1	57.0 31.6	78.5 22.9

实验结果证实了我们的理论推理：递增的 chunk 尺寸导致更高层面的负载不平衡，产生了更长的总体执行时间。最坏的情形 c=1 024 大概相当于一个纯粹的块分发，这时 $c=\left\lceil \frac{65\,000}{64} \right\rceil =1\,016$。

4.4.2 动态块循环分发

如上文所示，小尺寸 chunk 的静态调度策略能用于大致平衡非均衡的工作分布。然而，这种方法并非适用于所有情形。在前面提到的例子中，我们基本上用了投机的方法，因为我们预先知道每个任务明确的时间依赖函数 $T(i)$，而且，在 chunk $F(i_0,c)$ 的 chunk i_0 处能够进一步利用工作执行性能的单调性。详细说，我们依赖于如下事实：2 个相邻的 chunk 花费大概相等的处理时间。总的来讲，$T(i)$ 和对应的 $F(i_0,c)$ 可以是关于枚举任务索引有潜在指数依赖的任意函数。如果我们不能在程序开始时就正确地估计任务的运行时间，这种情形会变得更糟。

分支定界（branch-and-bound）算法，比如旅行商问题（Traveling Salesman Problem，TSP）、背包问题（Knapsack Problem）以及其他所有使用了回溯方法的包含图搜索算法，可以分解为执行时间变化很大的独立任务。其他例子包括像数据库等附加介质的处理事务，如数据库或者 web 服务等，其响应时间都可能表现出很大波动（一些查询与另一些查询相比，可能会有指数级的难度差别）。我们用一个简单的玩具模型说明这个问题。假设我们必须使用 2 个处理器处理 4 个任务 a、b、A、B。小写字母代表的任务比大写字母代表的任务耗时小 10 倍，也就是说，$T(A)= T(B)=10 \cdot T(a)=10 \cdot T(b)=10$s。最佳调度策略将分配任务 $\{A, a\}$ 给线程 0，分配任务 $\{B, b\}$ 给线程 1，结果是，并行处理总时间为 11s。尽管如此，我们也可能会采取一种最差的调度策略，比如任务组合为 $\{a, b\}$ 和 $\{A, B\}$，计算过程将花费 20s。遗憾的是，对于静态分发策略我们无法避免其出现，因为我们没有关于任务的先验信息，也就是说，在程序开始时我们不能区分它们的运行时长。我们可以用一个贪心的按需分派策略解决这个问题。假设线程 0 开始时处理了任务 A，线程 1 从 b 开始。在 1s 钟后，线程 1 处理完任务，从工作中退出，然后贪心地选取下一个任务：假如说是 a。这时，线程 0 仍然在计算 A，线程 1 随后选取了剩下的任务 B。与静态调度策略的最坏情形 20s 相比，这种按需调度策略的最坏情形 $\{A\}$ 和 $\{b, a, B\}$ 在 12s 后结束。

运行时的任务分派称为动态调度，能以单个任务为基础实现，也能像前面展示的以

chunk 为单位实现。前者可以视为后者选择了 c=1 的特例。静态分发中关于 chunk 尺寸的观测也适用于动态分发。对于工作分布严重不均匀的情况，小的 chunk 尺寸更为合适。值得注意的是，确定最优的调度方案实际上是一个很难的问题，即使我们预先知道各个任务的执行时间。这样的话，动态分派策略对静态调度方法的改进也只是用启发式。

后面的内容我们将针对全对矩阵 Δ 的计算把静态的区块循环方法细化，改为动态选择行块的方法，直到我们穷尽了列表中的全部行。为实现这种方法，我们采用了一个全局可访问的变量 global_lower 表示当前处理的行块的第一行。无论何时，一个线程的工作运行一结束就读取 global_lower 的值，随后把它加上行块尺寸 c 执行递增操作，最后处理该行块中对应的行。如果 global_lower 大于或等于将要处理的行数 m，则全部线程终止。然而，我们必须小心的是，全局变量在全部线程间共享，c 的递增操作可能会导致条件竞争。因此，我们必须确保对 global_lower 的访问是相互独占的，以保证结果正确。

C++11 提供了一种机制，用来限制特定线程在临界区域以相互独占的方式执行：就是所谓的**互斥锁**。一个互斥锁能由一个特定的线程锁定，也就是说，后续的代码片段只能由得到锁的线程执行，直到该互斥锁释放出来。然而，锁定的互斥锁不能由其他线程加锁或者解锁，只能等待互斥的释放。这导致了线程的隐式同步。不严格地讲，互斥锁用于串行化特定的代码段，在并行上下文中确保对共享信息的操控安全。互斥锁在 mutex 头中定义。基本上，你需要做的所有事情就是定义一个全局可访问的互斥锁，然后在线程中使用它。

```
#include <mutex>
std::mutex mutex;

// to be called by threads
void some_function(...) {

    mutex.lock()
    // this region is only processed by one thread at a time
    mutex.unlock();

    // this region is processed in parallel
}
```

需要小心的是，你一定要解锁一个加锁的互斥变量以避免死锁。C++11 提供了一个方便的封装 std::lock_guard，能锁定一个特定的范围，并在离开时自动执行解锁操作：

```
#include <mutex>
std::mutex mutex;

// to be called by threads
void some_function(...) {

    {
        // here we acquire the lock
        std::lock_guard<std::mutex> lock_guard(mutex);
        // this region is locked by the mutex
    } // <- here we release the lock
```

```
        // this region is processed in parallel
    }
```

列表 4.16 展示了如何实现一个针对块的动态分派策略。在程序开始，我们声明了互斥锁，在第 15 ～ 16 行声明了共享的全局计数器 global_lower。在这里定义这两个变量是非常关键的，目的是让第 18 行的闭包 dynamic_block_cyclic 能够捕捉到它们。在 lambda 内，在一个 while 循环（第 24 行）中我们迭代地探测 lower 的值，代表将要第一个处理的 chunk 索引，直到再没有剩下的 chunk。lower 的实际值增量地从全局计数器 global_lower（第 29 行）中读取，随后由锁定范围（第 27 ～ 32 行）中的 c 递增（第 30 行）。闭包中其余部分与前面小节中的静态变体几乎相同。仅有的区别是在闭包 dynamic_block_clcic 的参数中省略了线程标识符 id，这里不再需要了（第 18 行和第 60 行）。

```
1  #include <mutex> // std::mutex, std::lock_guard
2  
3  template <
4      typename index_t,
5      typename value_t>
6  void dynamic_all_pairs(
7      std::vector<value_t>& mnist,
8      std::vector<value_t>& all_pair,
9      index_t rows,
10     index_t cols,
11     index_t num_threads=64,
12     index_t chunk_size=64/sizeof(value_t)) {
13 
14     // declare mutex and current lower index
15     std::mutex mutex;
16     index_t global_lower = 0;
17 
18     auto dynamic_block_cyclic = [&] ( ) -> void {
19 
20         // assume we have not done anything
21         index_t lower = 0;
22 
23         // while there are still rows to compute
24         while (lower < rows) {
25 
26             // update lower row with global lower row
27             {
28                 std::lock_guard<std::mutex> lock_guard(mutex);
29                        lower  = global_lower;
30                 global_lower += chunk_size;
31             } // here we release the lock
32 
33             // compute the upper border of the block (exclusive)
34             const index_t upper = std::min(lower+chunk_size,rows);
35 
36             // for all entries below the diagonal (i'=I)
37             for (index_t i = lower; i < upper; i++) {
```

列表 4.16 使用动态块循环分发的全对矩阵模板

```
                for (index_t I = 0; I <= i; I++) {

                    // compute squared Euclidean distance
                    value_t accum = value_t(0);
                    for (index_t j = 0; j < cols; j++) {
                        value_t residue = mnist[i*cols+j]
                                        - mnist[I*cols+j];
                        accum += residue * residue;
                    }

                    // write Delta[i,i'] = Delta[i',i]
                    all_pair[i*rows+I] =
                    all_pair[I*rows+i] = accum;
                }
            }
        }
    };

    // business as usual
    std::vector<std::thread> threads;

    for (index_t id = 0; id < num_threads; id++)
        threads.emplace_back(dynamic_block_cyclic);

    for (auto& thread : threads)
        thread.join();
}
```

列表 4.16 （续）

当我们使用 64 个软件线程在一个双槽的 Xeon E5-2683 v4 CPU (2 × 16 物理核心 + 超线程) 上执行时，基于 chunk 尺寸 c 得到如下执行时间和加速比（在 10 次运行结果上的平均值）。在前一小节中，串行的基准程序实现计算结果耗费了 30min。从上一小节中获得静态块循环分配的计算时间结果：

模式	Chunk 尺寸 c	1	4	16	64	256	1024
静态	加速比（s）	44.6	45.0	45.6	49.9	57.0	78.5
		40.5	40.0	39.5	36.1	31.6	22.9
动态	加速比（s）	43.6	43.6	43.9	46.3	53.8	77.6
		41.3	41.3	41.0	38.9	33.5	23.2

明显，对于全部 chunk 尺寸配置，线程的动态分配 chunk 都有好处。另外，我们重新观测发现，当正在处理的任务存在严重不均匀负载分布时，较小的 chunk 尺寸更合适。

4.5 用条件变量通知线程

从这节开始，我们继续研究一种“竞争 – 睡眠”（race-to-sleep）策略，充分利用派生的全部线程，直到它们完成对应的任务。按照能量消耗的原则，“竞争 – 睡眠”方法通常被认为是最有效的计算模式，因为从理论上讲，终止的线程不再消耗任何能量。尽管如此，考虑到线程之间的依赖性，时常有必要把已经派生的线程休眠。举个例子来说，考虑一连串互相依赖的任务，有的线程需要等待，直到某一个特定的任务完成了它的工作，这些等待线程才能继续它们的计算。前一节的动态调度就是一个典型的例子，其中有的线程不得不等待一个全局计数器变量的递增。然而，前面提出的动态调度机制在等待互斥锁期间全部线程都保持忙碌。实际上，当一个线程没有正在执行的任务仅在等待其他线程时，这种方法并不可取。因此，我们对另一种机制感兴趣，它提供一种容易实现的方式让线程休眠，并随后通知它们醒来。C++11 有一个简单的机制能实现它，就是所谓的**条件变量**。

4.5.1 为一个睡觉的学生建模

在继续真正实现条件变量之前让我们做一个初始的讨论。条件变量（condition variable）这个名字在某种程度上会产生误导，因为它隐含的意思是一个条件变量总是处于良好定义的状态。实际上我们将看到，单条件变量本身还不能实现程序状态的通信，因为线程的虚假睡醒可能时有发生。我们用一个实际世界中的例子说明这种行为。假设你有一个吵闹的闹钟设定在早晨 7 点。你能够确信，如果它闹响了你将会醒来，并且能因此赶上吃早餐。然而有一种可能是，你偶尔会在早上 6 点提前醒来。所以说，醒着的状态并不是时间已过了早晨 7 点的保证。判定你的醒来是否准时还是太早的唯一的办法是看一看表的读数，它告诉你正确的时间。可以说，你需要一个代表了另一个状态的明确信息来排除虚假睡醒。万一发生虚假睡醒，你将重新回到睡眠，重复之前的过程，直到你确认到了早饭时间。这正是条件变量的工作方式：它们可以视为一个远程信号发射机制，保证线程在收到信号时就能进入工作状态。对是否真的该去工作了的检查需要有一个明确的状态（通常是另一个共享变量）帮助才能实现。你可能想知道究竟为什么会允许虚假睡醒，而编程语言中也没有禁止。实际情况是，出于性能方面的考虑有些体系结构实现了虚假行为，而其他一些没有。因此，为了编写跨平台可移植的正确代码，我们不得不小心地应对这种可能性。

信令线程的典型工作流程看上去如下：

1）信令线程必须获得互斥锁，要么使用 mutex.lock()，要么借助一个有界封装（scoped wrapper），比如 std::lock_guard 或者 std::unique_lock。

2）持有锁期间修改共享状态，接下来实际执行串行工作（比如，向命令行打印）。

3）释放锁，要么显式地使用 mutex.unlock()，要么隐式地离开 std::lock_guard 或者 std::unique_lock 划定的范围。

4）借助条件变量 cv 实际发出信令。如果是针对一个线程，使用 cv.notify_one()；如果是针对全部线程，使用 cv.notify_all()。

将要接到信号的**等待线程**（waiting thread）工作流程如下：

1）等待线程必须获得一个 std::unique_lock，使用与信令阶段相同的互斥锁。值得注意的是，这里不能使用 std::lock_guard。

2）锁定期间使用前面提到的条件变量 cv 调用 cv.wait()、cv.wait_for() 或 wait_until()。锁将自动释放，目的是保证其他线程能重新获得互斥锁。

3）如果（i）条件变量 cv 得到通知，（ii）cv.wait() 超时或者 cv.wait_for() 到期，或者（iii）发生了虚假睡醒，线程唤醒重新获得了锁。这时候，我们必须检查全局共享状态，是指示进入下一步，还是持续等待（睡觉）。

一个睡眠中的线程由主线程通知的实现例子如列表 4.17 所示。首先，在第 12 ～ 14 行我们定义了互斥锁、条件变量和一个全局共享的状态变量。随后，我们派生一个线程迭代地探测全局状态 time_for_breakfast 是否为真，然后进入睡眠。因此，因为共享状态的值不正确，虚假睡醒将导致另一轮等待。值得注意的是，如果我们借助闭包指定谓词，可以避免使用循环，如第 29 ～ 30 行所示。最后，我们在主线程中（第 42 行）改变共享状态，并通知等待线程：

```
1  #include <iostream>           // std::cout
2  #include <thread>             // std::thread
3  #include <mutex>              // std::mutex
4  #include <chrono>             // std::this_thread::sleep_for
5  #include <condition_variable> // std::condition_variable
6
7  // convenient time formats (C++14 required)
8  using namespace std::chrono_literals;
9
10 int main() {
11
12     std::mutex mutex;
13     std::condition_variable cv;
14     bool time_for_breakfast = false; // globally shared state
15
16     // to be called by thread
17     auto student = [&] ( ) -> void {
18
19         { // this is the scope of the lock
20             std::unique_lock<std::mutex> unique_lock(mutex);
21
22             // check the globally shared state
23             while (!time_for_breakfast)
24                 // lock is released during wait
25                 cv.wait(unique_lock);
26
27             // alternatively, you can specify the
28             // predicate directly using a closure
29             // cv.wait(unique_lock,
30             //         [&](){ return time_for_break_fast; });
31         } // lock is finally released
32
33         std::cout << "Time to make some coffee!" << std::endl;
34     };
35
```

列表 4.17　一个学生睡眠中的早起信令机制

```
    // create the waiting thread and wait for 2 s
    std::thread my_thread(student);
    std::this_thread::sleep_for(2s);

    { // prepare the alarm clock
        std::lock_guard<std::mutex> lock_guard(mutex);
        time_for_breakfast = true;
    } // here the lock is released

    // ring the alarm clock
    cv.notify_one();

    // wait until breakfast is finished
    my_thread.join();
}
```

列表 4.17 （续）

4.5.2 使用条件变量

接下来我们写一个包含 2 个线程的简单程序，交替地在命令行写“ping”和“pong”。当线程 0 向标准输出 stdout 写“ping”时，线程 1 仍然在睡眠中，等待由线程 0 唤醒再执行“pong”的信号。线程 0 写完“ping”之后，它改变共享的二进制变量，指明程序已经进入“pong”状态，随后使用一个条件变量唤醒线程 1，最后进入睡眠状态。上述过程随角色交替重复进行，直到我们达到了指定的迭代次数，或者遇到另一个用户定义的终止条件。为简单起见，我们忽略终止条件，让程序一直运行。

对应的代码如列表 4.18 所示。程序结构十分简单：我们定义 2 个闭包 ping（第 16 行）和 pong（第 33 行），分别由 2 个独立的线程执行（第 50 ～ 53 行）。程序的全局二进制状态（指明我们是在“ping”步还是在“pong”步）编码在第 14 行的变量 is_ping 中。

通过在 wait 循环中使用 cv.wait，以及一个闭包检查谓词（第 21 行和第 38 行），这 2 个线程都在等待另一个线程执行其打印语句。值得注意的是，在这个例子中，通知移到了锁定范围，以避免源代码出现不必要的杂乱。

```
1  #include <iostream>            // std::cout
2  #include <thread>              // std::thread
3  #include <mutex>               // std::mutex
4  #include <chrono>              // std::this_thread::sleep_for
5  #include <condition_variable>  // std::condition_variable
6
7  // convenient time formats (C++14 required)
8  using namespace std::chrono_literals;
9
10 int main() {
11
12     std::mutex mutex;
```

列表 4.18 使用条件变量运行乒乓

```
    std::condition_variable cv;
    bool is_ping = true; // globally shared state

    auto ping = [&] ( ) -> void {
        while (true) {

            // wait to be signaled
            std::unique_lock<std::mutex> unique_lock(mutex);
            cv.wait(unique_lock,[&](){return is_ping;});

            // print "ping" to the command line
            std::this_thread::sleep_for(1s);
            std::cout << "ping" << std::endl;

            // alter state and notify other thread
            is_ping = !is_ping;
            cv.notify_one();
        }
    };

    auto pong = [&] ( ) -> void {
        while (true) {

            // wait to be signaled
            std::unique_lock<std::mutex> unique_lock(mutex);
            cv.wait(unique_lock,[&](){return !is_ping;});

            // print "pong" to the command line
            std::this_thread::sleep_for(1s);
            std::cout << "pong" << std::endl;

            // alter state and notify other thread
            is_ping = !is_ping;
            cv.notify_one();
        }
    };

    std::thread ping_thread(ping);
    std::thread pong_thread(pong);
    ping_thread.join();
    pong_thread.join();
}
```

列表 4.18（续）

4.5.3 使用 future 和 promise 单发同步

很多线程执行重要的或者重复性的同步模式时条件变量非常有用。对于后者的一个例子是我们的“ping-pong”应用，其中的 2 个线程为实现潜在的无限通知步骤重用了一个条件变量。定义条件变量、另一个独立的全局状态、涉及线程的通知、后续在锁定范围内使用 cv.wait 探测等产生了额外开销，如果我们的目标仅仅是通知 1 个或多个线程 1 次，就像刚开始介绍的闹钟例子中的功用。对于所谓的单发同步（one-shot synchronization）情形，通过使用 future 和 promise 源代码的长度能够急剧缩短。这项技术最初由 Scott Meyers[4] 提出，研究了 future *f* 及其对应的 promise *p* 的同步性质，如 4.2 节中所述。

为了演示该方法的优点，我们重新实现了本节开头的闹钟例子。通信模式的工作流程简单直接：

1）我们把一个任意类型的 future *f*（为简单起见，假设为 std::future<void>）传递给睡觉学生的建模函数。

2）在函数体的开始，通过调用 f.get() 立即访问 future *f*。

3）通过在 *p* 中用 p.set_value() 写入任意值，对应的 promise *p* 在主线程中实现。实际值无关紧要。

在负责发起的主线程和睡觉学生之间实现了同步，因为通过 f.get() 访问一个 future 的值发生阻塞，直到对应的 promise 用 p.set_value() 实现。前述方法的实现比较直接简单，不需要更进一步解释。

```
#include <iostream>             // std::cout
#include <thread>               // std::thread
#include <future>               // std::future
#include <chrono>               // std::this_thread::sleep_for

// convenient time formats (C++14 required)
using namespace std::chrono_literals;

int main() {

    // create pair (future, promise)
    std::promise<void> promise;
    auto future = promise.get_future();

    // to be called by thread
    auto student = [&] ( ) -> void {

        future.get(); // blocks until fulfilling promise
        std::cout << "Time to make coffee!" << std::endl;
    };

    // create the waiting thread and wait for 2s
    std::thread my_thread(student);
    std::this_thread::sleep_for(2s);

    // ring the alarm clock
    promise.set_value();

    // wait until breakfast is finished
    my_thread.join();
}
```

列表 4.19　唤醒早上睡觉的学生

上述方法仅适用于如下场景：一个线程通知另一个线程，因为一个 future 只能读取一次。幸运的是，我们能够使用变通方案允许一次通知多个线程。所谓的共享 future（shared futures）能用于向多个线程广播一个特定的值。从概念上讲，对于第一次访问，共享 future 被视为传统的 future。后续的访问都简单返回第一次访问时产生的原始值，也就是说，从这一点上看，共享 future 表现得像一个常数。实际上，所有参与线程都尝试并发访问共享 future，无论哪个线程首先成功，都有后续 promise 的实现触发同步操作。唤醒多个学生轻松如下：

```
#include <iostream>                // std::cout
#include <thread>                  // std::thread
#include <future>                  // std::future
#include <chrono>                  // std::this_thread::sleep_for

// convenient time formats (C++14 required)
using namespace std::chrono_literals;

int main() {

    // create pair (future, promise)
    std::promise<void> promise;
    auto shared_future = promise.get_future().share();

    // to be called by one or more threads
    auto students = [&] ( ) -> void {

        // blocks until fulfilling promise
        shared_future.get();
        std::cout << "Time to make coffee!" << std::endl;
    };

    // create the waiting thread and wait for 2s
    std::thread my_thread0(students);
    std::thread my_thread1(students);
    std::this_thread::sleep_for(2s);

    // get up lazy folks!
    promise.set_value();

    // wait until breakfast is finished
    my_thread0.join();
    my_thread1.join();
}
```

列表 4.20 唤醒多个早上睡觉的学生

4.6 隐式可数集合上的并行化

在 4.4 节我们讨论了如何应对负载不平衡的问题。相关配置条件中我们假设待处理的任务以线性数据结构存储。进一步，我们展示了动态调度常常比静态调度更合适，整体的纯粹块方法会导致严重的负载分布不均匀。到目前为止，提出的这些实现方法的局限性是都假设我们预先知道了待处理任务的个数。

4.6.1 隐式可数集合

一些算法遍历有潜在的不能知道任务个数的非线性拓扑。作为一个例子，考虑一个预先不知道的有向无环图（Directed Acyclic Graph，DAG），它模型化了任务之间的依赖关系。如果整图恰能装入内存，我们通过为 DAG 确定一个合适的拓扑排序可能重写顶点（任务）集合为一个可迭代处理的工作列表。

注意，通过基于宽度优先搜索的算法可以在关于顶点数量 $|V|$ 和边数量 $|E|$ 的线性时间（$\mathcal{O}(|V|+|E|)$）内完成，见文献 [1]。尽管如此，处理步骤也并非总能实现，因为有如下 2 个主要限制：

1）DAG 不能装入我们工作站的 RAM，从硬盘分批增量载入很难。

2）我们不知道任何能明确地枚举这些关联到任务的顶点的近似数学表达式。

后一个限制初听起来相当有理论性，但是它非常容易在实际生活中找到代表性例子。我们玩一局 Boggle。在一个 4×4 的网格中放了从 A 到 Z 的一些字母，它们之间有相互连接的路径，任务是找到全部英文单词。一个路径可以从网格的 16 个格子中的任意一个开始，允许沿水平、竖直、对角线方向扩展，不能两次访问同一个格子。图 4.8 展示了典型的 Boggle 构型，同时附带了一个正确的解决方案“THREAD”。其他方案还有“JOB”“READ”“HAT”等。假设有人为我们提供了一个二值标准，描述了一个特定的字符串是否是一个英文单词，进一步要我们去找出所有可能的解决方案。有人可能会争辩说这个任务太容易了，你需要做的全部事情是根据前面提到的决策函数和相关的字符串一起把所有可行的路径映射到二值集合 {0，1}。

D	B	T	A
A	O	Z	H
J	E	R	L
G	K	W	S

图 4.8 一个典型的附带有效答案的 Boggle 网格

这个问题的困难在于确定所有可行的服从 Boggle 规则的路径集合。该问题容易想到的解决方式是通过递归产生候选解隐式地枚举状态空间。假设我们从第 1 行的第 3 个单元格（“T”）开始搜索，一般情况下，从 8 个潜在的表达式中产生了 5 个有意义的表达式（“TB”“TA”“TO”“TZ”和“TH”）。值得注意的是，上面 3 个表达式是不可能的，因为单元格“T”处在边上。我们随后递归地扩展 5 个解决方案，直到我们不能再发现有更多的表达式。必须检查每个有意义的路径，判断是否是一个有意义的英文单词。只有在遍历了全部可能之后，才能确定有效路径的总条数。因此，很难确定一个先验的调度方案。

另外一个真实世界的例子是 Web 服务器。任意时间都可能会对任意数量的 web 网页发出请求。此外，应答一个请求的时间变动也可能很大，这依赖于请求活动本身。再次强调，在程序开始之前，不可能为待处理的任务集合提供准确的先验估计。为解决这个问题，一个原生的办法是为每一个传入的请求派生一个新线程。这会导致线程过度申请，从而严重损失性能。最坏情况下，一个用户通过发送大量无用请求，故意使用 DOS 攻击（Denial of Service）搞坏我们的工作站。一个实际可行的变通方案是线程池，池中包含固定数量的线程用来递增处理一系列任务。注意，这还能通过为任务配置时间戳参数避免 DOS 攻击：没有在预先定义好的时间区间内处理完成的请求将被简单地丢弃。

4.6.2 线程池用例

本节中，我们实现一个线程池，维护一系列任务，各有不同的返回值和参数列表。自建线程池有 2 个原因：首先，C++11 和 C++14 都没有现成可用的线程池，因此你不得不在前面提到的例子中以合适的方式重新实现；其次，一个正常工作的线程池展示了非常重要的同步机制和信号量机制，非常适合展示条件变量的好处，正如在教学环境中的 future 和 promise。这里提出的实现方法主要受到 Jakob Progsch 和 Václav Zeman 的线程池库 [5] 的启发，并已被重写，重点关注了可读性和教学的清晰性。

典型的用例是用一个线性拓扑数据结构（见列表 4.21）枚举这些逐步递增任务的提交。这里我们使用 for 循环遍历线性数据结构。在每次迭代中，通过 TP.enquene(square,task) 提交一个任务给线程池 TP（见第 19 行）。对应的 future 立即保存在一个全局可访问的数组 futures（见第 15 行）中，随后在最后第 24 ～ 25 行的 for 循环中访问它。图 4.9 可视化了上述工作流程。值得注意的是，线性拓扑方法也可以用前面小节中讨论提出的动态调度技术替代。

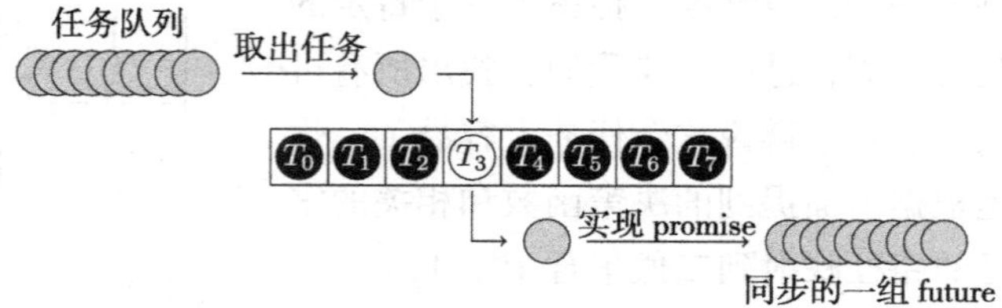

图 4.9 一个典型的线程池例子，正在执行 8 个线程，其中线程 T3 处于空闲状态。接下来，T3 从任务队列中移除一个新任务，并执行它。任务终止后，通过实现对应的 promise，关联的 future 实现同步

```
1  #include <iostream>
2  #include "threadpool.hpp" // the to be written pool
3
4  ThreadPool TP(8);         // 8 threads in a pool
5
6  int main () {
7
```

列表 4.21 线程池：在线性拓扑上操作的典型用法

```
    // function to be processed by threads
    auto square = [](const uint64_t x) {
        return x*x;
    };

    // more tasks than threads in the pool
    const uint64_t num_tasks = 32;
    std::vector<std::future<uint64_t>> futures;

    // enqueue the tasks in a linear fashion
    for (uint64_t task = 0; task < num_tasks; task++) {
        auto future = TP.enqueue(square, task);
        futures.emplace_back(std::move(future));
    }

    // wait for the results
    for (auto& future : futures)
        std::cout << future.get() << std::endl;
}
```

列表 4.21（续）

使用树形拓扑的一个例子更复杂些，如列表 4.22 所示。我们用前序枚举递归地遍历一个完全二叉树（见图 4.10）。在第 18 行的闭包 traverse 递归地调用它自己的左右子项，直到满足特定的结束条件（见第 19 行）。在第 22 行针对每个隐式枚举的节点，向线程池提交一个工作。最后，在第 35 ～ 36 行 main 函数的结尾部分访问 future。值得注意的是，这种递归遍历方法能用于推断 Boggle 游戏的全部解决方案。唯一的不同点是更复杂的遍历闭包拓展产生了一条可能的路径。

```
1  #include <iostream>
2  #include "threadpool.hpp" // the to be written pool
3
4  ThreadPool TP(8);         // 8 threads in a pool
5
6  int main () {
7
8      // function to be processed by threads
9      auto square = [](const uint64_t x) {
10         return x*x;
11     };
12
13     const uint64_t num_nodes = 32;
14     std::vector<std::future<uint64_t>> futures;
15
16     // preorder binary tree traversal
17     typedef std::function<void(uint64_t)> traverse_t;
18     traverse_t traverse = [&] (uint64_t node){
19         if (node < num_nodes) {
20
21             // submit the job
```

列表 4.22　线程池：使用一个树拓扑的代表性用法

```
            auto future = TP.enqueue(square, node);
            futures.emplace_back(std::move(future));

            // traverse a complete binary tree
            traverse(2*node+1); // left child
            traverse(2*node+2); // right child
        }
    };

    // start at the root node
    traverse(0);

    // get the results
    for (auto& future : futures)
        std::cout << future.get() << std::endl;
}
```

列表 4.22 （续）

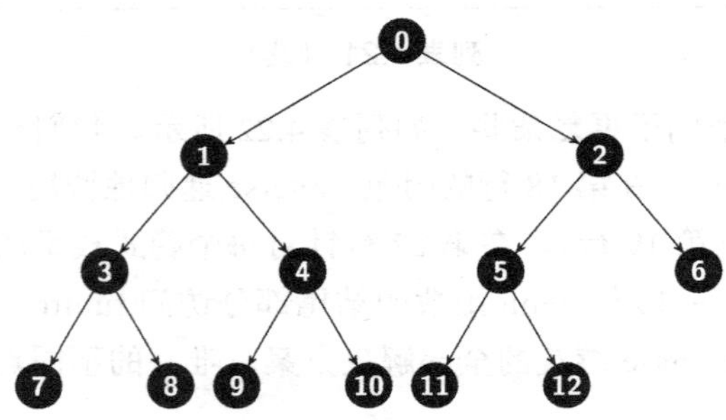

图 4.10 一个完全二叉树的例子，包含 n=13 个节点。一个标记为 k 的节点如果既不存在左子项（$2k$+1）也不存在右子项（$2k$+2），则定义节点 k 为叶子节点。因此，如果 $k \geqslant n$，则递归终止

4.6.3 一个简单线程池的实现

我们开始编码。我们把线程池设计为一个只用头文件的库，目的是避免链接库带来的不方便。初始代码片段如列表 4.23 所示：

```
#ifndef THREADPOOL_HPP
#define THREADPOOL_HPP

#include <cstdint>
#include <future>
#include <vector>
#include <queue>
#include <thread>
#include <mutex>
#include <condition_variable>
```

列表 4.23 线程池：初始源代码片段

```
11
12 class ThreadPool {
13
14 private:
15
16     // storage for threads and tasks
17     std::vector<std::thread> threads;
18     std::queue<std::function<void(void)>> tasks;
19
20     // primitives for signaling
21     std::mutex mutex;
22     std::condition_variable cv;
23
24     // the state of the thread pool
25     bool stop_pool;
26     uint32_t active_threads;
27     const uint32_t capacity;
```

列表 4.23 （续）

首先，在第 4 ～ 10 行我们包含进来所有必要的头文件，提供明确的整数类型如 futures、容器类、线程、互斥锁、条件变量等。值得注意的是，第 1 ～ 2 行包含了防护语句确保我们的线程池头文件能够只被包含一次。其次，我们声明了类 TreadPool 的基本原语为私有成员变量。向量 threads 维护了这些线程，队列 tasks 存储将要处理的任务。另外，互斥锁 mutex 和条件变量 cv 将用于通知空闲线程。最后，我们声明一个 Boolean 型变量 stop_pool，指明线程池是否仍然在运行。1 个无符号 32 位整型变量用于表示活跃线程的个数，另外的整型变量用于表示可执行线程的最大数目。这时，我们能够在列表 4.24 中进一步定义 3 个私有的辅助函数（模板）。

```
    // custom task factory
    template <
        typename     Func,
        typename ... Args,
        typename Rtrn=typename std::result_of<Func(Args...)>::type>
    auto make_task(
        Func &&    func,
        Args && ...args) -> std::packaged_task<Rtrn(void)> {

        auto aux = std::bind(std::forward<Func>(func),
                             std::forward<Args>(args)...);

        return std::packaged_task<Rtrn(void)>(aux);
    }

    // will be executed before execution of a task
    void before_task_hook() {
        active_threads++;
    }

```

列表 4.24 线程池：私有的辅助函数

```
48      // will be executed after execution of a task
49      void after_task_hook() {
50          active_threads--;
51      }
```

列表 4.24 （续）

第 29 ～ 41 行的任务工厂模板 make_task 已经在 4.2 节的列表 4.5 中介绍过。它从带有任意参数的函数创建了打包后的任务。对应的函数返回值能通过关联的 future 对象访问。2 个辅助函数，第 44 ～ 46 行的 before_task_hook 和第 49 ～ 51 行的 after_task_hook，详细说明了在提交的任务前后将要执行的动作。在例子中我们简单递增和递减 active_threads 成员变量。我们将稍后使用挂钩为多线程中的工作共享实现非阻塞机制。列表 4.25 中的类 ThreadPool 的公有构造器包含了调度逻辑的主要部分：

```
public:
    ThreadPool(
        uint64_t capacity_) :
        stop_pool(false),       // pool is running
        active_threads(0),      // no work to be done
        capacity(capacity_) {  // remember size

        // this function is executed by the threads
        auto wait_loop = [this] ( ) -> void {

            // wait forever
            while (true) {

                // this is a placeholder task
                std::function<void(void)> task;

                { // lock this section for waiting
                    std::unique_lock<std::mutex>
                        unique_lock(mutex);

                    // actions must be performed on
                    // wake-up if (i) the thread pool
                    // has been stopped, or (ii) there
                    // are still tasks to be processed
                    auto predicate = [this] ( ) -> bool {
                        return  (stop_pool) ||
                                !(tasks.empty());
                    };

                    // wait to be waken up on
                    // aforementioned conditions
                    cv.wait(unique_lock, predicate);

                    // exit if thread pool stopped
                    // and no tasks to be performed
                    if (stop_pool && tasks.empty())
```

列表 4.25 线程池：构造函数

```
88                          return;
89
90                      // else extract task from queue
91                      task = std::move(tasks.front());
92                      tasks.pop();
93                      before_task_hook();
94                  } // here we release the lock
95
96                  // execute the task in parallel
97                  task();
98
99                  {   // adjust the thread counter
100                     std::lock_guard<std::mutex>
101                         lock_guard(mutex);
102                     after_task_hook();
103                 } // here we release the lock
104             }
105         };
106
107         // initially spawn capacity many threads
108         for (uint64_t id = 0; id < capacity; id++)
109             threads.emplace_back(wait_loop);
110     }
```

列表 4.25 （续）

首先，在第 55 ～ 57 行初始化成员变量 stop_pool、active_threads 和 capacity。第二，在第 60 行我们定义了核心等待循环，该循环将由线程池中的每个线程执行，带有一个闭包。在一个无限循环中（第 63 行），使用前面提到的互斥锁和条件变量每个线程探测自己是否由信令唤醒（第 83 行）。在第 76 行的二态谓词保证了没有意外唤醒发生。一个线程必须执行工作有 2 种情况：（i）线程池被通知停止；（ii）队列中仍然有待处理任务。如果线程池停止，并且队列为空，第 87 行的条件就会终止线程。相反，如果队列中仍有任务，我们从队列中移出一个任务，随后执行辅助函数 before_task_hook。整个等待过程必须用一个 std::unique_lock 包含是因为 2 个原因：（i）在第 83 行，执行条件等待需要用锁，（ii）队列不是线程安全的，也就是说，在移出任务过程中，我们不得不排除竞争条件。第三，实际任务的执行并没有加锁（第 97 行）。相反，移出任务的执行过程放在加锁范围内将导致待处理工作的隐式串行执行。第四，我们在加锁范围中执行辅助函数 after_task_hook，目的是确保不受竞争条件 active_threads 变量递减的影响。最后，我们派生 capacity 个线程，并把它们保存在向量 threads 中。在列表 4.26 的析构函数中执行停止线程池的必要步骤：

```
    ~ThreadPool() {

        { // acquire a scoped lock
            std::lock_guard<std::mutex>
                lock_guard(mutex);

```

列表 4.26　线程池：析构函数

```
117             // and subsequently alter
118             // the global state to stop
119             stop_pool = true;
120         } // here we release the lock
121 
122         // signal all threads
123         cv.notify_all();
124 
125         // finally join all threads
126         for (auto& thread : threads)
127             thread.join();
128     }
```

列表 4.26 （续）

首先，我们在第 114 行获得一个有范围的锁，目的是允许对共享的全局状态 stop_pool 安全操控，这里我们先将其设置为 ture。其次，我们通知池中的所有线程以唤醒它们。在构造函数中对应的逻辑处理是立即停止线程，还是在终止前处理队列中剩余的工作。最后，我们并入全部线程强制一个全局同步屏障，因此，如果在第 88 行所有线程执行完都返回状态，构造函数就会终止。在最后，我们必须实现列表 4.27 中的入队函数模板。

```
template <
    typename     Func,
    typename ... Args,
    typename Rtrn=typename std::result_of<Func(Args...)>::type>
auto enqueue(
    Func &&      func,
    Args && ... args) -> std::future<Rtrn> {

    // create the task, get the future
    // and wrap task in a shared pointer
    auto task = make_task(func, args...);
    auto future = task.get_future();
    auto task_ptr = std::make_shared<decltype(task)>
                    (std::move(task));

    {   // lock the scope
        std::lock_guard<std::mutex>
            lock_guard(mutex);

        // you cannot reuse pool after being stopped
        if(stop_pool)
            throw std::runtime_error(
                "enqueue on stopped ThreadPool"
            );

        // wrap the task in a generic void
        // function void -> void
        auto payload = [task_ptr] ( ) -> void {
            // basically call task()
            task_ptr->operator()();
```

列表 4.27 线程池：任务入队

```
159                 };
160 
161                 // append the task to the queue
162                 tasks.emplace(payload);
163             }
164 
165             // tell one thread to wake-up
166             cv.notify_one();
167 
168             return future;
169         }
170 };
171 
172 // this #endif belongs to the include guard in Lines 1-2
173 #endif
```

列表 4.27 （续）

函数模板 enqueue 是可变的，也就是说，它接受一个函数 func 带有任意多个参数 args。第 3 个模板参数用来确定返回值 make_task 的类型，就是 std::future<Rtrn>，其中 Rtrn 是 func 的返回值类型。因此，你能够使用相同的线程池对象处理有不同返回值类型的任务。

首先，在第 139 ～ 140 行我们使用我们定制的 make_task 工厂创建一个打包的任务，分派相关的 future 对象给一个变量 future。第二，在第 141 行我们用一个共享指针包装这个打包的任务，因为我们不希望自己处理内存释放。另外，共享指针保证任务对象在其使用期间的持久性，即使它离开了对应的声明范围。第三，我们获得了 std::unique_lock，在任务队列 tasks 中存储一个批量任务 payload（第 162 行）。在第 156 行的 lambda 表达式 payload 用一个闭包封装了打包任务，目的是允许存储带有任意返回值类型的任务。值得注意的是，如果线程池已经停止，就不应该再允许入队操作（第 149 行）。第四，我们释放锁，并通知线程醒来。最后，我们返回关联到打包任务的 future。

在最后的结尾，我们讨论一下成员变量 active_threads。你或许曾经注意到，我们实际上并没有需要对活跃线程计数，因为在调度逻辑中的任何地方我们都没有利用它。因此，你可以简单地去掉它以及它对应的辅助函数 before_task_hook 和 after_task_hook。然而在下一章我们将看到，活跃线程个数如何能够用于实现一个工作共享方法，在池中的线程能够递归地向池提交任务，以便把它们的工作再分配给空闲线程。

4.7 附加练习

1. 提供一个真实世界中的例子，其中在单个 CPU 核上执行多个线程的用法是有好处的。
2. 考虑 2 个正方形矩阵 A，$B \in \mathbb{R}^{n\times n}$，每个宽度 n=1 024。随后，我们希望通过元素 $C_{ij}=A_{ij}+B_{ij}$ 计算它们的和 $C=A+B$，对于 i，$j \in \{0, \cdots, n-1\}$，的索引序加法。实现一个并行程序，使用 p 个线程计算 C 的元素，实验使用不同的静态线程分发模式。
3. 欧拉－黎曼 zeta 函数 $\zeta(s)=\sum_{n=1}^{\infty} n^{-s}$ 在自然科学中经常使用，尤其是统计学和 Casimir Effect 的量子

场理论表示方面的应用。一个在实数域计算 $\zeta(s)$ 的替代选择公式给出如下：

$$\zeta(s)=2^s\cdot\lim_{k\to\infty}\sum_{i=1}^{k}\sum_{j=1}^{k}\frac{(-1)^{i+1}}{(i+j)^s}$$

这样，如果忽略其主要限制，我们就能近似 $\zeta(s)$ 到 k 阶。后面的代码片段实现了这种思想：

```
double Riemann_Zeta(double s, uint64_t k) {

    double result = 0.0;

    for (uint64_t i = 1; i < k; i++)
        for (uint64_t j = 1; j < k; j++)
            result += (2*(i&1)-1)/pow(i+j, s);

    return result*pow(2, s);
}
```

单次调用 Riemann_Zeta 的渐近时间复杂度显然是 $\mathcal{O}(k^2)$。那么，我们深入研究依赖参数 k 的近似质量。我们计算对应的 Riemann_Zeta(x,k) 的值，对于所有 $k\in\{0，\cdots,n-1\}$，并把结果写入一个长度为 n 的向量 X：

```
for (uint64_t k = 0; k < n; k++)
    X[k] = Riemann_Zeta(2, k);  // = pi^2/6
```

a. 使用 C++11 多线程并行化这个循环。有没有任何数据依赖或共享变量？

b. 对不同的线程分发模式讨论负载平衡。

c. 用实验结果验证你的理论假设。

4. 浏览下面的代码段：

```
#include <iostream>
#include <thread>

int main () {

    auto child = [] () -> void {
        std::cout << "child" << std::endl;
    };

    std::thread thread(child);
    thread.detach();

    std::cout << "parent" << std::endl;
}
```

在大多数情况下，程序的输出是只有“parent”，因为在 child 闭包代码执行打印语句之前，主函数已经先到达了结尾。然而，使用 thread.join(); 替代 thread.detach();，结果变成了在输出“child”后面跟着“parent”。现在假设我们不得不使用条件变量实现我们自己的 join 函数我们将如下进行：

a. 我们引入一个全局 Boolean 型变量 done=false。另外，我们需要一个互斥锁 m 和一个条件变量 c。

b. 在 child 打印语句之后，我们在一个锁定的范围内设置 done=ture，并随后通知条件变量 c。

c. 我们定制的 join 方法在一个锁定范围内，只要 done==false 就执行条件等待。

实现描述的定制 join 方法。尝试不同的实现方案：用显式的互斥锁和指定范围的锁。

5. 重温前面提到的练习，这次使用 4.5 节描述的单发（one-shot）同步实现一个定制的 join 方法。
6. C++11 多线程没有优先级支持配置。然而，我们能够通过 std::thread::native_handle 访问底层的 POSIX 线程。实现一个简单的程序，通过操纵相关的 POSIX 线程，允许 C++11 线程的优先级操作。使用单发同步或者条件等待，以便在实施改变之前挂起线程。
7. 回忆在 4.4 节中计算全对距离矩阵时采用的动态调度块循环分发策略。当时提出的模式中，从 0 行开始动态地逐个选取固定尺寸的 chunk。翻转索引模式，这样的方式中，从包含最长行的矩阵底部开始调度。你观测到运行时间的改善了吗？解释得到的结果。

参考文献

[1] Thomas H. Cormen, et al., Introduction to Algorithms, 3rd edition, The MIT Press, 2009, ISBN: 0262033844, 9780262033848.

[2] Ulrich Drepper, What every programmer should know about memory, http://people.redhat.com/drepper/cpumemory.pdf, 2007.

[3] Yann LeCun, Corinna Cortes, Christopher J.C. Burges, The MNIST database of handwritten digits, http://yann.lecun.com/exdb/mnist/ (visited on 01/12/2016).

[4] Scott Meyers, Effective Modern C++: 42 Specific Ways to Improve Your Use of C++11 and C++14, 1st edition, O'Reilly Media, Inc., 2014, ISBN: 1491903996, 9781491903995.

[5] Jakob Progsch, A simple yet versatile thread pool, https://github.com/progschj/ThreadPool (visited on 01/12/2017).

[6] Bjarne Stroustrup, The C++ Programming Language, 4st edition, Addison-Wesley Professional, 2013, ISBN: 0321563840, 9780321563842.

Chapter 5 第5章

高级 C++11 多线程编程

摘要

前一章通过 C ++ 11 线程编程 API 介绍了多线程编程的基本概念，从基本的派生和并入方法开始，以基于互斥锁和条件变量的重要同步方法结束。然而，应用程序性能的主要瓶颈通常由同一个共享资源的竞争引起。对于基于互斥锁（mutex）编程的情形，全体参与线程通常尝试并行地获取同一个锁，这实际上串行化了一些轻量级操作，比如递增/递减操作，或单个标量值的更新等。幸运的是，现代 CPU 提供了专用命令，允许对标量数据类型（也称为原子）有效执行无间断的“读–修改–写”操作。在本章中，你将学习如何通过强制执行无竞争条件的代码来提高应用程序的性能，而不必再应付基于锁的方法带来的额外开销。

关键词

C++ 11，多线程编程，原子操作，互斥锁，并行归约，比较交换循环（CAS loop），自定义原子函数（custom atomic function），线程池，树的遍历，图搜索，背包问题，获取，释放，内存屏障

5.1 无锁编程

到目前为止，我们已经实现了基于无竞争条件访问模式的算法，比如稠密矩阵向量乘法，还通过在临界区中锁定互斥锁实现了另一种并发访问共享资源的方法，正如我们在线程池库中的实现。但是，锁机制很慢：假如我们向上一章中实现的线程池提交大量轻量级作业，我们观察到 CPU 利用不充分，原因是基于锁的调度逻辑实际上把整个程序串行化了。因此，只有当实际任务花费的计算时间比线程池的相关调度时间长很多时，才能忽略动态调度的影响。

5.1.1　原子计数

对于锁导致的 CPU 利用不充分问题，可行的替代方案是重新设计算法，使之不依赖互斥锁。糟糕的是，并不是总能够重写一个算法实现，完全避免竞争条件。举例来说，我们的线程池实现了任务入队，由全体线程并行操作，因此，我们必须在作业的插入和删除期间强制串行执行。然而，我们在上一章中已经看到了一些例子（参见 4.4 节），其中单个计数器变量由全体线程并发操作。整数递增是一个轻量级操作，因此，为这样的基本指令去获取昂贵的锁并不合理。

为了解决这个问题，C++11 引入了*原子数据类型*，可以在并发条件下安全操作，而无须获取耗时的锁。值得注意的是，“原子”这个名字指的是古希腊人假设原子是不可分割的[⊖]。现代处理单元比如 CPU 和支持 CUDA 的 GPU 等具有高效的硬件级指令，可用于 32 位和 64 位整数类型的原子操作。此外，具有 x86_64 指令集的 CPU 还支持对包含 8 位、16 位或 128 位的数据类型的原子操作。这些硬件指令允许单个变量的原子递增 / 递减，或者两个变量间无中断的原子交换。

对单个变量的并发递增操作使用互斥锁方法和原子方法，我们来考证它们在执行时间方面的差别。列表 5.1 展示了对应的代码片段。在第 16 ～ 24 行的 lock_count 代码段使用了传统方法，其中，计数器变量在锁范围内操作，以排除竞争条件。相比之下，第 26 ～ 32 行的 atomic_count 代码段使用原子数据类型 std:: atomic <uint64_t> 执行并发递增。原子类型在 C ++ 11 提供的头文件 atomic 中定义（第 5 行）。值得注意的是，第 2 个代码段看起来更自然，因为它看起来完全像串行代码。

```
1  #include <iostream>
2  #include <cstdint>
3  #include <vector>
4  #include <thread>
5  #include <atomic>  // <- atomic data types
6  #include <mutex>
7  #include "../include/hpc_helpers.hpp"
8
9  int main( ) {
10
11     std::mutex mutex;
12     std::vector<std::thread> threads;
13     const uint64_t num_threads = 10;
14     const uint64_t num_iters = 100'000'000; // C++14 syntax
15
16     auto lock_count =
17         [&] (volatile uint64_t* counter,
```

列表 5.1　没有竞争条件的计数程序

⊖ 第一个实验证据由道尔顿在 19 世纪提出。现在，我们知道这个假设是不正确的，因为原子是由壳体中的轻粒子和原子核中的夸克组成的。

```
              const auto& id) -> void {

        for (uint64_t i = id; i < num_iters; i += num_threads) {
            std::lock_guard<std::mutex> lock_guard(mutex);
            (*counter)++;
        }
    };

    auto atomic_count =
        [&] (volatile std::atomic<uint64_t>* counter,
             const auto& id) -> void {

        for (uint64_t i = id; i < num_iters; i += num_threads)
            (*counter)++;
    };

    TIMERSTART(mutex_multithreaded)
    uint64_t counter = 0;
    threads.clear();
    for (uint64_t id = 0; id < num_threads; id++)
        threads.emplace_back(lock_count, &counter, id);
    for (auto& thread : threads)
        thread.join();
    TIMERSTOP(mutex_multithreaded)

    TIMERSTART(atomic_multithreaded)
    std::atomic<uint64_t> atomic_counter(0);
    threads.clear();
    for (uint64_t id = 0; id < num_threads; id++)
        threads.emplace_back(atomic_count, &atomic_counter, id);
    for (auto& thread : threads)
        thread.join();
    TIMERSTOP(atomic_multithreaded)

    std::cout << counter << " " << atomic_counter << std::endl;
}
```

列表 5.1 （续）

这段代码能够在 C++ 14 兼容的编译器上用 -latomic 标志编译：

```
g++ -O2 -std=c++14 -pthread -latomic \
    atomic_count.cpp -o atomic_count
```

用 10 个线程在 Xeon E5-2683 v4 CPU 上执行时，我们获得如下执行时间：

```
# elapsed time (mutex_multithreaded): 16.0775s
# elapsed time (atomic_multithreaded): 2.25695s
100000000 100000000
```

我们可以看到，与使用互斥锁和锁等传统方法相比，使用原子操作的方法能提高约 7 倍的效率。而且，同样计算得到相同的结果，原子操作的实现方法在代码上更简洁。

5.1.2 非基本原子数据类型

C ++ 11 提供了对多种通用整数数据类型的支持，主要有 8 位、16 位、32 位或 64 位 [3]。

此外，在 x64_64 架构上，硬件支持的 128 位原子操作类型可以使用相同宽度的结构体来定义。有趣的是，我们甚至可以使用 std :: atomic <T> 来包装不同长度的结构体和对象。在这种情况下，编译器通常将这类对象视为原子对象，但使用代价较大的锁实现它们的并发操作。因此，在同一 API 的范围中，原子操作接口允许对象的统一无竞争条件处理。这样，即使底层硬件不支持相应的数据类型，你的代码仍然正确。

列表 5.2 展示了如何定义长度为 24 位、32 位、48 位、64 位、80 位和 128 位的原子结构体。值得注意的是，成员函数 is_lock_free() 能用于断定，针对相应数据类型的操作是用原子操作实现的还是用互斥锁实现的。

```
#include <iostream>
#include <atomic>

template <
    typename x_value_t,
    typename y_value_t,
    typename z_value_t>
struct state_t {

    x_value_t x;
    y_value_t y;
    z_value_t z;

    // NOTE: no non-default constructor allowed
};

template <
    typename R,
    typename S,
    typename T>
void status() { // report size and if lock-free

    typedef std::atomic<state_t<R,S,T>> atomic_state_t;

    std::cout << sizeof(atomic_state_t) << "\t"
              << atomic_state_t().is_lock_free() << std::endl;
}

int main () {

    std::cout << "size\tlock_free?" << std::endl;

    // Let us have a look at the properties of distinct types
    status<uint8_t,  uint8_t,  uint8_t >(); //  24 bit mutex
    status<uint16_t, uint8_t,  uint8_t >(); //  32 bit atomic
    status<uint16_t, uint16_t, uint8_t >(); //  48 bit mutex
    status<uint32_t, uint16_t, uint16_t>(); //  64 bit atomic
    status<uint32_t, uint32_t, uint16_t>(); //  80 bit mutex
    status<uint64_t, uint32_t, uint32_t>(); // 128 bit atomic
}
```

列表 5.2　原子数据类型概要

程序的输出显示，32 位、64 位和 128 位结构体是硬件支持的原子类型，也就是说，它们可以免锁。24 位、48 位和 80 位结构体不能免锁。在后一种情况中，程序员必须决定是否要采用适当的方式遵循基于锁的原子操作，以便把它们补齐成一个合适的更大宽度的实际原子数据类型，从而得到硬件支持。另一种可选的方式是选择一种内存利用率更高的需要使用代价昂贵的锁机制的实现方式。

最后，我们给出一个重要的说明：需要由 std :: atomic <T> 包装的结构体和对象不允许有构造函数。相反，基本数据类型可以正常初始化。如果你必须对成员变量执行显式的初始化，那么，你仍然可以实现一个自定义成员函数，在传递包装对象给 std :: atomic 之前必须调用包装对象上的这个函数：

```
// instantiate object, initialize it and
// subsequently declare atomic type
T my_object;
my_object.init(arguments); // you have to implement init!
std::atomic<T> my_atomic_object;

// the assignment operator is equivalent
// to: my_atomic_object.store(my_object)
my_atomic_object = my_object;

// access a member variable after loading atomically
std::cout << my_atomic_object.load().member << std::endl;
```

从概念上讲，你应该将原子类型视为一整块连续存储的字节，能不中断地加载和存储。值得注意的是，直接作用于原子类型的递增操作符仅供通用整数类型使用。

5.1.3 利用比较交换以原子方式并行化最大值归约

如前所述，只能假设如果原子变量的并发操作由一种无中断的不可分的步骤实现，我们的程序能计算出正确的结果。特别地，这意味着如果我们发出多个操作，可能最终得到不正确的结果。举例来说，以下代码片段就不正确，因为我们无法保证递增操作发生在最近的状态：

```
// WARNING: this code fragment computes
//          incorrect results
std::atomic<uint64_t> atomic (0);

{ // two or more threads perform this
    // equivalent to value=atomic.load()
    value = atomic; // 1st operation

    // increment the integer
    value++;         // 2nd operation

    //equivalent to atomic.store(value)
    atomic = value; // 3rd operation
}
```

相比之下，简单调用 atomic++; 的语句是正确的，因为装载、递增和存储操作在单个操作中发出。遗憾的是，原子类型仅具备有限的预定义的操作集合：通用整型原子操作，允许递增 / 递减（operator++/operator−）；值级别和位级别的基本赋值操作，比如 operator+=、operator−=、operator&=、operator|=、operator^=。最大值或最小值这样的常见操作就不能直接支持。初看上去这似乎是一个硬约束；然而我们也将看到，实际上我们能用原子的方式实现每一项功能。

每个 C++11 的原子数据类型都具备了比较交换（compare-and-swap，CAS）操作，可用来实现任意的赋值。对应的方法是 compare_exchange_strong() 或 compare_exchange_weak()。后一种方法更有效，但可能会遭受类似于条件等待的虚假失败，而第一种变体保证了抗虚假行为。值得注意的是，在大多数情况下我们必须检查某个特定交换操作在循环中是否成功，因此，更有效的脆弱变体常常是更好的选择。一个原子 std::atomic<t> atomic 对应的 CAS 操作接收 2 个参数：

1）引用：对一个期望在 atomic 中存储的值的引用。

2）值：在约束条件 atomic.load() == expected 下，将要存储在 atomic 中的值。

```
atomic.compare_exchange_weak(T& expected, T desired);
```

CAS 以原子方式无中断执行以下 3 个步骤：

1）对比给定的值 expected 和存储在 atomic 中的值。

2）如果存储在 expected 中的值和 atomic 中的 2 个值相符，那么设置 atomic 的值为给定值 desired，否则将存储在 atomic 中的实际值写入 expected。

3）如果步骤 2 中的交换操作成功，则返回 true，否则返回 false。

不严格地讲，通过利用 expected 值提供对预测状态的感知，我们能够排除在过期状态上的操作。如果我们的假设被证明是错误的，则交换操作不执行。在这种情况下，我们必须明确地处理错误，用我们的新假设 expected 惩罚性地重复整个过程，这次对应于存储在 atomic 中的实际值。值得注意的是，即使实际上已经满足了交换条件，这种脆弱变体也可能会不合逻辑地失败。因此，CAS 操作应该始终在循环中执行。这一规则的唯一例外是只有一个线程使用 compare_exchange_strong 操作原子。列表 5.3 展示了如何以原子方式并行计算一个序列的最大值：

```
#include <iostream>
#include <cstdint>
#include <vector>
#include <thread>
#include <atomic>
#include "../include/hpc_helpers.hpp"

int main( ) {
```

列表 5.3 原子地判定一个序列的最大值

```
9
10      std::vector<std::thread> threads;
11      const uint64_t num_threads = 10;
12      const uint64_t num_iters = 100'000'000;
13
14      // WARNING: this closure produces incorrect results
15      auto false_max =
16          [&] (volatile std::atomic<uint64_t>* counter,
17               const auto& id) -> void {
18
19          for (uint64_t i = id; i < num_iters; i += num_threads)
20              if(i > *counter)
21                  *counter = i;
22      };
23
24      // Using a compare and swap-loop for correct results
25      auto correct_max =
26          [&] (volatile std::atomic<uint64_t>* counter,
27               const auto& id) -> void {
28
29          for (uint64_t i = id; i < num_iters; i += num_threads) {
30              auto previous = counter->load();
31              while (previous < i &&
32                  !counter->compare_exchange_weak(previous, i)) {}
33          }
34      };
35
36      TIMERSTART(incorrect_max)
37      std::atomic<uint64_t> false_counter(0);
38      threads.clear();
39      for (uint64_t id = 0; id < num_threads; id++)
40          threads.emplace_back(false_max, &false_counter, id);
41      for (auto& thread : threads)
42          thread.join();
43      TIMERSTOP(incorrect_max)
44
45      TIMERSTART(correct_max)
46      std::atomic<uint64_t> correct_counter(0);
47      threads.clear();
48      for (uint64_t id = 0; id < num_threads; id++)
49          threads.emplace_back(correct_max, &correct_counter, id);
50      for (auto& thread : threads)
51          thread.join();
52      TIMERSTOP(correct_max)
53
54      std::cout << false_counter << " "
55                << correct_counter << std::endl;
56  }
```

列表 5.3 （续）

第 15 ～ 22 行的 false_max 代码段，偶尔会计算出不正确结果，因为第 20 行中的条件和第 21 行中的原子存储是 2 个独立的操作。因此，以随机顺序执行赋值操作之前，2 个或多个线程可能会读取相同的值。计算出的值一般会小于预期结果 999 999 999。相比之下，第 25 ～ 34 行中的 correct_max 代码段，使用 CAS 循环计算出了正确结果。

5.1.4　任意原子操作

在本小节中，我们要实现 2 个原子赋值操作，证明它们在日常编程中非常有用。第一个以原子方式从存储在 atomic 中的值计算出一个新值，另一个变量 operand 通过一个给定的函数随后检查是否满足某个谓词。考虑到我们想要计算限定在偶数子集上的一个序列的最大值，因此，这个函数是最大值映射和检查得到的结果是否为偶数的谓词。列表 5.4 展示了对应的代码片段。

```
#include <iostream>
#include <cstdint>
#include <vector>
#include <thread>
#include <atomic>
#include "../include/hpc_helpers.hpp"

template <
    typename atomc_t,
    typename value_t,
    typename funct_t,
    typename predc_t>
value_t binary_atomic(
    atomc_t& atomic,
    const value_t& operand,
    funct_t function,
    predc_t predicate) {

    value_t expect = atomic.load();
    value_t target;

    do {
        // compute preliminary new value
        target = function(expect, operand);

        // immediately return if not fulfilling
        // the given constraint for a valid result
        if (!predicate(target))
            return expect;

    // try to atomically swap new and old values
    } while (!atomic.compare_exchange_weak(expect, target));

    // either new value if successful or the old
    // value for unsuccessful swap attempts:
    // in both cases it corresponds to atomic.load()
    return expect;
}

int main( ) {
```

列表 5.4　基于二元条件的任意原子操作

```
41
42      std::vector<std::thread> threads;
43      const uint64_t num_threads = 10;
44      const uint64_t num_iters = 100'000'000;
45
46      auto even_max =
47          [&] (volatile std::atomic<uint64_t>* counter,
48               const auto& id) -> void {
49
50          auto func = [] (const auto& lhs,
51                          const auto& rhs) {
52              return lhs > rhs ? lhs : rhs;
53          };
54
55          auto pred = [] (const auto& val) {
56              return val % 2 == 0;
57          };
58
59          for (uint64_t i = id; i < num_iters; i += num_threads)
60              binary_atomic(*counter, i, func, pred);
61      };
62
63      TIMERSTART(even_max)
64      std::atomic<uint64_t> even_counter(0);
65      for (uint64_t id = 0; id < num_threads; id++)
66          threads.emplace_back(even_max, &even_counter, id);
67      for (auto& thread : threads)
68          thread.join();
69      TIMERSTOP(even_max)
70
71      // 999999998 <- the biggest even number < 10^9
72      std::cout << even_counter << std::endl;
73  }
```

列表 5.4 （续）

我们来讨论一下上面的代码。第 8 ～ 38 行的函数模板 binary_atomic，把描述的方法归纳为任意函数和谓词。首先，我们装载存储在 atomic 中的实际值，为期望的目标值声明一个变量（第 19 ～ 20 行）。第二，在第 24 行，计算出我们期望的函数值和操作数。第三，如果计算得到的函数值没有满足给定的约束，我们立即终止交换尝试（第 28 ～ 29 行）。否则，我们迭代地尝试交换新值和旧值（第 32 行）。如果交换没有成功，我们执行另一个循环迭代，直到我们要么成功，要么违反约束。如下形式的带三元条件类型的原子赋值也能够用 CAS 循环实现。

```
predicate(atomic, operand) ? f_true (atomic, operand) :
                             f_false(atomic, operand) ;
```

在偶数最大值的案例中，predicate 指的是布尔表达式 operand > atomic && operand % 2 == 0，函数 f_true 简单地返回 operand，而 f_false 返回存储在 atomic 中的值。列表 5.5 展示了相应的代码片段。值得注意的是：这种实现方式比第一种稍慢，因为如果没有满足约束，我们重写旧值。

```
#include <iostream>
#include <cstdint>
#include <vector>
#include <thread>
#include <atomic>
#include "../include/hpc_helpers.hpp"

template <
    typename atomc_t,
    typename value_t,
    typename funcp_t,
    typename funcn_t,
    typename predc_t>
value_t ternary_atomic(
    atomc_t& atomic,
    const value_t& operand,
    funcp_t pos_function,
    funcn_t neg_function,
    predc_t predicate) {

    value_t expect = atomic.load();
    value_t target;

    do {
        // ternary block: pred ? pos_func : neg_func
        if (predicate(expect, operand))
            target = pos_function(expect, operand);
        else
            target = neg_function(expect, operand);

    // try to atomically swap new and old values
    } while (!atomic.compare_exchange_weak(expect, target));

    // either new value if successful or the old
    // value for unsuccessful swap attempts:
    // in both cases it corresponds to atomic.load()
    return expect;
}


int main( ) {

    std::vector<std::thread> threads;
    const uint64_t num_threads = 10;
    const uint64_t num_iters = 100'000'000;

    auto even_max =
        [&] (volatile std::atomic<uint64_t>* counter,
             const auto& id) -> void {

        auto pos_func = [] (const auto& lhs,
                            const auto& rhs) {
            return lhs;
        };
```

列表 5.5　基于三元条件的任意原子操作

```

        auto neg_func = [] (const auto& lhs,
                            const auto& rhs) {
            return rhs;
        };

        auto pred = [] (const auto& lhs,
                        const auto& rhs) {
            return lhs > rhs && lhs % 2 == 0;
        };

        for (uint64_t i = id; i < num_iters; i += num_threads)
            ternary_atomic(*counter, i, pos_func, neg_func, pred);
    };

    TIMERSTART(even_max)
    std::atomic<uint64_t> even_counter(0);
    for (uint64_t id = 0; id < num_threads; id++)
        threads.emplace_back(even_max, &even_counter, id);
    for (auto& thread : threads)
        thread.join();
    TIMERSTOP(even_max)

    std::cout << even_counter << std::endl;
}
```

列表 5.5 （续）

明显地，使用仅有几行代码的重要约束，我们能表达复杂的原子功能。让我们做一个最后的总结：本小节重点在于整数类型，但你可以把该方法扩展到任何其他数据类型，只要你能够把该数据类型在比特层面上表示为一个整数。作为一个例子，你可能会通过在一个结构体中存储 2 个 64 位的整数，设计一个 128 位的高精度浮点数据类型。随后，相应的加法、减法、乘法、除法、平方根等操作，都需要你自己使用 CAS 循环去实现。有兴趣的读者可以参考文献 [2]，扩展讨论针对高精度浮点数值近似问题的双堆叠技术。

5.1.5 ABA 问题

原子方法是快速而通用的。然而，与基于互斥锁的锁方法相比，它们存在一个轻微的缺点。如果 2 个或多个线程尝试获取锁，我们能够保证每个线程在终止后都能获得。因此，每个线程都执行了对数据的修改。在使用 CAS 循环时，未必都是这种情况。假设我们想要实现原子的取反操作：0 重写为 1，反之亦然。在这种情形下，可能发生以下情形：

1）线程 0 读值为 0 的原子，尝试修改为 1，但尚未执行 CAS。

2）线程 1 读值为 0 的原子，成功地修改为 1。

3）线程 1 读值为 1 的原子，成功地修改为 0。

4）线程 0 最终执行 CAS 成功，因为原子处于其预期状态 0。

在阶段 4 中，线程 0 无法区分其状态是从阶段 1 转换而来，还是从阶段 3 更改而来。

第 4 阶段中的 CAS，对第 2 阶段和第 3 阶段的执行的转换不可见。因此，状态不能用于同步的目的。相反，基于锁的方法能够不中断地执行第 1 阶段和第 4 阶段，因为线程 1 无法获得处于这二者之间的锁。

观察到的这种现象在文献中被称为“ABA 问题”。幸运的是，人们可以通过引入一个专用的计数器变量来解决这个问题。该变量原子地计数状态被修改的频次。尽管如此，有效载荷 (payload) 和对应的计数器必须打包成单个原子数据类型。一种合理的选择是：我们编码二进制的有效载荷在一个整数的最高位，使用剩余的位进行计数。尽管如此，在设计高效的无锁数据结构（比如，动态数组 [1] 和并发哈希映射 [4]）时，“ABA 问题”仍然是一个严峻的挑战。

5.2　工作共享线程池

本节讨论多线程之间的工作共享方法。假设我们有一个线程池，固定容量为 $c>1$ 个空闲线程，如 4.6 节所述。随后，我们提交一个独立任务，由一个线程执行。因此，除非有人提交新工作，否则，我们的池的利用率保持在比较低的 $1/c$。为了提高资源的利用率，可以采用调度策略：只要活动线程的数量小于容量 c，执行任务（最初是一个）的每个线程与其他空闲线程共享部分工作负载。在下面的内容中，我们扩展在 4.6 节实现的自定义线程池，能够支持多线程间动态重新分配工作。

5.2.1　工作共享线程池的用例

在我们开始编码之前，先来看一个典型的用例。假设我们希望使用递归方式遍历二叉树，如列表 5.6 所示。在每个节点上，我们执行一些计算密集型的操作。

```
#include <iostream>
#include <cstdint>
#include "../include/hpc_helpers.hpp"

void waste_cycles(uint64_t num_cycles) {

    volatile uint64_t counter = 0;
    for (uint64_t i = 0; i < num_cycles; i++)
        counter++;
}

void traverse(uint64_t node, uint64_t num_nodes) {

    if (node < num_nodes) {

        // do some work
        waste_cycles(1<<15);
```

列表 5.6　使用递归的串行树遍历

```
18
19            // visit your children more often!
20            traverse(2*node+1, num_nodes);
21            traverse(2*node+2, num_nodes);
22        }
23    }
24
25    int main() {
26
27        TIMERSTART(traverse)
28        traverse(0, 1<<20);
29        TIMERSTOP(traverse)
30    }
```

列表 5.6 （续）

我们来讨论下代码。递归函数 traverse 隐式枚举树的 num_nodes 个节点，通过针对其左子节点 (2*node + 1) 和右子节点 (2*node + 2)，调用它自己，直到到达叶子节点。另外，我们通过在 for 循环中浪费一些周期，模拟计算量大的任务。值得注意的是，在第 8 ～ 9 行，关键字 volatile 阻止编译器执行（公认非常高效的）置换方案：counter += num_cycles; 。最后，在主函数中，我们针对树的根节点调用 traverse。工作共享并行实现方案，可以类似于列表 5.7 中所示的代码来实现。

```
#include <iostream>
#include <cstdint>
#include "threadpool.hpp"
#include "../include/hpc_helpers.hpp"

ThreadPool TP(8); // 8 threads do the job

void waste_cycles(uint64_t num_cycles) {

    volatile uint64_t counter = 0;
    for (uint64_t i = 0; i < num_cycles; i++)
        counter++;
}

void traverse(uint64_t node, uint64_t num_nodes) {

    if (node < num_nodes) {

        // do some work
        waste_cycles(1<<15);

        // try to execute the left branch using
        // a potentially idling thread
        TP.spawn(traverse, 2*node+1, num_nodes);

        // execute the right branch sequentially
        traverse(2*node+2, num_nodes);
```

列表 5.7 使用递归工作共享模式的并行树遍历

```
    }
}

int main() {

    TIMERSTART(traverse)
    TP.spawn(traverse, 0, 1<<20);
    TP.wait_and_stop();
    TIMERSTOP(traverse)
}
```

列表 5.7 （续）

代码几乎与串行版本相同。唯一的区别是，我们试图委托左侧分支的计算工作给线程池中的另外一个线程，也就是说，在每个节点上，我们可以潜在地把工作拆分为两半，直到没有剩下空闲线程。最后，我们单独提交根节点到线程池，以便启动并行计算。

这种工作共享线程池的实际实现，是在一个使用 8 个线程的 Xeon E5-2683 v4 CPU 上，整个树的并发遍历执行了大约 11s。相比之下，串行版本大约运行了 90s。因此，我们只需要对代码稍加修改，就观察到了线性的加速比。

5.2.2 工作共享的实现

在本小节中，我们讨论如何从 4.6 节扩展我们的线程池。如果你以前没有阅读过本节，我们强烈建议你重新阅读讨论过的代码例子，因为我们只提供实现工作共享所必需的源代码修订。

我们从线程池的成员变量开始。首先，我们必须查询存储在 active_threads 中的已执行任务的个数，并在每次尝试委派工作时，把它与线程池容量对比。这必须在没有竞争条件的情况下完成，因此，我们必须保护变量 active_threads 的负载，要么使用一个慢的锁机制，要么使用一个高效的原子机制。

明显的选择是后者。其次，我们需要另一个条件变量 cv_wait，用于同步针对线程池的最终 wait_and_stop() 调用。这有必要，因为我们的 spawn 方法没有为同步操作返回一个对应的 future 对象。因此，wait_and_stop() 确保提交到线程池的所有任务都已经终止。列表 5.8 展示了讨论的修订。

```
#ifndef THREADPOOL_HPP
#define THREADPOOL_HPP

#include <cstdint>
#include <future>
#include <vector>
#include <queue>
#include <thread>
#include <mutex>
```

列表 5.8 我们的工作共享线程池的初始部分

```
10 #include <atomic>              // do not forget to include this
11 #include <condition_variable>
12
13 class ThreadPool {
14
15 private:
16
17     // storage for threads and tasks
18     std::vector<std::thread> threads;
19     std::queue<std::function<void(void)>> tasks;
20
21     // primitives for signaling
22     std::mutex mutex;
23     std::condition_variable cv, cv_wait;  // another cv
24
25     // the state of the thread, pool
26     bool stop_pool;
27     std::atomic<uint32_t> active_threads; // now atomic
28     const uint32_t capacity;
```

列表 5.8 （续）

修订是简单的：我们在第 10 行包含了原子的头文件，在第 27 行重写变量 active_threads 为原子操作，最后在第 23 行添加了另一个条件变量。

在这一点上，我们必须确保，在所有任务计算完成后，我们正确地向线程池的 wait_and_stop() 方法发送信号。为了实现这一点，在每次成功执行任务后，我们检查任务队列是否为空，以及是否没有运行线程执行的任务。列表 5.9 展示了在 after_task_hook() 函数中的必要修订。值得注意的是，整个函数已经由一个锁包围，因此，我们不需要获取另外的锁。

```
    // will be executed after execution of a task
    void after_task_hook() {
        active_threads--;

        // this synchronization step is new
        if (active_threads == 0 && tasks.empty()) {
            stop_pool = true;
            cv_wait.notify_one();
        }
    }
```

列表 5.9 任务执行后对 hook 的修订

wait_and_stop ( ) 的实现很简单：我们对条件变量 cv_wait 执行条件等待（参见列表 5.10）。该方法正在阻塞主线程，直到所有任务完成。这步很重要，目的是避免我们立即到达主函数的末尾，会导致调用线程池的析构函数。

```
    // public member function
    void wait_and_stop() {

```

列表 5.10 线程池同步的新函数

```
        // wait for pool being set to stop
        std::unique_lock<std::mutex>
            unique_lock(mutex);

        auto predicate = [&] () -> bool {
            return stop_pool;
        };

        cv_wait.wait(unique_lock, predicate);
    }
```

列表 5.10 （续）

最后，我们必须实现 spawn 方法，它把更多工作委托给空闲线程。列表 5.11 展示了相应的代码片段。

```
    // public member function template
    template <
        typename     Func,
        typename ... Args>
    void spawn(
        Func &&     func,
        Args && ... args) {

        if (active_threads < capacity) // enqueue if idling
            enqueue(func, args...);
        else                           // process sequentially
            func(args...);
    }
```

列表 5.11 可委托工作的新函数

可变参数函数模板 spawn 接收一个函数 func，带有任意多个参数 args。首先，使用原子变量 active_threads，检查活动线程的数量是否小于线程池的容量。如果我们得到的结论是，仍然有线程处于空闲状态，那么将通过 enqueue 向队列提交一个新任务。否则，我们将在主调线程中按顺序执行任务。

值得注意的是，这段代码有一个小缺陷。在发出 enqueue 之前的短时间内，假设有两个线程相继执行查询 if(active_threads < capacity)。在这种情况下，如果只有单个空闲线程，就只能处理 2 个任务的其中之一。另一个任务将在任务队列中结束，得不到立即处理。尽管如此，这种行为没有影响线程池的正确性。一个严格的解决方案是，使用双重检查锁定模式 (Double-Checked Locking Pattern，DCLP)，其中，我们首先原子地检查约束，然后，在锁定范围内，成功地与 enqueue 一起重复检查操作。从历史上看，在 C++ 11 发布之前，DCLP 一直被认为是一种废旧的反模式，原因是它缺乏以前 C++ 标准的内存模型。感兴趣的读者可以参考文献 [5]，以获得这个主题的扩展综览。

5.3 并行图搜索

如果并行代码表现出线性加速比，这段并行代码就被认为是高效的，也就是说，加速比与使用的处理单元个数相同。理论上，线性加速比是我们可能达到的最好加速比。然而，我们有时会遇到超常的缓存属性导致的*超线性加速比*。例如，如果我们在处理很大矩阵的本地副本，我们可能会受益于更高的缓存命中率，因为正在处理的数据有更好的局部性。另一个例子是，与单个 CPU 相比，一个双插槽 CPU 提供了 2 倍的高速缓存。超线性加速比的出现，可以解释为克服了相应的硬件体系架构的资源限制。

然而，正像我们将在本节中展示的，我们甚至能够在没有克服资源限制的情况下，遇到虚假的超线性加速比。表现出这种行为的一类代表性算法，是分支定界算法，它在确定全局最优解的过程中，递归地生成候选解。旅行商问题（Traveling Salesman Problem，TSP）和二元背包问题（Binary Knapsack Problem，BKP）是流行的例子，其中，通过递归地遍历隐式可枚举的候选解，从全部可能状态的集合中确定全局最优状态。在本节中，我们重点关注二元背包问题。

5.3.1 二元背包问题

二元背包问题是一个最优化任务。其中，窃贼试图将 n 件物品放入容量有限的背包 C 中，其值为 $V[h]$、重量为 $W[h]$，$h \in \{0, \cdots, n-1\}$。对于每件物品 h，窃贼可以决定拿走还是留下。目标是，在没有违反容量约束的前提下，最大化选出物品的累计值。从数学上讲，我们对全部索引子集 $\mathcal{J} \subseteq \mathcal{I} := \{0, \cdots, n-1\}$ 中的最优子集 $\mathcal{J}^* \subseteq \mathcal{I}$ 感兴趣，以便：

$$\mathcal{J}^* := \underset{\mathcal{J} \subseteq \mathcal{I}}{\arg\max} \sum_{j \in \mathcal{J}} V[j] \text{ 满足 } \sum_{j \in \mathcal{J}} W[j] \leqslant c \qquad (5.1)$$

例子如表 5.1 所示。

表 5.1 一个背包问题的例子，容量约束为 c = 200，包含 n = 4 个条目，按照其值密度（Value density）排序。在 2^4=16 个候选解中的 $\mathcal{J}^* = \{1,2\}$，累计值为 196，重量为 185，不包括条目 0，尽管它是单位重量价值最高的物品

条目	值	重量	值密度
0	97	91	1.06593
1	98	92	1.06522
2	98	93	1.05376
3	92	91	1.01099

对于仅有整数重量，存在一个伪多项式算法，它借助动态规划解决了在 $\mathcal{O}(n \cdot c)$ 时间和空间上的这个 NP 完全问题。然而，我们希望使用分支定界算法确定最优解，递归地探索完全状态空间。显然，有 2^n 种不同的可能性来填满背包。

我们的程序应该能够装下最多 n = 32 件物品，以便我们能够在一个无符号整数变量中存储容器状态。此外，我们想要用另一个全局的无符号整数，记住物品的最优累计值（全局边界）。因此，全局状态和累计值，就能够填充到一个 64 位宽的原子整数。使用 CAS 循环，我们能够用免锁的方式并发地更新全局状态。

状态空间可以表示为二叉树（参见图 5.1）。在每一层 $h < n$，我们决定要么选择条目 h，要么将其留在后面。在每个节点，我们必须计算候选者新的累计值和重量，然后将其与容量 c 和全局状态 global_state 比较。如果候选者的累计重量超过了容量限制，包括其相应子树的状态就可以安全地剪枝，因为不可能从中产生有效解。此外，通过乐观地估计未来状态的值，我们在每个节点定义一个本地上界。假设初始索引集合以相关的值密度非递增方式排序，即

$$\frac{V[0]}{W[0]} \geqslant \frac{V[1]}{W[1]} \geqslant \cdots \geqslant \frac{V[h]}{W[h]} \geqslant \cdots \geqslant \frac{V[n-1]}{W[n-1]} \tag{5.2}$$

在高度为 h 的节点处，通过贪婪地挑选下一个紧邻的密度值最高的条目，我们就能够确定最终候选者的累计值上界，直到超过容量。这个上界必须大于最优解，因为我们放宽（忽略）了容量约束。如果这个上界的值小于全局下界，它由一个有效解最初产生，我们就可以安全地剪枝候选者和相应的子树，因为不可能创建一个高于全局状态累计值的候选解。

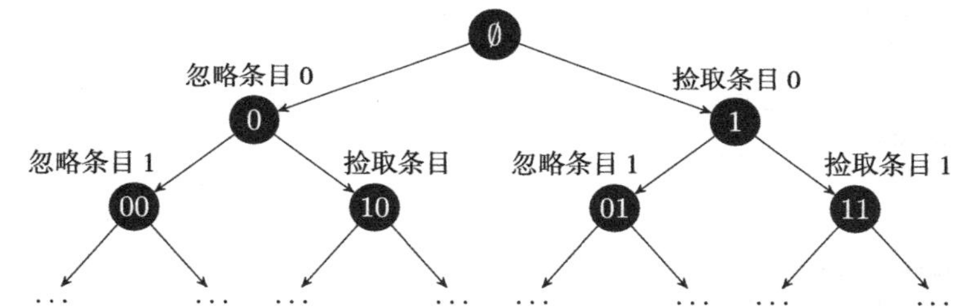

图 5.1　表示为二叉树的状态空间的可视化。我们从根节点开始，依次决定是捡取条目 0（右分支），还是将其留在后面（左分支）。在整个二叉树底部的每个叶节点，对应于一个可能的候选解

5.3.2 串行实现

我们开始编码。列表 5.12 显示了我们程序的头。最初，我们定义了 2 个辅助结构体：generic_tuple_t（第 6 ～ 22 行），用于存储值和重量对（$V[h], W[h]$）; state_t（第 24 ～ 38 行），包含观察到的全局目前最佳值，和一个对应的编码了捡取条目的二进制掩码。

值得注意的是，state_t 将在后面由 std :: atomic 包装，因此，不允许我们实现构造函数。此外，为方便起见，我们简写了使用的数据类型（第 41 ～ 45 行），随后，声明了全局状态、背包的容量、条目个数和用于存储值和重量的向量（第 48 ～ 51 行）。

```
1 #include <algorithm>  // std::sort
2 #include <iostream>   // std::cout
3 #include <vector>     // std::vector
4 #include <random>     // std::uniform_int_distribution
```

列表 5.12　背包代码的开头部分

```
template <
    typename value_t_,
    typename weight_t_>
struct generic_tuple_t {

    value_t_  value;
    weight_t_ weight;

    // expose types
    typedef value_t_ value_t;
    typedef value_t_ weight_t;

    generic_tuple_t(
        value_t_  value_,
        weight_t_ weight_) : value (value_ ),
                             weight(weight_) {}
};

template <
    typename bmask_t_,
    typename value_t_>
struct state_t {

    bmask_t_ bmask=0;
    value_t_ value=0;

    // expose template parameters
    typedef bmask_t_ bmask_t;
    typedef value_t_ value_t;

    // non-default constructors are not allowed
    // when wrapped with std::atomic<state_t>
};

// shortcuts for convenience
typedef uint64_t index_t;
typedef uint32_t bmask_t;
typedef uint32_t value_t;
typedef uint32_t weight_t;
typedef generic_tuple_t<value_t, weight_t> tuple_t;

// the global state encoding the mask and value
state_t<bmask_t, value_t> global_state;
const value_t capacity (1500);
const index_t num_items (32);
std::vector<tuple_t> tuples;
```

列表 5.12 （续）

现在，在列表 5.13 中，我们可以继续进行元组（$V[h]$，$W[h]$）的初始化。我们从 80 ～ 99（含）范围内的均匀整数分布中采样了 n 个“值 – 重量”对。这通过标准库中的 Mersenne Twister 伪随机数生成器完成（第 14 ～ 20 行）。最后，在第 23 ～ 28 行，这些元组按照公式（5.2）排序，以使得值和重量的商非递增排序。

```
// initializes Knapsack problem
template <
    typename tuple_t,
    typename index_t>
void init_tuples(
    std::vector<tuple_t>&  tuples,
    index_t num_entries) {

    // recover the types stored in tuple_t
    typedef typename tuple_t::value_t  value_t;
    typedef typename tuple_t::weight_t weight_t;

    // C++11 random number generator
    std::mt19937 engine(0); // mersenne twister
    std::uniform_int_distribution<value_t>  rho_v(80, 100);
    std::uniform_int_distribution<weight_t> rho_w(80, 100);

    // generate pairs of values and weights
    for (index_t index = 0; index < num_entries; index++)
        tuples.emplace_back(rho_v(engine), rho_w(engine));

    // sort two pairs by value/weight density
    auto predicate = [] (const auto& lhs,
                         const auto& rhs) -> bool {
        return lhs.value*rhs.weight > rhs.value*lhs.weight;
    };

    std::sort(tuples.begin(), tuples.end(), predicate);
}
```

列表 5.13　值和重量的初始化

二叉树的遍历逻辑如列表 5.14 所示。我们从第 115 ～ 147 行对核心方法 traverse 的解释开始。首先，我们确定第 125 行中的位置 height 的二进制掩码中的对应比特。如果它设置为 1，我们将对应的条目放进我们的包中。因此，我们必须调整存储在 tuple 中的捕获物的值和重量（第 126 ～ 127 行）。如果超出了背包的容量，我们可以终止递归产生候选物，因为我们无法从当前状态产生进一步的有效解（第 130 ～ 131 行）。反之，我们就找到了一个有效解，随后，使用第 81 ～ 92 行中的辅助方法 sequential_update，检查第 134 行中的全局状态。它对比我们当前的候选解与全局最佳解，如果有改善，就执行更新。

后续的步骤是可选的，然而，它可以显著加速二叉树的遍历过程（在我们的例子中，加速了一个数量级）。我们计算了背包问题的一个宽松解决方案，它高估了实际可达到的捕获物的值，从位置 height+1 开始，通过贪婪地装入物品条目，直到我们超过容量（第 94 ～ 113 行）。计算得到的值 dantzig_bound（height+1，tuple）很可能过高，因为它假设你允许将不完整的物品装入背包。尽管如此，你可以采用这个高估的值来排除一个可能的候选解，如果这个值小于最佳观察到的全局解的值。值得注意的是，我们可以通过一个简单的 for 循环实现贪婪装包策略，因为在初始化步骤中，我们已经按照它们的值密度对元组排好了顺序。

在第 143 ～ 147 行，方法 traverse 的最后部分递归地生成 2 个新的候选解：其中一个捡取了位置 height+1 处的物品，另一个则放到后面处理。遍历例程终止条件是，要么全部新解候选者都被第 134 行中的全局界限剪枝，或者被第 139 ～ 149 行中的局部界限剪枝，要么，换一种方法，我们已经到达了二叉树的叶子。最坏情况的遍历是，不得不探测全部 2^n 个物品的组合。

```
81  template <
82      typename tuple_t,
83      typename bmask_t>
84  void sequential_update(
85      tuple_t tuple,
86      bmask_t bmask) {
87
88      if (global_state.value < tuple.value) {
89          global_state.value = tuple.value;
90          global_state.bmask = bmask;
91      }
92  }
93
94  template <
95      typename index_t,
96      typename tuple_t>
97  typename tuple_t::value_t dantzig_bound(
98      index_t height,
99      tuple_t tuple) {
100
101     auto predicate = [&] (const index_t& i) {
102         return i < num_items &&
103                tuple.weight < capacity;
104     };
105
106     // greedily pack items until backpack full
107     for (index_t i = height; predicate(i); i++) {
108         tuple.value  += tuples[i].value;
109         tuple.weight += tuples[i].weight;
110     }
111
112     return tuple.value;
113 }
114
115 template <
116     typename index_t,
117     typename tuple_t,
118     typename bmask_t>
119 void traverse(
120     index_t height,  // height of the binary tree
121     tuple_t tuple,   // weight and value up to height
122     bmask_t bmask) {  // binary mask up to height
123
124     // check whether item packed or not
125     const bool bit  = (bmask >> height) % 2;
```

列表 5.14　解空间的递归遍历

```
    tuple.weight += bit*tuples[height].weight;
    tuple.value  += bit*tuples[height].value;

    // check versus maximum capacity
    if (tuple.weight > capacity)
        return; // my backpack is full

    // update global lower bound if needed
    sequential_update(tuple, bmask);

    // calculate local Danzig upper bound
    // and compare with global upper bound
    auto bsf = global_state.value;
    if (dantzig_bound(height+1, tuple) < bsf)
       return;

    // if everything was fine generate new candidates
    if (height+1 < num_items) {
       traverse(height+1, tuple, bmask+(1<<(height+1)));
       traverse(height+1, tuple, bmask);
    }
}
```

列表 5.14 （续）

最后，我们在 main 函数中实现真正的计算。相应的代码片段如列表 5.15 所示。首先，通过上述辅助函数 init_tuples，我们在第 151 行初始化元组。其次，在第 154 ～ 155 行，我们对根节点之下的左右分支执行了 2 次递归遍历：一个捡起第一个物品，另一个把它留下。在第 160 ～ 165 行余下的代码报告最佳值，并使用整数 bmask 的二进制分解打印二进制掩码。

```
148 int main () {
149
150     // initialize tuples with random values
151     init_tuples(tuples, num_items);
152
153     // traverse left and right branch
154     traverse(0, tuple_t(0, 0), 0);
155     traverse(0, tuple_t(0, 0), 1);
156
157     // report the final solution
158     std::cout << "value " << global_state.value << std::endl;
159
160     auto bmask = global_state.bmask;
161     for (index_t i = 0; i < num_items; i++) {
162         std::cout << bmask % 2 << " ";
163         bmask >>= 1;
164     }
165     std::cout << std::endl;
166 }
```

列表 5.15 Knapsack 程序的主函数

在 Xeon E5-2683 v4 CPU 上串行程序执行，在大约 2.4s 内得到最优解：

```
value 1571
11111111111111100010001000000000
```

值得注意的是，如果我们删除第 138 ～ 140 行的可选局部界限，则计算出相同的结果，需要的时间超过 22s。上面讨论的技术也适用于旅行商问题：全局状态保存了当前最短有效旅程的长度，以及访问城市的顺序。

5.3.3 并行实现

前述算法的并行化比较简单。对于某些整数 $h \geqslant 0$，令 $p=2^{h+1}$ 为可用处理单元的数量，那么，我们能够使用专用线程并发处理二叉树 h 层中的每个节点，以及相关的分支。作为一个例子，设 $h = 0$，然后我们可以使用 $p = 2$ 个线程，独立计算根节点下的左右分支。此外，可以考虑上一节中提出的工作共享策略：我们把节点左分支委托给线程池中的空闲线程。遗憾的是，在上面使用的轻量级遍历方案案例中，线程池的调度逻辑相当昂贵，抵消了工作共享的好处。

进一步，我们必须检查代码，是否存在潜在的竞争条件。二进制掩码 bmask，以及对应的累计值和重量组成的二元组，完全由值复制得到。因此，我们可以在分支的递归调用期间，排除对共享资源的并发访问。尽管如此，全局状态由不同的线程同时更新，这可能导致错误的结果。因此，在第 48 行，struct global_state 应该由 std :: atomic 包装：

```
std::atomic<state_t<bmask_t, value_t>> global_state;
```

我们还必须修改第 81 ～ 92 行中的辅助函数 sequential_update，以支持基于 CAS 循环的无锁更新（见列表 5.16）。

```
template <
    typename tuple_t,
    typename bmask_t>
void atomic_update(
    tuple_t tuple,
    bmask_t bmask) {

    typedef typename tuple_t::value_t value_t;

    auto g_state = global_state.load();
    auto l_value = tuple.value;
    state_t<bmask_t, value_t> target;

    do {

        // exit if solution is not optimal
        if (g_state.value > l_value)
            return;

```

列表 5.16 全局状态的无锁更新

```
        // construct the desired target
        target.value = l_value;
        target.bmask = bmask;

    } while (!global_state.compare_exchange_weak(g_state, target));
}
```

列表 5.16（续）

首先，全局状态的复制以原子方式保存在变量 g_state 中。其次，我们连续地尝试以原子方式交换本地状态 target（包含 bmask 和 tuple.value）和全局状态，以避免当前解的累计值更高，超过全局解。最后，我们使用上一节中的线程池计算根节点下的 2 个分支（见列表 5.17）。

```
#include "threadpool.hpp"

int main () {

    ThreadPool TP(2); // 2 threads are sufficient

    // initialize tuples with random values
    init_tuples(tuples, num_items);

    // traverse left and right branch
    TP.spawn(traverse<index_t, tuple_t, bmask_t>,
             0, tuple_t(0, 0), 0);
    TP.spawn(traverse<index_t, tuple_t, bmask_t>,
             0, tuple_t(0, 0), 1);

    // wait for all tasks to be finished
    TP.wait_and_stop();

    // report the final solution
    auto g_state = global_state.load();
    std::cout << "value " << g_state.value << std::endl;

    auto bmask = g_state.bmask;
    for (index_t i = 0; i < num_items; i++) {
        std::cout << bmask % 2 << " ";
        bmask >>= 1;
    }
    std::cout << std::endl;
}
```

列表 5.17　并发计算背包问题的主函数

在 Xeon E5-2683 v4 CPU 上使用 2 个线程，执行并行程序获得最优解，用了不到 0.6s：

```
value 1571
11111111111111100010001000000000
```

这有点令人惊讶，因为单线程的实现需要大约 2.4s，计算得到相同结果：这比我们使用 2 个线程的并行版本慢 4 倍。观察到的超线性加速比 4 可以通过并行实现的并发遍历方案来解释。

从根节点开始，为了找到一个合理的解，串行版本程序中，强制必须先查找左分支（将物品 0 留在后面），然后遍历右分支（捡取物品 0）。然而，物品 0 有最高的值密度，因此，全局状态极有可能在遍历左分支期间保存了次优解。结果是，本地的 Dantzig 限界表现得几乎没有修剪能力，也就是说，我们不太可能在树的早期层次排除候选解。相比之下，并发遍历方案以并行方式探索二叉树。尽管线程 0 在左分支中观察到了相同的次优解，但线程 1 同时也在右分支中发现了高质量解。结果是，全局状态在少数几个步骤中保存了几乎最优解，能够用于在左分支中充分修剪。不严格地讲，并发遍历是深度优先搜索和广度优先搜索的值得关注的混合策略，与使用纯粹基于深度优先搜索的传统串行算法相比，它允许更加有效的候选解剪枝。

这个观察结果可以推广到其他算法，这些算法彻底地寻找候选者，以便找到最佳解。如果 2 个或更多线程共享全局状态，用来排除状态空间的大部分，则可能会发生虚假超线性加速。一个简单的例子是，在图中并发搜索节点。如果一个线程发现了具有期望属性的节点，通过原子地改写一个布尔变量 is_found = true; 它可以简单地通知其他线程停止。

你可能会说，我们根本就没有看到任何超线性加速比，因为至少存在一个串行算法，它遍历了数据结构，与并发算法的顺序完全相同。我们甚至可以找到一个串行算法，需要的总步骤比并发算法实现中的步骤少。实际上，我们可以通过在串行算法的主函数中交换 2 个遍历调用，来揭开我们在实现的背包算法中获得了非凡加速比的神秘面纱。

5.4 展望

现在，我们已经到了这一章的末尾，我们希望提几件还没有详细讨论的事情。C++11 特定语法中的多线程编程 API，通常被认为是这个版本的主要贡献。原子函数是最吸引人的特性，它允许以无锁方式实现独立于平台的应用程序。然而，后者实际上是最根本的贡献，因为原子操作可能在不同的硬件架构上表现出截然不同的行为。C++ 11 的原子操作保证的不仅仅是一个简单的事实，即每个“读取 – 修改 – 操作”都以非中断方式执行。它们还另外隐含了内存顺序的约束，必须强制在带有对应的 C++11 编译器的各个硬件架构上执行。例如，一些架构（比如 ARM）允许对应用程序二进制代码中声明的指令重新排序，而 Intel CPU 有相对严格的顺序保证。让我们用一段代码示例来演示这一点：

```
payload_t payload;
std::atomic<uint8_t> flag;
...
payload = some_payload; // set the payload
flag.store(1);          // signal others to start
```

在这里，我们将有效荷载结构的任意实例设置为一个特定的值。它可以是一个视频序列，也可以是由一个或多个线程并行处理的任何其他数据。原子变量 flag 设置为 1，以便发信号给可能正在等待的线程，通知它们可以开始计算了。在接收端，代码可能看起来类似这样：

```
while(!flag.load());    // busy wait
process(payload);       // read the payload
```

在这两种情况下，一个原生的编译器看不到有效载荷结构和原子标志之间的任何依赖关系，因此，可以安全地假设设置 / 读取有效载荷可以互换。甚至，尽管编译器在代码生成期间保持了正确的顺序，ARM CPU 也可能会重新排序相应的指令，从而导致错误的代码。因此，原子操作必须保证我们的程序保持了顺序上的一致性。C++11 借助一个专用的内存模型执行原子操作，表现为简单地期望的默认设置，但也可以放宽到较少限制的行为。虽然内存模型的细粒度调整会对弱序架构（比如 ARM）上应用程序的性能产生显著影响，但对于表现出相对较强的内存顺序的 Intel x64_64 CPU 上，这种影响不明显。因此，我们忽略了不同内存排序模式的细节，并坚持使用默认行为。

假设我们获得（锁定）一个互斥锁，并在临界区之后立即释放（解锁）它。然而，从性能的角度来看，这不是很明智，移动临界区中加锁之前发出的任何操作都完全正确，除非它打破了顺序一致性（你做不到把语句 x=1; 移动到语句 y = x; 后面，而不破坏依赖性）：

```
std::mutex mutex;

statement_that_could_be_moved_below();

// |||||||||||||||||||||||||||||||||
// vvvvvvvvvvvvvvvvvvvvvvvvvvvvvvvvv
mutex.lock();        // <-- acquire

// critical code section goes here

mutex.unlock();      // <-- release
// ^^^^^^^^^^^^^^^^^^^^^^^^^^^^^^^^^
// |||||||||||||||||||||||||||||||||

statement_that_could_be_moved_above();
```

对于解锁后发出的任何指令，类似的语句也是正确的：我们可以在锁定的范围内移动它，而不会损害程序的正确性。相反，任何在锁定范围内发出的指令，不允许移动到释放锁操作之后，或获取锁操作之前，因为这将违背互斥锁的初衷。可以说，获取和释放互斥锁作为单向内存屏障，都具有以下特性：

1）在获取操作之后发出的内存操作，不能移动到获取操作之前。

2）在释放操作之前发出的内存操作，不能移动到释放操作之后。

这里描述的"获取 – 释放"语义，也适用于原子操作。以默认内存顺序（std::memory_order_seq_cst）的原子存储操作，表现得就像释放操作。有效载荷的修改发生在设置标志位为 1 之前，因此在释放时，必须对其他线程可见。按照默认内存顺序的原子装载操作，表现得就像获取操作：我们可以确保，读取有效载荷发生在装载之后。这种行为对于确保正确的结果至关重要。因此，对于默认的内存排序，你总是可以假定：（i）在原子存储之前写入的任何内容，永远禁止移动到存储操作之后，（ii）在原子装载之后读取的任何内容，都不能移动到装载之前。

总的来说，原子操作不仅仅是不可中断的“读－修改－存储”指令：当使用默认内存顺序时，它们保证了同一个变量的存储和装载之间的附加同步属性。尽管如此，C++11 允许放宽这些同步属性，使得对内存屏障属性细粒度调优成为可能。作为一个例子，最弱的内存顺序 std::memory_order_relaxed 去掉了全部同步或排序属性，由此产生了一个简单的原子操作，仅仅保证了存储和装载不会中断。

这或许会导致有不可预知同步行为的潜在错误代码。因此，我们强烈建议，应完全避免使用非默认内存顺序的设置，除非你为硬件架构开发了一个高性能应用程序，硬件带有一种弱内存模型比如 ARM。

5.5 附加练习

1. 编写一个高效的并行程序，计算一个有 n 个浮点数数组中的最大元素。首先，划分数组成为大小相等的份额，并在每个份额上并发地执行本地最大值归约。随后，要么使用锁，要么使用原子操作，合并多个份额上的部分结果。比较执行时间。哪种方法性能更好？
2. 开放寻址哈希映射是一种数据结构，允许键值对高效地存储和查询（在某些条件下，甚至是常数时间）。在下面的代码中，我们假设键和值都是 32 位无符号整数。n 个键和值，要么作为数组结构体存储在多个不同的位置，要么作为结构体数组交叉存储。为简单起见，我们选择后一种配置（key_0，val_0，key_1，val_1，…，key_{n-1}，val_{n-1}）。所有的键都用一个占位符 Ø:= $2^{32}-1$ 初始化，表明对应的槽是空的。键值对（key, val）的插入和查询以如下过程完成：

   a. 使用合适的 hash 函数散列计算键，例如，用无碰撞的 Murmur 散列整数生成器：

```
uint32_t fmix32 (uint32_t key){
    key ^= key >> 16;
    key *= 0x85ebca6b;
    key ^= key >> 13;
    key *= 0xc2b2ae35;
    key ^= key >> 16;

    return key;
}
```

   然后，计算对应的槽为 fmix32（key）%n。值得注意的是，模运算的结果可能会产生冲突，也就是说，多个键映射到同一个槽，导致覆盖了原有键对应的值。

   b. 我们探测对应的槽中的键是否相等，或者是否为空占位符，并在成功的情况下写入键和值。否则，如果我们发现了相等的键，或者一个空插槽，我们线性地探测下一个邻居。键值对插入到原始位置之后的第一个可用的槽。

   c. 一个查询的实现过程类似。我们计算插槽的位置并向右探测，直到找到我们期望的键或遇到一个空的占位符。对于后一种情况，我们能确保该键没有存储在这个哈希映射中。

使用如上所述的线性探测方案，实现一个开放寻址哈希映射的串行版本。彻底检查你的实现中的错误。随后，设计一个基于锁的并行版本，以确保插入操作没有竞争条件。使用多个锁可以提高插入操作的性能吗？最后，实现一个使用 CAS 循环执行插入操作的免锁版本。按照代码复杂性和性能，对比基于锁的实现和免锁实现。

3. 回顾前面提到的练习。罗宾汉哈希（Robin Hood Hashing，RHH）是开放寻址哈希映射[6]的一个稍加修改的变体。我们为每个键值对增加使用一个附加计数器，存储其线性探测阶段执行的跳数。值得注意的是，RHH 也可以使用其他探测方案，比如二次方程式探测或混沌探测。在插入操作过程中，“丰富”的“键－值－计数”三元组执行的跳数少于“贫穷”的键值对元组。RHH 为探测方案引入了以下修订：在探测过程中，只要当“贫穷”三元组遇到“丰富”三元组时，“贫穷”三元组就存储在“丰富”三元组的位置。然后，使用“丰富”三元组继续探测，直到找到空槽或更“丰富”的三元组。对于更高的载荷系数（存储的元素数量 / 容量），RHH 表现更好，因为它在插入操作过程中，自动地均衡了探测长度。
   a. 你能不能利用存储在三元组中的计数器来加速查询步骤？
   b. 实现一个罗宾汉哈希映射的免锁版本，使用 128 位的“键－值－计数器”三元组。
   c. 扩展你的实现，以支持任意宽度的键、值和计数器，例如，键用 20 位，值用 20 位，计数器用 24 位。
4. 回顾 4.6 节中的 Boggle 游戏规则。通过在你选择的搜索引擎中查询短句“ english dictionary text file”，查找包含英语单词的文本文件。然后，将单词存储在一个散列集合 std::unordered_set 中，并实现一个常数时间函数 bool is_word(std::string word)，来查询英语单词。按以下步骤进行：
   a. 实现一个串行的回溯算法，递归地枚举一个 4 × 4 的 Boggle 板中的所有有效路径。通过传递一个已经访问过的单元的二进制掩码，防止单元格的重复访问：一个 16 位的整数应该就足以编码整个版面。在一个专门的字符串向量中存储有效解。
   b. 通过为 16 个单元中的每个单元派生一个线程，并行化实现你的串行程序。你的代码是否能避免竞争条件限制？如果存在竞争条件，消除它。
   c. 引入一个全局状态，存储目前观察到的最长有效单词。使用一个互斥变量，允许其在并发上下文中的安全操作。你能以免锁方式实现同样的目标吗？

参考文献

[1] Damian Dechev, Peter Pirkelbauer, Bjarne Stroustrup, Lock-free dynamically resizable arrays, in: Mariam Momenzadeh, Alexander A. Shvartsman (Eds.), Principles of Distributed Systems: 10th International Conference, Proceedings, OPODIS 2006, Bordeaux, France, December 12–15, 2006, Springer Berlin Heidelberg, Berlin, Heidelberg, 2006, pp. 142–156.

[2] Yozo Hida, Xiaoye S. Li, David H. Bailey, Quad-Double Arithmetic: Algorithms, Implementation, and Application, 2000.

[3] C++11 standard (ISO/IEC 14882:2011), C++ reference of atomic data types, http://en.cppreference.com/w/cpp/atomic/atomic (visited on 01/12/2017).

[4] Tobias Maier, Peter Sanders, Roman Dementiev, Concurrent hash tables: fast and general?(!), in: Proceedings of the 21st ACM SIGPLAN Symposium on Principles and Practice of Parallel Programming, PPoPP '16, ACM, Barcelona, Spain, ISBN 978-1-4503-4092-2, 2016, pp. 34:1–34:2, http://doi.acm.org/10.1145/2851141.2851188.

[5] Jeff Preshing, Double-checked locking is fixed in C++11, http://preshing.com/20130930/double-checked-locking-is-fixed-in-cpp11/ (visited on 01/12/2016).

[6] Sebastian Sylvan, Robin Hood Hashing should be your default Hash Table implementation, https://www.sebastiansylvan.com/post/robin-hood-hashing-should-be-your-default-hash-table-implementation/ (visited on 01/12/2016).

Chapter 6 第6章

OpenMP

摘要

OpenMP 是一种跨平台共享内存的应用程序接口（API），使用 C、C++ 和 Fortran 语言实现并行编程。它使用简单的编译器制导语句实现半自动并行方法，提高串行代码性能。与之形成鲜明对比的是 C++11 多线程编程模型，涉及线程的手动派生、并入和同步。作为一个例子，复杂调度、任务并行、循环并行化和归约操作均可使用几行额外的代码实现。除了简单性，OpenMP 扩展的 CPU 代码的并行效率与手动调优的 C++ 多线程经常一样高效。因此，OpenMP 理想地适用于研究串行代码的并行潜力，或简单地在短时间内加速算法并行。尽管和显式多线程一样定位于相同的硬件架构，OpenMP 通过提供随时可用的构件，简化了程序结构。因此，程序员能够聚焦于代码的抽象和逻辑事宜上。

本章讲述如何并行化一系列的科学应用程序。我们首先讨论大规模循环任务的并发处理。随后，我们讨论并行归约，作为一些多核算法的基础构件，这些算法包括计数、变量求和，或者序列极值的流式计算。而且，我们通过使用静态和动态调度演示如何处理偏态工作分配引起的负载失衡。另一个非常重要的方面是隐式可数集合（如图和树）上的任务并行。最后我们讨论半自动向量化技术。

关键词

OpenMP，编译器制导，编译指示，竞争条件，计算通信比，同步，变量共享，私有化，SPMD，最近邻分类，互斥锁，原子操作，静态调度，动态调度，块分配，循环分配，定制归约子，任务并行，树遍历，向量化，SIMD，数据依赖，装载

6.1 OpenMP 简介

OpenMP 是一种跨平台共享内存的 API，使用 C、C++ 和 Fortran 语言实现并行编程。它提供了相对于第 4 章介绍的低级别多线程原语的高级别抽象层。它的编程模型和接口可嵌入不同的编译器和硬件架构，可在基于共享内存的任意数量 CPU 核上实现扩展，并且可展现规整的源代码。因此，OpenMP 能应用于一系列的并行应用，这些应用横跨从几个 CPU 核的桌面 PC 到超级计算机上使用数百个核的计算节点等不同场景。

6.1.1 OpenMP 简史

OpenMP API 规范由 OpenMP 架构审查委员会创建和发布，该委员会由主要的计算机硬件和软件销售商和并行计算用户设施组成。历史上，第 1 版是 1997 年 10 月为 Fortran 1.0 发布的 OpenMP 规范，紧接着是 1998 年 10 月发布的 C 和 C++ 1.0 的 OpenMP 规范。一些具有重要里程碑意义的 C 和 C++ 版本规范分别是 2002 年 3 月的 2.0 版本、2005 年 5 月的 2.5 版本、2008 年 5 月的 3.0 版本、2011 年 7 月的 3.1 版本、2013 年 7 月的 4.0 版本和 2015 年 11 月的 4.5 版本。相应版本的规范可在 OpenMP 架构审查委员会的网站 http://www.openmp.org/specifications 上获得。本章其余章节以 OpenMP 2.0 规范为基础，因为该规范支持绝大多数编译器和新版编译器引入的特性，这一点我们在后文中将明确提及。

6.1.2 基础

OpenMP 的基本原理是通过使用特殊的评论似的编译器制导语句——所谓的**编译指示**对编译器给出如何并行化代码的提示，以此来增强串行代码。编译指示能够利用编译器特定的功能。如果编译器不支持相应的制导语句，它将简单地忽略编译指示。注意 GCC 编译器使用 `-Wunknown-pragmas` 编译选项报告代码中不支持的编译指示。

通过嵌入合适的编译指示，OpenMP 能够轻易地并行化现存的串行代码。已经写好的软件代码能够被编译并以单线程或者多线程方式执行。支持 OpenMP 规范的编译器可以通过 `-fopenmp` 选项实现 OpenMP 多线程支持。假如我们没有使用这个编译选项，代码只会以串行方式运行。通过这种方式，可以很方便地部署附带并行选项的串行代码。

OpenMP 通常在运行时确定使用的默认线程个数等于操作系统看到的逻辑 CPU 核数。同样也可以通过 `OMP_NUM_THREADS` 环境变量设定 OpenMP 使用的线程数目。而且，也可以在源代码中使用命令 `set_num_threads()` 或专用的制导语句显式设定使用的线程数。当前执行程序的一队线程称为一个组（team）。

本章中，我们将利用 OpenMP 并行化前述章节的 C++11 多线程应用例子。工作流程如下：我们首先给出一个串行程序，分析其数据依赖性和竞争条件，并最终以 OpenMP 编译指示如何并行化这个程序。

现在我们立即进入代码编写阶段。让我们从一个基本的 hello world 程序开始（见列表 6.1）。它几乎等同于串行的 C++ hello world 程序：唯一区别是第 5 行的额外的制导语句

#pragma omp parallel，它告诉编译器紧随其后的区域（仅仅覆盖第6行的打印语句）将被并行执行。

```
1 #include <iostream>
2
3 int main() {
4     // run the statement after the pragma in all threads
5     #pragma omp parallel
6     std::cout << "Hello world!" << std::endl;
7 }
```

列表 6.1 OpenMP hello world 程序

这段代码可以使用支持 OpenMP 4.0 版本的 GCC 5.2 编译如下：

```
g++ -O2 -std=c++14 -fopenmp hello_world.cpp -o hello_world
```

运行的时候，我们观察到在执行机器上输出和 CPU 核数一样多的“Hello World”。你可以在程序运行前通过设置环境变量 **OMP_NUM_THREADS** 控制使用的线程个数：

```
OMP_NUM_THREADS=2 ./hello_world
Hello world!
Hello world!
```

需要注意的是，这个例子的输出可能不会被换行符有效分隔，因为所有的线程并发地向标准输出文件描述符输出，这可能导致杂乱的输出。

#pragma omp parallel 制导语句被编译器翻译，派生和并入一个新线程组并在紧邻的语句范围执行。紧邻制导语句的代码并不需要像例子中一样只有一行，也可以是花括号里的一个结构块。参看图 4.1 了解线程派生和并入的详细细节。

线程数目也可以在运行时设置，正如我们已经看到的那样，但是也可以让程序员在编写代码的时候设置：改变例子第5行代码为 **#pragma omp parallelnum_threads(2)**，将不管其他设置而总是创建正好2个线程。

如果程序需要知道 OpenMP 参数如默认线程数或者内在的线程标识符，可以使用运行时库收集这些信息。列表 6.2 展示了这一特性：

```
#include <iostream>
#include <omp.h>

int main() {
    // run the block after the pragma in four threads
    #pragma omp parallel num_threads(4)
    {
        int i = omp_get_thread_num();
        int n = omp_get_num_threads();
        std::cout << "Hello world from thread "
                  << i << " of " << n << std::endl;
    }
}
```

列表 6.2 OpenMP 带线程号版的 hello world

再一次，我们编译上述代码片段，使用如下命令：

```
g++ -O2 -std=c++14 -fopenmp hello_world.cpp -o hello_world
```

在命令行执行：

```
./hello_world
Hello world from thread 1 of 4
Hello world from thread 0 of 4
Hello world from thread 2 of 4
Hello world from thread 3 of 4
```

如期望那样，线程以任意次序执行。因此，你将很可能观察到混淆的或聚集的输出。需要注意的是，若没有 OpenMP 支持，例子中的代码不能轻松地进行编译，因为它显式地需要定义在 `omp.h` 头文件中的 OpenMP 库函数。然而，你总能使用预处理宏明确地屏蔽依赖于 OpenMP 的代码：

```
#if defined(_OPENMP)
#include <omp.h>
#endif
...
#if defined(_OPENMP)
// code explicitly depending on omp.h
#else
// refactored code not depending on omp.h
#endif
```

因为当激活 -fopenmp 编译选项时宏 _OPENMP 是自动定义的。

6.2 parallel for 制导语句

工作共享最通用的并发方法之一就是循环并行化。使用 OpenMP 很容易使无数据依赖的 for 循环并行化。在大多数例子中，使用一个组合了 `parallel` 和 `for` 关键字的复合制导语句：

```
#pragma omp parallel for
for (...) {
    ...
}
```

但是记住这仅是下述更明确模式的一种简洁表示：

```
#pragma omp parallel
{
    #pragma omp for
    for (...) {
        ...
    }
}
```

让我们更详细地讨论上述代码片段。for 循环前面的 `#pragma omp for` 编译制导语句很关键：假如我们忽略它，每个执行线程将独立地处理整个 for 循环。因此，冗余的计算将导致运行时性能没有提升甚至性能恶化。`#pragma omp for`作为分隔原语，分隔 n 个索引为 n/p 大小的块，这里 p 是使用的线程数。因此，你应该把`#pragma omp for`当作`#pragma omp split_for`。这对 for 循环的语法具有非常重要的影响：编译器必须在编译时以确定的数学表达式决定全部的迭代次数。因此，在 for 循环中控制迭代索引或它的边界是不被允许的。进一步的限制如下：

1）从 OpenMP 2.0 版本以来循环迭代变量必须是一个整数。无符号整数从 OpenMP 3.0 版本开始获得支持。

2）循环控制参数必须对所有线程相同。

3）不允许一个循环中有离开循环的分支（goto）存在。这包括早期使用的`break`语句。

好消息是如果你的 for 循环违反了上述限制，编译器将会告诉你犯规了。然而，极度依赖早期存在的 for 循环的算法必须全部重写为兼容并发计算的形式。另一个工作共享的构建示例没有触及这些限制边界，将在 6.6 节展示。

最后，我们想给出一个重要的共识：OpenMP 并不会神奇地把你的串行代码转换为正确的并行代码。你必须保证理论上计算结果不依赖于循环迭代执行的次序，这在线程间没有数据依赖时不值一提。结论是，`#pragma omp parallel for`制导语句执行 2 个步骤：（i）均匀地分隔循环索引为块；（ii）随之独立执行每个块，而不管从串行角度看结果是否正确。注意每个线程能够访问声明在`pralell`范围外的任何变量或者数组，因为 OpenMP 是一个工作在共享内存架构上的 API。因此，你必须保证代码能摆脱条件竞争。

6.2.1 向量加法

基于前面小节的理论，我们给出一个向量加法的实际例子。我们计算 2 个整数向量和 $z=x+y$，这里 $x,y,z\in\mathbb{N}_0^n$，具有坐标形式：

$$z[i]=x[i]+y[i] \quad \text{对所有的 } i\in\{0,\cdots,n-1\} \tag{6.1}$$

向量 x 和 y 初始化为任意值。这里我们选择 $x[i]=i$ 和 $y[i]=n-i$ 以使对所有的 $i\in\{0,\cdots,n-1\}$，$z[i]=n$。更进一步，我们使用`std::vector<uint64_t>`容器存储这 3 个向量。相应的源代码在列表 6.3 中显示。

```
#include <iostream>
#include <cstdint>
#include <vector>

// hpc_helpers contains the TIMERSTART and TIMERSTOP macros
// and the no_init_t template that disables implicit type
// initialization
#include "../include/hpc_helpers.hpp"

int main() {
    // memory allocation for the three vectors x, y, and z using
```

列表 6.3 OpenMP 版的向量加法

```
12     // the no_init_t template as a wrapper for the actual type
13     TIMERSTART(alloc)
14     const uint64_t num_entries = 1UL << 30;
15     std::vector<no_init_t<uint64_t>> x(num_entries);
16     std::vector<no_init_t<uint64_t>> y(num_entries);
17     std::vector<no_init_t<uint64_t>> z(num_entries);
18     TIMERSTOP(alloc)
19 
20     // manually initialize the input vectors x and y
21     TIMERSTART(init)
22     #pragma omp parallel for
23     for (uint64_t i = 0; i < num_entries; i++) {
24         x[i] = i;
25         y[i] = num_entries - i;
26     }
27     TIMERSTOP(init)
28 
29     // compute x + y = z sequentially
30     TIMERSTART(add_seq)
31     for (uint64_t i = 0; i < num_entries; i++)
32         z[i] = x[i] + y[i];
33     TIMERSTOP(add_seq)
34 
35     // compute x + y = z in parallel
36     TIMERSTART(add)
37     #pragma omp parallel for
38     for (uint64_t i = 0; i < num_entries; i++)
39         z[i] = x[i] + y[i];
40     TIMERSTOP(add)
41 
42     // check if summation is correct
43     TIMERSTART(check)
44     #pragma omp parallel for
45     for (uint64_t i = 0; i < num_entries; i++)
46         if (z[i] - num_entries)
47             std::cout << "error at position "
48                       << i << std::endl;
49     TIMERSTOP(check)
50 }
```

列表 6.3 （续）

在第 8 行代码中，包含 `hpc_helpers.hpp` 头文件。它包含 `no_init_t` 包装类型以屏蔽 `std::vector` 的简单的旧数据类型隐式变量初始化，如列表 4.9 所示。这避免了向量在声明阶段的冗余初始化和第 23 ～ 26 行中并行执行的手动初始化。宏 `TIMERSTART` 和 `TIMERSTOP` 也定义在该头文件中，以提供方便的时间度量。

所有 3 个阶段——初始化（第 23 ～ 26 行），实际计算向量加法（第 38 ～ 39 行）和最后检查（第 45 ～ 48 行）——都是高度并行化的，因为在向量间没有数据依赖。我们已经在第 31 ～ 32 行包含了附加的串行向量和计算。当我们在 IntelXeon CPU E5-2683 v4 @ 2.10GHz 机器上使用 8 线程执行程序时，得到如下输出：

```
OMP_NUM_THREADS=8 ./vector_add
# elapsed time (alloc): 2.4933e-05s
# elapsed time (init): 0.888266s
# elapsed time (add_seq): 4.17046s
# elapsed time (add): 0.68106s
# elapsed time (check): 0.256372s
```

使用 8 线程粗略得到加速比为 5。遗憾的是，这个程序是访存受限型的，因为除了一个加法几乎没有任何计算。因此，我们不能期望使用更多的核时就能获得更高的加速比。64 线程并行运行时间大约是 0.45s，对应大约 15% 的并行效率。一般而言，不建议以大量运算核心并行轻量级的线性时间算法。然而，我们在本章中也讨论了一个较好的计算访存比的例子。

隐含同步

上述代码有个细微的缺点：我们在每个 `#pragma omp parallel for` 制导语句开始时派生线程并在其后并入。一次派生线程并在单个阶段同步它们将是足够的。一些 OpenMP 制导语句如 `#pragma omp for` 支持隐含同步，例如空闲线程在循环结束处阻塞直到计算完成。

```
#pragma omp parallel
{   // <- spawning of threads

    #pragma omp for
    for (uint64_t i = 0; i < num_entries; i++) {
        x[i] = i;
        y[i] = num_entries - i;
    }

    // <- implicit barrier

    #pragma omp for
    for (uint64_t i = 0; i < num_entries; i++)
        z[i] = x[i] + y[i];

    // <- another implicit barrier

    #pragma omp for
    for (uint64_t i = 0; i < num_entries; i++)
        if (z[i] - num_entries)
            std::cout << "error at position "
                      << i << std::endl;
}   // <- joining of threads

// <- final barrier of the parallel scope
```

假如我们想处理 2 个或更多个独立的不需要彼此等待的循环，这种行为可能是不利的。`nowait` 制导语句被用来显式地移除屏障，这通常导致运行时间的细微改进。

```
#pragma omp parallel
{
    #pragma omp for nowait
```

```
    for (...) { ... }

    // <- here is no barrier

    #pragma omp for
    for (...) { ... }
}
```

6.2.2 变量共享和私有化

截至目前，我们在 `#pragma omp parallel` 范围内无竞争条件排他性地访问变量和数组。让我们看看下面的合法的 C++ 和 C99 程序代码。它打印所有满足条件的索引对 $(i,j), i,j \in \{0,1,2,3\}$ 。

```
#include <stdio.h>

int main () {

    #pragma omp parallel for
    for (int i = 0; i < 4; i++)
       for (int j = 0; j < 4; j++)
           printf("%d %d\n", i, j);
}
```

1. 声明私有变量

然而，初始化声明 for 循环迭代变量 `int i=0` 在 C90 版本的 C 编程语言中是禁止的。相应的程序必须改写为

```
#include <stdio.h>

int main () {

    int i, j; // must be declared before the loops

    // #pragma omp parallel for produces incorrect
    // results due to race condition on variable j
    for (i = 0; i < 4; i++)
       for (j = 0; j < 4; j++)
           printf("%d %d\n", i, j);
}
```

遗憾的是，我们不能简单地在循环前面增加 `#pragma omp parallel for` 制导语句，因为每个线程现在并发地控制不属于任何线程的全局变量 `j`。因此，我们必须给编译器一点提示，每个线程应该有它自己的一份 `j` 的复制。这能够使用 `private` 制导语句实现。相应的制导语句为

```
#pragma omp parallel for private(j)
```

注意，我们不必关心直接跟随 `#pragma omp for` 制导语句的迭代变量（这里是 `i`）。全局声明的变量 `j` 在并行区域并没有被修改，因为线程在本地版本上操作，例如它的值保

持相同而不管私有化线程相关的版本修改与否。

2. 私有变量初始化

私有变量不能在并行区域初始化，因此必须在内层循环手动初始化变量 `j=0`。否则将如下面例子那样结束于非定义行为：

```
#include <stdio.h>

int main () {

    int i = 1;

    // each thread declares its own i
    // but leaves it uninitialized
    #pragma omp parallel private(i)
    {
        // WARNING: i is not initialized here!
        printf("%d\n", i); // could be anything
    }
}
```

然而，你可以使用 `firstprivate` 制导语句复制全局变量的值到本地线程版本的变量：

```
#include <stdio.h>

int main () {

    int i = 1;

    // each thread declares its own i
    // and sets it to i = 1
    #pragma omp parallel firstprivate(i)
    {
        printf("%d\n", i); // i == 1
    }
}
```

虽然如此，并行区域的私有化本地线程变量的修改仍然不会改变全局变量的值。

3. 捕获私有变量

假如你想在并行区域外访问私有变量的本地线程版本的值，可以通过写回到全局声明的辅助数组来实现。而且，这个例子演示了如何以单程序多数据（SPMD）方式使用 OpenMP，其中每个线程执行相同的程序而具有不同的输出（例子中的线程标识符 `j`）：

```
#include <omp.h>

int main () {

    // maximum number of threads and auxiliary memory
    const int num = omp_get_max_threads();
    int * aux = new int[num];

    int i = 1; // we pass this via copy by value
```

```
        #pragma omp parallel firstprivate(i) num_threads(num)
        {
            // get the thread identifier j
            const int j = omp_get_thread_num();
            i += j;        // any arbitrary function f(i, j)
            aux[j] = i;    // write i back to global scope
        }

        delete [] aux; // aux stores the values [1, 2, 3, ...]
    }
```

我们不能返回唯一的私有变量值，因为每个线程赋值一个潜在的不同值给线程私有变量。因此，需要为选择的值定义一个标准。对于更复杂的合并所有值的方法，即所谓的归约，将在下一节讨论。在这个特殊的循环例子中，我们可以通过使用 `lastprivate` 制导语句返回私有变量值。它在最后一次迭代中复制线程私有变量值到全局变量。假如线程私有变量值不依赖于迭代执行次序，例如当它的值不依赖于迭代索引时，这个值是唯一的。下面来看一个基本的例子：

```
int main () {
    int i;

    #pragma omp parallel for lastprivate(i) num_threads(16)
    for (int j = 0; j < 16; j++)
        i = j;

    // now, i has the value 15 since j == 15 in the last
    // iteration; execution order of threads is irrelevant
}
```

4. 再议变量私有化 / 共享

`firstprivate` 和 `lastprivate` 制导语句相结合，既能够实现复制变量值到并行区域，也可以实现随后的最后一次迭代把线程私有变量值复制到全局变量。尽管描述的值传递机制方便实用，但你不大可能使用它，因为 C++ 允许在 for 循环头初始化迭代变量，它自动保证了线程私有内存的分配。而且，从线程私有内存到全局内存传递值总需要以显式的方式使用专用的内存（如辅助数组 `aux`）实现。一些关于变量共享的结论和使用建议如下：

- 不是私有化的变量默认是共享的。然而，冗余制导语句 `shared` 能够在代码中显式强调这一点。
- 更多的变量能够通过逗号分隔方式实现私有化 / 共享，例如 `private(i,j)`。
- 不建议私有化指向数组的原始指针，因为只有地址本身被私有化。而且，`private(data_ptr)` 将导致一个段错误，这是因为缺失初始化，应该使用 `firstprivate`。
- 假如你需要显式地声明线程私有数组，只需简单地在并行区域内分配和释放它们即可。

OpenMP 能够和其他库结合在一起实现值传递。可以自由地把编译指示与 C++11 中的 Promise 和 future 混合使用，或者 Boost 库 [1] 提供的自由锁数据结构。

6.2.3 矩阵向量乘法

让我们看看实际生活中更高级的已在第 4 章中讨论的应用：稠密矩阵向量乘法（DMV）。设 $A\in\mathbb{R}^{m\times n}$ 是一个 $m\times n$ 维的实数矩阵，$x\in\mathbb{R}^{n}$ 是一个 n 维向量，那么矩阵 A 线性地将向量 x 从 n 维向量空间映射到 m 维向量空间（例如，并行行映射到并行行）。矩阵 A 的元素表示为 A_{ij}，这里 i 枚举行，j 是列索引。矩阵向量乘法 $b:=A\cdot x$ 能够写成下述坐标形式：

$$b:=\sum_{j=0}^{n-1}A_{ij}\cdot x_j \quad \text{对所有的 } i\in\{0,\cdots,m-1\} \tag{6.2}$$

对每个固定的行索引 i，对列索引 j 求和能够独立地计算 $m\cdot n$ 个加法。因此，在 $\mathcal{O}(m)$ 外层循环枚举行索引 i 从而并行计算矩阵向量乘法是可行的。另一个方法是对列索引 j 并行归约 $\mathcal{O}(\log(n))$ 次从而并行计算内层和。然而后者在每次归约后涉及代价高昂的同步问题，使得这个例子变得过于复杂。相应的串行和并行代码实现如列表 6.4 所示。

```
#include <iostream>
#include <cstdint>
#include <vector>

// hpc_helpers contains the TIMERSTART and TIMERSTOP macros
// and the no_init_t template that disables implicit type
// initialization
#include "../include/hpc_helpers.hpp"

template <typename value_t,
          typename index_t>
void init(std::vector<value_t>& A,
          std::vector<value_t>& x,
          index_t m,
          index_t n) {

    for (index_t row = 0; row < m; row++)
        for (index_t col = 0; col < n; col++)
            A[row*n+col] = row >= col ? 1 : 0;

    for (index_t col = 0; col < n; col++)
        x[col] = col;
}

template <typename value_t,
          typename index_t>
void mult(std::vector<value_t>& A,
          std::vector<value_t>& x,
          std::vector<value_t>& b,
          index_t m,
          index_t n,
          bool parallel) {

    #pragma omp parallel for if(parallel)
```

列表 6.4 OpenMP 版的矩阵向量乘法

```
35         for (index_t row = 0; row < m; row++) {
36             value_t accum = value_t(0);
37             for (index_t col = 0; col < n; col++)
38                 accum += A[row*n+col]*x[col];
39             b[row] = accum;
40         }
41 }
42 
43 int main() {
44     const uint64_t n = 1UL << 15;
45     const uint64_t m = 1UL << 15;
46 
47     TIMERSTART(overall)
48     // memory allocation for the three vectors x, y, and z
49     // with the no_init_t template as a wrapper for the actual type
50     TIMERSTART(alloc)
51     std::vector<no_init_t<uint64_t>> A(m*n);
52     std::vector<no_init_t<uint64_t>> x(n);
53     std::vector<no_init_t<uint64_t>> b(m);
54     TIMERSTOP(alloc)
55 
56     // manually initialize the input matrix A and vector x
57     TIMERSTART(init)
58     init(A, x, m, n);
59     TIMERSTOP(init)
60 
61     // compute A * x = b sequentially three times
62     for (uint64_t k = 0; k < 3; k++) {
63         TIMERSTART(mult_seq)
64         mult(A, x, b, m, n, false);
65         TIMERSTOP(mult_seq)
66     }
67     // compute A * x = b in parallel three times
68     for (uint64_t k = 0; k < 3; k++) {
69         TIMERSTART(mult_par)
70         mult(A, x, b, m, n, true);
71         TIMERSTOP(mult_par)
72     }
73     TIMERSTOP(overall)
74 
75     // check if (last) result is correct
76     for (uint64_t index = 0; index < m; index++)
77         if (b[index] != index*(index+1)/2)
78             std::cout << "error at position " << index
79                       << " " << b[index] << std::endl;
80 }
```

列表 6.4 （续）

让我们具体讨论下源代码。首先，其中包含标准库头文件和一个为便于测量时间的定制头文件 `hpc_helpers.hpp`。第 12 行的函数模板 `init` 在矩阵 A 下三角中填写 1，上三角中填写 0，模拟前缀和。向量 $x=(0,1,2,\cdots)$ 以升序初始化。我们期望 $b:=A\cdot x$ 中的元素 b_i 等于从 0 到 i 的部分和。第 27 行的函数模板 `sequential_mult` 通过连续计算矩阵 A 第 i

行和向量 x 的内积处理实际的矩阵向量乘法。我们在 main 函数（第 51 ～ 53 行）中为矩阵 A 和向量 x 和 b 分配内存空间。此后，我们在 58 行初始化它们，最后在第 64 行和第 70 行分别串行和并行计算矩阵向量乘法。为获得健壮的运行时间，我们运行 3 次矩阵向量乘法（串行和并行）。

你可能已经注意到上述列表的“并行”代码是第 32 行的编译器制导语句 `#pragma omp parallel for if(parallel)`。而且，这个制导语句能够使用接收一个布尔参数的 if 语句来屏蔽。因此，我们可以通过改变第 32 行函数 `mult` 的最后一个参数 `parallel`，方便地在串行和并行执行模式间切换。上面代码可以使用支持 C++14 的 GCC5.2 编译：

```
g++ -O2 -std=c++14 -fopenmp \
    matrix_vector.cpp -o matrix_vector
```

当我们在 Intel Xeon CPU E5-2683 v4 @ 2.10GHz 机器上使用 8 线程执行时，可获得下述运行时间：

```
OMP_NUM_THREADS=8 ./matrix_vector
# elapsed time (alloc): 2.3118e-05s
# elapsed time (init): 2.89897s
# elapsed time (mult_seq): 1.2596s
# elapsed time (mult_seq): 1.25956s
# elapsed time (mult_seq): 1.24509s
# elapsed time (mult_par): 0.273558s
# elapsed time (mult_par): 0.250817s
# elapsed time (mult_par): 0.249425s
# elapsed time (overall): 7.43739s
```

加速比大约为 5，对应的并行效率为 63%，同 4.3 节使用的 C++11 线程的 DMV 的手动并行代码具有可比性。一个非常引人注目的事实是我们仅仅增加了一行代码就实现了并行化。需要注意的是，类似向量加法，这个算法也是访存受限的，因此我们不能在大规模 CPU 核上期盼更好的扩展性，下一节将讨论这一点。

6.3 基本的并行归约

本节将演示如何在并行环境中正确地更新一个共享累积变量，例如一个数组中所有项的并发求和。在本章后面，我们将把这个技巧推广到任何相关的二进制归约映射。而且，我们将研究并行粒度对程序总运行时间的影响。这些将通过在流行的以数万计的手写数字数据集 MNIST 上研究最近邻分类（1NN）的并行效率来实现的。

6.3.1 最近邻分类

最近邻分类 [4] 是机器学习领域万能的分类器。它们唯一的前提条件是表征 2 个对象

$X_{\text{test}}^{(i)}$ 和 $X_{\text{train}}^{(j)}$ 间相似性的成对距离度量函数 $dist(X_{\text{test}}^{(i)}, X_{\text{train}}^{(j)})$。最近邻分类器通常能提供合理的分类准确性且具有易于实现的特点。分类的目的是为所有来源于无标签对象测试集的 $X_{\text{test}}^{(i)}$ 正确地预测分类标签 $Y_{\text{test}}^{(i)}$，这是通过为有标签训练集中的最近距离 $X_{\text{train}}^{(j^*)}$ 分配相应标签 $Y_{\text{train}}^{(j^*)}$ 来实现的。对于测试集中的固定索引 i，分配标签的步骤如下：

$$Y_{\text{test}}^{(i)} \leftarrow Y_{\text{train}}^{(j^*)}, \quad j^* = \operatorname{argmin} dist(X_{\text{test}}^{(i)}, X_{\text{train}}^{(j)}) \tag{6.3}$$

粗略地说，你维护了一个有标签对象的集合，比如狗和猫集合，以及一个适宜的比较它们与其他无标签对象的度量方法。假如有人给你一只新的动物并问你这是猫还是狗，你只需把它和集合里的每个动物比较并确定最相似的那只，我们不妨假定是猫。最后，分配最近距离的标签给这个不可见的对象——在我们的例子中它被划分为猫。这种方法尤其允许隐含定义一只猫，而不需要明确它需要满足什么条件才能是猫。我们将通过展示 2 个类别的分类器来学习区分狗和猫的概念。

上面描述的流程有一些优点。最近邻分类器不需要耗费时间的训练阶段或数学建模复杂的预测阶段。训练等价于维护一个标签对象集合并确定一个合适的相似性度量方法（基本上是自由的）。而且，假如相似性度量独立于外部依赖，我们并不必完成在参数空间上的代价高昂的网格搜寻，如欧几里得距离、互相关或交互信息就是基本的度量方法。

遗憾的是，这个流程也展示了一些缺点。找到一种合适的相似性度量方法有时并不容易。然而，我们将会看到欧几里得距离将是粗略地排列手写数字的一种好的选择。另一个缺点是预测 / 推理步骤的高昂计算代价。它涉及分类对象与训练集合中所有实例的暴力比较，尽管存在空间数据结构可加速线性搜索阶段，如 Kd 树或者多次使用下界。因为维度的拖累[7]，没有显著运行时间改进时分类经常就此结束。注意，一幅图像的维度等同于像素的个数：对 $d \gg 10$ 而言，查询空间数据结构经常退化为线性搜索。因此，我们的例子限制于基本的线性搜索来计算公式（6.3）。

6.3.2 手写数字数据集 MNIST

下面，我们从手写数字数据集 MNIST[6] 中选择 n=55 000 个手写数字来构建一个训练集。手写数字数据集由 65 000 幅图像组成，这些图像以 28×28 分辨率附带相应的从 0 到 9 的标签存储在灰度数组中。剩余的 m=10 000 幅图像用作随后分类性能的预测和评价的测试集。图 6.1 显示了典型的 20 个样例。为了实现分类目标，我们把每个图像解释成 d=784 个强度值组成的扁平向量。假设我们存储训练集的 n 个图像为 $n \times d$ 维数据矩阵 $D_{jk}^{\text{train}} = X_{\text{train}}^{(j)}[k]$，这里 j 表示 n 个图像索引，索引 k 枚举一幅图像的 d 个像素。测试集 $D_{ik}^{\text{test}} = X_{\text{test}}^{(i)}[k]$ 的数据矩阵维数大小为 $m \times d$，存储相同分辨率的 m 个图像。

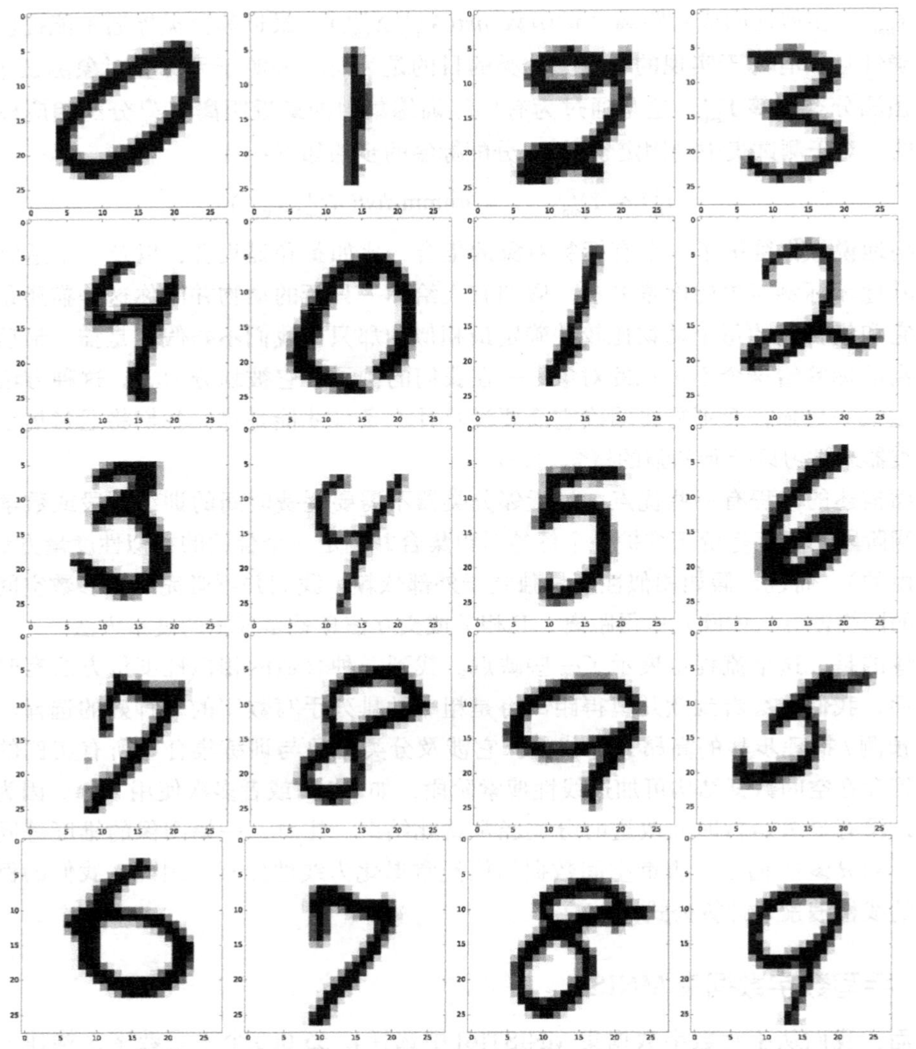

图 6.1　20 个来自于手写数字数据集 MNIST（共包含 65000 个手写数字）的典型样例。分辨率为 28×28 的图像以普通向量形式嵌入在 $\mathbb{R}^{784}$ 向量空间

6.3.3　完全配对距离计算的理论视角

下面，我们使用平方欧几里得距离作为相似度度量方法，考虑 $m \times n$ 维的完全配对距离矩阵 Δ：

$$\Delta_{ij} = dist(X_{\text{test}}^{(i)}, X_{\text{train}}^{(j)}) = \sum_{k=0}^{d-1} (X_{\text{test}}^{(i)}[k] - X_{\text{train}}^{(i)}[k])^2 \tag{6.4}$$

这里 $i \in \{0, \cdots, m-1\}$ ，$j \in \{0, \cdots, n-1\}$ 。我们观察到算法时间复杂度 $\mathcal{O}(m \cdot d \cdot n)$ 几乎比它的内存复杂度 $\mathcal{O}(m \cdot n)$ 高了 3 个数量级，因为每个图像的像素数目 d 为 784。因此，我们期

盼这个程序比前面讨论的向量加法和矩阵向量乘法扩展性更大。进一步，如果我们以二项式定理形式展开公式（6.4）如下：

$$\Delta_{ij}=\sum_{k=0}^{d-1}(X_{\text{test}}^{(i)}[k])^2-2\sum_{k=0}^{d-1}(X_{\text{test}}^{(i)}[k]\cdot X_{\text{train}}^{(j)}[k])+\sum_{k=0}^{d-1}(X_{\text{train}}^{(j)}[k])^2 \tag{6.5}$$

我们得到一个相互作用的只依赖于索引 i 或 j 个项的分解（第一项和最后一项），以及依赖于索引 i 和 j 的实际上是稠密矩阵乘法的第 3 个混合项（中间）。因此，将要讨论的并行化技巧也能应用在其他增量累积的相似性度量领域，如 2 个 z 归一代（零均值和单位方差）的随机变量 $x^{(i)}$ 和 $y^{(j)}$ 的皮尔逊相关系数

$$\rho(x^{(i)},y^{(j)})=\sum_{k=0}^{d-1}x^{(i)}[k].y^{(j)}[k]\ (\text{中间项}) \tag{6.6}$$

交叉熵和概率向量 $p^{(i)}$ 和 $q^{(j)}$ 的库尔贝克收敛

$$H(p^{(i)},q^{(j)})=-\sum_{k=0}^{d-1}p^{(i)}[k]\cdot\log(q^{(j)}[k])$$

$$KLD(p^{(i)}\parallel q^{(j)})=\sum_{k=0}^{d-1}p^{(i)}[k]\cdot\log(p^{(i)}[k]/q^{(j)}[k]) \tag{6.7}$$

以及固定长度 d 的字符串对 $s^{(i)}$ 和 $t^{(j)}$ 间的海明距离

$$Ham(s^{(i)},t^{(j)})=\sum_{k=0}^{d-1}\begin{cases}0, & \text{若 } s^{(i)}[k]==t^{(j)}[k]\\ 1, & \text{其他}\end{cases} \tag{6.8}$$

上述配对度量有一个共同点：它们能够对固定的组合 (i,j) 进行独立计算。而且，它们的最终值通过对每个 k 值各自的贡献求和得到。因此，我们基本上有 2 个并行化选择：在独立索引 (i,j) 的集合上并行；对内层索引 k 并发归约求和。并行效率依赖于数据矩阵的维度 m、n 和 d。下面，我们把外层循环并行化称为“粗粒度”并行，内层循环称为“细粒度”并行。

6.3.4 完全配对计算的实现

让我们开始编码。列表 6.5 显示了程序初始代码片段。在开始的第 1 ～ 3 行，包含了提供打印语句的标准头文件、简单数据类型和存储数据的向量。我们进一步在第 8 行包含了方便测量时间的头文件 `hpc_helpers.hpp`，在第 11 行提供方便从文件系统读写文件的头文件 `binary_IO.hpp`。完全配对距离计算的实现简单明了：在第 24 ～ 25 行循环所有索引组合 (i,j)，并在第 27 行最终累积每个维度 k 的贡献值。注意，我们以行主序存储数据矩阵 $D_{ik}^{\text{test}}=X_{\text{test}}^{(i)}[k]$ 和 $D_{jk}^{\text{train}}=X_{\text{train}}^{(j)}[k]$，例如枚举 d 维的索引 k 修改线性内存的一个元素位置的最低有效位。这种访问模式比原生普通矩阵乘法索引排序模式更具有缓存友好性。

$$C_{ij}=\sum_{k=0}^{d-1}A_{ik}.B_{kj}\ \text{对所有的}\ i,j \tag{6.9}$$

公式（6.9）对第 2 项 B_{kj} 如 3.3 节展示的那样对缓存并不友好。

```
1  #include <iostream>  // std::cout
2  #include <limits>    // std::numeric_limits
3  #include <vector>    // std::vector
4
5  // hpc_helpers contains the TIMERSTART and TIMERSTOP macros
6  // and the no_init_t template that disables implicit type
7  // initialization
8  #include "../include/hpc_helpers.hpp"
9  // binary_IO contains the load_binary function to load
10 // and store binary data from and to a file
11 #include "../include/binary_IO.hpp"
12
13 template <typename value_t,
14           typename index_t>
15 void all_vs_all(value_t* test,
16                 value_t* train,
17                 value_t* delta,
18                 index_t num_test,
19                 index_t num_train,
20                 index_t num_features,
21                 bool parallel) {
22
23     #pragma omp parallel for collapse(2) if(parallel)
24     for (index_t i = 0; i < num_test; i++)
25         for (index_t j = 0; j < num_train; j++) {
26             value_t accum = value_t(0);
27             for (index_t k = 0; k < num_features; k++) {
28                 const value_t residue = test [i*num_features+k]
29                                       - train[j*num_features+k];
30                 accum += residue*residue;
31             }
32             delta[i*num_train+j] = accum;
33         }
34 }
```

列表 6.5 OpenMP 版的最近邻分类的初始化部分代码

这里，我们选择了一种粗粒度并行策略并发地执行不同索引对 (i,j) 的计算。对应的编译器制导语句位于第 23 行。你或许已经注意到我们为了进一步划分原语而使用了新颖的语句 `collapse(2)`。它重叠下述 2 个 for 循环，好像它们使用了一个超级索引 h 那样：

```
#pragma omp parallel for
for (index_t h = 0; h < num_test*num_train; h++) {
    const index_t i = h / num_test;
    const index_t j = h % num_test;
}
```

假如测试集中的采样个数小于 CPU 核数，这将是很方便的。原始制导语句 `#pragma omp parallel for` 作用于外层循环，它将因线程少而导致并行性不足。

1. 细粒度并行出现的问题

一种替代方案是，我们选择一种细粒度并行策略并发地计算剩余图像的 d=784 个像素。遗憾的是，我们不能选择如下编译制导语句组合，因为它将在变量 `accum` 中引入竞争条件。

```
// CAUTION: this code is erroneous!
for (index_t i = 0; i < num_test; i++)
   for (index_t j = 0; j < num_train; j++) {
       value_t accum = some_initial_value;
       #pragma omp parallel for
       for (index_t k = 0; k < num_features; k++)
           // introducing a race condition on accum
           accum += some_value;
   }
```

这个代码可能计算出不正确的结果，因为加载–修改–存储操作 accum+= some_value 不是原子操作。一个快速、不纯净但效率低的策略将是原子增加变量 accum：

```
// CAUTION: this code is correct but inefficient
for (index_t i = 0; i < num_test; i++)
   for (index_t j = 0; j < num_train; j++) {
       value_t accum = some_initial_value;
       #pragma omp parallel for
       for (index_t k = 0; k < num_features; k++)
           // sanitizing the race condition using atomics
           #pragma omp atomic
           accum += some_value;
   }
```

一个基于互斥锁的更慢但有效的变体如下：

```
// CAUTION: this code is correct but dead-slow
for (index_t i = 0; i < num_test; i++)
   for (index_t j = 0; j < num_train; j++) {
       value_t accum = some_initial_value;
       #pragma omp parallel for
       for (index_t k = 0; k < num_features; k++)
           // sanitizing the race condition using locks
           #pragma omp critical
           accum += some_value;
   }
```

从并行角度看，上述 3 个解决方案没有一个满足要求，因为我们或者计算出一个不正确的结果，或者通过增加共享资源的竞争而极大地恶化了性能——第 2 个解决方案是原子变量，第 3 个解决方案是互斥锁。注意，当 #pragma omp atomic 用于支持 +=、*=、–=、/=、&=、^=、|=、《=、》=，以及在一个标量上事先 / 事中 / 事后增量符 ++ 和 -- 等操作可用时，使用 #pragma omp critical 基于锁的方法总是可行的。

2. 并行分块归约

从概念上说，我们已经知道如何以一种高效的方式解决竞争条件：私有化变量。一个可行的计算模式如下：每个线程声明一个初值为 0（0 用于加法操作）的线程局部变量，然后独立地以串行方式在循环的对应迭代上执行加法操作。因此，每个线程大约有 n/p 次加法，n 为迭代次数，p 为线程个数。最后，我们必须把每个线程的部分和相加并把结果赋予全局变量 accum。OpenMP 提供了一种特殊 reduction 语句执行上述的过程。可以说，reduction 组合了 private 语句以及默认初始化和部分和的相加。现在，代码像下面样子：

```
for (index_t i = 0; i < num_test; i++)
    for (index_t j = 0; j < num_train; j++) {
        value_t accum = some_initial_value;
        #pragma omp parallel for reduction(+:accum)
        for (index_t k = 0; k < num_features; k++)
            accum += some_value;
    }
```

一般而言，归约语句 `reduction(operator:variable,...)` 接收由一个或多个归约操作与对应变量的配对组成的列表。OpenMP 原生支持普通操作符，如加（+）和减（−）、乘（*）、极值（min 和 max）以及位联合和逻辑操作符（&、|、^、&&、||）。注意你能够定制具有自己初始化和复杂成对组合规则的操作符。这一主题将在 6.5 节讨论。

6.3.5 并行标签预测

现在我们已经在矩阵 Δ 中缓存了完全配对的距离信息，可以开始为测试集中每个图像标签 $X_{\text{test}}^{(i)}$ 赋值（通过计算公式（6.3））。对一个固定的索引 i，扫描所有 n 个距离值 Δ_{ij} 并确定训练集中最近图像 $X_{\text{train}}^{(j^*)}$ 的索引 j^*。随后，我们设置预测类标签为 $Y_{\text{train}}^{(j^*)}$。在我们的例子中，为了估算分类器的质量，比较（实际上是未知的）真值标签 $Y_{\text{test}}^{(i)}$ 和预测值。分类准确性是一个流行的度量方法，它定义为已经正确分类的和全部需要分类对象的比值。因此，我们只需简单地并行计算有多少标签已经正确分类，并用这个值除以测试集中的图像数量 m。注意 10 个数字类标签存储在 MNIST 数据集的独热编码中，例如每个标签代表长度为 10 的二进制向量，除了一个位置外，其他处处为 0。例如数字 3 编码为 (0,0,0,1,0,0,0,0,0,0)。需要承认的是，这是一个内存相当低效的表示，因为它带来了冗余信息：一个简单的标量 3 就足够了。然而，我们实际上需要用独热编码的标签来表示本章讨论的另一个分类器，因此我们坚持使用这一表示。相应代码如列表 6.6 所示。

```
template <typename label_t,
          typename value_t,
          typename index_t>
value_t accuracy(label_t* label_test,
                 label_t* label_train,
                 value_t* delta,
                 index_t num_test,
                 index_t num_train,
                 index_t num_classes,
                 bool parallel) {

    index_t counter = index_t(0);

    #pragma omp parallel for reduction(+:counter) if(parallel)
    for (index_t i = 0; i < num_test; i++) {

```

列表 6.6 OpenMP 版的最近邻分类：推理阶段

```
51          // the initial distance is float::max
52          // the initial index j_star is some dummy value
53          value_t bsf = std::numeric_limits<value_t>::max();
54          index_t jst = std::numeric_limits<index_t>::max();
55
56          // find training sample with smallest distance
57          for (index_t j = 0; j < num_train; j++) {
58              const value_t value = delta[i*num_train+j];
59              if (value < bsf) {
60                  bsf = value;
61                  jst = j;
62              }
63          }
64
65          // compare predicted label with original label
66          bool match = true;
67          for (index_t k = 0; k < num_classes; k++)
68              match &&= label_test [i  *num_classes+k] ==
69                        label_train[jst*num_classes+k];
70
71          counter += match;
72      }
73
74      return value_t(counter)/value_t(num_test);
75  }
```

列表 6.6 （续）

因此，我们已经选择了一个通过扩张测试集图像外层循环的粗粒度并行方法（见第 48 行）。开始，对固定索引 i, 通过在完全配对距离矩阵 Δ_{ij} 中搜索相应行 i 的最小相似度值，我们确定 j^* 是最近邻（见第 57 ～ 63 行）。随后，我们比较真值和预测标签向量是否相同。技术上，2 个内层循环也能够使用细粒度策略并行化：第 1 个循环（第 57 行）是最小值归约——做了一点小修改的参数最小值归约（没有明确 OpenMP 支持），第 2 个循环可以使用制导语句 `#pragma omp parallel for reduction(&&:match)` 并行化。

6.3.6 性能评测

我们程序的 main 函数由列表 6.7 讨论的方法 `all_vs_all` 和 `classify` 组成。在内存初始化和从磁盘读取图像后（第 93 ～ 95 行），我们接着计算完全配对的距离矩阵（第 103 ～ 107 行），并最后进行分类（第 111 ～ 116 行）。2 个函数均接受在第 38 行的命令行输入的布尔值的 `parallel` 参数。总体的分类准确性大约为 96.8%，对 10 个类别的分类而言是一个不错的结果。注意一个虚假的分配空白猜测的标签分类占了 10% 的份额。

```
76  int main(int argc, char* argv[]) {
77
78      // run parallelized when any command line argument is given
```

列表 6.7 OpenMP 版的最近邻分类：主函数

```
    const bool parallel = argc > 1;

    std::cout << "running "
              << (parallel ? "in parallel" : "sequentially")
              << std::endl;

    // the shape of the data matrices
    const uint64_t num_features = 28*28;
    const uint64_t num_classes = 10;
    const uint64_t num_entries = 65000;
    const uint64_t num_train = 55000;
    const uint64_t num_test = num_entries-num_train;

    // memory for the data matrices and all-pairs matrix
    std::vector<float> input(num_entries*num_features);
    std::vector<float> label(num_entries*num_classes);
    std::vector<float> delta(num_test*num_train);

    // get the images and labels from disk
    load_binary(input.data(), input.size(), "./data/X.bin");
    load_binary(label.data(), label.size(), "./data/Y.bin");

    TIMERSTART(all_vs_all)
    const uint64_t inp_off = num_train * num_features;
    all_vs_all(input.data() + inp_off,
               input.data(),
               delta.data(),
               num_test, num_train,
               num_features, parallel);
    TIMERSTOP(all_vs_all)

    TIMERSTART(classify)
    const uint64_t lbl_off = num_train * num_classes;
    auto acc = accuracy(label.data() + lbl_off,
                        label.data(),
                        delta.data(),
                        num_test, num_train,
                        num_classes, parallel);
    TIMERSTOP(classify)

    // fraction of labels assigned correctly in test set: 0.9677
    std::cout << "test accuracy: " << acc << std::endl;
}
```

列表 6.7 （续）

当我们在双插槽 32 核 Intel Xeon CPU E5-2683 v4 @2.10GHz 机器上单线程串行执行程序时，得到下面的输出：

```
./1NN
// 串行执行
# elapsed time (all_vs_all): 446.91s
# elapsed time (classify): 0.735543s
test accuracy: 0.9677
```

很明显，运行时间的主要部分耗费在完全配对距离的计算上。分类阶段几乎可以忽略。因此，我们专注于函数 all_vs_all 的不同并行策略。使用 32 个物理核，粗粒度的外层循环在使用 32 个超线程时获得的加速比约为 39，大致对应于线性加速比 32 的 120% 并行效率。分类阶段同样不能受益于并行化，因为它是高度内存受限的（数组线性搜索）。

```
./1NN parallel
// 并行执行
# elapsed time (all_vs_all): 11.4908s
# elapsed time (classify): 0.0514747s
test accuracy: 0.9677
```

作为对比，内存循环细粒度并行化显示出了非常失败的扩展性：

```
for (index_t i = 0; i < num_test; i++)
    for (index_t j = 0; j < num_train; j++) {
        value_t accum = value_t(0);
        #pragma omp parallel for reduction(+:accum)
        for (index_t k = 0; k < num_features; k++)
            ...
        }
```

这个例子中，矩阵 Δ 计算需要若干小时——比串行计算时间恶化了一个数量级。这种性能差异可解释如下：粗粒度并行在索引对 (i,j) 上并行地执行 $m \cdot n$=10 000 × 65 000 次串行归约。与之对比，细粒度串行地计算 $m \cdot n$ 次并行归约。然而，内层循环只累积 d=784 次值，例如 64 个线程的例子，每个线程大约覆盖 12.25 个索引，也就是说小于缓存行长度（我们机器上是 16 个单精度浮点数）。除此之外，所有线程在每次外层循环串行迭代后派生和并入，这将导致巨大开销。

综上，我们下一个结论。为了允许并发，以及通过一个关联且可交换的二进制操作值的无竞争条件累积，OpenMP 支持并行归约。然而，并行粒度必须仔细地选择。否则，纵使使用多线程仍然会遭遇性能恶化。作为一项经验法则，我们建议你在算法外层循环首先进行粗粒度并行。派生和并入线程的不菲开销致使细粒度策略如我们例子中那样在计算上难于处理。需要注意，对使用 CUDA 编程语言的 GPU 并行来说，我们将在下一章看到，相反的策略是正确的。

6.4 不平衡循环调度

测试集和训练集的所有对象间的距离计算同 2 个稠密矩阵 A 和 B 的矩阵乘法 $C = A \cdot B$ 类似。有时人们对单个矩阵 A 的内积 $C = A \cdot A^{\mathrm{T}}$ 感兴趣。结果矩阵 C 是一个具有非负特征值的对称正定矩阵。这种矩阵在自然科学中无处不在，如经典力学惯性张量、微分几何的格拉姆矩阵、统计学协方差矩阵、非线性支持向量机构建和机器学习中的谱方法（内核机器、谱聚类等）。

6.4.1 对称性引起的负载失衡

你或许觉得 $C=A\cdot A^{\mathrm{T}}$ 仅是当 $B=A^{\mathrm{T}}$ 时 $C=A\cdot B$ 的特例，然而结果矩阵 C 的元素 C_{ij} 呈现对称性，因为 $C^{\mathrm{T}}=(A\cdot A^{\mathrm{T}})^{\mathrm{T}}=A\cdot A^{\mathrm{T}}=C$。所以，可交换表达式 C_{ij} 的索引而不用改变它的实际值。因此，对 $i\leqslant j$ 或者 $i\geqslant j$ 只需要分别计算下对角线或者上对角线的贡献即可。遗憾的是，在外层循环使用简单的 `#pragma omp parallel for` 制导语句并行化过程中，这会带来负载失衡问题。因为矩阵 C 的三角阵结构，一些线程比其他线程计算更多的元素值。

我们已经在 4.3 节和 4.4 节讨论了工作失衡的平衡技巧：for 循环的静态和动态调度。详细来说，我们把结果矩阵 $C=A\cdot A^{\mathrm{T}}$ 的 m 行划分成固定大小 $1\leqslant c\leqslant\lceil m/p\rceil$ 的块，然后使用固定大小的 p 个线程一个接一个处理 $\lceil m/\mathrm{c}\rceil$ 个块。在静态例子中，一个事先定好的块大小分配给 p 个线程。注意 c=1 的特殊事例是指循环，$c=\lceil m/p\rceil$ 是指块分配。与之对比，动态调度连续地选择下一个空闲线程分配一个未处理的块。

实际对应的静态和动态块循环分配策略是繁重且易出错的，这是因为：(i) m 一般而言不是 p 的整数倍；(ii) 在动态调度中需要一个全局互斥锁或者原子变量。结果，你在导致代码可读取性降低的嵌套循环处结束，这些循环使用了非平凡索引（见列表 4.16）。

好消息是 OpenMP 开箱即用的特性支持静态和动态块循环以及一种称为 guided 的调度模式。而且，你还可以选择自动调度或者运行时环境调度。调度模式简明罗列如下：

- **staic**：所有的迭代粗略分成 m/c 块，每个块在 m 个索引上执行 c 次顺序的迭代。这些大小为 c 的块组合以循环方式（块循环分配）被分配到线程组。假如一个线程完成了分配给它的块任务，它将处于空闲等待状态直到所有线程完成任务。块大小 c 若没有定义，默认约等于 m/p（纯块分配）。
- **dynamic**：所有的迭代也再次划分成相等大小的块并一个接一个地分配给等待工作的执行线程。因此，空闲只能发生在当一个线程执行的是最后一个块任务时。假如没有规定大小（纯循环分配），块大小默认为 1 。
- **guided**：所有的迭代划分成大小递减的块（直到用户定义的最小限度），块如动态调度那样一个接一个被分配。假如块大小没有定义，默认为 m/p。
- **auto**：编译器或者运行时系统决定调度模式为上面的调度模式之一。
- **runtime**：按照环境变量 `OMP_SCHEDULE`，运行时系统决定调度模式为上述模式之一。

static 和 dynamic 调度模式足够日常使用。guided 模式在极度非均衡工作分配的应用中不经常使用。最后两种模式有点违背明确规定工作分配模式的目的，因为我们失去了对操作系统或者第三方库设置环境变量的控制。因此，我们在例子中把精力放在前两种调度模式上。OpenMP 中的调度循环语义如下面一样简单：

```
#pragma omp for schedule(mode,chunk_size)
```

这里 mode 就是上面提到的选项，`chunk_size` 定义块大小 c。

6.4.2 内积计算实现

让我们开始编写代码。列表 6.8 显示了由头文件和一个计算内积的函数组成的初始化代码片段。

```
1  #include <iostream>   // std::cout
2  #include <vector>     // std::vector
3
4  // hpc_helpers contains the TIMERSTART and TIMERSTOP macros
5  #include "../include/hpc_helpers.hpp"
6  // binary_IO contains the load_binary function to load
7  // and store binary data from and to a file
8  #include "../include/binary_IO.hpp"
9
10 // we will change this mode later
11 #define MODE static
12
13 template <typename value_t,
14           typename index_t>
15 void inner_product(value_t * data,
16                    value_t * delta,
17                    index_t num_entries,
18                    index_t num_features,
19                    bool    parallel) {
20
21     #pragma omp parallel for schedule(MODE) if(parallel)
22     for (index_t i = 0; i < num_entries; i++)
23         for (index_t j = i; j < num_entries; j++) {
24             value_t accum = value_t(0);
25             for (index_t k = 0; k < num_features; k++)
26                 accum += data[i*num_features+k] *
27                          data[j*num_features+k];
28             delta[i*num_entries+j] =
29             delta[j*num_entries+i] = accum;
30         }
31 }
```

列表 6.8 OpenMP 版的内积计算：初始化代码片段

为简洁起见，我们已经在第 11 行定义了一个调度模式参数 `MODE`。相应的第 21 行编译器制导语句负责计算外层循环的内积并行化。再次，我们使用 `if(parallel)` 语句在串行和并行模式间切换。需要注意的是，前面章节的 `collapse(2)` 语句不能在这里使用，因为索引 j 上的内层循环范围现在依赖于索引 i。最内层上索引 k 上的累积计算存储在 `float*data` 规模的输入矩阵第 i 行和第 j 行上。剩余的 main 函数如列表 6.9 所示：

```
int main(int argc, char* argv[]) {
    // run parallelized when any command line argument given
    const bool parallel = argc > 1;

    std::cout << "running "
```

列表 6.9 OpenMP 版内积计算的主函数

```
37              << (parallel ? "in parallel" : "sequentially")
38              << std::endl;
39
40     // the shape of the data matrix
41     const uint64_t num_features = 28*28;
42     const uint64_t num_entries = 65000;
43
44     TIMERSTART(alloc)
45     // memory for the data matrix and inner product matrix
46     std::vector<float> input(num_entries*num_features);
47     std::vector<float> delta(num_entries*num_entries);
48     TIMERSTOP(alloc)
49
50     TIMERSTART(read_data)
51     // get the images from disk
52     load_binary(input.data(), input.size(), "./data/X.bin");
53     TIMERSTOP(read_data)
54
55     TIMERSTART(inner_product)
56     inner_product(input.data(), delta.data(),
57                   num_entries, num_features, parallel);
58     TIMERSTOP(inner_product)
59 }
```

列表 6.9 （续）

main 函数代码简洁易懂。开始，我们在第 41 ～ 42 行声明数据矩阵的形状并为数据矩阵和内积矩阵在第 46 ～ 47 行分配内存。随后，MNIST 图像在第 52 行从磁盘加载。最后，实际计算在第 56 ～ 57 行执行。

6.4.3 性能评测

我们使用 64 线程和下述调度模式，在双槽 32 核 Intel Xeon CPU E5-2683 v4 @2.10GHz 机器上测试了程序串行和并行执行时间。

1）**SPB**：`#define MODE static`（静态纯块）

2）**SPC**：`#define MODE static,1`（静态纯循环）

3）**SBC**：`#define MODE static,32`（C=32，静态块循环）

4）**DPC**：`#define MODE dynamic`（动态纯循环）

5）**DBC**：`#define MODE dynamic,32`（C=32，动态块循环）

串行版本计算 d=784 像素上所有成对 $(65\,000^2+65\,000)/2 = 2\,112\,532\,500$ 内积大致使用了 30 min。使用 64 线程的并行版本在上述调度模式下执行时间如下表所示：

性能	SPB	SPC	SBC	DPC	DBC
时间（s）	71.0	35.4	36.5	33.8	34.1
加速比	26.4	53.9	51.3	55.4	55.0

如期望的那样，纯块分配的静态调度性能最差，因为大部分线程已经运行结束，而一些线程仍在处理与外层循环相关的计算任务大的块。需要注意的是动态纯块分配相对静态

调度并没有提供任何优势，因为迭代分配几乎是一样的（所有的迭代在开始就被分配了）。与之对比，剩余的使用小块的静态和动态块循环分配几乎是它的 2 倍。尽管这里没有明确展示，但如在 4.4 节讨论的那样，并行性能随着增加块大小而降低。结论是，通过为 for 循环增加一个制导语句，我们在软件线程数量上几乎取得了线性加速比，在物理核心数量上获得超线性加速比。

6.5 高级归约

本节我们讨论在 OpenMP 版本 4.0 和 5.0 引入的基于高级归约的代码例子。第一个技巧是多个归约变量的并行归约。我们调查 softmax 回归分类器的并行潜力，这个分类器一次并发累积数千个变量的损失函数梯度。在 6.5.2 节中，我们致力于定制归约操作的声明。作为例子，我们演示如何结合手动向量化技巧如 SSE 或 AVX 原语使用 OpenMP 并行化。最后，我们讨论使用 OpenMP 归约时可能遭遇的常见陷阱。

6.5.1 MNIST 数据集上的 SOFTMAX 回归分类器

前述章节，我们已经讨论了一个最近邻分类（1NN）的并行化潜力：一个基于距离的标签预测方法。它的主要缺点是在推理阶段对 m 个测试样本的所有 n 个训练样本消耗线性搜索时间。渐近时间复杂度 $\mathcal{O}(m \cdot n)$ 对海量的图像集合在计算耗费和内存消耗方面不可控制。而且，最近邻分类不能处理冗余或者训练集的单个样本间的属性相关性。结果，最近邻分类随着加入到训练集中的样本线性增长而不管新的样本的（非）相关性。

现今，最新的图像分类器解决方案是深度神经网络。它们通常被设计成一个特性抽取过滤器和组合层的串联，这些层用于推算特性出现与否。作为一个例子，猫是猫而不是狗，假如它有（一个抽取出现）毛茸茸的三角形耳朵和垂直的瞳孔（特性）但没有展现出（特性缺失）像一只狗的环形瞳孔。神经网络自动确定有区别的特性集合并把它们的出现概率结合到复杂的假设上。

本节我们设计和实现一个基本的 2 层神经网络，从 MNIST 数据集中抽取手写图像到一个由 $d=28\times28=784$ 个神经元组成的输入层，并在输出层的 c=10 个分类中决定一个分类激活分数。因此，我们的神经网络是一个非线性函数 f_θ，它是从 m 个向量 $x^{(i)}\in\mathbb{R}^d$ 到 m 个向量 $y^{(i)}\in\mathbb{R}^d$ 的映射，θ是一个训练参数集。假设 $\theta=(W,b)$ 是一个 $c\times d$ 大小的稠密矩阵 W，b 是一个长度为 c 的稠密向量。结果向量 $z^{(i)}$ 存储对应于 c 区分类标签的实数值 c：

$$z_j^{(i)}=\sum_{k=0}^{d-1}w_{jk}\cdot x_k^{(i)}+b_j\text{，对所有的 } i\in\{0,\cdots,m-1\}\text{，} j\in\{0,\cdots,\text{c}-1\} \tag{6.10}$$

下面我们解释向量 $z_j^{(i)}$ 第 j 个分量是第 i 个输入图像关联于第 j 个分类标签的证据。高的值对应于高的证据，反之亦然。MNIST 标签向量 $y^{(i)}$ 在独热表示形式里存储了类赋值信息，例如它们除了一个位置其他位置全是 0。作为一个例子，3 表示为（0, 0, 0, 1, 0, 0, 0, 0, 0,

0）。因此，我们需要一个正规化过程映射证据向量 $z^{(i)}$ 高位值到（几乎）1，其他剩余的 1 到（几乎）0。这可以通过使用一个 softmax 激活函数实现：

$$y_j^{(i)} = \text{soft max}(z^{(i)})_j = \frac{\exp(z_j^{(i)} - \mu)}{\sum_{j=0}^{c-1} \exp(z_j^{(i)} - \mu)}，\text{对所有的 } \mu \in \mathbb{R} \tag{6.11}$$

指数放大 $z_j^{(i)}$ 并在随后的规范化有效选择最大数值并设置为 1——剩下的元素设置为 0。注意 softmax 函数实际值独立于参数 μ 的选择，然而为了保证浮点数值计算的稳定性，它通常选择为证据值的最大值。现在，我们 2 层神经网络的前馈传递为

$$y_j^{(i)} = \text{soft max}(W \cdot x^{(i)} + b)_j \tag{6.12}$$

从数学视角来看，所有我们需要做的就是以矩阵 W 相乘输入向量，用向量 b 转换结果，并在最后把结果传送给 softmax 激活函数。从机器学习角度看，矩阵 W 和向量 b 都是可训练参数，必须以正向传递一致的预测值同标签向量的独热编码相一致的方式进行修正。暂时，我们假定有人提供给我们最优参数 $\theta = (W,b)$。后面，我们将讨论如何自动化地决定它们的最优值。图 6.2 描述了我们基本的神经网络的图拓扑结构。

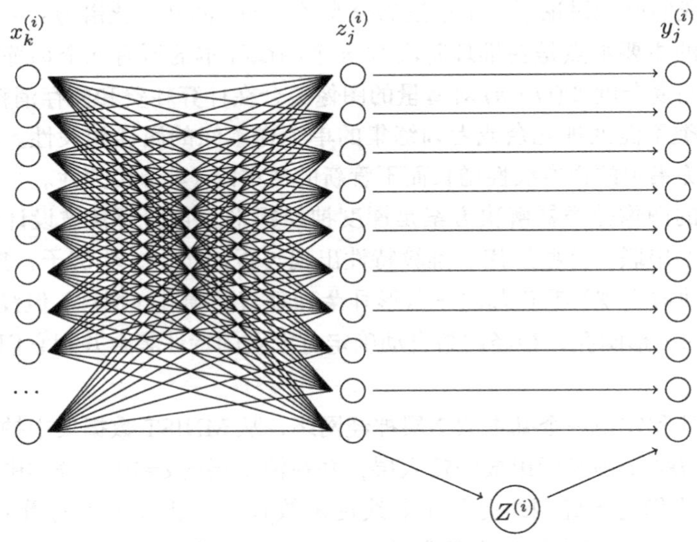

图 6.2　我们 MNIST 分类上的神经网络拓扑图。d=784 输入值 $x^{(i)}$ 被传递给下一层计算中间值 $z^{(i)} = W \cdot x^{(i)} + b$。随后，sofrmax 激活函数 $Z^{(i)} = \sum_j \exp(z_j^{(i)} - \mu)$ 规范化被计算并在随后传递给对证据向量 $z^{(i)}$ 成对规范化的 softmax 层

1. 预测阶段的实现

推理阶段实现在列表 6.10 中。我们在第 1 ～ 6 行包含时间测量、从磁盘读取二进制数据和标准导入的头文件。回归函数模板 `softmax_regression` 为单个输入图像 x 计算正向传

递并把结果写入输出数组 y。初始地，我们在第 19 ～ 24 行循环中计算仿射映射 $z = W \cdot x + b$。其后，最大证据 $\mu = \max(z_j)$ 通过使用最大归约（第 30 ～ 31 行）决定。现在，我们在第 34 ～ 35 行能够计算证据向量的指数放大。随后，在第 38 ～ 39 行使用和归约处理规范化项 $Z = \sum_i \exp(z_j - \mu)$。最后，通过为每个元素乘以 1/Z 规范化扩大的证据（见第 42 ～ 43 行）。

```
1  #include "../include/hpc_helpers.hpp"  // timers
2  #include "../include/binary_IO.hpp"    // load images
3
4  #include <limits>   // numerical limits of data types
5  #include <vector>   // std::vector
6  #include <cmath>    // std::max
7
8  template <
9      typename value_t,
10     typename index_t>
11 void softmax_regression(
12     value_t * input,
13     value_t * output,
14     value_t * weights,
15     value_t * bias,
16     index_t   n_input,
17     index_t   n_output) {
18
19     for (index_t j = 0; j < n_output; j++) {
20         value_t accum = value_t(0);
21         for (index_t k = 0; k < n_input; k++)
22             accum += weights[j*n_input+k]*input[k];
23         output[j] = accum + bias[j];
24     }
25
26     value_t norm = value_t(0);
27     value_t mu = std::numeric_limits<value_t>::lowest();
28
29     // compute mu = max(z_j)
30     for (index_t index = 0; index < n_output; index++)
31         mu = std::max(mu, output[index]);
32
33     // compute exp(z_j-mu)
34     for (index_t j = 0; j < n_output; j++)
35         output[j] = std::exp(output[j]-mu);
36
37     // compute Z = sum_j exp(z_j)
38     for (index_t j = 0; j < n_output; j++)
39         norm += output[j];
40
41     // compute y_j = exp(z_j)/Z
42     for (index_t j = 0; j < n_output; j++)
43         output[j] /= norm;
44 }
```

列表 6.10 OpenMP 版的 Softmax 回归：初始化部分

每个 for 循环能够使用纯并发 for 循环（仿射映射、指数放大、规范化）或并行归约（最

大值 / 求和归约）实现细粒度并行化。然而，推理阶段对测试集中的 m 个图像是高度并行的。因此，建议针对每个图像实现并行而不是推理阶段（模型并行）的计算原语并行。注意预测归类标签能够如列表 6.11 那样使用一个参数最大归约展示。

```
template <
    typename value_t,
    typename index_t>
index_t argmax(
    value_t * neurons,
    index_t   n_units) {

    index_t arg = 0;
    value_t max = std::numeric_limits<value_t>::lowest();

    for (index_t j = 0; j < n_units; j++) {
        const value_t val = neurons[j];
        if (val > max) {
            arg = j;
            max = val;
        }
    }

    return arg;
}
```

列表 6.11 OpenMP 版的 Softmax 回归

如分类准确性计算类似最近邻分类执行的那样（参见列表 6.12）。我们为测试集中每个图像 i 预测分类标签并与真值（实际上是未知的）比较。这个阶段的粗粒度并行显而易见：我们声明一个计数器变量，且并发地计算已正确预测的标签数量，这可以通过在外层循环使用 `#pragma omp parallel for reduction(+: counter)` 实现。注意这里使用纯块分配（它是默认的调度）就足够了，因为所有的回归调用使用大致相同的计算时间。

```
template <
    typename value_t,
    typename index_t>
value_t accuracy(
    value_t * input,
    value_t * label,
    value_t * weights,
    value_t * bias,
    index_t   num_entries,
    index_t   num_features,
    index_t   num_classes) {

    index_t counter = index_t(0);

    #pragma omp parallel for reduction(+: counter)
    for (index_t i= 0; i < num_entries; i++) {

        value_t output[num_classes];
```

列表 6.12 OpenMP 版的 Softmax 回归：准确性计算

```
        const uint64_t input_off = i*num_features;
        const uint64_t label_off = i*num_classes;

        softmax_regression(input+input_off, output, weights,
                           bias, num_features, num_classes);

        counter +=  argmax(output, num_classes) ==
                    argmax(label+label_off, num_classes);
    }

    return value_t(counter)/value_t(num_entries);
}
```

列表 6.12 （续）

2. 基于梯度下降的参数优化

我们的 softmax 回归分类器的分类性能主要受权重矩阵 W 和偏差向量 b 的影响。下面，我们演示如何以并行方式正确地确定一个合适的参数集 $\theta=(W,b)$。这可以通过迭代地更新基于梯度下降策略的参数实现，这个策略最小化预测值和真值间的不匹配程度。假定 $\overline{y}_j^{(i)}$ 是真值，$y_j^{(i)}(\theta)$ 表示我们预测标签向量的元素。分类交叉熵 $H(\overline{y}^{(i)},\mathrm{y}^{(i)}(\theta))$ 是一种在两个概率向量间决定一致性的流行测量手段。

$$H(\overline{y}^{(i)},\mathrm{y}^{(i)}(\theta))=-\sum_{j=0}^{c-1}\overline{y}_j^{(i)}\cdot\log(y_j^{(i)}(\theta))\text{，对所有的 } i\in\{0,\cdots,m-1\} \qquad (6.13)$$

因为 $1\cdot\log 1=0$ 且 $\lim\lambda\to 0\ \lambda\cdot\log\lambda=0$，上述表达式两个完全相同的标签向量消失。总体损失函数 $L(\theta)=L(W,b)$ 利用参数 $\theta=(W,b)$ 度量模型质量，通过平均训练集上输入图像的 n 个独立交叉熵的贡献实现。注意，训练在训练数据上执行，推论在测试数据上执行。为了避免信息泄露，这种区别至关重要，因为过度拟合测试数据将生成次优特性。

$$L(\theta)=\frac{1}{n}\sum_{i=0}^{n-1}H(\overline{y}^{(i)},y^{(i)}(\theta))=-\frac{1}{n}\sum_{i=0}^{n-1}\sum_{j=0}^{c-1}\overline{y}_j^{(i)}\cdot\log(y_j^{(i)}(\theta)) \qquad (6.14)$$

我们的目标是最小化非负损失函数 $L(\theta)$，因为 $L(\theta)=0$ 暗示完美的标签一致性。一个初级的方法是递增地采样一个巨大的随机权重矩阵和偏差向量，最终选择最好的观测解决方案。一个相对改进的方案是执行一个“正式”的更新过程，这个过程以递归形式轻微地修正给定的参数对 $\theta=(W,b)$。梯度下降是一种计算参数增量更新的基本技巧，它迭代地向损失函数梯度相反的方向移动参数 $\theta\mapsto\theta-\varepsilon\nabla L(\theta)$。选择一个合适的学习速率 $\varepsilon>0$，上面的更新过程收敛于一个本地最小或损失函数的一个鞍点，这个点不是全局最优的，但在我们的例子中已经足够了。为了简单起见，我们从烦琐的梯度计算中解放出来，直接给出最终结果：

$$\begin{aligned}\Delta W_{jk} &:= \frac{\partial L(W,b)}{\partial W_{jk}}=\frac{1}{n}\sum_{i=0}^{n-1}(\mathrm{soft\,max}(W\cdot\mathrm{x}^{(i)}+b)_j-\overline{y}_j^{(i)})\cdot x_k^{(i)}\\ \Delta b_j &:= \frac{\partial L(W,b)}{\partial b_j}=\frac{1}{n}\sum_{i=0}^{n-1}(\mathrm{soft\,max}(W\cdot\mathrm{x}^{(i)}+b)_j-\overline{y}_j^{(i)})\end{aligned} \qquad (6.15)$$

从计算角度看，更新过程就是一个在索引 i 上枚举训练集中图像的和递减过程。我们从一个零权重矩阵 ΔW 和一个零有偏向量 Δb 开始，把每个图像 $x^{(i)}$ 的贡献相加。最后，我们迭代地调整权重和偏移直到收敛。

$$W_{jk} \mapsto W_{jk} - \varepsilon \Delta W_{jk} \leftarrow, \; b_j \mapsto b_j - \varepsilon \Delta b_j \tag{6.16}$$

从并行编程角度看，执行更新有 2 个基本的选项：

1）基本的做法是对每个 $c \times d$ 矩阵 W 和长度为 c 的向量 b 依次派生线程组，然后对一个图像索引 i 的单个变量执行并行归约。因此，我们将派生 $c \times (d+1) \times w$ 次线程组，这里 w 是迭代次数。

2）一个更好的方法是派生线程组，对矩阵 W 进行 $c \times d$ 次并行归约，对图像索引 i 上的向量 b 进行 c 次并行归约。我们保持相同的线程组直到收敛。

后者看起来是显而易见的解决方案。然而，OpenMP 直到 4.0 版本才支持在编译时就知道的一些变量的并行归约。记住，你不得不在 `reduction` 归约语句中一个接一个地设定归约变量。这在我们需要数千个变量的例子中十分不方便。此外，变量不能用我们应用程序中强制使用的索引枚举。一个好消息是 OpenMP 4.5 版本支持包含任意数量归约变量的数组的并行归约。语法如下面一样简单：

```
#pragma omp for reduction(operation:array[lower:length])
```

这里 `operation` 是用户预定义的归约操作符，`array` 是指向线性内存的指针，`lower` 和 `length` 规定了归约过程中私有化的索引范围。需要注意的是所谓的数组片段也支持多维数组，但遗憾的是不包括标准库直接可用的容器。

3. 训练阶段的实现

训练阶段的实现在列表 6.13 显示。在第 110 ～ 111 行为梯度分配内存后，我们立即在第 114 行派生线程组，它在整个 `num_iters` 次迭代更新中一直存在。在这之后，我们把相应的内存重置为 0（在第 118 ～ 125 行）。你可能注意到了在第 118 行有一个新颖的制导语句 `single`，它告诉编译器在下面的语句块中只有一个线程执行。假如不能从并行化一个只有几个索引的循环获取益处，这将变得很便利。循环在第 131 行开始遍历图像，使用支持矩阵权重和偏差向量累积的归约语句扩展。循环体包含梯度 ΔW 和 Δb 的计算。参数随后在第 164 ～ 172 行调整。最后，我们释放梯度的内存。

```
95  template <
96      typename value_t,
97      typename index_t>
98  void train(
99      value_t * input,
100     value_t * label,
101     value_t * weights,
102     value_t * bias,
```

列表 6.13 OpenMP 版的 Softmax 回归：并行训练

```
    index_t   num_entries,
    index_t   num_features,
    index_t   num_classes,
    index_t   num_iters=32,
    value_t   epsilon=1E-1) {

    // allocate memory for the gradients
    value_t * grad_bias    = new value_t[num_classes];
    value_t * grad_weights = new value_t[num_features*num_classes];

    // spawn the team of threads once
    #pragma omp parallel
    for (uint64_t iter = 0; iter < num_iters; iter++){

        // zero the gradients
        #pragma omp single
        for (index_t j = 0; j < num_classes; j++)
            grad_bias[j] = value_t(0);

        #pragma omp for collapse(2)
        for (index_t j = 0; j < num_classes; j++)
            for (index_t k = 0; k < num_features; k++)
                grad_weights[j*num_features+k] = value_t(0);

        // compute softmax contributions
        #pragma omp for \
            reduction(+:grad_bias[0:num_classes]) \
            reduction(+:grad_weights[0:num_classes*num_features])
        for (index_t i = 0; i < num_entries; i++) {

            const index_t inp_off = i*num_features;
            const index_t out_off = i*num_classes;

            value_t * output = new value_t[num_classes];
            softmax_regression(input+inp_off,
                               output,
                               weights,
                               bias,
                               num_features,
                               num_classes);

            for (index_t j = 0; j < num_classes; j++) {

                const index_t out_ind = out_off+j;
                const value_t lbl_res = output[j]-label[out_ind];

                grad_bias[j] += lbl_res;

                const index_t wgt_off = j*num_features;
                for (index_t k = 0; k < num_features; k++) {

                    const index_t wgt_ind = wgt_off+k;
                    const index_t inp_ind = inp_off+k;
                    grad_weights[wgt_ind] +=lbl_res*input[inp_ind];
```

列表 6.13 （续）

```
                }
            }
            delete [] output;
        }

        // adjust bias vector
        #pragma omp single
        for (index_t j = 0; j < num_classes; j++)
            bias[j] -= epsilon*grad_bias[j]/num_entries;

        // adjust weight matrix
        #pragma omp for collapse(2)
        for (index_t j = 0; j < num_classes; j++)
            for (index_t k = 0; k < num_features; k++)
                weights[j*num_features+k] -= epsilon*
                    grad_weights[j*num_features+k]/num_entries;
    }

    delete [] grad_bias;
    delete [] grad_weights;
}
```

列表 6.13 （续）

4. 性能评测

Softmax 回归分类器的 main 函数如列表 6.14 所示。在第 190 ～ 191 行从磁盘读取图像和类别标签后，在一个无限循环中，我们在 MNIST 数据集的前 55 000 图像和后 10 000 图像上交替执行训练和精度评测步骤。

```
178 int main() {
179 
180     const uint64_t num_features = 28*28;
181     const uint64_t num_classes = 10;
182     const uint64_t num_entries = 65000;
183 
184     std::vector<float> input(num_entries*num_features);
185     std::vector<float> label(num_entries*num_classes);
186 
187     std::vector<float> weights(num_classes*num_features);
188     std::vector<float> bias(num_classes);
189 
190     load_binary(input.data(), input.size(), "./data/X.bin");
191     load_binary(label.data(), label.size(), "./data/Y.bin");
192 
193     while(true) {
194 
195         TIMERSTART(training)
196         train(input.data(),
197               label.data(),
198               weights.data(),
199               bias.data(),
200               55000UL,
```

列表 6.14 OpenMP 版的 Softmax 归约：主函数

```
                num_features,
                num_classes);
        TIMERSTOP(training)

        const uint64_t off_inp = 55000*num_features;
        const uint64_t off_lbl = 55000*num_classes;

        TIMERSTART(accuracy)
        auto acc = accuracy(input.data()+off_inp,
                            label.data()+off_lbl,
                            weights.data(),
                            bias.data(),
                            10000UL,
                            num_features,
                            num_classes);
        TIMERSTOP(accuracy)

        std::cout << "accuracy_test: " << acc << std::endl;
    }
}
```

列表 6.14 （续）

使用支持 OpenMP 4.5 版本的编译器（如 GCC 6）编译代码：

```
g++-6 -O2 -std=c++14 -fopenmp softmax.cpp -o softmax
```

单线程版本（没有使用 `-fopenmp` 编译选项）运行于双槽 32 核 Intel Xeon CPU E5-2683 v4 @2.10GHz 机器上执行 55 000 幅图像的整个参数集 $\theta=(W,b)$ 的 32 个更新需要大约 23s。作为对比，预测 m=10 000 幅图像标签少于 100ms。使用 64 线程并行版本取得了大约 40 倍加速比。串行和并行版本计算参数集合 (W,b) 均获得 92.5% 的分类准确率。

```
# elapsed time (training): 0.589874s
# elapsed time (accuracy): 0.00157976s
accuracy_test: 0.836
...
# elapsed time (training): 0.583625s
# elapsed time (accuracy): 0.00178474s
accuracy_test: 0.9251
...
```

现在，经历足够多的迭代步数后可以通过按下 `CTRL+C` 键结束程序运行。

6.5.2 定制归约操作符

OpenMP 2.0 支持定制映射如原生数据类型上的加、乘和按位操作符。OpenMP 3.1 进一步增加了对最小和最大归约的支持。这对大多数应用是足够的。然而，你或许遇到使用任意精度数据类型或 AVX 向量寄存器的代码。这种归约变量是被 getter 和 setter 函数控制的一个对象的私有成员。这种情况下，上面讨论的任何 OpenMP 归约机制都不被用于这样的并行归约。幸运的是，OpenMP 4.0 引入了 `declare reduction` 制导语句，允许定义自定义的归约操作符。

1. 并行归约的理论背景

在开始编程前，我们必须简单地重新审视归约操作的数学性质。并行归约能够在不同图拓扑（如线性链表、二叉树和超立方体）上执行。高度为 k 的二叉树中归约 $n=2^k$ 个元素的例子如图 6.3 所示。设 · 。· 是一个结合两个值的二进制运算，于是 8 个值 $a_0,\cdots,a_7$ 归约成下述的树拓扑结构：

$$((a_0\circ a_1)\circ(a_2\circ a_3))\circ((a_4\circ a_5)\circ(a_6\circ a_7)) \tag{6.17}$$

作为对比，串行归约遍历了一个线性拓扑结构：

$$(((((a_0\circ a_1)\circ a_2)\circ a_3)\circ a_4)\circ a_5)\circ\cdots \tag{6.18}$$

为了保证两种计算模式得到的结果相同，我们必须确保 $a,b,c\in M$ 的 3 个值的每一个，它们的组合不依赖圆括号的次序，即

$$(a\circ b)\circ c=a\circ(b\circ c)\text{，对所有的 }a,b,c\in M \tag{6.19}$$

这个数学特性称为*结合律*。当处理数组长度不是 2 的幂的数组上的并行和归约时，我们通常把数组长度扩展到下一个二的幂的长度并把拓展出的元素设置为 0。数学上来说，我们需要一个唯一的*中性元素* e 对所有的 $a\in M$ 有公式成立：$a\circ e=e\circ a=a$。进一步，我们假定任何 2 个元素的组合 $a\circ b$ 也在集合 M 中。集合 $M=\{e,\cdots\}$ 组成的整个数学结构 $(M,\circ)$ 和一个二进制结合操作符称为*幺半群*。结论是，当处理幺半群时，并行归约计算得到相同的结果。

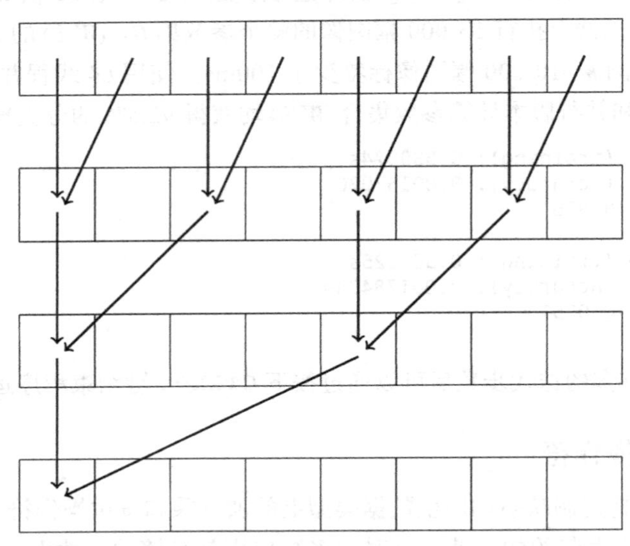

图 6.3　长度为 8 的数组并行归约。在每个长度为 $\log_2(8)=3$ 的迭代中，我们以步幅 $8/2^{k+1}$ 合并 2 个值，最终结果存储在位置 0

实际情形更加复杂。尽管实数加法集合 $(\mathbb{R},+)$ 是一个幺半群，但双精度浮点数加法集合（`double`，+）不是幺半群。作为一个例子，表达式

```
double(double(1UL<<53)+1.0)-double(1UL<<53) // should be 1
```

计算值是 0，因为双精度浮点数的尾数有 52 位长。作为对比，(double，max) 点对是一个幺半群，因为组合仅仅涉及更大数值的复制。使事情更糟糕的是，OpenMP 支持允许循环迭代重新排序的动态调度。因此，结果在索引组合下应该是不变的。作为结果，OpenMP 唯一地支持交换幺半群上的并行归约，其中对集合 M 的任何点对有 $a \circ b = b \circ a$。实际上，我们将在本节后面展示即使是静态调度也会计算非交换幺半群上的错误结果。

2. 声明定制并行归约

让我们开始编码。我们想实现一个符号感知的最大归约，在一个有符号整数数组 v 中确定最大系数的元素且保持它的符号：

$$\text{abs}\max(v) = v[\arg\max_{0 \leqslant i < n}(|v[i]|)] \tag{6.20}$$

作为例子，absmax([+1,−4])=−4, absmax([+5,−4])=+5。相关的二元运算具有结合性，在不包含负变量的自然数子集上具有交换性，如示例所示，因为它继承了最大归约的数学性质。列表 6.15 显示了相应的 OpenMP 实现。

```
#include <iostream>

template <typename value_t>
struct binop {
    constexpr static value_t neutral = 0;

    value_t operator()(
        const value_t& lhs,
        const value_t& rhs) const {

        const value_t ying = std::abs(lhs);
        const value_t yang = std::abs(rhs);

        return ying > yang ? lhs : rhs;
    }
};

int main () {
    const uint64_t num_iters = 1UL << 20;
    int64_t result = binop<int64_t>::neutral;

    #pragma omp declare reduction(custom_op : int64_t : \
    omp_out = binop<int64_t>()(omp_out, omp_in))        \
    initializer (omp_priv=binop<int64_t>::neutral)

    # pragma omp parallel for reduction(custom_op:result)
    for (uint64_t i = 0; i < num_iters; i++)
        result = binop<int64_t>()(result, i&1 ? -i : i);

    std::cout << result << std::endl;
}
```

列表 6.15 OpenMP 版的定制归约操作符

初始地，我们在第 3 ～ 16 行声明了一个由我们幺半群的中性元素（e=0）和二进制归约映射 ·○· 组成的仿函数结构。随后，我们在第 22 ～ 24 行声明了一个使用制导归约语句 `#pragma omp declare reduction` 的用户定义的归约。语法显而易见。首先，我们以数据类型 `int64_t` 提供了我们操作 `custom_op` 的名字。随后，我们必须提供如何联合值 `omp_out` 和 `omp_in` 的一个实现。其后，我们必须使用 `initializer` 语句声明我们幺半群的中性元素。循环第 27 行最后在一系列符号交替的整数序列上计算 absmax 归约。我们也能够使 OpenMP 混合 AVX 寄存器来归约，如列表 6.16 所示。

```
#include <iostream>    // std::cout
#include <cstdint>     // uint64_t
#include <cmath>       // INFINITY
#include <random>      // random
#include <immintrin.h> // AVX intrinsics

// (AVX _m256, max) monoid
struct avxop {

    __m256 neutral;

    avxop() : neutral(_mm256_set1_ps(-INFINITY)) {}

    __m256 operator()(
        const __m256& lhs,
        const __m256& rhs) const {

        return _mm256_max_ps(lhs, rhs);
    }
};

// fill data with random numbers
void init(float * data, uint64_t length) {

    std::mt19937 engine(42);
    std::uniform_real_distribution<float> density(-1L<<28, 1L<<28);

    for (uint64_t i = 0; i < length; i++)
        data[i] = density(engine);
}

// computes v[0]+v[1]+v[2]+v[3]
inline float hmax_sse3(__m128 v) {
    __m128 shuf = _mm_movehdup_ps(v);
    __m128 maxs = _mm_max_ps(v, shuf);
    shuf        = _mm_movehl_ps(shuf, maxs);
    maxs        = _mm_max_ss(maxs, shuf);
    return        _mm_cvtss_f32(maxs);
}

// computes v[0]+v[1]+v[2]+v[3]+...+v[7]
inline float hmax_avx(__m256 v) {
```

列表 6.16　混合 OpenMP 和 AVX

```
43      __m128 lo = _mm256_castps256_ps128(v);
44      __m128 hi = _mm256_extractf128_ps(v, 1);
45             lo = _mm_max_ps(lo, hi);
46      return hmax_sse3(lo);
47  }
48
49  int main () {
50
51      // allocate memory and fill it with random numbers
52      const uint64_t num_entries = 1UL << 28;
53      const uint64_t num_bytes = num_entries*sizeof(float);
54      auto data = static_cast<float*>(_mm_malloc(num_bytes , 32));
55      init(data, num_entries);
56
57      // declare a max-reduction over AVX registers
58      #pragma omp declare reduction(avx_max : __m256 :  \
59      omp_out = avxop()(omp_out, omp_in))               \
60      initializer (omp_priv=avxop().neutral)
61
62      auto result = avxop().neutral;
63
64      // use our new reduction operation
65      #pragma omp parallel for reduction(avx_max:result)
66      for (uint64_t i = 0; i < num_entries; i += 8)
67          result = avxop()(result, _mm256_load_ps(data+i));
68
69      // horizontal max over resulting register
70      std::cout << hmax_avx(result) << std::endl;
71
72      _mm_free(data);
73  }
```

列表 6.16 （续）

初始地，我们在第 8 ～ 20 行声明我们的带有中性元素 $e=(-\infty,\cdots,-\infty)$ 和一个二进制结合性的幺半群，该结合性垂直地确定 2 个 AVX 寄存器 `lhs` 和 `rhs` 的最大值，例如：

$$(\max(lhs[0],rhs[0]),\max(lhs[1],rhs[1]),\cdots,\max(lhs[7],rhs[7])) \tag{6.21}$$

作为对比，函数 `hmax_avx`（第 42 ～ 46 行）和函数 `hmax_sse3`（第 33 ～ 39 行）计算一个 AVX 或 SSE 寄存器的水平最大值，例如元素 $\max(m[0],m[1],m[2],\cdots)$ 的最大值。进一步细节可参见 3.2 节内容。在第 58 ～ 60 行的定制最大值归约简单地使用我们的幺半群的这个操作和中性元素。随后，我们以跨度 8 在数组数据上循环，再次使用来自于结构体的操作（见第 65 ～ 67 行）。最终结果是 AVX 寄存器里的 8 个元素中的水平最大值。

6.5.3 OpenMP 高级归约

在重新详细审视并行归约后，你可能仍有一些关于 OpenMP 如何实际上转换你的串行代码到并行代码的开放问题。实际上，你可能奇怪 OpenMP 如何侦测到执行归约的循环体部分。作为一个例子，这个类似的代码片段经常出现在代码示例中：

```
#pragma omp parallel for reduction(+:x)
for (int i = 0; i < n; i++)
    x -= some_value;
```

你也能将 - 作为归约操作符使用（实际上是归约到 +）。但是 OpenMP 如何隔离更新步 **x-= some_value**？令人难过的答案是 OpenMP 一点也不能侦测到更新！编译器处理 for 循环体如下：

```
#pragma omp parallel for reduction(+:x)
for (int i = 0; i < n; i++)
    x = some_expression_involving_x_or_not(x);
```

结果，对 x 的修改隐藏在一个不透明的函数调用后面。从编译器开发者角度来说，这是一个综合考虑。遗憾的是，这意味着你不得不确保 x 的所有更新与定义在归约句子中的操作兼容。归约的总体执行流程可总结如下：

1）创建线程组，确定每个线程 j 需要执行的迭代集合。

2）每个线程声明一个归约变量 x 的私有化变量 x_j，这里 x 初始化为相应幺半群的中性元素。

3）所有线程执行迭代而不管它们是否或如何涉及私有化变量 x_j 的更新。

4)（本地）部分结果 x_j 串行归约计算出结果和全局变量 x。最后，结果被写回到 x。

让我们检查公认无用但合法的 OpenMP 片段：

```
uint64_t x = 5;
#pragma omp parallel for reduction(min:x) num_threads(2)
for (uint64_t i = 0; i < 10; i++)
    x += 1;
std::cout << x << std::endl;
```

你认为 x 最终值是多少？让我们一步一步按照上述的步骤评测。变量 x 的初值暂时是无关紧要的，因为它在步骤 4 被唯一地修改。OpenMP 制导语句并没有声明一个明确的调度策略，因此我们假定使用静态调度（static）。这样，2 个线程的线程组中每个线程将执行 10/2=5 次迭代。随后，每个线程声明一个初始化为中性元素的私有化变量，这里是最大无符号整数 $e=2^{64}-1$。现在，每个线程在它们的私有变量上执行 5 次增量操作，这导致在 4 次后溢出。x 的最终值是部分结果 4、4 和全局结果 5 的最小值。因此，整数 4 在命令行打印出来。

让我们详细阐述归约映射的可交换性。我们以前已经阐述，由于调度的不可预测，我们不能安全地假定迭代是按次序执行的。而且，步骤 4 的部分结果的最终归约也不必被有次序地执行。我们通过具有结合性但不具有交换性的归约映射如字符串连接来检验这个结论：

```
std::string result {"SIMON SAYS: "};
std::vector<std::string> data {"p", "a", "r", "a", "l", "l",
                               "e", "l", " ", "p", "r", "o",
                               "g", "r", "a", "m", "m", "i",
                               "n", "g", " ", "i", "s", " ",
                               "f", "u", "n", "!"};
```

```
#pragma omp declare reduction(op : std::string :        \
    omp_out = omp_out+omp_in)                           \
    initializer (omp_priv=std::string(""))

#pragma omp parallel for reduction(op:result) num_threads(2)
for (uint64_t i = 0; i < data.size(); i++)
    result = result+data[i];

std::cout << result << std::endl;
```

我们期望输出是 `SIMON SAYS: parallel programming is fun!` 然而，假如我们执行这个程序几次，我们偶尔观察到输出 `SIMON SAYS: amming is fun!parallel progr`。显然，即使使用静态调度，部分结果仍然以可能的组合次序被归约。结论是，归约映射的可交换性对 OpenMP 归约来说是强制性的。

最后，让我们给隐式屏障做一个重要的说明：如前所述，OpenMP 允许在循环后使用 `nowait` 制导语句移除隐式屏障。当使用并行归约时，这是一个潜在危险的方法，因为最终的归约值必须在阶段 4 写回到全局变量 x。所以，我们不能够保证 x 有正确的值除非我们明确地使用屏障 `#pragma omp barrier`：

```
#pragma omp parallel
{
    uint64_t x = 0;
    #pragma omp for reduction(+:x) nowait
    for (uint64_t i = 0; i < 1024; i++)
        x++;

    // x could be anything between 0 and 1024

    #pragma omp barrier
    std::cout << x << std::endl;
}
```

6.6 任务并行

截至目前，所有展示的 OpenMP 制导语句实现了一个相当好的静态并行方法。例如，它们仅处理至少在运行时已知迭代次数的循环（大多数为 for 循环编写），而不能用于递归算法或处理链表（大多数为 while 循环编写）。存在处理这些应用情形的 OpenMP 任务制导语句，它与前述第 4 章中解释的显式线程控制和执行管理是最接近的机制。这些在 OpenMP 3.0 版 [9] 之后可以获得。

任务基本上是放入执行队列的并行执行块，并在当前的线程组一旦空闲时被调度。这样，当任务在“黑盒子里”执行时对程序员是不可见的，重要方面是在程序里生成任务。任务语句 `task` 必须出现在一个实际被相应的线程组执行的并行区域。任务制导语句 `task` 本身没有一个隐式屏障—或在并行区域结束的地方存在屏障或程序员使用 `#pragma omp taskwait` 或者使用更通用的 `#pragma omp barrier` 为当前任务队列设置一个明确的屏障。

程序员必须注意任务创建不是偶然地无意并行执行。这可以通过包裹任务创建语句 `#pragma omp single [nowait]` 来避免。task 指导语句也能够包含任何前述已知的数据共享特性，如 `shared`、`private` 和 `firstprivate`。自 OpenMP 4.0 版以后，能够使用 `depends` 修饰符规定不同任务执行的数据依赖。

6.6.1 树遍历

在这个例子中，我们将使用一个（完美的平衡）二叉树结构在节点值上执行一些高强度计算操作。

存在不同的表示诸如树数据结构的方法。一个简单的方法是仅使用一个数组，并在树的每层父和子节点的索引间利用数学联系。深度为 m 的树可包含 $n=2^m-1$ 个节点。假如数组表示在每层以线性形式赋予节点，例如 0 层根节点在位置 0，1 层的 2 个子节点在位置 1 和位置 2，等等。存在简单公式计算父和子节点的索引：$\text{parent}(i)=\dfrac{i-1}{2}$，$\text{left\_child}=2i+1$，$\text{right\_child}=2(i+1)$。另一种表示树结构的方法是在每个节点存储子节点（和 / 或父节点，依赖于用途）的索引（例如指针）。

这个例子给出了这两种方法，因为容易使用一个数组初始化节点，然后为它们的子节点贴上引用。

```
#include <iostream>
#include <cstdint>
#include <cmath>

// hpc_helpers contains the TIMERSTART and TIMERSTOP macros
#include "../include/hpc_helpers.hpp"

#define VALUE_T double

template <typename value_t>
class Node {
public:
  value_t value_;
  Node<value_t>* left_;
  Node<value_t>* right_;

  Node() {}
  Node(value_t value) : value_(value) {}
  Node(value_t value, Node<value_t>* left, Node<value_t>* right)
  : value_(value), left_(left), right_(right) {}

  // inorder tree traversal, calling func with each value
  // again, we are using the if clause of the omp pragma
  // to be able to conditionally enable OpenMP
  void traverse(auto func, bool parallel=false) {
    if (this->left_) {
```

列表 6.17 OpenMP 版的任务树遍历

```
      #pragma omp task if(parallel)
      this->left_->traverse(func, parallel);
    }
    func(this->value_);
    if (this->right_) {
      #pragma omp task if(parallel)
      this->right_->traverse(func, parallel);
    }
  }
  // inorder tree traversal, printing each value
  void traverse() {
    traverse([](auto &val){std::cout << val << std::endl;});
  }
};

int main() {
  // height of a perfectly balanced binary tree
  const uint64_t m = 15;
  // number of elements in the perfectly balanced binary tree
  const uint64_t n = (1UL << m) - 1;
  // number of iterations within each task
  const uint64_t iterations = 1UL << 12;

  TIMERSTART(overall)

  TIMERSTART(alloc)
  Node<VALUE_T> nodes[n];
  TIMERSTOP(alloc)

  TIMERSTART(init)
  for (uint64_t i = (n-1); i > 0; --i) {
    if (i > ((n/2)-1)) {
      // bottommost row, no children
      nodes[i] = Node<VALUE_T>(i);
    } else {
      // not the bottommost row
      // left child is 2*i+1, right child is 2*i+2
      // parent is (i-1)/2
      nodes[i] = Node<VALUE_T>(i, &nodes[2*i+1], &nodes[2*i+2]);
    }
  }
  // root node
  Node<VALUE_T> tree = Node<VALUE_T>(0, &nodes[1], &nodes[2]);
  nodes[0] = tree;
  TIMERSTOP(init)

  // TIMERSTART(print)
  // tree.traverse();
  // TIMERSTOP(print)

  TIMERSTART(sum)
  VALUE_T sum = 0;
  // this is a lambda closure capturing the variable sum from its
  // outer scope by using the [&] syntax
```

列表 6.17 （续）

```
81   tree.traverse([&](auto &val){sum += val;});
82   std::cout << (n*(n-1)/2) << " ?= " << sum << std::endl;
83   TIMERSTOP(sum)
84
85   // auto func = [](auto &val){std::cout << val << std::endl;};
86   auto func = [](auto &val){
87     for (uint64_t i = 0; i < iterations; ++i)
88       val = std::pow(val, 1.1);
89   };
90
91   TIMERSTART(sequential)
92   tree.traverse(func);
93   TIMERSTOP(sequential)
94
95   TIMERSTART(parallel)
96   #pragma omp parallel
97   {
98     #pragma omp single
99     {
100      #pragma omp task
101      tree.traverse(func, true);
102    }
103  } // implicit barrier here
104  TIMERSTOP(parallel)
105
106  TIMERSTOP(overall)
107 }
```

列表 6.17 （续）

在第 10 ～ 40 行，我们定义一个代表树节点的类模板。为方便起见，所有的成员定义为公有成员（public），尽管在实际代码中它们会是私有的。而且，在这个例子中存在 3 个构造函数用于更简洁的编程方式。在第 25 ～ 35 行的遍历函数 `traverse` 使用了在每个节点值随后调用的函数引用。这个函数也接收一个可选的布尔参数，这个参数用于保持代码简洁且在运行时换到 OpenMP 并行模式。在基本的串行例子里，我们简单地执行一个所谓的“中序”树遍历，它意味着遍历节点本身在执行完它的左子节点遍历后和执行它的右子节点遍历之前执行。在并行执行中这种次序无法被保证（当然，我们能够使用一个阻碍并行化的屏障来实现）。

代码第 57 ～ 67 行中的初始化从树的最底层创建树的数组表示。这简化了叶子节点（没有子节点）的处理，并进一步保证了对上层的节点，子节点已经定义并能使用上面提到的简单索引计算而被引用。主计算函数由在第 85 ～ 89 行执行一个计算密集的幂操作循环组成。这本身不是一个有用的计算，但是足够隐藏计算后面的任务维护开销。最后，我们确定在串行（第 92 行）和并行（第 96 ～ 103 行）版本间的加速比：

```
./tree
# elapsed time (alloc): 3.6e-08s
# elapsed time (init): 0.000370741s
536821761 ?= 5.36822e+08
# elapsed time (sum): 0.00177787s
```

```
# elapsed time (sequential): 2.2161s
# elapsed time (parallel): 1.1723s
# elapsed time (overall): 3.39083s
```

6.6.2 循环中生成任务

假如需要在循环中创建一些任务，具有特定特性的 **taskloop** 制导语句能够方便处理。在一个（可能嵌套的）for 循环前它被直接写入并为每个循环的执行创建任务。它的制导语句 **grainsize** 和 **num_tasks** 能够用来控制每个任务（相较于块大小）的迭代次数。因为我们仍然有树的数组表示，我们能够在一个任务循环上使用它：

```
TIMERSTART(taskloop)
#pragma omp parallel
{
  #pragma omp single
  {
    #pragma omp taskloop
    for (uint64_t i = 0; i < n; ++i) {
      func(nodes[i].value_);
    }
  }
} // implicit barrier here
TIMERSTOP(taskloop)
```

列表 6.18 OpenMP 版的任务循环树遍历

但是，尽管这使计算比串行版本快一些，它并不比简单的任务快多少：

```
./tree
# elapsed time (alloc): 3.5e-08s
# elapsed time (init): 0.000356017s
536821761 ?= 5.36822e+08
# elapsed time (sum): 0.00207262s
# elapsed time (sequential): 2.22064s
# elapsed time (parallel): 1.08154s
# elapsed time (taskloop): 1.96788s
# elapsed time (overall): 5.27283s
```

6.7 SIMD 向量化

正如在前面 3.2 节解释的那样，现代微处理器和加速卡除了支持使用多个独立计算单元（MIMD，多指令多数据）并行化外，还支持在一个向量寄存器上执行一个（基本的）操作功能的专用处理器指令而不是仅仅一个标量值（SIMD，单指令多数据）。这就是处理器内在的利用数据的局部性。向量化原语的更多信息能够在 3.2 节找到，在那里包含了明确使用原语的几个编程例子（如列表 3.2）。

传统的 SIMD 向量化方法是汇编风格的代码扩展。假设编译器能够绝对断定它可以自动向量化代码片段而不会引起副作用，这完全可以避免。遗憾的是，完全不受控制的自动向量量化倾向生成次优的代码（尽管不同的编译器持续改进支持），因此现在很少使用。手动向量化实现通常获得更好的性能，主要原因是手动向量化实现利用了附加的数学性质如运算的可结合性和可交换性，而这并不能从简单的串行代码直接获得。作为一个例子，你知道如何利用可结合性实现并行或 SIMD 感知的归约：编译器只能看见由独立操作组成的线性链表。

幸运的是，OpenMP 4.0 为专用的帮助编译器认出向量化模式的制导语句提供支持 [5]。基本上，为了有效向量化，我们告诉编译器附加的数学约束条件被满足。让我们重用列表 6.3 的例子并增加向量化（见第 37 行）：

```
1  #include <iostream>
2  #include <cstdint>
3  #include <vector>
4  
5  // hpc_helpers contains the TIMERSTART and TIMERSTOP macros
6  // and the no_init_t template that disables implicit type
7  // initialization
8  #include "../include/hpc_helpers.hpp"
9  
10 int main() {
11     // memory allocation for the three vectors x, y, and z
12     // with the no_init_t template as a wrapper for the actual type
13     TIMERSTART(alloc)
14     const uint64_t num_entries = 1UL << 30;
15     std::vector<no_init_t<uint64_t>> x(num_entries);
16     std::vector<no_init_t<uint64_t>> y(num_entries);
17     std::vector<no_init_t<uint64_t>> z(num_entries);
18     TIMERSTOP(alloc)
19 
20     // manually initialize the input vectors x and y
21     TIMERSTART(init)
22     #pragma omp parallel for
23     for (uint64_t i = 0; i < num_entries; i++) {
24         x[i] = i;
25         y[i] = num_entries - i;
26     }
27     TIMERSTOP(init)
28 
29     // compute x + y = z sequentially
30     TIMERSTART(add_seq)
31     for (uint64_t i = 0; i < num_entries; i++)
32         z[i] = x[i] + y[i];
33     TIMERSTOP(add_seq)
34 
35     // compute x + y = z vectorized
36     TIMERSTART(add_vec)
37     #pragma omp simd
38     for (uint64_t i = 0; i < num_entries; i++)
39         z[i] = x[i] + y[i];
40     TIMERSTOP(add_vec)
41 
42     // compute x + y = z in parallel
```

列表 6.19　OpenMP 版的使用 SIMD 指令的向量加法

```
43      TIMERSTART(add_par)
44      #pragma omp parallel for
45      for (uint64_t i = 0; i < num_entries; i++)
46          z[i] = x[i] + y[i];
47      TIMERSTOP(add_par)
48  
49      // compute x + y = z in parallel *and* vectorized
50      TIMERSTART(add)
51      #pragma omp parallel for simd
52      for (uint64_t i = 0; i < num_entries; i++)
53          z[i] = x[i] + y[i];
54      TIMERSTOP(add)
55  
56      // check if summation is correct
57      TIMERSTART(check)
58      #pragma omp parallel for
59      for (uint64_t i = 0; i < num_entries; i++)
60          if (z[i] - num_entries)
61              std::cout << "error at position "
62                        << i << std::endl;
63      TIMERSTOP(check)
64  }
```

列表 6.19 （续）

我们观察到向量化循环执行已经获得一些加速比：

```
./vector_add
# elapsed time (alloc): 2.0813e-05s
# elapsed time (init): 0.683577s
# elapsed time (add_seq): 4.18215s
# elapsed time (add_vec): 2.85035s
# elapsed time (add_par): 0.474374s
# elapsed time (add): 0.460693s
# elapsed time (check): 0.166859s
```

在第 51 行，我们结合了并行和向量化执行，这也是允许的。

6.7.1 数据依赖

一个可以高效使用向量化的特殊场景是当存在数据依赖，其他加速技术不奏效的时候。不过这并非没有警告：要实现这一点，问题数组的依赖区域间的距离必须大于向量化的块大小。例如，如下的循环例子

```
for (i = 10; i < N; ++i)
    a[i] = a[i-10] + b;
```

有一个 10 跨度的依赖，且能够被长度为 2、4 或 8 的向量指令向量化，但是不能被 12 或更大的向量操作向量化。使用 `safelen` 语句可以设置明确的安全宽度：

```
#pragma omp simd safelen(10)
for (i = 10; i < N; ++i)
    a[i] = a[i-10] + b;
```

6.7.2 向量化感知函数

OpenMP 也能够完全向量化函数[10]。这通过为不同粒度的向量指令创建不同的具体函数而实现。作为例子，假定函数定义如下：

```
#pragma omp declare simd
int do(int a, int b) {
    return a + b;
}
```

然后它可以在一个 SIMD 循环中被调用，并从相同的向量指令获益好像它已经被内联化了：

```
#pragma omp simd
for (i = 0; i < N; ++i) {
    c[i] = do(a[i], b[i]);
}
```

编译器创建一个与此等价的函数，而不是使用单独的标量 int 值接收一个可以由向量指令处理的向量寄存器。

6.8 展望

现在我们到达了本章要结束的地方，我们想谈及几个没有被讨论的高级 OpenMP 主题。一些主题对教科书来说太过具体，而其他的需要有高度并行加速卡的专用硬件和软件提供支持，这在本书撰写的时候并没有包含在主要编译器的默认二进制发布版本中。

OpenMP 4.0 版一个值得注意的特性是 `proc_bind` 语句，它和环境变量 `OMP_PLACES` 结合在一起，允许细粒度控制线程的亲和性。特殊地，当开发多插槽 CPU 代码的时候这将是关键的。简单的制导语句如 `#pragma omp parallel for`，它将完全忽略 CPU 核的潜在的拓扑结构和相关联的缓存，这将导致你的代码跨越多于一个 CPU 插槽的中等的扩展性能。

我们在本章只讨论了 OpenMP 4.5 的一个特性：所谓的 array sections。它们允许包含有成千个归约变量的数组的立即归约。然而，OpenMP 4.0 版和 4.5 版之间的一个主要区别是允许加载代码区域到目标设备。目标可以是 Intel Xeon Phi 多核加速卡或 CUDA 使能的 GPU。遗憾的是，写作本书时这涉及烦琐的 GCC 编译器重编译，使用了销售商定制的在 Intel Xeon Phi 多核加速卡和 CUDA 使能的 GPU 上代码生成的在二进制包。使用一个编译制导语句就自动生成处理循环的代码在成千个 GPU 核心上执行看起来赏心悦目。令人不安的事实是，实际上可以开发跨平台的 OpenMP 代码，它能够为传统的 CPU 和 GPU 架构编译，但是结果代码的性能可能无法移植。你通常写下具体平台的制导语句，被 if-then-else 宏包裹，并在编译时选择每个平台相应的优化。更糟糕的是，一些为 CUDA 使能的内存布局和调度优化对不熟悉大规模高度并行加速卡的开发者完全不透明。结论是，目标设备加载是对一个经验丰富的 CUDA 开发者快速原型设计的一个有用的技巧。下一章将教会你成为其中一员。

6.9 附加练习

1. 下面你将发现4段串行代码。假如可行，使用OpenMP编译制导语句扩展这些代码片段。你必须确保没有依赖关系被打破，因此算法仍然能计算出正确结果。假如算法能够并行化，简单讨论下你的并行策略。否则，解释它为什么不能被并行，并证明你的想法。

(a)(Dense Matrix Multiplication)

```
// computes the product of an M x L matrix A
// with an L x N matrix B
for (i = 0; i < M; i++)
    for (j = 0; j < N; j++) {
        value_t sum = 0;
        for (k = 0; k < L; k++)
            sum += A[i*L+k] * B[k*N+j];
        C[i*N+j] = sum;
    }
```

(b)(Pseudo-Polynomial Knapsack Using Dynamic Programming)

```
#define AT(i,j)  ((i)*(C+1)+(j))
#define MAX(x,y) ((x)<(y)?(y):(x))

// w and v are __constant__ and __non-negative__
// arrays of length N, m is an array of length
// (C+1)*(N+1) initialized with zeros
for (i = 1; i < N+1; i++)
    for (j = 0; j < C+1; j++)
        if (w[i-1] <= j)
            m[AT(i,j)] = MAX(m[AT(i-1,j)],
                             m[AT(i-1,j-w[i-1])]+v[i-1]);
        else
            m[AT(i,j)] = m[AT(i-1, j)];
```

(c)(Left Fold of a Binary Operation)

```
value_t result = 1;

// v is a __constant__ array of length N
for (i = 0; i < N; i++)
        result = result + v[i] + result * v[i];

// bonus: can you solve this without a custom
// declare reduction directive?
```

(d)(Repetitive Smoothing of a Vector)

```
// v is a pre-initialized array of length N
// s is the smoothed version of v, preinitialized with v
// M is the number of iterations

for (i = 0; i < M; i++) {
   for (j = 2; j < N-2; j++) {
       s[j] = 0;
       for (k = -2; k < 3; k++)
           s[j] += 0.2*v[j+k];
```

```
    }
    for (j = 0; j < N; j++)
        v[j] = s[j];
}
```

2. 查看下面的排序算法代码片段。算法按照 X 长度来说显示了一个二次型依赖，且易于并行化。

```
void sequential_sort(std::vector<unsigned int>& X) {

    unsigned int i, j, count, N = X.size();
    std::vector<unsigned int > tmp(N);

    for (i = 0; i < N; i++) {
        count = 0;
        for (j = 0; j < N; j++)
            if (X[j] < X[i] || X[j] == X[i] && j < i)
                count++;
        tmp[count] = X[i];
    }

    std::copy(tmp.begin(), tmp.end(), X.begin());
}
```

(i) 解释这个排序算法是如何工作的。

(ii) 分析每个循环的数据依赖性。哪个循环理想地适宜使用 OpenMP 制导语句实现并行化？考虑共享变量的问题。

(iii) 按照你先前的考虑实现一个 `sequential_sort` 并行版本。讨论加速比和效率。

3. 欧拉–黎曼 zeta 函数 $\zeta(s)=\sum_{n=1}^{\infty} n^{-s}$ 在自然科学中经常使用，尤其在统计学和卡西米尔效应的量子理论领域的正规化中。在实数域该公式的替代公式如下给定：

$$\zeta(s)=2^s\cdot\lim_{k\to\infty}\sum_{i=1}^{k}\sum_{j=1}^{k}\frac{(-1)^{i+1}}{(i+j)^s}$$

这样，假如忽略主要的极限操作，我们能够近似黎曼公式 $\zeta(s)$ 到 k 阶。下面的代码片段实现了这个想法：

```
double Riemann_Zeta(double s, int k) {

    double result = 0.0;

    for (int i = 1; i < k; i++)
        for (int j = 1; j < k; j++)
            result += (2*(i&1)-1)/pow(i+j, s);

    return result*pow(2, s);
}
```

`Riemann_Zeta` 函数单次调用的时间渐近复杂度显然是 $\mathcal{O}(k^2)$。让我们依据参数 k 调查近似质量。为了实现这个目标，对所有的 $k\in\{0,\cdots,N-1\}$ 计算 `Riemann_Zeta(x, k)` 的结果并写入长度为 `N` 的向量 `X`：

```
    for (unsigned int k = 0; k < N; k++)
        X[k] = Riemann_Zeta(2, k);  // = pi^2/6
```

(i) 使用 OpenMP 并行这个循环。存在共享变量或数据依赖吗？

(ii) 详细阐述单个线程的负载均衡。

(iii) 讨论不同的调度模式和相应的运行时间。

4. 查看下面的代码片段。函数 **relax_A** 和 **relax_B** 实现在向量对 $Q \in \mathbb{R}^M$ 和 $S \in \mathbb{R}^N$ 间的距离值的灵活赋值。

```
#define INFTY (std::numeric_limits<double>::infinity())
#define AT(i,j) ((i)*(N+1)+(j))

void init_matrix(double * matrix, size_t M, size_t N) {
    matrix[AT(0, 0)] = 0.0;
    for (size_t j = 1; j < N+1; j++)
        matrix[AT(0, j)] = INFTY;
    for (size_t i = 1; i < M+1; i++)
        matrix[AT(i, 0)] = INFTY;
}

double relax_A(double * Q, double * S, size_t M, size_t N) {
    std::vector<double> matrix((M+1)*(N+1));
    init_matrix(matrix.data(), M, N);

    for (size_t i = 1; i < M+1; i++)
        for (size_t j = 1; j < N+1; j++) {
            double bsf = matrix[AT(i-1, j-1)];
            if (i > 1)
                bsf = std::min(bsf, matrix[AT(i-2, j-1)]);
            if (j > 1)
                bsf = std::min(bsf, matrix[AT(i-1, j-2)]);
            matrix[AT(i,j)] = bsf + (Q[i-1]-S[j-1])*
                                    (Q[i-1]-S[j-1]);
        }
    return matrix[AT(M, N)];
}

double relax_B(double * Q, double * S, size_t M,  size_t N) {
    std::vector<double> matrix((M+1)*(N+1));
    init_matrix(matrix.data(), M, N);

    for (size_t i = 1; i < M+1; i++)
        for (size_t j = 1; j < N+1; j++)
            matrix[AT(i,j)] = (Q[i-1]-S[j-1])*
                              (Q[i-1]-S[j-1])+
                              std::min(matrix[AT(i-1, j-1)],
                              std::min(matrix[AT(i-1, j+0)],
                                       matrix[AT(i+0, j-1)]));
    return matrix[AT(M, N)];
}
```

(i) 在有向图的帮助下实现 2 个方法的数据依赖可视化。画出当 M=N=6 时的一个示例矩阵，使用箭头勾画出 2 个单元间的依赖关系。

(ii) 能为两个函数发现一个合适的并行策略吗？哪些片段可以同时地被更新？

(iii) 使用正确的编译提示为函数 **relax_A** 实现一个高效的并行版本。同时并行化初始化函数 **init_matrix**。

(iv) 使用 OpenMP 并行化函数 **relax_B**。你将必须修改索引策略。

5. 下面哪些操作可用于 OpenMP 的并行归约？

(i) 2 个或多个整数的最大公约数。

(ii) 2 个或多个 2×2 一般矩阵乘积。

(iii) 2 个或多个复数乘积。

(iv) 2 个或多个四元组乘积。

(v) 2 个实数成对的平均值增量计算：

$$\circ:\mathbb{R}\times\mathbb{R}\to\mathbb{R},(a,b)\mapsto\frac{a+b}{2}$$

6. 假设我们已从给定向量 $x^{(i)}\in\mathbb{R}^d$ 使用生成模式 $y^{(i)}=W\cdot x^{(i)}+\epsilon^{(i)}$ 生成了大量的噪声向量 $y^{(i)}\in\mathbb{R}^c$：

$$y_j^{(i)}=\sum_{k=0}^{d-1}W_{jk}\cdot x_k^{(i)}+\varepsilon_j^{(i)}\text{，对所有的 } i\in\{0,\cdots,m-1\} \tag{6.22}$$

这里 $\varepsilon_j^{(i)}$ 是采样自 0 平均值和小方差高斯分布的噪声向量元素。

(i) 就上面方程对固定的索引 i 分析前置赋值阶段的并行化潜力。

(ii) 假定我们不必访问权重矩阵 $W\in\mathbb{R}^{c\times d}$ 并想从已知向量 $x^{(i)}$ 和 $y^{(i)}$ 恢复它的元素。因此，我们定义损失函数

$$\begin{aligned}L(W)&=\frac{1}{m}\sum_{i=0}^{m-1}\|y^{(i)}-W\cdot x^{(i)}\|_2^2\\&=\frac{1}{m}\sum_{i=0}^{m-1}\sum_{j=0}^{c-1}\left(y_j^{(i)}-\sum_{k=0}^{d-1}W_{jk}\cdot x_k^{(i)}\right)^2\end{aligned} \tag{6.23}$$

按照矩阵元素 W_{jk} 计算梯度 $L(W)$。开发一个迭代策略计算最小化损失函数 W 的最优权重矩阵。

(iii) 最后，实现你的方法。计算加速比和并行效率。

7. 同普通的物理 n 个粒子间交互作用的 n-body 模拟 $\mathcal{O}(n^2)$ 相比，我们想调查一个基于约束的在一些质点间具有线性依赖的布料模拟。为简单起见，假设在均匀网格上采样 $n=N^2$ 个聚集的质点形成一个二次型布料。布料的拓扑结构由 3 个不同的约束确定，这 3 个约束是保证结构完整性和材料剪切与弯曲的健壮性（见图 6.4）。并行布料模拟算法的主要思想由下述流程给出：

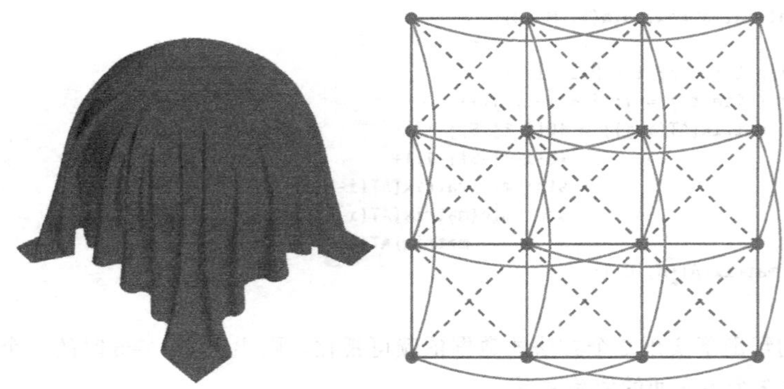

图 6.4　基于约束的布料模拟。左边图形描述了一个二次型碎布，使用了一个与固体球（被碎布覆盖）相互作用的 $N\times N$ 均匀网格表示。右边图形可视化了布料节点间的依赖。邻接顶点的垂直 / 水平边保证布料（实线）的结构完整性，对角线执行对切变（点划线）的健壮性，隔一个相邻的水平 / 垂直边实现相对材料弯曲（弯曲线）的抵抗力

a. 以常量步长 eps 为常微分方程使用一个显式积分算法独立计算下一个质点的位置。这个方法假定节点间相互自由作用类似于气体颗粒。

```
auto update_positions = [&](T& x, T& y ,T& z,
                            T& u, T& v, T& w){

        w = (x*x+y*y+z*z > 1 && z > -1) ? w-eps : 0;
        x += eps*u;
        y += eps*v;
        z += eps*w;
};
```

b. 之后，对每个节点（按照建议的拓扑结构）的组合决定约束破坏。假如一个约束被破坏，轻微移动粒子相应地重新调整位置。注意 bias 是一个很小的数（如 0.05）。重复这一过程 8 ～ 32 次：

```
auto relax_constraint = [&](size_t l, size_t m,
                            T constraint){

        T delta_x = X[l]-X[m];
        T delta_y = Y[l]-Y[m];
        T delta_z = Z[l]-Z[m];

        T length = sqrt(delta_x*delta_x+
                        delta_y*delta_y+
                        delta_z*delta_z);
        T displacement = (length-constraint)*bias;

        delta_x /=length;
        delta_y /=length;
        delta_z /=length;

        tmp_X[l] -= delta_x*displacement;
        tmp_X[m] += delta_x*displacement;
        tmp_Y[l] -= delta_y*displacement;
        tmp_Y[m] += delta_y*displacement;
        tmp_Z[l] -= delta_z*displacement;
        tmp_Z[m] += delta_z*displacement;
};
```

c. 最后，检查碎布是否与几何对象（球和地表面）相交。假如相交，相应地重新调整位置。

```
auto adjust_positions = [&](T& x, T& y ,T& z) {

        T rho = x*x+y*y+z*z;
        if (rho < 1) {
                rho = sqrt(rho);
                x /= rho;
                y /= rho;
                z /= rho;
        }
        z = std::max<T>(z, -1);
};
```

你的任务是为每个建议的算法调查并行潜力。

(i) 阅读基于位置的动态布料模拟文献 [8] 。解释上述的 3 个算法 update_positions、relax_ constraint 和 adjust_positions。这 3 个算法中发生的细节是什么？

（ii）讨论并行化潜力并考虑使用 OpenMP 和 AVX 技巧的向量化。在提供英特尔高级向量扩展指令（AVX）的多核 CPU 集群上设计一个大规模布料模拟的计算策略。

（iii）考虑当 $N \approx 100$ 时你建议实现的一个小规模变体，使用一个或多个上述的技巧并行化给定的串行代码，讨论加速比和效率。

参考文献

[1] Tim Blechmann, Boost C++ libraries: lock-free data structures, http://www.boost.org/doc/libs/1_64_0/doc/html/lockfree.html (visited on 01/05/2017).

[2] OpenMP Architecture Review Board, OpenMP 4.5 complete specifications, http://www.openmp.org/wp-content/uploads/openmp-4.5.pdf, 2015 (visited on 05/10/2017).

[3] OpenMP Architecture Review Board, OpenMP 4.5 summary card – C/C++, http://www.openmp.org/wp-content/uploads/OpenMP-4.5-1115-CPP-web.pdf, 2015 (visited on 05/10/2017).

[4] T. Cover, P. Hart, Nearest neighbor pattern classification, IEEE Transactions on Information Theory (ISSN 0018-9448) 13 (1) (1967) 21–27, http://dx.doi.org/10.1109/TIT.1967.1053964.

[5] Michael Klemm, SIMD vectorization with OpenMP, https://doc.itc.rwth-aachen.de/download/attachments/28344675/SIMD+Vectorization+with+OpenMP.PDF (visited on 04/20/2017).

[6] Yann LeCun, Corinna Cortes, Christopher J.C. Burges, The MNIST database of handwritten digits, http://yann.lecun.com/exdb/mnist/ (visited on 01/12/2016).

[7] R.B. Marimont, M.B. Shapiro, Nearest neighbour searches and the curse of dimensionality, IMA Journal of Applied Mathematics 24 (1) (1979) 59, http://dx.doi.org/10.1093/imamat/24.1.59.

[8] Stan Melax, AVX based cloth simulation, https://software.intel.com/sites/default/files/m/1/5/2/5/6/33189-AVXCloth.pdf (visited on 03/20/2017).

[9] Ruud van der Pas, OpenMP tasking explained, http://openmp.org/wp-content/uploads/sc13.tasking.ruud.pdf (visited on 05/20/2017).

[10] Xinmin Tian, Bronis R. de Supinski, Explicit vector programming with OpenMP 4.0 SIMD extensions, in: HPC Today, 2014, http://www.hpctoday.com/hpc-labs/explicit-vector-programming-with-openmp-4-0-simd-extensions/.

第7章 Chapter 7

统一计算设备架构

摘要

图形处理器（Graphics Processing Unit，GPU）成为很多电子设备中不可或缺的一个硬件组成部分。GPU常常用来为用户展示图形界面，并见诸于几乎所有的工作站和移动设备中。从20世纪90年代中期开始，3D加速游戏日益流行（如《雷神之锤》和Unreal引擎系列）带来了现代GPU计算能力的迅速增长，以支持越来越复杂场景的渲染工作。90年代末，制造商扩展了GPU的核心功能，从3D场景的高效渲染，到几何操作的处理，特别是NVIDIA公司的开创性产品GeForce 256[5]，采用了专用的变换和光源（Transform and Lighting，T&L）单元。随着像素和顶点着色器语言的引入，这种语言允许在硬连接的渲染管道之前进行操作，这种趋势在新千年继续保持。因此，计算机科学家借助GPU不断增加的计算能力，通过前面提到的着色语言的表达实现了更多的通用算法。这就是所谓的GPU通用计算（general-purposecomputing on GPU，GPGPU）的诞生。GPGPU编程的一个主要缺点是缺乏抽象性：已处理的数据必须用纹理编码，并用着色语言提供的指令集来操作。这些大大限制了复杂程序的设计⊖。

2007年夏天，NVIDIA公司发布了统一计算设备架构（Compute Unified Device Architecture，CUDA）[3]。它允许使用基于C语言或FORTRAN语言，针对复杂应用程序展开便捷编程。结果是，通用算法能够用简单易读的代码表达。同时，与单线程的CPU实现相比，还能在执行时间方面获得高达两个数量级的加速。尽管有其他供应商为GPU编程方法提供的统一编程的方法（例如，OpenCL[9]和OpenACC[17]），但CUDA是目前GPU编程主流的并行计算框架。本章将教你CUDA-C++的基本知识，包括编程模型、底层存储层次

⊖ 详尽的GPGPU历史综述参见文献[13]。

的高效使用，以及成千上万线程大规模并行任务的同步机制等。

关键词

CUDA，大规模并行计算，GPU，内核函数，线程块，设备同步，Warp，Thrust，计算－全局内存访问，Tesla，流式多处理器，SIMD，主成分分析，循环展开，凝聚内存访问，特征值分解，共享内存

7.1 CUDA 简介

在本章中，你将学习如何借助 CUDA 编程模型在 NVIDIA GPU 上编写大规模并行程序。因为 CUDA 基本上是 C 和 C++ 的扩展，我们无须学习一门全新的语言，就能够很容易地移植复杂的并行程序。让我们从一个简单的 Hello world 程序开始。这个程序仅仅是在命令行打印一条问候语。列表 7.1 中的源代码分成两部分：一个部分是在 CPU 上执行的 `main` 函数，另一个部分是在 GPU 上执行的内核函数 `hello_kernel`。

```
#include <stdio.h>                          // printf

__global__ void hello_kernel() {

    // calculate global thread identifier, note blockIdx.x=0 here
    const int thid = blockDim.x*blockIdx.x + threadIdx.x;

    // print a greeting message
    printf("Hello from thread %d!\n", thid);
}

int main (int argc, char * argv[]) {

    // set the ID of the CUDA device
    cudaSetDevice(0);

    // invoke kernel using 4 threads executed in 1 thread block
    hello_kernel<<<1, 4>>>();

    // synchronize the GPU preventing premature termination
    cudaDeviceSynchronize();
}
```

列表 7.1 CUDA 版 Hello World

让我们来看看 `main` 函数。第一个命令 `cudaSetDevice` 选择装配的支持 CUDA 的 GPU。通常，你可能只有一块 GPU 连接到你的工作站。这样的话，设备标识符可以安全地设置为 0。在本章后面，我们将讨论同时使用多个 GPU 的可能性。第二个函数调用 `hello_kernel<<<1, 4>>>()`，将会唤起一个包含 4 个 CUDA 线程的线程块，在 GPU 上并行运行。每个线程应该会打印一条问候语。这时，我们跳过内核方法的实现细节，继续执行 `cudaDeviceSynchronize()` 方法调用。GPU（设备）上的内核程序和 CPU（主

机）上的代码是异步执行的。最后的同步语句迫使主机等待，直到设备上的内核程序结束其计算任务。这样的同步操作用来防止整个程序立刻终止。否则，如果没有使用显式或隐式同步机制，主机端 `main` 函数将立即返回，而不会打印期望的问候消息。

内核函数 `hello_kernel` 的定义中一个明显的新颖之处是紧靠在返回值 `void` 前面的全局限定符 `__global__`。该限定符指示的含义是，此函数可从 CPU 端调用，但在设备上执行。CUDA 编程语言还提供了其他限定符，能用来指定函数的执行范围和内联行为。最重要的标识符有以下几种：

- `__global__`：主机端调用[⊖]，设备上执行
- `__host__`：主机端调用，主机上执行
- `__device__`：设备端调用，设备上执行

值得注意的是，对于每一个主机函数，`__host__` 是隐式定义的。因此，它可以加在 CPU 上执行的每个传统函数前。限定符 `__host__` 与 `__device__` 可以并用，目的是强制编译器同时为 CPU 和 GPU 生成二进制代码。另外，`__noinline__` 和 `__forceinline__` 可以用于控制函数的内联行为。更多细节可以参考 CUDA 编程指南[4]。

如前所述，我们使用由 4 个 CUDA 线程组成的一个 CUDA 线程块，调用 GPU 上的内核函数。关于线程块和线程的进一步细节说明将在下一节讨论。到目前为止，我们只需要知道我们生成了 1 个线程块，标识符为 `blockIdx.x=0`，由 `blockDim.x=4` 个线程组成。其中每个线程都使用本地线程标识符 `threadIdx.x` 枚举，范围从 0 到 3（包含 3 在内）。因此，第 6 行中的表达式计算 `thid=0*4+threadIdx.x=threadIdx.x` 的结果。作为其他可选方案，如果创建 2 个线程块，每个线程块包含 2 个线程，或者创建 4 个线程块，每个线程块包含 1 个线程，我们都可以生成相同的索引。正如我们将在后面的 7.4 节看到的，线程的特定分布会对程序的整体性能产生重大的影响。最后，通过 `printf` 命令打印全局线程标识符 `thid`。示例代码的编译可以通过调用

```
nvcc hello_world.cu -O2 -o hello_world
```

代码的运行同任何其他主机编译器构建的二进制代码一样，获得以下输出：

```
Hello from thread 0!
Hello from thread 1!
Hello from thread 2!
Hello from thread 3!
```

值得注意的是，优化选项 -O2 只影响代码的主机部分，不影响设备端函数的性能。最后，让我们简单地讨论一下输出。你可能会疑惑，为什么按顺序打印的消息不同于传统的多线程应用程序。这是因为，在一个线程块中的连续 32 个线程中的全部 print 语句总是被

⊖ 注意，计算核心可以由相同的内核函数递归调用。然而，鉴于动态并行化概念在文献中较少提及，本书也将不讨论。

序列化执行，也就是所谓的线程 Warp。如果修订内核函数调用，改为在一个线程块中使用 512 个线程，我们将会观察到每 32 个连续线程标识符为一组的乱序输出。

7.2 支持 CUDA 的 GPU 硬件架构

无可否认，Hello World 示例不是很有用，因为打印是序列化的，而且没有处理数据。但在我们开始计算数字之前，我们必须了解典型的 CUDA 支持的 GPU 硬件布局，以及 CUDA 编程模型如何映射到 GPU 的各个组件。尽管这一节有点理论性，GPU 的特定硬件细节也不属于 CUDA 编程语言的一部分，我们依旧会从研究这些知识中获益。引用卢梭（Jean-Jacques Rousseau）的话：*忍耐是痛苦的，但它的果实是甜蜜的*。

7.2.1 主机与设备之间的互连

让我们从显而易见的地方开始。支持 CUDA 的 GPU 通过主板上专用的插槽连接到服务器或工作站。在写作本书时，大多数显卡都是通过 PCIe v3 总线连接。这种连接能提供高达 16GB/s 的带宽（见图 7.1）。乍一看，这样的带宽速度算是相当快了，但很快就会发现，这个带宽常常是 CUDA 应用程序的主要瓶颈。针对这一点，NVIDIA 推出了 NVLink 技术，它是一种可以提供高达 80GB/s 峰值带宽的新型总线 [6]，提供主机和设备之间或同一个计算结点内多个设备之间的有效通信。

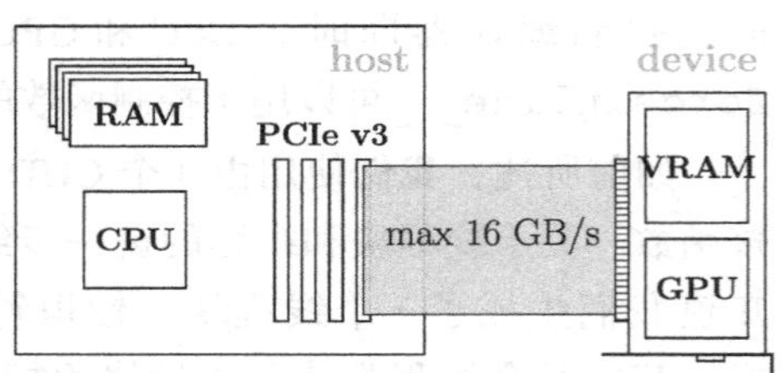

图 7.1 处理器（CPU 和 GPU）和主机 / 设备内存组件的示意图概述。内存传输通过 PCIe v3 总线执行，提供高达 16GB/s 的带宽。从概念上讲，主机和设备可以看作是通过互连网络进行通信的独立计算平台

主机内存（RAM）和设备显存（video memory，VRAM）是物理分离的。因此，我们必须在两个平台上独立分配内存，然后管理它们之间的内存传输。这意味着要在 GPU 上处理的数据必须显式地从主机传输到设备上。驻留在 GPU VRAM 中的计算结果也必须显示地复制回主机，以便将其写入磁盘。也就是说，设备端不能直接访问在主机端分配的数据，反之亦然。相关的 CUDA 命令细节将在 7.3 节讨论。

值得注意的是，NVIDIA 提供了与 CUDA 绑定的功能强大的类库，例如 Thrust[7]，它支持从主机直接操作设备端向量。尽管如此，我们应该注意到，这些花哨的抽象层可能会使代码中的次优部分变得难以读懂。例如，在主机端 for 循环中更改 Thrust 设备向量的所有条目会导致琐碎内存传输带来的过量冗余信息。一种类似但不太严格的语句能用来构建 NVIDIA 的统一内存层，将 RAM 和 VRAM 的地址空间视为一体。因而，我们将继续遵循这两个存储空间之间的传统区别。这种透明的方法将帮助你确定应用程序的性能瓶颈，而不必猜测统一内存寻址的内部细节。

7.2.2 显存和峰值宽度

概念上讲，有了自己的计算单元和内存，可以认为显卡就是一个独立的计算平台。与一般主板上附带的内存（编写本书时，DDR4 DRAM）相比，显卡上的显存访问要快很多。例如，基于 Pascal 的 Titan X 具有 12GB 的 GDDR5X DRAM 模块，提供高达 480GB/s 的带宽，而当前 Xeon 工作站的内存带宽还不足 100GB/s。专业级 Tesla 系列的加速卡如 Tesla P100 或 Tesla V100，配备更快的 HBM2 堆叠式存储体，分别可提供高达 720GB/s 或 900GB/s 的带宽。

尽管访问全局内存的带宽能够达到 1TB/s，我们仍然需要关心底层的内存层次结构。例如，假设你想要对驻留在 VRAM（全局内存）中的单精度浮点数（FP32）的值实现加 1 操作。首先，将每个 32 位值加载到寄存器中。其次，寄存器加 1 操作，即一个浮点运算（flop）。最后，递增后的值写回全局内存。图 7.2 图形化了上述运算机制。该运算对应的计算 – 全局访存（compute-to-global-memory-access，CGMA）比率为 1Flop/8B（读取 4 字节，加 1 操作后写回 4 字节）。因此，在内存带宽为 1TB/s 的情况下，总的计算性能为 125GFlop/s。这仅仅是 Tesla P100 加速卡峰值性能 11TFlop/s FP32 的 1%。因此，合适的内存访问模式和快速缓存的有效使用将是我们主要关注的问题之一。

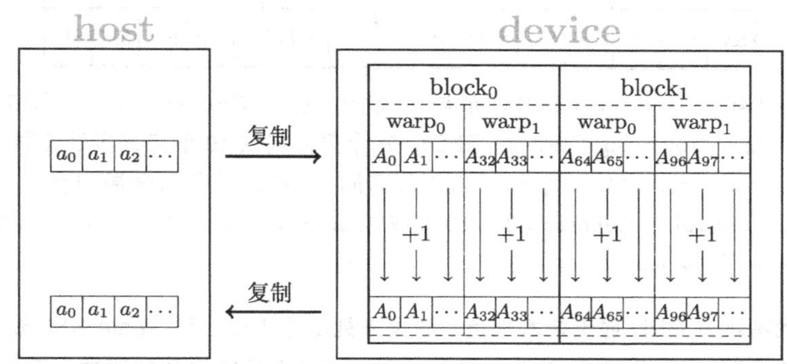

图 7.2 内核函数的内存传输和控制流。它对存储在主机上的数组 $a=(a_0,a_1,\cdots)$ 的所有元素实现递增操作。首先，将主机数组 A 复制到相同大小的设备数组 A 中。然后，线程块中每个 Warp 对数组 A 中连续的 32 个元素同时实施递增操作。第三，将驻留在设备内存数组 A 中递增后的值复制回主机数组 A

7.2.3 计算资源的组织

现代 GPU 强大的计算能力可以用处理单元的绝对数量来解释，通常会超过几千个核心。多核 CPU 一般有几十个完整的处理单元，还有复杂的指令集和控制流，相比之下，GPU 可以被看作是一个巨大的轻量级处理单元数组，采用有限的指令集和受限的控制流。现代 GPU 的硬件布局以层次的树形结构来组织

1. 线程块到 SM 的映射

第一层由少量图形处理集群（GPC）组成（见表 7.1）。每个集群包含大约 10 个（见表

7.2）流式多处理器（SM），如图 7.3 所示。GPC 是一个相当具体的硬件细节，在 CUDA 编程模型中没有对应关系。但是，第二层中的 SM 非严格地映射到前面提到的 CUDA 线程块。一个或多个线程块可以同时在一个 SM 上执行。同时执行的具体数量取决于所需要的资源与可用硬件资源之间的比例，详见 7.4 节。需要注意的是，运行时环境不提供与特定执行顺序有关的任何信息，也就是说，我们既不能影响也不能推演预测这些线程块的调度规划方案。因此，程序在不同的线程块上执行的部分应该是真正数据独立的。

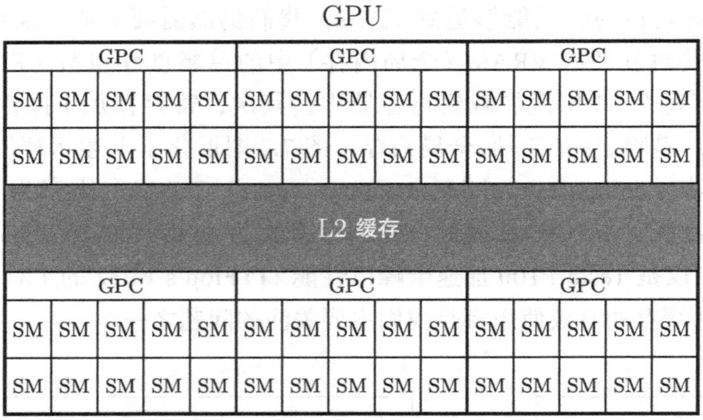

GPU

GPC					GPC					GPC				
SM	SM	SM	SM	SM	SM	SM	SM	SM	SM	SM	SM	SM	SM	SM
SM	SM	SM	SM	SM	SM	SM	SM	SM	SM	SM	SM	SM	SM	SM
L2 缓存														
GPC					GPC					GPC				
SM	SM	SM	SM	SM	SM	SM	SM	SM	SM	SM	SM	SM	SM	SM
SM	SM	SM	SM	SM	SM	SM	SM	SM	SM	SM	SM	SM	SM	SM

图 7.3 Tesla P40 内置的 GP102 GPU 布局示意图。整个 GPU 划分成 6 个图形处理集群（Graphics Processing Cluster，GPC），每个集群提供 10 个流式多处理器（Streaming Multiprocessor，SM）。每 60 个 SM 共享同一块 L2 缓存和全局内存。消费级 GPU 如基于 Pascal 的 GeForce GTX 1080 或 Titan X 具有相似布局，其中 GPC 或 SM 都比较少（见表 7.1）

表 7.1 几代高端单 GPU 显卡技术规范。这里未列出像 Titan Z、Tesla K80 或 Tesla M60 的双 GPU，因为它们基本上是对应的单 GPU 部分的叠加版本。Tesla 显卡（从 Kepler 到 Maxwell 代）配备了较慢的纠错 (ECC) RAM。基于 Pascal 的 Tesla P100 和基于 Volta 的 Tesla V100 配备了快很多的 HBM2 堆叠式内存。值得注意的是，核心数量和 VRAM 容量都随着时间的推移而略有增加

Video card	Generation	GPC	SM	FP32/GPU	VRAM @ Bandwidth
Titan (Black)	Kepler	8	15	2880	6 GB @ 336 GB/s
Tesla K40	Kepler	8	15	2880	12 GB @ 288 GB/s
Titan X	Maxwell	3	24	3072	12 GB @ 336 GB/s
Tesla M40	Maxwell	3	24	3072	24 GB @ 288 GB/s
GTX 1080	Pascal	4	40	2560	8 GB @ 320 GB/s
Titan X	Pascal	6	56	3584	12 GB @ 480 GB/s
Tesla P40	Pascal	6	60	3840	24 GB @ 346 GB/s
Tesla P100	Pascal	6	56	3584	16 GB @ 720 GB/s
Tesla V100	Volta	6	80	5120	16 GB @ 900 GB/s

表 7.2 跨越四代 GPU 的架构技术规范。随着时间的推移，每个 GPC 的 SM 数量在增加，而每个 SM 的核心数量在减少。因此，与上一代 SM 中的核心相比，Pascal/Volta SM 上的核心能够使用更多的寄存器。进一步，注意到 Maxwell 体系结构中 FP64/FP32 的比率相对较小

Generation	SM/GPC	FP32/SM	FP64/SM	FP64/FP32	Registers/SM
Kepler	2	192	64	1/3	65 536 × 32bit
Maxwell	8	128	4	1/32	65 536 × 32bit
Pascal	10	64	32	1/2	65 536 × 32bit
Volta	14	64	32	1/2	65 536 × 32bit

在 CUDA 编程模型中，可以使用 1D、2D 和 3D 网格定义线程块的标识符。在访问多维域上的数据时这种方案允许方便地建立索引。例如，在处理图像的多个不同部分时，我们可以把每个图像分片分配给一个坐标为（`blockIdx.x`, `blockIdx.y`）的线程块。对于网格维度，一维网格可以定义为 ID 网格的整数，也可以定义为一个一般情况下的 dim3 结构体类型的数据。维度可以在内核函数中通过 `gridDim.x`、`gridDim.y`、`gridDim.z` 访问。上一节中，我们的 Hello World 示例程序就使用了一个 1D 网格，包含 1 个、2 个或 4 个线程块。在列表 7.2 中，我们演示了一个包含 3D 线程块的 3D 网格的调用。

```
#include <stdio.h>                          // printf

__global__ void kernel() {

    // print grid and block dimensions and identifiers
    printf("Hello from thread (%d %d %d) "
           "in a block of dimension (%d %d %d) "
           "with block identifier (%d %d %d) "
           "spawned in a grid of shape (%d %d %d)\n",
           threadIdx.x, threadIdx.y, threadIdx.z,
           blockDim.x,  blockDim.y,  blockDim.z,
           blockIdx.x,  blockIdx.y,  blockIdx.z,
           gridDim.x,   gridDim.y,   gridDim.z);
}

int main (int argc, char * argv[]) {

    // set the ID of the CUDA device
    cudaSetDevice(0);

    // define a grid of 1*2*3 = 6 blocks
    // each containing  4*5*6 = 120 threads
    // i.e. altogether 6! = 720 threads
    dim3  grid_dim(1, 2, 3);
    dim3 block_dim(4, 5, 6);

    // invoke the kernel
    kernel<<<grid_dim, block_dim>>>();
```

列表 7.2 由 3D 线程块构成的 3D 网格的内核函数调用

```

    // synchronize the GPU preventing premature termination
    cudaDeviceSynchronize();
}
```

列表 7.2 （续）

在我们继续讨论 SM 的内部组成之前，我们必须提出一个重要说明：同一个内核函数中不同 CUDA 线程块之间不能在内核函数执行期间同步，因为，在 CUDA 版本 8 之前不存在设备范围内，且可在内核函数中调用的同步屏障。值得注意的是，CUDA 9 引入了协作组的概念，它能提供设备端多网格同步调用。然而，在编写这本书的时候，CUDA 9 还没有发布，所以我们继续采用了传统的方法：线程块之间的依赖关系必须通过在主机上栈存多个内核函数实现，强制在不同的内核函数调用之间设置一个同步屏障。NVIDIA 作出这种决定有几个主要原因。第一，低端 GPU 和高端 GPU 的硬件布局的主要区别在于 SM 的数量。因此，一个精心设计的编程模型应该透明地扩展任意数量的线程块。其次，同步是有代价的，特别是当强制设置一个全局屏障时，所有的 SM 都必须等待最后一个线程块执行结束。这一观察结果可以总结为一句话：*同步无益于扩展*[⊖]。作为一种结果，我们不得不重构甚至重新设计过度依赖全局屏障或互斥锁的代码。

2. 线程到 Warp 的映射

每个 SM 包含多个计算和指令单元，如图 7.4 所示。Pascal 代 GPU 的每个 SM 有 64 个单精度计算单元（FP32）、32 个双精度（FP64）计算单元、16 个加载和存储单元（LDST）、16 个特殊函数单元（SFU）。FP32 和 FP64 单元的数量和比例随 GPU 的更新换代而不同。因此，FP64 的性能不能从 FP32 单元的数量直接推断出来。举例来说，Maxwell 代 GPU 提供的 FP64 到 FP32 单元的比值仅为 1/32，相比之下，Kepler (1/3)、Pascal (1/2) 和 Volta (1/2) 中的这一比值就相当高。

直至 CUDA 8，一个由 32 个连续 CUDA 线程组成的 Warp 在 SM 上以锁步方式并发处理。因此，全部 32 个计算单元必须同时执行类似于单指令多数据（Single Instruction Multiple Data，SIMD）范式的相同操作。这点与传统的 SIMD 架构不同，传统计算单元能访问非连续内存或掩码指令，允许控制流的分支执行。后者称为分支发散（branch divergence），应该避免，因为硬件按一个接着另一个的顺序方式执行这些分支。这种稍微灵活些的计算模型是由 NVIDIA 创建的，称为单指令多线程（Single-Instruction multi-Thread，SIMT）。严格地讲，SIMD 是 SIMT 模型的一个子集。在这种情况下，一个 Warp 可认为是一个包含 32 个 SIMD 通道的 SIMD 矢量单元。因此，我们能够轻松地按照 CUDA 程序语言表达 SIMD 算法。值得注意的是，CUDA 9 从传统的以 Warp 为中心的编程范式转换到协作组编程范式，实际上是对 Warp 概念的一般化推广。结果是，CUDA 9 中的 Warp 可能不再以锁步方式执行，对隐式同步机制有严格的含意。在撰写本文时（2017 年夏天），我们无

⊖ 半自动并行化框架 OpenACC 遵循同样的原则[14]。

法预测协作组概念对未来代码开发的影响。但是，请关注这个主流的范式变迁，因为它可能会成为游戏规则的改变者。

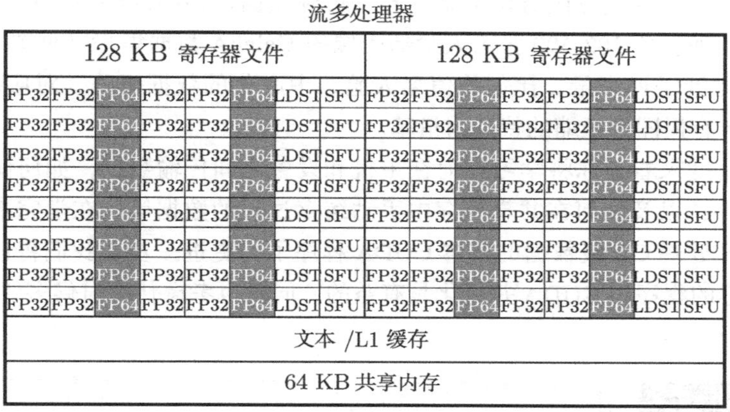

流多处理器

128 KB 寄存器文件								128 KB 寄存器文件							
FP32	FP32	FP64	FP32	FP32	FP64	LDST	SFU	FP32	FP32	FP64	FP32	FP32	FP64	LDST	SFU
FP32	FP32	FP64	FP32	FP32	FP64	LDST	SFU	FP32	FP32	FP64	FP32	FP32	FP64	LDST	SFU
FP32	FP32	FP64	FP32	FP32	FP64	LDST	SFU	FP32	FP32	FP64	FP32	FP32	FP64	LDST	SFU
FP32	FP32	FP64	FP32	FP32	FP64	LDST	SFU	FP32	FP32	FP64	FP32	FP32	FP64	LDST	SFU
FP32	FP32	FP64	FP32	FP32	FP64	LDST	SFU	FP32	FP32	FP64	FP32	FP32	FP64	LDST	SFU
FP32	FP32	FP64	FP32	FP32	FP64	LDST	SFU	FP32	FP32	FP64	FP32	FP32	FP64	LDST	SFU
FP32	FP32	FP64	FP32	FP32	FP64	LDST	SFU	FP32	FP32	FP64	FP32	FP32	FP64	LDST	SFU
FP32	FP32	FP64	FP32	FP32	FP64	LDST	SFU	FP32	FP32	FP64	FP32	FP32	FP64	LDST	SFU
文本 /L1 缓存															
64 KB 共享内存															

图 7.4 Pascal 代的流式多处理器（SM）布局示意图。一个 SM 提供 2 个线程块，其中每个线程块包含 32 个单精度计算单元（FP32）、16 个双精度计算单元（FP64）、8 个加载和存储单元（load and store unit，LDST）和 8 个特殊功能单元（special function unit，SFU）。这 2 个块中的每一个都能够访问 32 768 个 32 位寄存器，从而，总共有 256 KB 可用于存储变量。SM 中的所有单元之间共享 L1 缓存和 64KB 共享内存

每个 Pascal 显卡的 SM 的 2 个寄存器文件可以存储最多 65 536 个 32 位变量。每个计算单元有 1 024 个寄存器，对于轻量级线程的高效调度来说这个数字相当高，也非常关键。如果一个 Warp 不再处于执行状态，比如，在等待数据时，调度器可以切换到另一个 Warp，而无须转储或加载相应的寄存器。因此，保持的线程数量能轻松超过可用计算单元的数量。快速切换（Warp 流）能够有效地把全局内存访问导致的延迟隐藏在计算背后。与线程块调度类似，我们无法控制 Warp 的执行顺序。但是，在 CUDA 8 之前你可以依靠 2 个属性：第一，一个 Warp 内的所有线程都并发执行；第二，在内核函数终止之后，所有的 Warp 和相应的线程块都结束了它们的计算。只有后者适用于 CUDA 9。

一个 SM 的所有计算单元能够访问 64 KB 的快速片上内存，用于线程间通信和缓存。总之，一个支持 CUDA 的现代 GPU 由数千个核心组成（见表 7.1），可以执行数万个线程。因此，与多核架构上的粗粒度并行化方案不同，GPU 上的并行性必须在细粒度规模上精心组织。为了有效地利用现代 GPU，除了大规模并行计算因素之外，我们还必须考虑由 SIMT 计算模型带来的附加约束。

7.3 内存访问模式

在回顾了支持 CUDA 的典型 GPU 硬件架构之后，现在我们可以开始编写一些更有用

的代码了。我们的任务是用 CUDA 实现**主成分分析**（Principal Component Analysis，PCA）。PCA 是一种常用于机器学习领域的降维技术，其应用十分广泛：从信号处理中的有损音频 / 视频压缩到物理学中的刚体固有坐标系计算，再到数据挖掘中的潜在变量确定等。在这一节中，我们将处理包含 202 599 张名人脸部图像的 CelebA 数据集 [16]（见图 7.5）。特别地，通过计算我们得到了许多量，比如均值名人脸、中心化的数据矩阵、对应的协方差矩阵，以及一个可用于有损图像压缩的特征向量基。

从编程的角度来看，你将学习如何在主机和设备之间传输数据，如何使用凝聚访存模式读写全局内存，以及如何在共享内存中手动缓存过长的数据等。在学完本节后，你就能够编写用来并发处理 GB 级数据的基本 CUDA 程序了。更进一步，我们将讨论，按照运行时长什么时候你的程序用 CUDA 并行化是有益的，同时也考虑什么时候多线程 CPU 实现可能才是更好选择。

图 7.5　与 CelebA 数据集中图像相似的 8 幅图像。需要注意的是，由于版权不明确，没有展示原始照片。在我们的实验中，我们使用了数据集的变体，其中对齐了面部特征，并且通过普通求平均值，把 RGB 三个通道合并成单个灰度通道

7.3.1　均值名人脸的计算

CelebA 数据集中的 202 599 张图像，以形如 178 × 218 的 RGB 值矩阵格式存储。为了简单起见，通过按像素计算对应的红、绿、蓝三个颜色通道强度的平均值，我们将 3 个颜色通道合并为灰度。更进一步，在预处理阶段，对图像实施了因子大约为 4 的下采样。处理后的结果图像仍然需要超过 1GB 的内存量，因为（45 × 55） × `sizeof(float)` ×

202 599>1.8GB。不过，我们讨论的算法和源代码也能够很好地处理原始分辨率图像（比如，使用配有 32GB 显存的 GPU）。而且，独立地处理每个颜色通道中的像素，就是对彩色图像的一种简单扩展。

接下来，我们把每幅图像解释成一个展平的向量 $v^{(i)} \in \mathbb{R}^n$，其中，n=45 · 55=2 475；这 2 475 个像素以行主序建立索引。大致来说，我们忽略了矩阵的形状，连续地将每一个像素映射到向量中的一个位置上。接下来，把 m=202 599 个向量 $v^{(i)}$ 存储为数据矩阵 D 中的多个行，其中

$$D=(v^{(0)},v^{(1)},\cdots,v^{(m-1)}) \in \mathbb{R}^{m \times n}$$

使得 $D_{ij}=v_j^{(i)}$ 表示第 i 个向量（图像）的第 j 维（像素）。接下来，通过在全体图像上按像素计算强度值的归一化和，我们确定了均值图像 μ：

$$\mu_j = \frac{1}{m}\sum_{i=0}^{m-1} v_j^{(i)} \quad \text{对所有的 } j \in \{0,\cdots,n-1\} \tag{7.1}$$

得到的均值向量 μ 如图 7.6 所示。需要注意的是，这种高维数据的一维表示可以推广到由 m 个固定长度向量组成的 $\mathbb{R}^n$ 中的任何数据集。然而，为了得到有意义的结果，向量 $v^{(i)}$ 中的元素应该具有非严格的相关性。因此，对于没有经过面部特征近似对齐，或者没有经过平移不变重新表示的未对齐数据，你就不能期望这种方法有好的处理效果。未对齐的数据可以使用卷积神经网络 [20] 或图像配准技术 [10] 进行处理。

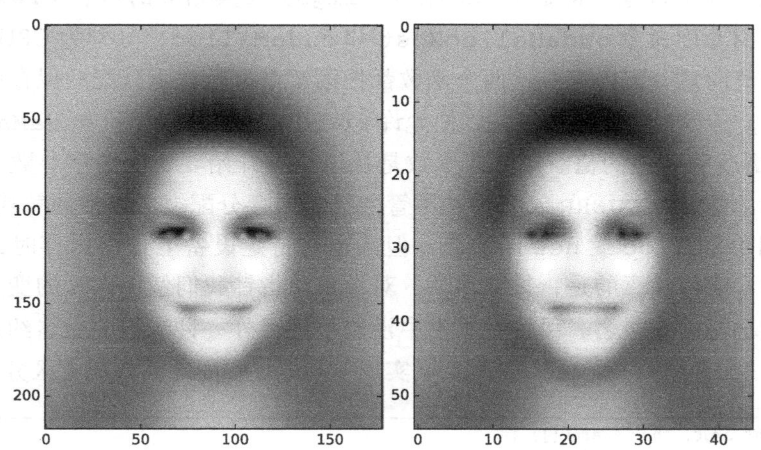

图 7.6 CelebA 数据集中的均值名人脸：原始分辨率（左图为 178×218 像素）和下采样变体（右图为 45 × 55 像素）

让我们开始编码。首先，我们包含一些有用的头文件（见列表 7.3）。文件 `hpc_helper.hpp` 包含了一些便于测量执行时间（`TIMERSTART`（`label`）和 `TIMERSTOP`（`label`））和报告错误的宏。错误检查很重要，因为遇到不正确的内存访问或内存分配不成功，CUDA 往往会悄然地退出执行，而主机端代码还会继续执行。因此，你将看到，我

们的代码会频繁使用 CUERR 宏。另外两个头文件分别是提供了加载二进制文件和以微软位图格式写回图像的函数。接下来，我们为均值计算定义了一个模板内核函数，它可以根据用户数据类型具体化。其中，模板内核函数中的 2 个参数分别是索引（indexing，通常是 uint32_t 或 uint64_t）和浮点值的表示（通常是 float 或 double）。设备指针 Data 和 Mean 分别指向数据矩阵和均值向量。整数 num_entries 和 num_features 对应于图像的幅数（m）和特征 / 维度的个数（n）。

```
#include "../include/hpc_helpers.hpp" // timers, error macros
#include "../include/bitmap_IO.hpp"   // write images
#include "../include/binary_IO.hpp"   // load data

template <
    typename index_t,                 // data type for indices
    typename value_t> __global__      // data type for values
void compute_mean_kernel(
    value_t * Data,                   // device pointer to data
    value_t * Mean,                   // device pointer to mean
    index_t num_entries,              // number of images (m)
    index_t num_features);            // number of pixels (n)
```

列表 7.3 计算均值程序的头文件

让我们继续讨论列表 7.4 中的 main 函数。从第 15 行到第 19 行，我们选择 CUDA 设备，然后定义了 3 个常量，指定图像的幅数（imgs）及其相应的形状（rows 和 cols）。接着，我们使用专用命令 cudaMallocHost 和 cudaMalloc，分别为 CPU 和 GPU 上的数据矩阵和均值向量分配内存。这两个函数都把第 1 个参数作为分配后保存内存位置的指针地址。因此，参数是指针的指针，以便允许 cudaMallocHost 和 cudaMalloc 将地址从 nullptr 更改为相应的值。第 2 个参数是从该位置开始要访问的字节数。返回值表示分配是否成功，并交由 CUERR 宏处理。尽管主机端内存分配也可以使用替代的其他命令，比如，通过调用 malloc 或 new 函数等，但是当在特定设备上预留内存时，我们仅限于 cudaMalloc。值得注意的是，贯穿本章，对设备端指针我们使用大写的变量名，而对主机端指针使用小写的变量名。尽管在本书中没有采用另外一种流行的命名约定，但它在变量名后面加上 _h（主机）和 _d（设备），以实现不同地址空间之间的视觉区分。

```
13 int main (int argc, char * argv[]) {
14
15     // set the identifier of the used CUDA device
16     cudaSetDevice(0);
17
18     // 202599 grayscale images each of shape 55 x 45
19     constexpr uint64_t imgs = 202599, rows = 55, cols = 45;
20
21     // pointer for data matrix and mean vector
```

列表 7.4 main 函数：内存分配

```
    float * data = nullptr, * mean = nullptr;
    cudaMallocHost(&data, sizeof(float)*imgs*rows*cols);     CUERR
    cudaMallocHost(&mean, sizeof(float)*rows*cols);          CUERR

    // allocate storage on GPU
    float * Data = nullptr, * Mean = nullptr;
    cudaMalloc(&Data, sizeof(float)*imgs*rows*cols);         CUERR
    cudaMalloc(&Mean, sizeof(float)*rows*cols);              CUERR
```

列表 7.4 （续）

我们继续使用 **binary_IO.hpp** 头文件提供的 **load_binary()** 方法，将矩阵 D 从磁盘加载到主机上的 **data** 数组。用 **TIMERSTART** 和 **TIMERSTOP** 宏来测量执行的时间。这个时候，你在处理自己的数据时将使用行主序寻址方式手动填充数组。

```
    // load data matrix from disk
    TIMERSTART(read_data_from_disk)
    std::string file_name =
        "./data/celebA_gray_lowres.202599_55_45_32.bin";
    load_binary(data, imgs*rows*cols, file_name);
    TIMERSTOP(read_data_from_disk)
```

列表 7.5 main 函数：从磁盘加载数据

如前所述，需要在 GPU 上处理的数据必须显式地从主机传输到设备。复制操作可以通过对 **cudaMemcpy** 的调用来实现，如列表 7.6 中的第 39 行所示。该命令遵循传统 **memcpy** 调用的语义，也就是说，第 1 个参数对应于目标地址，第 2 个参数对应于源指针，第 3 个参数表示传输的字节数，第 4 个参数指明了涉及的平台。看上去相当笨拙的常量 **cudaMemcpyHostToDevice** 和 **cudaMemcpyDeviceToHost** 用于区分复制操作是从主机到设备还是从设备到主机。值得注意的是，通过定义用户变量或者宏，可以显著缩短这些表达式的长度，以减少重复的冗余打字。作为一个例子，**hpc_helpers.hpp** 头文件包含以下两行：

```
#define H2D (cudaMemcpyHostToDevice)
#define D2H (cudaMemcpyDeviceToHost)
```

第 41 行中对 **cudaMemset** 的调用全部用 0 覆盖了设备向量 Mean。这是一种安全机制，用以避免我们在编程实践中经常见到的陷阱。假设，你有一个能运行的 CUDA 程序，尽管你的老师反复警告，但你还是忽略了返回值检查。接下来，假设在下一个版本中，你引入了一个错误，它立即导致了你的内核函数静默地失败。很可能（几乎可以肯定）在后续的 **cudaMemcpy** 操作中想要从设备到主机传输结果向量（我们的例子中是 **Mean**），传输的却是依旧驻留在全局存储器中的先前运行产生的旧（正确）数据。一个有缺陷的程序，直到重新启动才通过了单元测试！还有什么能比这种情况更糟？总之，结果重置和错误检查是强制性的。

将矩阵 D 复制到设备后，我们在第 46 行调用内核函数。参考公式 7.1，在 j（像素的索引）上并行化是可取的，因为 $n = 55 \cdot 45 = 2\,475$ 中的每个和都能够独立计算⊖。如果每个线程块使用 32 个 CUDA 线程，我们必须调用至少 $\lfloor n/32 \rfloor$ 个线程块。如果余数 $n\%32$ 不为零，也就是说，n 不是线程块尺寸的倍数，我们必须创建一个额外的块，用来处理剩下的几个像素。上述方案可以归结为一个用于安全整数除法的闭合表达式：

$$\mathrm{SDIV}(x,y) = \left\lfloor \frac{x+y-1}{y} \right\rfloor \geqslant \frac{x}{y}，\text{对所有 } x,y \in \mathbb{R}^{+} \tag{7.2}$$

SDIV 宏在 `hpc_helper.hppheader` 头文件中定义。内核函数终止后，使用 `cudaMemcpy` 将结果复制回主机（见第 52 行）。

```
37      // copy data to device and reset Mean
38      TIMERSTART(data_H2D)
39      cudaMemcpy(Data, data, sizeof(float)*imgs*rows*cols,
40                 cudaMemcpyHostToDevice);                    CUERR
41      cudaMemset(Mean, 0, sizeof(float)*rows*cols);          CUERR
42      TIMERSTOP(data_H2D)
43
44      // compute mean
45      TIMERSTART(compute_mean_kernel)
46      compute_mean_kernel<<<SDIV(rows*cols, 32), 32>>>
47                         (Data, Mean, imgs, rows*cols);      CUERR
48      TIMERSTOP(compute_mean_kernel)
49
50      // transfer mean back to host
51      TIMERSTART(mean_D2H)
52      cudaMemcpy(mean, Mean, sizeof(float)*rows*cols,
53                 cudaMemcpyDeviceToHost);                    CUERR
54      TIMERSTOP(mean_D2H)
```

列表 7.6　main 函数：内存传输和内核函数调用

列表 7.7 中 `main` 函数的其余部分很明确。使用 `bitmap_IO.hp` 头文件中的 `dump_bitmap` 函数将均值图像写入磁盘。此外，使用 `cudaFreeHost` 显式释放主机上已经分配的内存，使用 `cudaFree` 显式释放设备上已经分配的内存，以防止内存泄漏。

```
    // write mean image to disk
    TIMERSTART(write_mean_image_to_disk)
    dump_bitmap(mean, rows, cols, "./imgs/celebA_mean.bmp");
    TIMERSTOP(write_mean_image_to_disk)

    // get rid of the memory
    cudaFreeHost(data);                                        CUERR
    cudaFreeHost(mean);                                        CUERR
    cudaFree(Data);                                            CUERR
    cudaFree(Mean);                                            CUERR
}
```

列表 7.7　main 函数：写回结果和释放内存

⊖ 索引 i 上的并行化是可能的，但是需要一个额外的归约步骤。

最后，我们讨论在列表 7.8 中实现的 `compute_mean_kernel` 代码。首先，与 7.1 节中的 Hello World 内核函数类似，第 76 行计算了全局线程标识符。然后，第 79 行检查了线程标识符的范围，以避免 `num_features` 不是 `blockDim.x` 的倍数时发生潜在的内存违规访问。第三，每个线程在专用寄存器 `accum` 中累加 `Data` 矩阵的一个列。另一种选择是，你可以微调第 86 行程序，通过给编译器一个提示，把 for 循环展开成大小为 32 的多个分批。最后，我们规范化计算得到的和值，把它写入 `Mean` 数组。

```
66 template <
67     typename index_t,
68     typename value_t> __global__
69 void compute_mean_kernel(
70     value_t * Data,
71     value_t * Mean,
72     index_t num_entries,
73     index_t num_features) {
74
75     // compute global thread identifier
76     const auto thid = blockDim.x*blockIdx.x + threadIdx.x;
77
78     // prevent memory access violations
79     if (thid < num_features) {
80
81         // accumulate in a fast register,
82         // not in slow global memory
83         value_t accum = 0;
84
85         // try unrolling the loop with
86         // # pragma unroll 32
87         // for some additional performance
88         for (index_t entry = 0; entry < num_entries; entry++)
89             accum += Data[entry*num_features+thid];
90
91         // write the register once to global memory
92         Mean[thid] = accum/num_entries;
93     }
94 }
```

列表 7.8　CUDA 内核函数实现均值脸的计算

可使用以下命令编译代码：

```
nvcc -O2 -std=c++11 -arch=sm_61 -o mean_computation
```

因为我们的代码使用了 `auto` 关键字，我们需要设置 `-std=c++11` 标识，以激活对 `C++11` 标准的支持。另外，`-arch=sm_61` 指定了 Pascal GPU 的计算能力。有关可配置计算能力的更详尽说明，请参阅 CUDA 编程指南 [4]。在基于 Pascal 的 Titan X 上执行程序时，我们观察到执行时长的如下输出：

```
TIMING: 13294.3 ms (read_data_from_disk)
TIMING: 170.136 ms (data_H2D)
```

```
TIMING: 8.82074 ms (compute_mean_kernel)
TIMING: 0.03174 ms (mean_D2H)
TIMING: 155.921 ms (write_mean_image_to_disk)
```

从旋转型磁盘（≈ 150 MB/s）读取 1.86GB 的图像数据需要大约 13s。通过 PCIe 总线从主机到设备的内存传输大约在 170 ms（≈ 11 GB/s）内完成。在 CUDA 内核函数的执行过程中，数据集的每个像素正好访问 1 次，并运用加法操作 1 次。这样的话，对应于大约 208 GB/s 的高效全局访存带宽和大约 52 GFlop/s 的计算性能，总共耗时 9ms。均值图像（≈ 9.5KB）传回主机的时间可以忽略不计。

尽管内核函数取得了可观的性能，但我们仅利用了全局访存带宽理论峰值 480GB/s 的一半，达到了峰值性能 11 TFlop/s 的 0.5%。此外，创建的 n=2 475 个线程数量，明显小于 3 584 个可用计算核心的数量（见表 7.1）。在更好的方法中应该产生数万个线程。如果我们包含了 PCIe 上按理说更慢的内存传输或从磁盘读取数据所需的时间，情况会变得更糟。因此，将所述算法看作独立的应用程序，不太适合 GPU，因为当前最先进的多核 CPU 很容易胜过 52 Gflop/s 的计算性能。尽管如此，这个内核函数可以作为子例程用于高层算法，其中堆叠了好几个 CUDA 内核函数。最后，如果需要处理的数据太少，原生的计算性能也就没有意义。

最后，让我们重点介绍一下同步。在第 46 行调用内核函数后，你可能已经注意到漏掉了 `cudaDeviceSynchronize()` 命令。后面使用 `cudaMemcpy` 的内存传输隐式地同步了设备，使得一个显式的同步操作成为冗余。然而，异步的内存传输和内核启动是可能的，将在 8.2 节中讨论。当使用 `cudaMalloc(Host)/cudaFree(Host)` 分配 / 释放内存时，或者使用 `cudaMemset` 设置内存，或者使用 `cudaDeviceSetCacheConfig` 切换 L1 与共享内存之间的配置，也都会强制执行隐式同步行为。完整列表可以在 CUDA 编程指南 [4] 中找到。

7.3.2 计算中心化的数据矩阵

PCA 通常作用于中心化的数据，也就是说，我们必须从每个向量 $v^{(i)}$ 中减去均值向量 μ。中心化向量 $\bar{v}^{(i)}$ 的分量通过以下式子获得：

$$\bar{v}_j^{(i)} = v_j^{(i)} - \mu_j, \quad \text{对所有 } i \in \{0,\cdots,m-1\}, j \in \{0,\cdots,n-1\} \tag{7.3}$$

结果是，中心化的数据矩阵 $\bar{D}_{ij} = \bar{v}_j^{(i)}$ 的列加起来和为零。从概念上讲，有两个层面上的并行性。一方面，与前一小节类似，我们可以在像素索引 j 上并行化均值校正。另一方面，每个图像 $v^{(i)}$ 也可以独立处理。我们将会发现，第一种方法比后者快 8 倍。这可以解释为两种方法采用了不同访存模式。然而，在我们深入细节之前，让我们编写一些代码。第一个内核函数在像素索引上将中心化操作并行化，并在图像索引上将循环序列化（见列表 7.9）。

```
template <
    typename index_t,
```

列表 7.9 执行均值校正的 CUDA 内核函数（像素索引 j）

```
3      typename value_t> __global__
4  void correction_kernel(
5      value_t * Data,
6      value_t * Mean,
7      index_t num_entries,
8      index_t num_features) {
9
10     const auto thid = blockDim.x*blockIdx.x + threadIdx.x;
11
12     if (thid < num_features) {
13
14         const value_t value = Mean[thid];
15
16         for (index_t entry = 0; entry < num_entries; entry++)
17             Data[entry*num_features+thid] -= value;
18
19     }
20 }
```

列表 7.9 （续）

代码类似于均值计算的内核函数。首先，在第 10 行确定全局线程标识符 `thid`；第二，我们检查线程索引的范围，以防止内存违规访问（第 12 行）；第三，在第 14 行，`Mean` 向量的第 j 个分量写入寄存器 value；第四，在循环体中，我们从每个向量中减去相应的值。最后，使用以下调用命令启动内核函数：

```
correction_kernel<<<SDIV(rows*cols, 32), 32>>>
                  (Data, Mean, imgs, rows*cols);   CUERR
```

另外一种正交的方法是，为每个图像创建一个线程，并串行执行像素索引上的循环。相应的源代码在见列表 7.10。在这里，我们仍然是计算全局线程标识符，然后检查其范围。最后，执行像素索引上的循环。

```
template <
    typename index_t,
    typename value_t> __global__
void correction_kernel_ortho(
    value_t * Data,
    value_t * Mean,
    index_t num_entries,
    index_t num_features) {

    const auto thid = blockDim.x*blockIdx.x + threadIdx.x;

    if (thid < num_entries) {

        for (index_t feat = 0; feat < num_features; feat++)
            Data[thid*num_features+feat] -= Mean[feat];
    }
}
```

列表 7.10 执行均值校正的 CUDA 内核函数（图像索引 i）

对应的内核函数调用语句主要区别于创建的线程块个数和线程个数，这次对应的是图像的幅数。

```
correction_kernel_ortho<<<SDIV(imgs, 32), 32>>>
                   (Data, Mean, imgs, rows*cols);   CUERR
```

在基于 Pascal 的 Titan X 上执行这两个内核函数，我们测得第一个内核函数的执行时间大约 60 ms，其正交方法大约 500 ms。乍一看，结果似乎出人意料，因为图像的幅数远远超过了像素的个数。然而，第二个内核函数没能从升级的并行度中获益，是因为其非最优的访存模式。让我们看看正交方法的 for 循环体：

```
for (index_t feat = 0; feat < num_features; feat++)
    Data[thid*num_features+feat] = some_value;
```

尽管变量 `feat` 枚举了内循环，看起来似乎访存连续，但是实际上 `Data` 数组条目的访问并不连续。回想一下，一个 Warp 中的 32 个线程并发执行，因此，索引 `thid` 的变化速度比变量 `feat` 要快。这样的话，循环体中的每一次迭代就会访问驻留在同一列中的 32 个元素。这导致了缓存行的过度失效。相比之下，第一个内核函数的访问模式

```
for (index_t entry = 0; entry < num_entries; entry++)
    Data[entry*num_features+thid] = some_value;
```

每次迭代都是访问了连续内存。

让我们再讨论一下看到的情形。每当连续线程访问连续内存时，更准确地说，对于固定值 k 和 l，当一个线程序列（t_k，t_{k+1}，…，t_{k+31}）并发地读或写连续的内存位置（p_l，p_{l+1},⋯,p_{l+31}），我们称此模式为 **"凝聚的"**(coalesced)，否则称为 **"非凝聚的"**(non-coalesced)（见图 7.7）。为了用满全局存储带宽，凝聚的访问模式非常可取。非凝聚读或写通常和随机访问一样慢，无论如何都应该避免。有几种技术能用来有效地避免随机访问，例如，索引的重新排序、输入数据的转置（这是一个练习），或者把高度不规则的访问模式放到更快的内存类型上执行。后者将在第 7.4 节中示范。最后，让我们针对多维线程块中的凝聚访问做个总结说明。通常，本地线程标识符 `threadidx.x` 的变化速度比 `threadidx.y` 和 `threadidx.z` 都要快。因此，依赖于 `threadidx.x` 的变量（在我们的例子中是 `thid`）应该总是操作索引方案中的最低有效位。举个例子，凝聚方案

```
Data[threadIdx.y*matrix_width+threadIdx.x] = some_value;
```

通常远远快于对照的非凝聚方案

```
Data[threadIdx.x*matrix_width+threadIdx.y] = some_value;
```

牢牢记住，这种细微的差别可能会减慢你的算法约一个数量级。在传统的 CPU 上，可以观察到类似的行为，这里的行主序访问对应于凝聚的内存访问，理所当然地优于列主序索引（见第 3 节）。

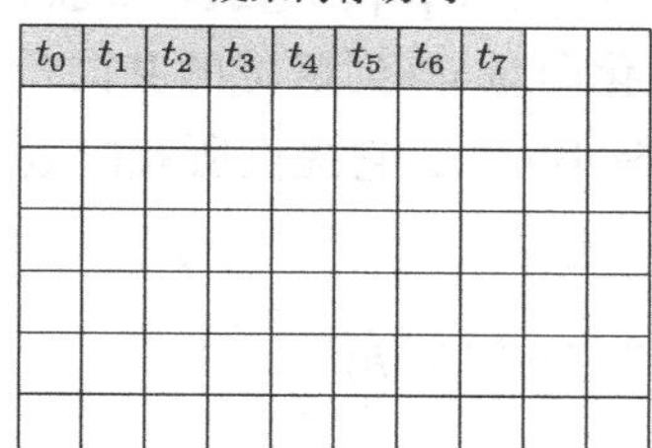

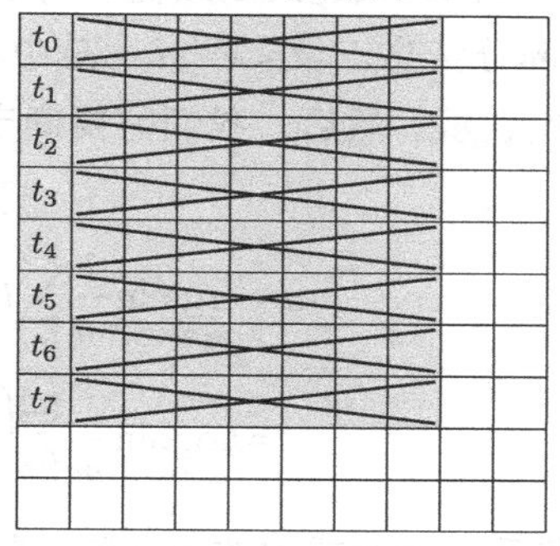

图 7.7　一个 10×10 矩阵上的凝聚内存访问模式和非凝聚内存访问模式的例子。左图显示了 8 个连续线程如何并发利用整个缓存行（灰色框）。如果像右图所示访问一个矩阵的多个列，每个线程都发射一条装载完整缓存行的指令。再者，在操作每一个缓存行的第一个元素时，下一次迭代中强行发射了一个新的装载，导致缓存行中剩余的 7 个元素立即失效。灰色阴影区域的大小对应于预期的执行时间

7.3.3　计算协方差矩阵

PCA 通过在其协方差矩阵上执行对角化操作为中心化向量 $v^{(i)}$ 确定了一个新的本征坐标系。

$$\begin{aligned} c_{jj'} &= \frac{1}{m}\sum_{i=0}^{m-1}(v_j^{(i)}-\mu_j)\cdot(v_{j'}^{(i)}-\mu_{j'}) \\ &= \frac{1}{m}\sum_{i=0}^{m-1}\bar{v}_j^{(i)}\cdot\bar{v}_{j'}^{(i)},\quad \text{对所有 } j,j'\in\{0,\cdots,n-1\} \end{aligned} \tag{7.4}$$

元素 $C_{jj'}$ 描述了两个像素 j 和 j' 的相关程度，因为它沿着图像轴重新组装了相应的强度向量的标量积。

$$C_{jj'} = \frac{1}{m}\langle(\bar{v}_j^{(0)},\bar{v}_j^{(1)},\cdots,\bar{v}_j^{(m-1)})\,|\,(\bar{v}_{j'}^{(0)},\bar{v}_{j'}^{(1)},\cdots,\bar{v}_{j'}^{(m-1)})\rangle \tag{7.5}$$

这里，符号 <·|·> 表示欧氏空间中的标准标量积。例如，如果 j 表示左眼的位置而 j' 表示右眼的位置，我们希望 $C_{jj'}$ 会是一个适当高的值。在通常情况下，我们确定向量空间 $\mathbb{R}^n$ 中表示的 n 个特征的全部的两两相关性。协方差矩阵 C 会展现许多有用的数学特性：

- （**对称性**）交换索引 j 和 j'，$C_{jj'}$ 保持不变，因为两个实数的乘积是可交换的。
- （**正定性**）C 是一个正定矩阵，因为 $C^{\mathrm{T}}\cdot C = C\cdot C^{\mathrm{T}}$。因此，可以使用特征值分解来对角化 C。
- （**正谱**）公式（7.5）中的标量乘积是一种正定的双线性形式，因此，C 表现为仅有非负特征值。

C 的实值特征向量 $\{u^{(0)},\ u^{(1)},\ \cdots,\ u^{(n-1)}\}$ 相互正交跨越 $\mathbb{R}$ 上的一个 n 维向量空间。你可能想知道，为什么我们对这个特定基感兴趣，因为我们也许一直喜欢典范基，或者任何其他线性无关的向量集。假设我们想要仅使用高维向量空间 $\mathbb{R}^n$ 中的一维坐标来表示这些图

像。从数学上讲，我们感兴趣的是最优基向量 $b \in \mathbb{R}^n \setminus \{0\}$，它通常捕获存储在中心化数据矩阵 $\bar{D}$ 中的绝大部分信息。设 $<v^{(i)} | \hat{b}>$ 是中心化向量 $v^{(i)}$ 到赋范的基向量 $\hat{b} = b / \sqrt{\langle b | b \rangle}$ 上的投影，用标量积表示。然后，我们需要确定最小元 u，它提供所有向量 $v^{(i)}$ 的最佳最小二乘近似：

$$
\begin{aligned}
u &= \underset{b \in \mathbb{R}^n \setminus \{0\}}{\operatorname{argmin}} \frac{1}{m} \sum_{i=0}^{m-1} (\bar{v}^{(i)} - \langle \bar{v}^{(i)} | \hat{b} \rangle \cdot \hat{b})^2 \\
&= \underset{b \in \mathbb{R}^n \setminus \{0\}}{\operatorname{argmin}} \frac{1}{m} \sum_{i=0}^{m-1} \left(\bar{v}^{(i)} - \frac{\langle \bar{v}^{(i)} | b \rangle \cdot b}{\langle b | b \rangle} \right)^2
\end{aligned} \tag{7.6}
$$

让我们展开最后一个等式中的平方项，并且用 j 和 j' 上的显式和代替标量积。我们得到一个常数项，它可以在优化过程中忽略。第二项依赖于协方差矩阵 C。需要注意的是，来自二项式扩展的第二（混合）项和第三项符合乘性因子。

$$
\begin{aligned}
u &= \underset{b \in \mathbb{R}^n \setminus \{0\}}{\operatorname{argmin}} \sum_{i=0}^{m-1} \left(\frac{1}{m} \sum_{j=0}^{n-1} (\bar{v}_j^{(i)})^2 - \frac{1}{m} \sum_{j=0}^{n-1} \sum_{j'=0}^{n-1} \frac{b_j \cdot \bar{v}_j^{(i)} \cdot \bar{v}_{j'}^{(i)} \cdot b_{j'}}{\langle b | b \rangle} \right) \\
&= \underset{b \in \mathbb{R}^n \setminus \{0\}}{\operatorname{argmax}} \sum_{j=0}^{n-1} \sum_{j'=0}^{n-1} \frac{b_j C_{jj'} b_{j'}}{\langle b | b \rangle} = \underset{b \in \mathbb{R}^n \setminus \{0\}}{\operatorname{argmax}} \frac{\langle b | C \cdot b \rangle}{\langle b | b \rangle}
\end{aligned} \tag{7.7}
$$

最后一个部分在文献中称为瑞利商（Rayleigh quotient）。通过简单地选择 C 的最高特征值构成的特征向量，我们就能够为可对角化的矩阵 C 最大化这个表达式。通过设置 $C \cdot b = \lambda \cdot b$ 可以轻松获得验证。以此类推，可以证明，具有 k（$0 < k \leqslant n$）个向量的数据近似的最优基由 k 个有最大特征值的特征向量子集给出。详细证明见参考文献 [8]。图 7.8 显示了描述的过程。

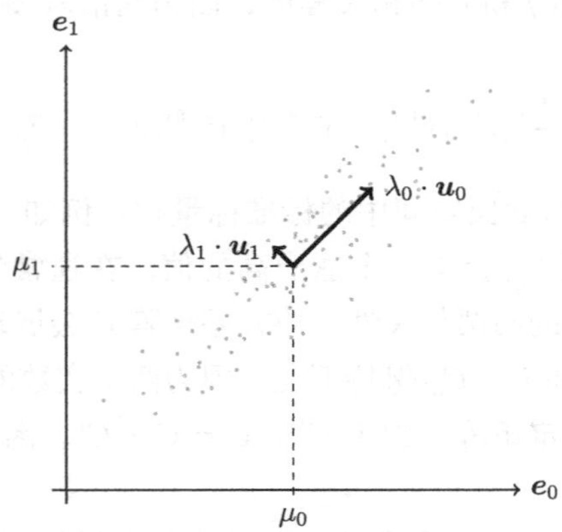

图 7.8　从 $\mathbb{R}^2$ 空间中的 100 个点计算的协方差矩阵的示例性特征值分解。点云是从多元正态高斯分布中采样得到的，沿 x 轴拉伸了 4 倍，旋转了 45 度，随后平移了 $\mu = (\mu_0, \mu_1)$。这样的话，2 个特征向量 $u_0 = (1/\sqrt{2}, 1/\sqrt{2})$ 和 $u_1 = (-1/\sqrt{2}, 1/\sqrt{2})$ 描述了旋转矩阵的多个列。特征值 $\lambda_0 = 4$ 和 $\lambda_1 = 1$ 与旋转后的本征坐标系中的标准差相等

接下来，我们将为名人脸的近似（有损）值计算一个合适的基，就是所谓的特征脸。特征值分解将使用 CUDA 附带的 `cuSOLVER` 库中的 `cusolverDnSgesvd` 方法完成。因此，协方差矩阵计算的实现留给了我们。我们假设均值调整后的图像存储在中心化数据矩阵 D_{ij} 中，并且已经为协方差矩阵 $C_{jj'}$ 在设备上分配了内存。协方差内核函数的初始实现如下：

```
template <
    typename index_t,
    typename value_t> __global__
void covariance_kernel(
    value_t * Data,           // centered data matrix
    value_t * Cov,            // covariance matrix
    index_t num_entries,      // number of images (m)
    index_t num_features) {   // number of pixels (n)

    // determine row and column indices of Cov (j and j' <-> J)
    const auto J = blockDim.x*blockIdx.x + threadIdx.x;
    const auto j = blockDim.y*blockIdx.y + threadIdx.y;

    // check range of indices
    if (j < num_features && J < num_features) {

        // store scalar product in a register
        value_t accum = 0;

        // accumulate contribution over images (entry <-> i)
        for (index_t entry = 0; entry < num_entries; entry++)
            accum += Data[entry*num_features+j] *  // (non-coal.)
                     Data[entry*num_features+J];   // (coalesced)

        // write down normalized projection
        Cov[j*num_features+J] = accum/num_entries; // (coalesced)
    }
}
```

列表 7.11 执行初始协方差矩阵计算的 CUDA 内核函数

源代码与均值计算内核函数类似，其中我们已经沿着图像轴对数据矩阵的条目求和。在这种情况下，累积操作针对的是像素值的全部 n^2 个乘积。内核函数的启动简单直观：

```
// feel free to experiment with different block sizes
dim3 blocks(SDIV(rows*cols, 8), SDIV(rows*cols, 8));
dim3 threads(8, 8); // 64 threads (2 warps) per block
covariance_kernel<<<blocks, threads>>>
                        (Data, Cov, imgs, rows*cols);   CUERR
```

内核函数计算整个协方差矩阵大约耗时 36s，其中 $m = 202\ 599$ 个图像，每个图像由 $n = 2\ 475$ 个像素组成。如果我们利用 C 的对称性，执行时间能够缩减一半。这里，我们只计算对角线以下的元素。

```
template <
    typename index_t,
    typename value_t> __global__
void symmetric_covariance_kernel(
    value_t * Data,
    value_t * Cov,
    index_t num_entries,
    index_t num_features) {

    // indices as before
    const auto J = blockDim.x*blockIdx.x + threadIdx.x;
    const auto j = blockDim.y*blockIdx.y + threadIdx.y;

    // execute only entries below the diagonal since C = C^T
    if (j < num_features && J <= j) {

        value_t accum = 0;

        for (index_t entry = 0; entry < num_entries; entry++)
            accum += Data[entry*num_features+j] *  // (non-coal.)
                     Data[entry*num_features+J];   // (coalesced)

        // exploit symmetry
        Cov[j*num_features+J] =                    // (coalesced)
        Cov[J*num_features+j] = accum/num_entries; // (non-coal.)
    }
}
```

列表 7.12 CUDA 内核函数执行对称协方差矩阵计算

如果我们移除对全局内存的冗余访问，则初始内核函数和对称内核函数都能够进一步加速至少 10 倍。假设你要计算协方差矩阵的第一行

$$C_{0j'} = \frac{1}{m}\sum_{i=0}^{m-1} \bar{v}_0^{(i)} \cdot \bar{v}_{j'}^{(i)} \quad 对所有\ j' \in \{0,\cdots,n-1\} \tag{7.8}$$

对于每次选择的 j'，初始内核函数从全局内存加载 $\bar{v}_0^{(i)}$ 的全体 m 个元素。这产生了 $m \cdot n$ 次全局内存访问。对称方法的访存次数减少为原来的 1/2，但其复杂度仍然显示出 $O(m \cdot n)$ 的依赖性。如果我们把归于像素 0 的 m 个元素存储在各自的高速缓存，能比全局存储器的访问速度快很多，则可以避免这种情况。如果忽略访问这种高速缓存的时间，对于一行数据的计算，我们就能把归于 0 像素的全部值的装载时间（左因子）降低到 $\mathcal{O}(m)$。

从概念上讲，我们的目标是，从全局存储器加载整个 $m \times n$ 矩阵 $\bar{D}_{ij}$ 只一次，随后执行 C 的计算需要的 $n^2 \cdot m$ 次加法。因此，我们可以合理地提高计算与全局内存访问（computing-to-global-memory-access，CGMA）的比率。假如一块 GPU 卡有大约 2GB 的快速片上内存，这种方法就可以实现。不幸的是，由于这种设备需要的晶体管数量太大且相应成本过高，这种需求听起来非常不切实际。相比之下，基于 Pascal 的 Titan X 为 56 个 SM 中的每一个都提供了 64 KB 的共享内存（shared memory）（参见表 7.1 和图 7.4），这样

的话，整个设备的共享内存大约有 3.5 MB。共享内存必须由程序员手动使用，并且能够为同一线程块中的全部线程访问。共享内存通常用于存储冗余数据或执行高度不规则的存储器访问模式，这种模式在全局存储器上执行时的效率很低。值得注意的是，在一些文献中，有些作者倾向于将共享内存称为*暂存器*（scratchpad），因为描述的用途就是以组织为目的的微小存储器。接下来，我们将利用共享内存显式地缓存数据矩阵中的数据小片，目的是大幅减少协方差内核函数的执行时间。尽管一个 SM 可以从物理上提供更大数量的共享内存，例如，Pascal 这一代卡有 64KB，但我们在一个线程块内最多能使用 48KB。举个例子来说，假如在一块 Pascal GPU 上我们指明一个内核函数的启动需使用 32 KB 的共享内存，那么，线程块调度器会在 1 个 SM 上映射 2 个线程块。

假设，我们想要计算形状为 $w \times w$ 的方块中的所有元素 $C_{jj'}$。在 m 幅图像上求和的贡献仅取决于该图块范围内的像素索引 j 和 j'。因此，对于索引 j 和 j' 的长度均为 m 我们必须存储数据矩阵的 w 列。不幸的是，48 KB 的共享内存装不下这些数据，因为列的长度 m = 202 599 太大了！然而，通过后面为 w 幅图像的 w 像素邻域求和，我们可以利用加法结合律。令 c 为索引枚举

$$C = \mathrm{SDIV}(m, w) = \frac{m+w-1}{w}$$

多个图像块的索引，那么，我们就能重写计算公式为：

$$C_{jj'} = \frac{1}{m}\sum_{c=0}^{C-1}\sum_{i=c\cdot w}^{(c+1)\cdot w}\sigma(i)\cdot \bar{v}_j^{(i)}\cdot \bar{v}_{j'}^{(i)} \quad \text{对于所有 } j, j' \in w\times w\text{方块} \tag{7.9}$$

其中，如果 $i < m$，则 $\sigma(i)$ 等于 1，否则 $\sigma(i)$ 等于 0。需要注意的是，只有当 m 不是 w 的倍数时，辅助项 $\sigma(i)$ 才是必须的。对于求和外循环的每一份贡献，我们将从 w 幅图像的 j 和 j' 周围的 w 像素计算得到的所有值分别存储在高速暂存存储器的 2 个数组中。在求和内循环中，我们就能够从快速内存中为全部 j 和 j' 的索引组合装载乘数因子。大小为 $n \times n$ 的协方差矩阵 C 中的每一个大小为 SDIV（n，w）× SDIV（n，w）的多个分块将由一个按 2D 网格管理的线程块处理。每个小块中的索引 j 和 j' 分别对应于本地线程标识符 `threadIdx.x` 和 `threadIdx.y`。进一步，我们能够再利用 C 的对称性，仅考虑那些不包含对角线以下索引组合 (j,j') 的块。图 7.9 示例了上述方法。

让我们开始编码。首先，我们定义了一些辅助变量，以便于分块的索引。窗口 w 对应于模板中的 `chunk_size` 参数。线程块以 2D 形式组织，包含 `chunk_size`×`chunk_size` 数量的线程。进一步，在第 25 行，我们立即终止计算对角线以上的线程块。通过仅生成对角线以下的线程块，这个方案可以得到优化。然而，产生的索引计算过程虽然重要，却没有道理地复杂化了这个例子。

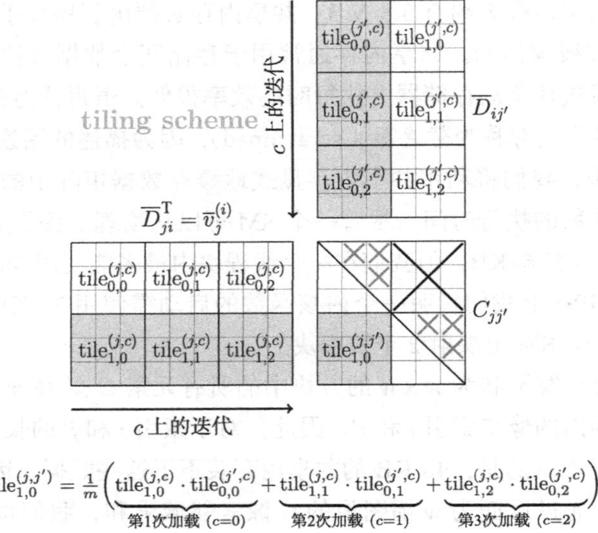

图 7.9 从形状为 $m\times n$=9×6 的中心数据矩阵 $\overline{D}$ 产生形状为 $n\times n$=6×6 的协方差矩阵 C 的高效计算方法的分块方案。C 和 D 都进一步划分成形状为 $W\times W$=3×3 的小块。矩阵 C 中的每一个分块内的每一个迭代贡献在 m/w=3 次迭代中连续累加。在每次迭代中，矩阵的对应的分块计算乘积之前，该分块必须已经加载到了共享内存中。矩阵乘积由一个线程块内的 $w\times w$ 个线程执行。这些线程可以同时访问存储在共享内存中的值。因此，我们对全局内存的访问次数将减少到原来的 $1/w$。鉴于矩阵 C 的对称性，对角线上方的分块可省略计算。另外，恰好落在对角线上的分块的贡献，也只需要计算一部分元素

```
template <
    typename index_t,
    typename value_t,
    uint32_t chunk_size=8 > __global__
void shared_covariance_kernel(
    value_t * Data,
    value_t * Cov,
    index_t num_entries,
    index_t num_features) {


    // first index in a window of width chunk_size
    const index_t base_x = blockIdx.x*chunk_size;
    const index_t base_y = blockIdx.y*chunk_size;

    // local thread identifiers
    const index_t thid_y = threadIdx.y;
    const index_t thid_x = threadIdx.x;

```

列表 7.13 执行高效协方差矩阵计算的 CUDA 内核函数的初始化部分

```
20     // global thread identifiers
21     const index_t x = base_x + thid_x;
22     const index_t y = base_y + thid_y;
23
24     // optional early exit for tiles above the diagonal
25     if (base_x > base_y) return;
```

列表 7.13 （续）

其次，在第 27 行和第 28 行，我们使用 _ _shared_ _ 限定符为 2 个分块分配共享内存。语法类似于静态多维数组定义。维度必须用常数整数指定，而不能使用在内核函数中或函数声明中定义的变量。因此，我们必须将 `chunk_size` 作为模板参数传递，这在编译时已知。另一种可选的方案是，可以在调用内核函数时定义共享内存的容量，这将在 7.4 节中详细讨论。进一步，我们计算要处理的批数并定义一个寄存器，用来积累沿着图像轴方向求和的贡献。

```
26     // allocate shared memory
27     __shared__ value_t cache_x[chunk_size][chunk_size];
28     __shared__ value_t cache_y[chunk_size][chunk_size];
29
30     // compute the number of chunks to be computed
31     const index_t num_chunks = SDIV(num_entries, chunk_size);
32
33     // accumulated value of scalar product
34     value_t accum = 0;
```

列表 7.14 在执行高效协方差矩阵计算的 CUDA 内核函数中分配共享内存

在开始累加贡献份额之前，我们必须将中心化矩阵 D 中的对应部分加载到共享内存。在每批图像中，我们使用标识符为 `thid_y = threadIdx.y` 的本地线程枚举数据矩阵的行（索引 i）。这个本地索引必须通过偏移 `chunk*chunk_size` 调整，如第 39 行所示，以确定全局行标识符 `row`。列索引（j 和 j'）用 `thid_x = threadIdx.x` 表示，通过偏移量 `base_x` 和 `base_y` 平移以选择到正确的分片（见第 40 行和第 41 行）。随后，我们检查全局标识符是否在有效范围内（见第 44 ～ 46 行）。假设图像幅数 m 或者像素个数 n 不是窗口尺寸的整倍数，辅助变量 `valid_row`、`valid_col_x` 和 `valid_col_y` 用来在后续步骤中屏蔽。

```
35     // for each chunk
36     for (index_t chunk = 0; chunk < num_chunks; chunk++) {
37
38         // assign thread IDs to rows and columns
39         const index_t row   = thid_y + chunk*chunk_size;
40         const index_t col_x = thid_x + base_x;
41         const index_t col_y = thid_x + base_y;
42
```

列表 7.15 执行高效协方差矩阵计算的 CUDA 内核函数中的主循环开头

```
43            // check if valid row or column indices
44            const bool valid_row   = row   < num_entries;
45            const bool valid_col_x = col_x < num_features;
46            const bool valid_col_y = col_y < num_features;
```

列表 7.15 （续）

在为索引定义必要的变量之后，我们现在可以将分片从全局内存加载到快速的共享内存。这可以通过简单的变量赋值实现，见第 53 ～ 55 行所示。前文提到的辅助变量用于防止存储器的非法访问。超过 m 和 n 限界的元素用零填充，不会影响最终结果。需要注意的是，我们在左侧使用本地线程标识符来访问共享内存，而在右侧使用全局标识符读取全局内存。之后，我们必须在第 60 行调用 `__syncthreads()` 函数，确保线程块中的所有线程都已完成加载。在我们的例子中，我们创建了一个形状为 8×8 的 2D 块，也就是说，2 个 Warp（2×32 个线程）可能会并行执行，因此必须显式同步。这对于避免其中一个 Warp 向前执行而另一个 Warp 还在加载数据是至关重要的。只包含一个 Warp 的线程块总是同步的，这会导致调用 _ _syncthreads() 变得冗余。需要注意的是，这个屏障操作仅影响一个线程块内的线程。跨 GPU 全体线程的设备域屏障必须通过终止整个内核函数或者使用基于原子的同步机制强制实现（见 8.1 节）。

```
47
48            // fill shared memory with tiles where thid_y
49            // enumerates image identifiers (entries) and
50            // thid_x denotes feature coordinates (pixels).
51            // cache_x corresponds to x and cache_y to y
52            // where Cov[x,y] is the pairwise covariance
53            cache_x[thid_y][thid_x] = valid_row*valid_col_x ?
54                                      Data[row*num_features+col_x] : 0;
55            cache_y[thid_y][thid_x] = valid_row*valid_col_y ?
56                                      Data[row*num_features+col_y] : 0;
57
58            // this is needed to ensure that all threads
59            // have finished writing to shared memory
60            __syncthreads();
```

列表 7.16　执行高效协方差矩阵计算的 CUDA 内核函数中的全局内存到共享内存复制

此时，我们已经将 2 个方块存储到共享内存中。现在，部分标量乘积使用像素维度上的简单循环来计算（见第 66 行）。同样，在第 63 行和第 75 行，我们可以利用对称性，放弃对角线上方元素的计算。这影响的只是协方差矩阵对角线上的方块（见图 7.9 中的灰色的叉线）。第 71 行对 `__syncthreads()` 函数的第二次调用强制一个线程块域的线程屏障同步，以防止下一次迭代的过早执行。最后，在第 76 行中，将归一化的结果写入协方差矩阵，包括对角线下的元素和对角线上的对称元素。

```
61
62            // optional early exit
```

列表 7.17　执行高效协方差矩阵计算的 CUDA 内核函数中的主要计算

```
            if (x <= y)
                // here we actually evaluate the scalar product
                for (index_t k = 0; k < chunk_size; k++)
                    accum += cache_y[k][thid_y]*
                             cache_x[k][thid_x];

            // this is needed to ensure that shared memory can
            // safely be overwritten again in the next iteration
            __syncthreads();
    } // end for-loop over chunk entries

    // since Cov[x,y] = Cov[y,x] we only compute one entry
    if (y < num_features && x <= y)
        Cov[y*num_features+x] =
        Cov[x*num_features+y] = accum/num_entries;
}
```

列表 7.17 （续）

在基于 Pascal 的 Titan X 上，前述的内核函数计算出整个协方差矩阵仅用了 980ms，而对称的初始内核函数完全在全局内存上操作，当时用了 18s。这种大约 18 倍的惊人加速比来源于冗余元素在共享内存中缓存。从理论上看，一旦从全局内存中读取数据矩阵的 w 列之后，我们可以重用它们。因此，如果我们增大窗口参数，加速比应该会单调增长。然而，每个线程块使用的共享内存数量也会影响执行时间。7.4 节会详细讨论这个主题。

7.3.4 计算特征脸

在确定协方差矩阵后，我们可以计算特征向量集合 $\{u^{(0)},\cdots,u^{(n-1)}\}$ 和特征值谱 $\{\lambda_0,\cdots,\lambda_{n-1}\}$。这些都通过 `cuSOLVER` 库提供的用于奇异值分解（SVD）的 `cusolverDnSgesvd` 程序实现。这个库与 CUDA 绑定。需要注意的是，在正定矩阵和对称矩阵的情况下，SVD 和特征值分解可以互换使用。SVD 将一个普通的 $m\times n$ 矩阵 $\bar{D}$ 分解成 3 个矩阵 $U\in\mathbb{R}^{m\times m}$，$\Sigma\in\mathbb{R}^{m\times n}$ 和 $V^{\mathrm{T}}\in\mathbb{R}^{n\times n}$ 的乘积：

$$\bar{D}=U\cdot\Sigma\cdot V^{\mathrm{T}} \tag{7.10}$$

其中，U 和 V^{T} 都是正交线性映射，也就是说，$U\cdot U^{\mathrm{T}}=\mathbb{I}_{m\times m}$ 和 $V^{\mathrm{T}}\cdot V=\mathbb{I}_{n\times n}$。矩阵的奇异值 Σ（除了对角线上以外）处处为零。很容易看出，通过 SVD 可以得到 $C=\bar{D}^{\mathrm{T}}\cdot\bar{D}$ 的特征值分解：

$$\begin{aligned}\bar{D}^{\mathrm{T}}\cdot\bar{D}&=(U\cdot\Sigma\cdot V^{\mathrm{T}})\cdot(U\cdot\Sigma\cdot V^{\mathrm{T}})\\&=V\cdot(\Sigma^{\mathrm{T}}\cdot\underbrace{(U^{\mathrm{T}}\cdot U)}_{=\mathbb{I}_{m\times m}}\cdot\Sigma)\cdot V^{\mathrm{T}}=V\cdot\Sigma^2\cdot V^{\mathrm{T}}\end{aligned} \tag{7.11}$$

然而，我们并没有针对巨大规模的中心化数据矩阵 $\bar{D}$ 计算代价昂贵的 SVD，而是直接针对小得多的协方差矩阵 C 计算。回想一下，C 是对称的（$C=C^{\mathrm{T}}$），因此我们观察到 $U=V$，因为

$$C=U\cdot\Sigma\cdot V^{\mathrm{T}}=V\cdot\Sigma\cdot U^{\mathrm{T}}=C^{\mathrm{T}}\Rightarrow C=U\cdot\Sigma\cdot U^{\mathrm{T}}=V\cdot\Sigma\cdot V^{\mathrm{T}} \tag{7.12}$$

这就是协方差矩阵的特征值分解。需要注意的是，这不是一个严格的数学证明，但对于一本编程书已经足够了。我们可以进一步利用 SVD 返回特征向量的事实。这些特征向量按其

特征值的大小排序。在本例中，特征值与存储在 Σ 中的奇异值一致。因此，第 1 个特征向量捕获了存储在中心化数据矩阵 $\bar{D}$ 中的大部分方差，以此类推。图 7.10 描绘了 CelebA 数据集的前 16 个特征向量。

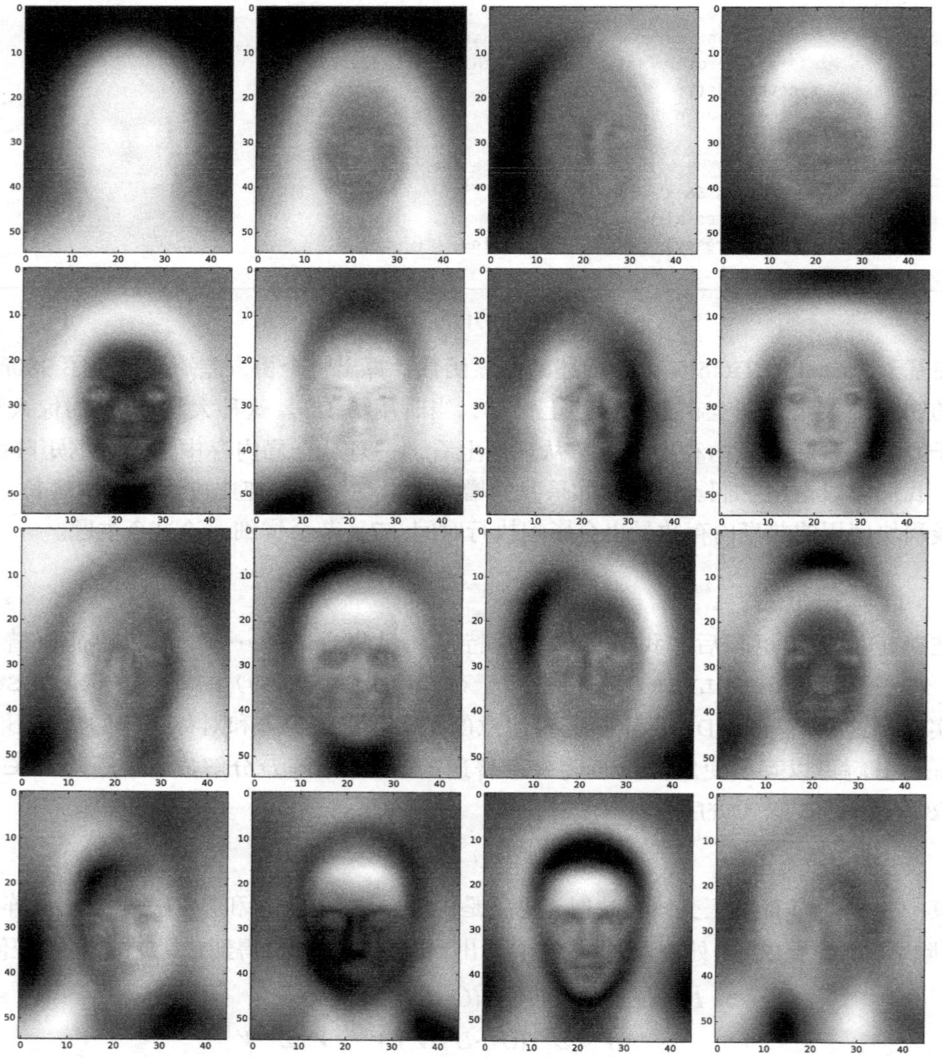

图 7.10 前 16 个特征向量 ($u^{(0)}$，⋯，$u^{(15)}$)。每个特征向量的形状为 55×45，分别由存储在 CelebA 数据集中的中心化图像 $v^{(i)}$ 的协方差矩阵 C 计算出来。图像按其对应的特征值的量级降序排列（行主序）。因为名人照片与人脸有很强的相似性，所以特征向量非常适合于名人照片的有损压缩。此外，可以看出，第一幅特征脸编码了典型人脸的低频结构，而索引较高的特征脸则重新组装了高频域的脸部特征。值得注意的是，特征向量可以用任何非零标量缩放，仍然保持它们的数学性质。因此，我们偶尔会观察到负像

为了简单起见，我们隐藏了对 cusolverDnSgesvdin 的调用。它是 svd.hpp 头文件中定义的一个设备函数，随本书一起发布。

```
svd_device(Cov, U, S, V, height, width);
```

形状为 $n \times n$ 的矩阵 Cov、U 和 V 必须作为设备指针提供。此外，奇异值 S 的对角矩阵用长度为 n 的设备数组表示。再往后，将每个长度为 n 的 n 个特征向量存储在矩阵 U 的各行中。最后，我们将 U 传输到主机矩阵 eigs，随后将前 16 个候选者写入磁盘。

```
#include "../include/hpc_helpers.hpp"
#include "../include/binary_IO.hpp"
#include "../include/bitmap_IO.hpp"
#include "../include/svd.hpp"

// definition of previously discussed kernels here

int main (int argc, char * argv[]) {

    // 1. covariance matrix computation up to here
    // 2. define and allocate U, S, V as device pointers here

    // 3. call to SVD decomposition using cuSOLVER
    if(svd_device(Cov, U, S, V, rows*cols, rows*cols))
        std::cout << "Error: svd not successful." << std::endl;

    // 4. define host array eigs of shape n x n
    // 5. transfer eigenface back to host array eigs
    cudaMemcpy(eigs, U, sizeof(float)*rows*cols*rows*cols,
               cudaMemcpyDeviceToHost);                  CUERR

    // 6. write down top-k eigenvectors as images
    for (uint32_t k = 0; k < 16; k++) {
        std::string image_name = "imgs/eigenfaces/celebA_eig"
                               + std::to_string(k)+".bmp";
        dump_bitmap(eigs+k*rows*cols, rows, cols, image_name);
    }

    // 7. free memory here with cudaFree(Host) as usual
}
```

列表 7.18 实现 SVD 分解的主函数框架

最后，让我们简要讨论特征脸的一个有用应用。假设我们想要仅仅用 $k << n$ 个值来近似一幅人脸图像 $v \in \mathbb{R}^n$，而不是存储全部 n 个像素。这可以通过将均值调整后的人脸 $\bar{v} = v - \mu$ 映射到前 k 个特征向量上来实现。图像 v 新的特征描述中包含了 k 个特征 (f_0，…，f_{k-1})：

$$(f_0, \cdots, f_i, \cdots, f_{k-1}) = (\langle \bar{v} \mid u^{(0)} \rangle, \cdots, \langle \bar{v} \mid u^{(i)} \rangle, \cdots, \langle \bar{v} \mid u^{(k-1)} \rangle) \tag{7.13}$$

其中，$< \cdot \mid \cdot >$ 表示欧几里得空间中的标准标量积。原始图像 v 的重构很直观——我们简单地基于特征向量对调整后的均值图像 v 展开：

$$v = \mu + \overline{v} \approx \mu + \sum_{i=0}^{k-1} f_i \cdot u^{(i)} = \mu + \sum_{i=0}^{k-1} \langle \overline{v} \mid u^{(i)} \rangle \cdot u^{(i)} \tag{7.14}$$

需要注意的是，在 $k = n$ 的情况下，我们能够完美地重构 v，因为我们把它展开成了 n 个线性无关向量 $(u^{(0)}, \cdots, u^{(n-1)})$ 组成的完全基。对于 $k < n$，我们得到一幅有损近似的原始图像（见图 7.11）。

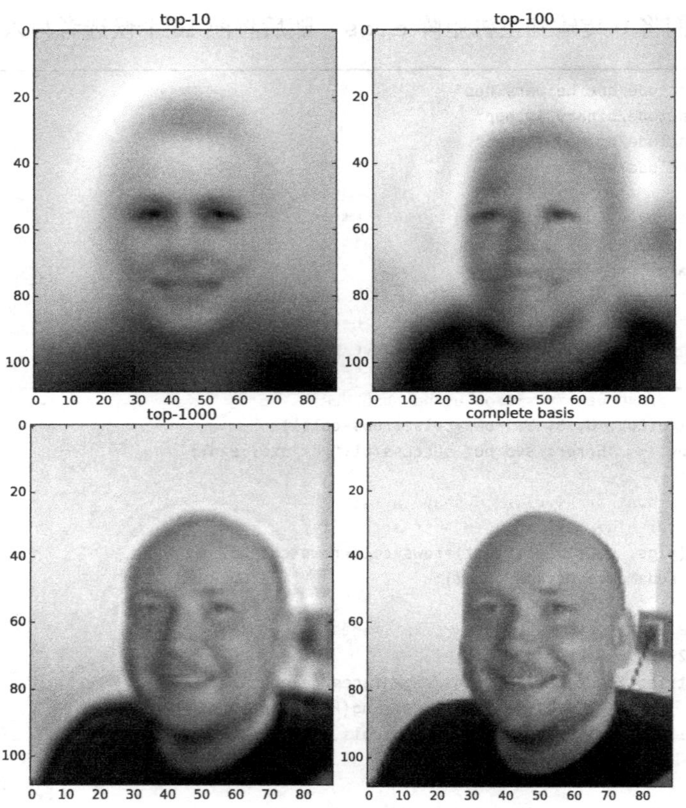

图 7.11　通过基于前 k 个特征脸的图像展开进行脸部图像的有损压缩。如果使用全部特征向量，我们能够完美地重构原始图像（右下角）。图像经过了分辨率为 $n = 109 \times 89 = 9\ 701$ 像素的抽样。这样的话，由 1 000 个基向量组合而成的图像（左下角）对应约为 1 ∶ 10 的压缩比。如果仅使用了少量的特征向量，CelebA 数据集中的女性偏倚能明显觉察到，因为平均图像主导了重构结果。k=1 000 时的纹波效应是由人脸的对准不佳引起的

7.4　内存层次结构

在上一节中，你已经学会了如何正确利用内存访问模式和共享内存，从而显著加速 CUDA 内核函数的性能。 本节将更详细阐述共享内存的优势并权衡利弊。此外，我们将使

用其他类型的内存（就是纹理内存和常量内存）以进一步减少 CUDA 应用程序的执行时间。

贯穿本节，我们将实现一个算法，它来源于时间序列数据挖掘领域的时间分辨序列的弹性比较算法，就是所谓的动态时间规整（Dynamic Time Warping，DTW）相似性度量。在开始编码之前，让我们先定义时间序列这个术语，并讨论 DTW 算法。

7.4.1　问题简介

本小节主要用对时间序列的弹性匹配进行简要介绍，并重点关注其中的重要符号。如果你已经对这个主题非常熟悉，只管自行跳过。

定义 1（均匀时间序列）令 $\mathbb{R}$ 是实数集合，另有 $T=(t_0,t_1,\cdots,t_j,\cdots,t_{n-1})$ 为 一个有限序列，其中包含 n 个实值且间隔均匀，时间戳有序，也就是说，

$$t_{j+1}-t_j=\text{常数，并且}t_{j+1}\geqslant t_j\text{，对所有的}j\in\{0,\cdots,n-2\} \tag{7.15}$$

那么，时间戳到实数值上的映射 $t_j \to S_{tj}$ 就称为实值的且为实数域上的均匀时间序列（uniform time series）。

时间戳的特定值常被忽略。为减少使用符号，n 个时间戳的映射 $t_j \to S_{tj}$ 通过使用从 0 到 $n-1$ 索引枚举测量值可以重写为一个简单的向量：

$$S=(S_0,S_1,\cdots,S_j,\cdots,S_{n-1})\in\mathbb{R}^n \tag{7.16}$$

这个定义可以自然地扩展到更高维的值序列 $S_j\in\mathbb{R}^d$ 或者非均匀间隔序列或者连续时域。然而，为了简单起见，我们把本书的范围仅限于这种简单场景。

时间序列无处不在。它们几乎可以在任何研究领域中找到。比如，自然科学、金融或医学应用等。它包括沿时间方向的物理量测量值，比如电压、压力、速度、汇率或股票价格，甚至心电图等。图 7.12 展示了日常生活中的 2 个例子。此外，专门用于展示离散值的伪时间序列可以在许多其他领域中见到，例如，DNA 或蛋白质序列，以及自然语言处理中的字符串等。只需要对源代码少量修改，前面讨论的概念和技术就能够用到这些领域。实际上，将要讨论的波前松弛机制 DTW，其第一次应用是在生物信息学中的序列比对算法（sequence alignment algorithm）的并行化。

假设你将 m 个固定长度为 n 的时间序列 $S^{(i)}$ 存储在一个 $m\times n$ 的数据矩阵 $D_{ij}=S_j^{(i)}$ 中，其中，i 表示特定时间序列 $S^{(i)}$ 的标识符，j 枚举其 n 个时间戳。进一步，你还测量了另一个长度为 n 的时间序列 Q，随后，你想通过在你存储的数据中查询 Q 来确定数据矩阵中最相似的元素 $S^{(i)}$。一种典型的思路是，Q 与一个数据基本元素 $S^{(i)}$ 之间的相似度 $\mathrm{dist}(Q,S^{(i)})$ 能够借助计算它们的差向量的模 L_p 得到：

$$L_p(Q,S^{(i)})=\|Q-S^{(i)}\|_p=\sqrt[p]{\sum_{j=0}^{n-1}|Q_j-S_j^{(i)}|^p}\text{，其中}p\geqslant 1 \tag{7.17}$$

外部参数的常见值是 $p=2$，表示所谓的欧几里得距离（Euclidean Distance），$p=1$ 表示曼哈顿距离（Manhattan Distance）。后者通常对噪声和异常值有更强的鲁棒性。值得注意

的是，根据单调特性，我们可以安全地忽略昂贵的求平方根计算开销。

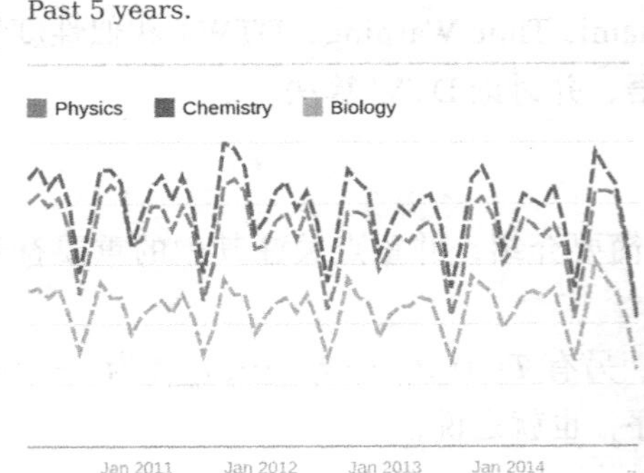

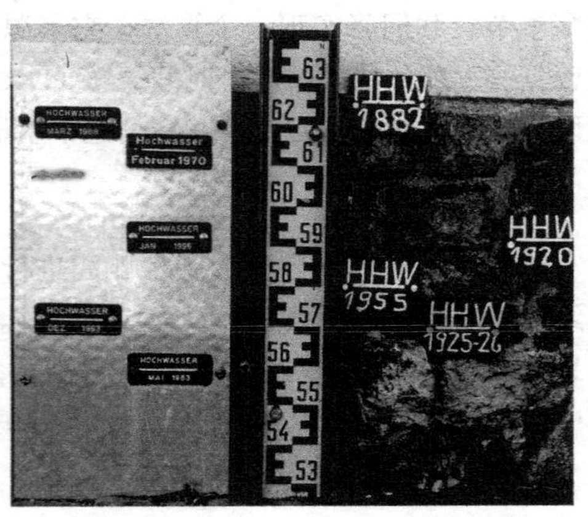

图 7.12 日常生活中出现的两个时间序列例子。左面板描述了 Google Trends 所述的对“physics”“chemistry”和“biology”3 个科学领域的搜索兴趣。对于“math”和“computer science”也能得到类似图形。显然，这 3 幅图具有很强的相关性，可以用作大学里课堂教学的指示函数。右图为宾根（德国）莱茵河高潮水位的历史记录。每个记号对应于水位时间序列中的一个元素

尽管基于 L_p 的距离度量在时间序列数据挖掘中经常使用，但求 $Q - S^{(i)}$ 差的锁步计算限制了它们在（近似）对齐数据上的适用性。更准确地说，查询 Q 的每个索引 j 都必须准确映射到目标序列 $S^{(i)}$ 的完全相同的索引上。这意味着，我们必须事先知道时间戳的对应关系。不幸的是，当处理来自运动传感器或音频记录的信号时，情况未必如此，因为人类往往以变化的速度执行运动，或者以不同的发音音节说出单词。DTW 通过局部收缩和拉伸时间轴来确定索引之间的未知对应关系。

作为一个例子，考虑单词“exact”的两段录音。牛津学习词典（Oxford Learner’s Dictionaries）[18] 的在线服务为同一个单词的发音列举了美音和英音两种版本。然而，提供的两段录音在音节长度上略有不同。美国人说话比英国人相应地花更多的时间在“a”上。图 7.13 可视化了两段录音，以及两个时间序列的直接对比。很明显，这两段录音的形状相似，但有时会出现相位相异。因此，索引的严格一对一映射显然不可取。修订相位偏移最简单的方法是时间轴的局部调整，采用的方式是使两个说话者在每个音节上花费相同的时间。1994 年，Berndt 和 Clifford 将这种时间扭曲机制引入到数据挖掘社区 [1]。该社区由 Sakoe 和 Chiba 于 1978 年 [19] 在语音识别领域开发。图 7.14 示例了针对两段给定录音的时间轴局部收缩和拉伸的思想。

接下来，我们对时间轴的动态变形进行了形式化描述。但是，我们允许查询 Q 的索引集与主题 $S^{(i)}$ 之间的随意映射，因此，我们施加了以下限制。考虑索引域 $J = (0, \cdots, j, \cdots, n-1)$ 和 $J' = (0, \cdots, j', \cdots, n-1)$ 的笛卡儿积，它们包含了来自查询和主题序列的全体可能的时间戳组合

$$\mathcal{J} \times \mathcal{J}' = \{(j, j') \mid j \in \mathcal{J} = \mathrm{dom}(Q), j' \in \mathcal{J}' = \mathrm{dom}(S^{(i)})\} \tag{7.18}$$

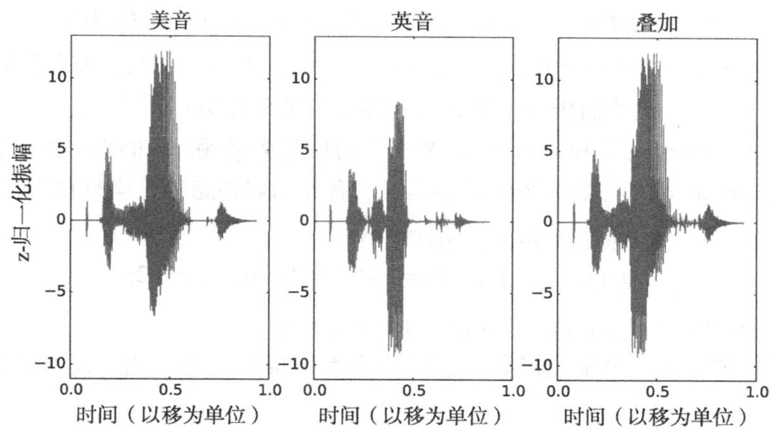

图 7.13　一个例子：从牛津学习词典的在线服务中提取了“exact”单词的美国（左）英语发音和英国（中）英语发音的两段录音。时间序列以 40 100Hz 采样，大约一秒钟。两个时间序列在初始峰值处对齐。两条信号的重叠强调了局部的相位差异

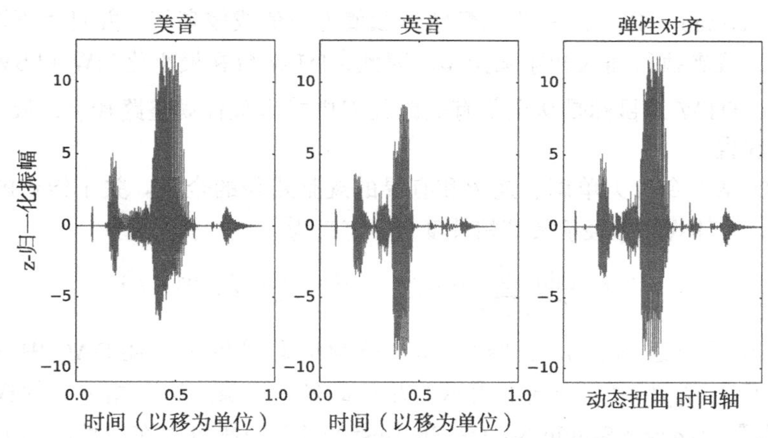

图 7.14　同一个例子：从牛津学习词典的在线服务中提取了“exact”单词的美国（左）英语发音和英国（中）英语发音的两段录音。在右图中，我们局部地扩张和收缩时间轴，以便根据最小二乘误差找到一个最优对齐。结果，两段录音得到一个直觉上的对齐

那么，我们感兴趣于从结点（$j = 0$，$j' = 0$）开始到结点（$j = n - 1$，$j' = n - 1$）结束的一条路径。这意味着，两个时间序列的第一个 / 最后一个元素相互匹配，也使得两个时间序列全局对齐。在进一步的指标匹配过程中，我们实施的方法是从（0，0）开始必须将指标 j 或 j' 递增 1，或者两者都递增 1，直到最终达到 $(n - 1, n - 1)$。不严格地讲，我们在局部决定要么推进查询的时间，要么推进主题的时间，或两者都推进。因此，查询和主题中的每个索引都至少匹配一次。而且，这种索引的单调映射不允许循环，从而生成了一个有向无环图

(directed acyclic graph，DAG)，其中结点 $V = \{ (j,\ j') \}$，有向边来自集合 $E \subseteq V \times \mathrm{V}$，有

$$E = \{((j,j'),(j+1,j')),((j,j'),(j,j'+1)),((j,j'),(j+1,j'+1))\} \tag{7.19}$$

一条规整的路径 γ 是一个系列的结点（(0，0)，⋯，($n-1$，$n-1$)），来自全部路径集合 Γ，与前述边方案相匹配。让我们用一个定义为上述过程做个总结：

定义 2 令 $J := \mathrm{dom}\ (Q)$ 和 $J' := \mathrm{dom}\,(S^{(i)})$ 为时间序列 Q 和 $S^{(i)}$ 的索引集，那么，二元组序列 $\gamma := ((j_l, j_l') \in J \times J')_l$ 是单调的、连续的、有界的规整路径，当且仅当

$$\begin{aligned}&\min(j_{l+1} - j_l, j'_{l+1} - j'_l) \geqslant 0\ \wedge \\ &\max(j_{l+1} - j_l, j'_{l+1} - j'_l) = 1 \text{ 对所有 } l \in \{0,\cdots,|\gamma|-2\}\end{aligned} \tag{7.20}$$

其中 $(j_0,\ j_0') = (0,\ 0)$ 且 $(j_{|\gamma|-1},\ j'_{|\gamma|-1}) = (|Q|-1,\ |S^{(i)}|-1))$。

最后，我们定义了一个加权函数，它赋值为属于每条入边（ 右）顶点对应值之间的平方距离。

$$w: \mathcal{J} \times \mathcal{J}' \to \mathbb{R}_0^+, (j,j') \mapsto w(j,j') = (Q_j - S_{j'}^{(i)})^2 \tag{7.21}$$

通常，权重函数的设计目的是表达相似性。在本例中，如果组合时间序列项的差消失，则权重为零。相比之下，来自生物信息学领域的对齐算法——比如 Needleman–Wunsch（NW）或者 Smith-Waterman（SW）——为匹配情形赋值为正值或较高值，并且为不匹配情形赋值为负值或小值，或者执行插入和删除操作。因此，DTW 旨在最小化 NW 和 SW 中最大化的权重值。总之，DTW 的目标是从全部有效路径 Γ 中找出最佳规整路径 $\hat{\gamma}$，最小化其沿着匹配结点的累积权重。

定义 3（DTW）令 Γ 为单调、连续和有界的规整路径的全集。关于给定的权重函数 $w: J \times J' \to \mathbb{R}_0^+$，最佳规整路径 $\hat{\gamma}$ 及其相关度量 $\hat{d}$ 定义为：

$$\hat{\gamma} := \underset{\gamma\in\Gamma}{\operatorname{argmin}} \sum_{(j,j')\in\gamma} w(j,j') \quad , \quad \hat{d} := \min_{\gamma\in\Gamma} \sum_{(j,j')\in\gamma} w(j,j') \tag{7.22}$$

图 7.15 描绘了所述图表示的梗概。这个优化问题等价于上述 DAG 中一条最短路径的计算。每个单元 (j, j') 由一个结点表示，并且最多有三条入边，相关联的权值为 $w(j,j')$。DAG 上的**单源最短路径**（Single-Source Shortest Path）问题可以在线性时间 $\mathcal{O}(|V| + |E|)$ 内通过按拓扑排序松弛结点 [2] 求解。幸运的是，我们不需要事先计算拓扑排序，因为它已经通过按字典顺序枚举单元格隐式给出。我们可以行主序连续放松单元格而不违反结点依赖性（见图 7.15）。在实际应用中，上述计算可以通过使用一个矩阵大小为（$|Q|+1$）×（$|S^{(i)}|+1$）$= (n+1) \times (n+1)$ 的**动态规划**来实现。相应的松弛方案可以递归地写为：

$$M[j,j'] = w(j-1,j'-1) + \min\begin{cases} M[j-1,j'] \\ M[j,j'-1], \\ M[j-1,j'-1] \end{cases} \quad \text{其中} \quad \begin{aligned} &M[0,0]=0 \\ &M[0,j']=\infty \forall j' \geqslant 1 \\ &M[j,0]=\infty \forall j' \geqslant 1 \end{aligned}$$

结果是，最终的 DTW 度量值 $M[|Q|,\ |S^{(i)}|] = M[n,n]$，能够在 $\mathcal{O}$（$|Q| \cdot |S^{(i)}|$）$=\mathcal{O}$（n^2）时间内

计算出来⊖。最佳规整路径 $\hat{\gamma}$ 是通过回溯存储一个单独的矩阵中的前序信息确定的。L_p 范数是一种特殊情况，其中 γ 只包含主对角线上的结点。因此，对于长度相同的全体时间序列 Q 和 $S^{(i)}$，欧式距离的 DTW 度量值满足不等式 DTW（Q，$S^{(i)}$）≤ ED（Q，$S^{(i)}$）。

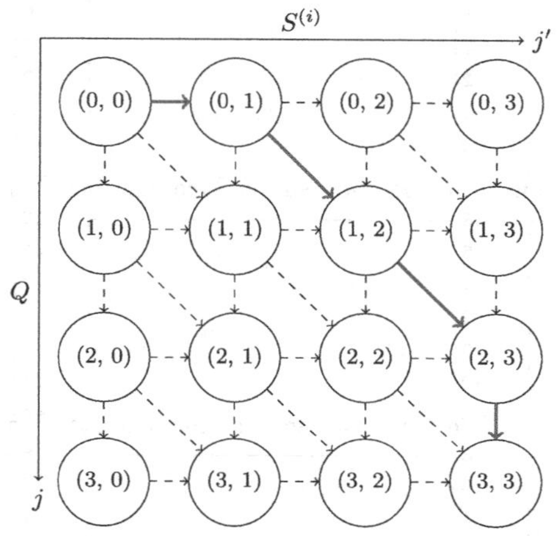

图 7.15 一个 DAG 表示的优化问题例子：在 2 个长度为 4 的时间序列间之间的 DTW 距离测量。结点由水平、垂直和对角边连接（连续），步长为 1。每条边至少增加一个索引（单调）。根据 DTW 的边界性质，最佳规整路径（粗体路径）从左上角开始，到右下角单元结束

7.4.2 串行 DTW 的线性内存算法

重温了理论基础之后，我们可以开始编写第一个串行程序，将查询 Q 与存储在数据矩阵 D 中的 m 个时间序列 $S^{(i)}$ 进行比较。在我们的实验中，我们将从流行的 Cylinder-Bell-Funnel (CBF) 数据集中处理 $m = 2^{20} = 1\ 048\ 576$ 个长度为 $n = 128$ 的时间序列。CBF 是一个人工合成创建的时间序列集，包含 3 个特征类别。这些类别的生成函数如下给出 [12]：

$$\begin{aligned}C(t)&:=(6+\eta)\cdot\chi_{[a,b]}(t)+\epsilon(t)\\B(t)&:=(6+\eta)\cdot\chi_{[a,b]}(t)\cdot\frac{t-a}{b-a}+\epsilon(t)\\F(t)&:=(6+\eta)\cdot\chi_{[a,b]}(t)\cdot\frac{b-t}{b-a}+\epsilon(t)\end{aligned}\tag{7.23}$$

其中，$t\in\{0, \cdots, 127\}$；$\chi_{[a,b]}$ 为 $[a, b]$ 上的指标函数；η 及 $\epsilon(t)$ 均由一个标准正态分布 $N(\mu = 0, \sigma = 1)$ 导出；a 为从区间 [16, 32] 均匀导出的一个整数；$b - a$ 为从区间 [32, 96] 均匀导出的一个整数。因此，CBF 在测量轴 ($\epsilon(t)$) 上展示了幅度（η）和时间依赖的噪声的合理变化，以及时间轴 ($\chi[a, b]$) 上的形状支持的可变长度和位置。图 7.16 描绘了这 3 类别

⊖ 注意，在结点个数和边的条数方面，最短路径算法是真正线性的。而这里的数字与 $|Q|\cdot|S^{(i)}|$ 成比例，在长度方面产生二次方的运行时间。

的各类时间序列族。为了简单起见，我们在 `cbf_generator.hpp` 头文件中提供了一个 `generate_cbf` 方法，可以从 CBF 数据集中方便地采样时间序列。

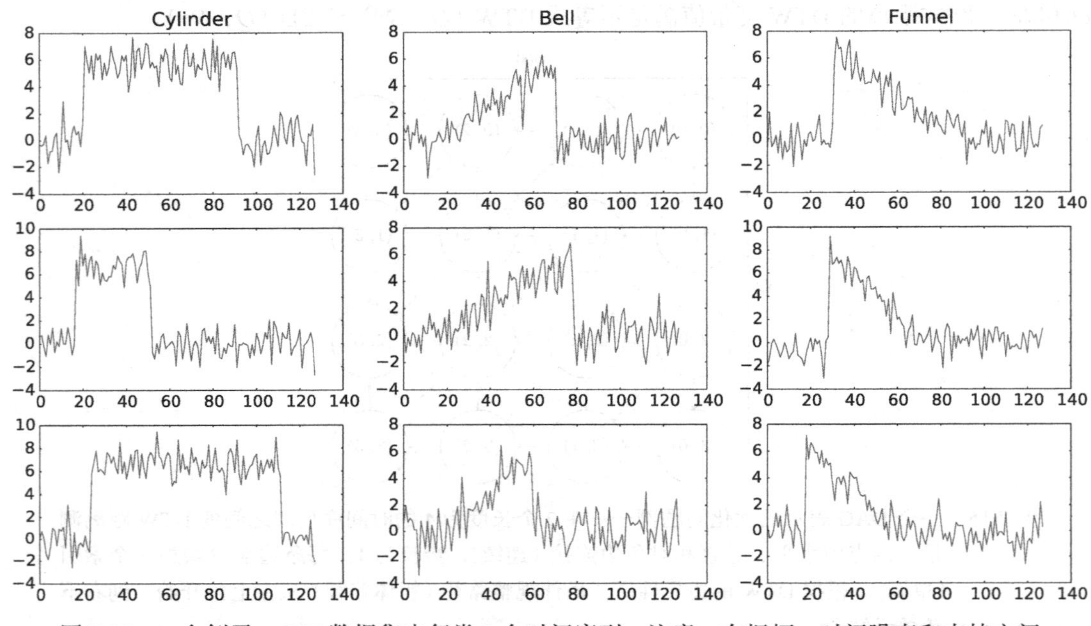

图 7.16 一个例子：CBF 数据集中每类 3 个时间序列。注意，在振幅、时间噪声和支持之间有不可忽略的可变性

现在，我们实现了一个针对任意数值数据类型的 DTW 串行版本，支持加法、减法和最小运算（见列表 7.19）。查询（query）和主题（subject）分别以 `value_t` 类型的指针传递，其长度由 `index_t` 类型的参数 `num_features` 编码。在第 11 行，我们分配前面提到的形状为 $(n + 1) \times (n + 1)$ 的惩罚矩阵 M。除了左上角 $M[0,0]$ 设置为 0 外，通过将第一行和第一列的其余每个元素都设置为无穷大，第 14 ～ 16 行完成初始化。这模拟了图的边缘上缺失的入边。两个 for 循环按字典顺序遍历 DAG 的结点 $(j,j') = $ (`row`,`col`)。寄存器变量 `diag`、`abve` 和 `left` 分别存储对角线单元 $(j-1,j'-1)$ 的累计成本、M 的上方单元 $(j-1,j')$ 和左边单元（j，$j'-1$）。再往后，把它们中的最小值添加到相应结点的权值 $w(j-1,j'-1) = $ `residue * residue`，并随后存储在 $M[j,j']$（见第 33 行）。回想一下，这种贪婪的放松方案能够在加权 DAG 上找到全局最优解，因为它遵守了拓扑排序 [2]。最后，惩罚矩阵 $M[n,n]$ 的右下角与最短的度量一致，最佳规整路径 $\hat{\gamma}$ 也如此。

```
1  template <
2      typename index_t,
3      typename value_t> __host__
4  value_t plain_dtw(
5      value_t * query,           // pointer to query
```

列表 7.19 DWT 相似性度量的初始串行实现

```
    value_t * subject,          // pointer to subject
    index_t num_features) {     // number of time ticks (n)

    // allocate the penalty matrix M of shape (n+1) x (n+1)
    const index_t lane = num_features+1;
    value_t * penalty = new value_t[lane*lane];

    // initialize the matrix M
    for (index_t index = 1; index < lane; index++)
        penalty[index] = penalty[index*lane] = INFINITY;
    penalty[0] = 0;

    // traverse graph in row-major order
    for (index_t row = 1; row < lane; row++) {
        const value_t q_value = query[row-1];

        for (index_t col = 1; col < lane; col++) {

            // determine contribution from incoming edges
            const value_t diag = penalty[(row-1)*lane+col-1];
            const value_t abve = penalty[(row-1)*lane+col+0];
            const value_t left = penalty[(row+0)*lane+col-1];

            // compute residue between query and subject
            const value_t residue = q_value-subject[col-1];

            // relax node by greedily picking minimum edge
            penalty[row*lane+col] = residue*residue +
                                    min(diag, min(abve, left));
        }
    }
    // report the lower right cell and free memory
    const value_t result = penalty[lane*lane-1];
    delete [] penalty;

    return result;
}
```

列表 7.19 (续)

初始的 DWT 函数现在能使用 OpenMP 或任何其他线程库并行调用。需要注意的是，DTW 调用仍然是串行的。

```
#include <omp.h>                    // use -Xcompiler="-fopenmp"

template <
    typename index_t,
    typename value_t> __host__
void host_dtw(
    value_t * query,                // pointer to query
    value_t * subject,              // pointer to data matrix
    value_t * dist,                 // pointer to distance array
```

列表 7.20 DTW 相似性度量的初始多线程实现

```
    index_t num_entries,          // number of entries (m)
    index_t num_features) {       // number of time ticks (n)

    # pragma omp parallel for
    for (index_t entry = 0; entry < num_entries; entry++) {
        const index_t off = entry*num_features;
        dist[entry] = plain_dtw(query, subject+off, num_features);
    }
}
```

列表 7.20 （续）

该实现的主要缺点是成本矩阵 M 的二次方的内存消耗。假设我们想从 $m = 2^{20}$ 个时间序列中并发地查询长度为 $n = 128$ 的浮点值的时间序列，那么我们需要分配 `sizeof(float)` $\cdot (n+1)^2 \cdot m \approx 65$ GB 内存。幸运的是，我们可以修改二次方内存算法，使其仅使用占用 `sizeof(float)` $\cdot 2 \cdot (n+1) \cdot m \approx 1$GB 的线性内存，它很容易装入 GPU 的 RAM 中。做到这些的方法如下。一个单元 $M[i,j]$ 的松弛只依赖于前一行中的 2 个单元格（对角线和之上的）和同一行中的 1 个单元格（左边的）。因此，仅仅存储长度为 $n+1$ 的两行就足够了，然后使用一个循环索引方案交换它们。

```
template <
    typename index_t,
    typename value_t> __host__
value_t dtw(
    value_t * query,              // pointer to query
    value_t * subject,            // pointer to subject
    index_t num_features) {       // number of time ticks (n)

    // allocate two rows of the penalty matrix of shape 2 x (n+1)
    const index_t lane = num_features+1;
    value_t * penalty = new value_t[2*lane];

    // initialization is slightly different to the quadratic case
    for (index_t index = 0; index < lane; index++)
        penalty[index+1] = INFINITY;
    penalty[0] = 0;

    // traverse the graph in topologically sorted order
    for (index_t row = 1; row < lane; row++) {

        // here we have to compute cyclic indices (0,1,0,1,0,...)
        const value_t q_value = query[row-1];
        const index_t target_row = row & 1;
        const index_t source_row = !target_row;

        // this is crucial to reset the zero from row zero to inf
        if (row == 2)
            penalty[target_row*lane] = INFINITY;

```

列表 7.21　DTW 相似性度量的线性内存实现

```
        // now everything as usual
        for (index_t col = 1; col < lane; col++) {

            // cyclic indices for the score matrix
            const value_t diag = penalty[source_row*lane+col-1];
            const value_t abve = penalty[source_row*lane+col+0];
            const value_t left = penalty[target_row*lane+col-1];

            // traditional indices for the time series
            const value_t residue = q_value-subject[col-1];

            // relax the cell
            penalty[target_row*lane+col] = residue*residue +
                                           min(diag,
                                           min(abve, left));
        }
    }

    // here we have to compute the index of the last row
    const index_t last_row = num_features & 1;
    const value_t result = penalty[last_row*lane+num_features];
    delete [] penalty;

    return result;
}
```

列表 7.21 （续）

此时，我们可以在 `main` 函数中调用 `host_dtw` 方法。相应的代码片段如列表 7.22 所示。首先在第 20 ～ 23 行，我们分配主机端内存，用来存储时间序列 `data` 和距离向量 `dist`。其次，在第 32 行，使用头文件 `cbf_generator.hpp` 中定义的 `generate_cbf` 方法生成 $m = 2^{20}$ 个长度为 $n = 128$ 的数据库条目。为简单起见，我们在此示例中选择 $Q = S^{(0)}$ 。因此，我们 `data` 指针作为第一个参数传递，它是为查询保留的。如你所想，`data` 再次作为对应于数据库的第二个参数传递。数组 `labels` 存储的类标签要么为 0（Cylinder），要么为 1（Bell），要么为 2（Funnel）。稍后，它们将用来做一个简单的一致性检查。第三，在第 32 行，通过调用 `host_dtw` 计算全部 DTW 距离。最后，我们打印距离值，并清理内存。

```
1  #include "../include/cbf_generator.hpp"  // generate_cbf
2  #include "../include/hpc_helpers.hpp"    // timers
3
4  // define the used data types
5  typedef uint64_t index_t;
6  typedef uint8_t  label_t;
7  typedef float    value_t;
8
9  int main () {
10
```

列表 7.22 一对全 DTW 计算的主机端实现

```
    // the shape of the data matrix
    constexpr index_t num_features = 128;
    constexpr index_t num_entries  = 1UL << 20;

    // small letters for host arrays
    value_t * data   = nullptr, * dist = nullptr;
    label_t * labels = nullptr;  // C,B,F encoded as 0,1,2

    // malloc memory
    cudaMallocHost(&data,   sizeof(value_t)*num_features
                                   *num_entries);  CUERR
    cudaMallocHost(&dist,   sizeof(value_t)*num_entries);  CUERR
    cudaMallocHost(&labels, sizeof(label_t)*num_entries);  CUERR

    // create CBF data set on host
    TIMERSTART(generate_data)
    generate_cbf(data, labels, num_entries, num_features);
    TIMERSTOP(generate_data)

    // here we use the first time series of data as query
    TIMERSTART(DTW_openmp)
    host_dtw(data, data, dist, num_entries, num_features);
    TIMERSTOP(DTW_openmp)

    // let us print some distance values
    for (index_t index = 0; index < 9; index++)
        std::cout << index_t(labels[index]) << " "
                  << dist[index] << std::endl;

    // get rid of the memory
    cudaFreeHost(labels);                              CUERR
    cudaFreeHost(data);                                CUERR
    cudaFreeHost(dist);                                CUERR
}
```

列表 7.22 （续）

如果这个程序执行在一个双槽 Intel Xeon E5-2683 v4 (2.1 GHz) CPU 上，仅使用主线程，我们需要大约 92s 才能串行计算 2^{20} 个 DTW 分数。利用全部 2 × 16 物理内核的多线程版本几乎可以达到线性扩展，结果执行时间接近 2.9s。程序的输出显示了前 9 个计算所得距离分数（右列），及其对应的类标签（左列）。正如预期，查询 $Q = S^{(0)}$ 和数据库第一个条目 $S^{(0)}$ 之间的距离消失。此外，我们还发现，到其他 Cylinder 实例 (0) 的 DWT 距离明显小于到 Bell (1) 实例和 Funnel（2）条目的 DWT 距离。

```
TIMING: 901.758 ms (generate_data)
TIMING: 2894.01 ms (DTW_openmp)
0 0
1 175.457
2 319.968
0 6.02721
1 158.446
2 281.643
```

```
0 18.9647
1 157.522
2 179.027
```

针对基于动态规划的对齐算法的一个常见性能评价指标是每秒的单元格更新数(CUPS)。在我们的例子中，我们在 2^{20} 个分数矩阵中为其中的每一个矩阵松弛了 128^2 个单元。这样，对于使用单个核心的串行版本，其性能为 190 MCUPS；而对于使用 2 个 Xeon CPU 全部核心的多线程版本，其性能为 6 GCUPS。在下文中，我们将开发一个 CUDA 并行化版本，在基于 Pascal 的单个 Titan X GPU 上性能可以达到 34 GCUPS。

7.4.3 线性内存 DTW 的一个初始 CUDA 移植

假设我们已经将主机端数据库 `data` 从主机复制到适当的设备数组 `Data`，并进一步为设备端距离向量 `Dist` 分配了内存。一个明显的并行化策略是用每个 CUDA 线程来计算一个 DTW 分数。因此，当采用上述线性存储器方案时，每个线程必须分配包含 $2 \cdot (n+1)$ 个单元的分数矩阵。从概念上讲，我们已经知道了用户可修改的 4 种内存：

- 全局内存：我们可以传递一个辅助数组 `Cache` 给内核函数，驻留在 GPU 的全局内存中用以存储分数矩阵。
- 本地内存：通过在内核函数体内定义静态数组（即所谓的本地内存）可以实现同样的目的。
- 共享内存：或者，我们可以预留暂存器内存，以便从更快的访问时间中受益。不幸的是，我们必须应对它容量小的问题。
- 寄存器：每个 SM 中合理数量的寄存器可用于存储分数矩阵。然而，如何在 for 循环中枚举它们并不简单。

在本小节中，你将学会如何利用前两种策略。此外，我们将证明，在大多数情况下，对本地存储器的访问与对全局内存的交错访问相重叠，事实上，令人惊讶的是，很多 CUDA 程序员对此并不知晓。详细地说，我们将研究针对凝聚访问和非凝聚访问模式的另一个例子，这些模式现在都隐藏在 CUDA 编程语言的原语背后。

让我们开始编码。在列表 7.23 中，内核函数的声明比较直观：我们传递一些设备指针，指向长度为 n 的查询、形状为 $m \times n$ 的主题数据库、长度为 m 的距离向量，以及形状为 $m \times 2 \cdot (n+1)$ 的辅助内存 `Cache`。然后，我们计算全局线程标识符 `thid`，（它枚举数据库中的时间序列），并确定索引偏移量 `base`，访问每个主题序列的第一个时钟节拍。定义常量 `lane` 以简化索引方案。

```
template <
    typename index_t,
    typename value_t> __global__
void DTW_naive_kernel(
```

列表 7.23 在利用外部内存的初始 DTW 内核函数中的线程识别 id

```
    value_t * Query,         // pointer to the query
    value_t * Subject,       // pointer to the database
    value_t * Dist,          // pointer to the distance
    value_t * Cache,         // auxiliary memory for matrices
    index_t num_entries,     // number of time series (m)
    index_t num_features) {  // number of time ticks (n)

    // compute global thread indentifier, lane length and offset
    const index_t thid = blockDim.x*blockIdx.x+threadIdx.x;
    const index_t lane = num_features+1;
    const index_t base = thid*num_features;
```

列表 7.23 （续）

这时，我们必须检查线程标识符 thid 是否在允许的索引范围内。其余代码与列表 7.21 中的主机端线性内存实现方法一样。 其中唯一的区别是省略了内核函数末尾的内存释放和距离赋值。

```
    // prevent malicious memory accesses
    if (thid < num_entries) {

        // set penalty to the correct position in memory
        value_t * penalty = Cache + thid*2*lane;

        // init penalty matrix
        penalty[0] = 0;
        for (index_t index = 0; index < lane; index++)
            penalty[index+1] = INFINITY;

        // relax the graph in topologically sorted order
        for (index_t row = 1; row < lane; row++) {

            const value_t q_value = Query[row-1];
            const index_t target_row = row & 1;
            const index_t source_row = !target_row;

            if (row == 2)
                penalty[target_row*lane] = INFINITY;

            for (index_t col = 1; col < lane; col++) {

                const index_t src_off = source_row*lane;
                const index_t trg_off = target_row*lane;

                const value_t diag = penalty[src_off+col-1];
                const value_t abve = penalty[src_off+col-0];
                const value_t left = penalty[trg_off+col-1];

                const value_t s_value = Subject[base+col-1];
                const value_t residue = q_value - s_value;

                penalty[target_row*lane+col] = residue * residue
```

列表 7.24 在利用外部内存的初始 DTW 内核函数中的主要计算

```
                                    + min(diag,
                                      min(abve, left));
            }
        }

        // write down the result
        const index_t last_row = num_features & 1;
        Dist[thid] = penalty[last_row*lane+num_features];
    }
}
```

列表 7.24（续）

内核函数可以在 main 函数中调用，如下所示：

```
const uint64_t threads = 32;
DTW_naive_kernel<<<SDIV(num_entries, threads), threads>>>
    (Data, Data, Dist, Cache, num_entries, num_features);
```

在一块基于 Pascal 的 Titan X 上，这个内核函数的运行时间大约是 30s。相比前一小节的串行计算快了 3 倍。尽管如此，相比使用一个双槽 Xeon CPU 的全部 2×16 核心的多线程版本，它的性能差了 10 倍。实际上，这是由欠佳的内存访问模式导致的。

另一种可选的方法是使用在内核函数中定义的静态数组，就是所谓的本地内存。内核函数的声明与前一个类似，只是我们不需要传递数组 `Cache`。现在，以每一个线程为单位，辅助内存定义在内核函数内部，如列表 7.25 中的第 20 行所示。每个 CUDA 线程都可以访问自己的分数矩阵 `penalty` 实例。与内核函数中共享内存的定义类似，编译时必须知道数组的大小。通过传递时钟节拍的个数作为一个附加的模板参数 `const_num_features`，这些能够实现（见第 4 行）。

```
1  template <
2      typename index_t,
3      typename value_t,
4      index_t const_num_features> __global__
5  void DTW_static_kernel(
6      value_t * Query,          // pointer to the query
7      value_t * Subject,        // pointer to the database
8      value_t * Dist,           // pointer to the distance
9      index_t num_entries,      // number of time series (m)
10     index_t num_features) {   // number of time ticks (n)
11
12     // compute global thread indentifier, lane length and offset
13     const index_t thid = blockDim.x*blockIdx.x+threadIdx.x;
14     const index_t lane = num_features+1;
15     const index_t base = thid*num_features;
16
17     if (thid < num_entries) {
18
19         // define penalty matrix as thread-local memory
20         value_t penalty[2*(const_num_features+1)];
21
22         // fill in here the initialization and the relaxation
```

列表 7.25　利用线程本地内存的初始 DTW 内核函数

```
        // steps from the previous kernel (Lines 22--53)

        // write down the result
        const index_t last_row = num_features & 1;
        Dist[thid] = penalty[last_row*lane+num_features];
    }
}
```

列表 7.25 （续）

对应的内核函数调用还另外在单尖括号中指定了数据类型和 num_features 作为编译时常量：

```
const uint64_t threads = 32;
DTW_static_kernel<uint64_t, float, num_features>
        <<<SDIV(num_entries, threads), threads>>>
        (Data, Data, Dist, num_entries, num_features);
```

令人惊讶的是，这个内核仅在 2.7s 之后就终止了，与多线程 CPU 实现版本相同。但是，我们怎样才能解释在运行时间方面超过一个数量级的巨大差异呢？要回答这个问题，我们必须了解 CUDA 如何维护本地内存。一些程序员错误地声称本地存储器中的数组总是存储在快速的寄存器中，所以内存访问一定会特别快。然而，一个非常完整的回答会更加复杂。对于在 CUDA 内核中定义的数组，如果其尺寸足够合理地小，则分配给寄存器；但如果比较长（正像我们的情形），则倾向于放到普通的全局内存中。证实寄存器赋值方案的唯一方法是仔细检查 PTX ISA 指令——相当于 CUDA 的汇编代码。但是，对 PTX ISA 的详尽介绍超出了本书的范围，因此我们简单地假设本地内存位于全局内存中。因此，执行时间的巨大差异是由其他原因造成的。

存储在全局内存中的本地内存与我们把数组 Cache 用作初始别名的辅助内存有一个不同的布局。在初始版本情形下，分数矩阵的两行存储在大小为 $c := 2 \cdot (n+1)$ 的分块中。考虑这样一种情况：在初始化期间，我们同时访问分数矩阵的左上角元素 penalty[0]。一个 Warp 的 32 个线程并发地写入间隔 c 的内存位置。因此，当访问分数矩阵的元素时，我们不能从高速缓存中获益。相比之下，本地内存呈现出一种独特的布局，元素相互交错，也就是说，全部左上位置元素 penalty[0] 存储在内存的一段连续位置，随后是全部元素 penalty[1]，以此类推。这种凝聚访问模式带来了显著的执行时间缩短，因为我们能够从全局内存的最佳缓存利用中受益。因此，用来描述本地内存的这种特性的一个更好的术语是*线程局部交织全局内存*（thread-local interleaved global memory）。我们可以通过更改辅助数组 Cache 的寻址来轻松验证这一点。实现这一点，可以通过定义一个索引转换 iota 它类比于本地内存重新排序内存访问（见列表 7.26 的第 19 行）。

```
1  template <
2      typename index_t,
```

列表 7.26 使用交织全局内存的初始 DTW 内核函数

```
    typename value_t> __global__
void DTW_interleaved_kernel(
    value_t * Query,         // pointer to the query
    value_t * Subject,       // pointer to the database
    value_t * Dist,          // pointer to the distance
    value_t * Cache,         // auxiliary memory for matrices
    index_t num_entries,     // number of time series (m)
    index_t num_features) {  // number of time ticks (n)

    // compute global thread indentifier, lane length and offset
    const index_t thid = blockDim.x*blockIdx.x+threadIdx.x;
    const index_t lane = num_features+1;
    const index_t base = thid*num_features;

    // define lambda for local index transposition
    // resulting in a coalesced memory access pattern
    auto iota = [&] (const index_t& index)
                    {return index*num_entries+thid;};

    if (thid < num_entries) {

        // set penalty to Cache without offset
        value_t * penalty = Cache;

        // fill in initialization and relaxation from
        // DTW_naive_kernel (Lines 22-57) and substitute
        // penalty[x] with penalty[iota(x)]

    }
}
```

列表 7.26 （续）

这个内核函数执行的速度与使用本地内存的静态内核函数相同。作为结论的关键信息是，对于长数组，本地内存使用交织寻址与设备内存保持一致。因此，它具有与全局内存相同的高延迟和低内存带宽（见图 7.17）。

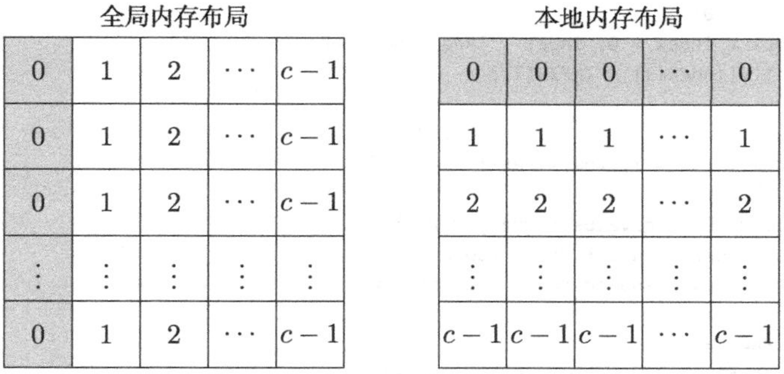

全局内存布局

0	1	2	$\cdots$	$c-1$
0	1	2	$\cdots$	$c-1$
0	1	2	$\cdots$	$c-1$
$\vdots$	$\vdots$	$\vdots$	$\vdots$	$\vdots$
0	1	2	$\cdots$	$c-1$

本地内存布局

0	0	0	$\cdots$	0
1	1	1	$\cdots$	1
2	2	2	$\cdots$	2
$\vdots$	$\vdots$	$\vdots$	$\vdots$	$\vdots$
$c-1$	$c-1$	$c-1$	$\cdots$	$c-1$

图 7.17　使用基于全局内存（左）的辅助数组 `Chche` 和本地内存（右）的交错变量的基于原始块方法的分数矩阵内存布局。后者保证在 $c = 2 \cdot (n+1)$ 个单元（两个通道）松弛期间的凝聚访问，灰色阴影的单元格被 Warp 的所有线程同时访问

7.4.4 共享内存中的波前松弛

正如我们在 7.3 节中看到的，共享内存能够用来显著地加快访存受限算法的计算速度。共享内存是线程块专属内存，而本地内存则是线程专属内存。因此，我们必须稍微修改索引方案，因为 CUDA 线程块中的所有线程都共享相同的内存。列表 7.27 展示了相应内核函数的实现。在第 17 行的内存分配与我们在前面 7.3 节介绍的方法略有不同。限定符 `extern` 允许在内核函数启动时指定数组大小，这可以减轻我们通过模板参数传递常量整数的负担。此外，使用本地线程标识符 `threadIdx.x` 而不是全局线程标识符 `thid`，我们调整分数矩阵 penalty 的偏移量（见第 22 行）。

```
1  template <
2      typename index_t,
3      typename value_t> __global__
4  void DTW_shared_kernel(
5      value_t * Query,          // pointer to the query
6      value_t * Subject,        // pointer to the database
7      value_t * Dist,           // pointer to the distance
8      index_t num_entries,      // number of time series (m)
9      index_t num_features) {   // number of time ticks (n)
10
11     // compute global thread indentifier, lane length and offset
12     const index_t thid = blockDim.x*blockIdx.x+threadIdx.x;
13     const index_t lane = num_features+1;
14     const index_t base = thid*num_features;
15
16     // define array in shared memory with externally defined size
17     extern __shared__ value_t Cache[];
18
19     if (thid < num_entries) {
20
21         // set penalty to the correct position in memory
22         value_t * penalty = Cache + threadIdx.x*(2*lane);
23
24         // init penalty matrix
25         penalty[0] = 0;
26         for (index_t index = 0; index < lane; index++)
27             penalty[index+1] = INFINITY;
28
29         // relax graph in topologically sorted order
30         for (index_t row = 1; row < lane; row++) {
31
32             const value_t q_value = Query[row-1];
33             const index_t target_row = row & 1;
34             const index_t source_row = !target_row;
35
36             if (row == 2)
37                 penalty[target_row*lane] = INFINITY;
38
39             for (index_t col = 1; col < lane; col++) {
```

列表 7.27 使用共享内存的 DTW 初始版本内核

```
                const index_t src_off = source_row*lane;
                const index_t trg_off = target_row*lane;

                const value_t diag = penalty[src_off+col-1];
                const value_t abve = penalty[src_off+col-0];
                const value_t left = penalty[trg_off+col-1];

                const value_t s_value = Subject[base+col-1];
                const value_t residue = q_value - s_value;

                penalty[target_row*lane+col] = residue * residue
                                             + min(diag,
                                               min(abve, left));
            }
        }

        const index_t last_row = num_features & 1;
        Dist[thid] = penalty[last_row*lane+num_features];
    }
}
```

列表 7.27 （续）

对应的内核函数调用三重尖括号中的第 3 个参数指定了预留的共享内存的字节数：

```
uint64_t threads = 32;
uint64_t sh_mem  = 2*(num_features+1)*threads*sizeof(float);
DTW_shared_kernel<uint64_t, float>
    <<<SDIV(num_entries, threads), threads, sh_mem>>>
    (Data, Data, Dist, num_entries, num_features);
```

这个内核函数在基于 Pascal 的 Titan X 上执行，大约耗时 630 ms，与本地内存的实现版本相比得到了约 4 倍的加速比。不幸的是，对共享内存的使用带来了一个主要的限制。当处理明显较长的时间序列时，我们不能使用这种方法。在我们的例子中，**sh_mem** 的大小为 $2 \cdot (n+1) \cdot$ **blockDim.x** $\cdot$ **sizeof(float)** $= 2 \cdot (128+1) \cdot 32 \cdot 4 \approx 32.25$ KB，也就是说，在每个块允许占用共享内存为 48 KB 限制时，它能装得下，然而对于 $n = 192$，我们超过了这个值。

- 为了克服这种限制，可以采用一种独特的并行化技术——就是所谓的波前松弛方案。初始方法中（要么使用全局内存、本地内存，要么使用共享内存）采用了一种粗粒度的并行化方案，其中每个线程处理一个 DTW 分数。相比之下，波前松弛方案基于细粒度并行化策略，其中每个 CUDA 线程块计算一个 DTW 分数。结果是，我们在每个块上留下了明显更多的共享内存，允许计算更长的时间序列。此外，我们还可以在一个线程块中使用多个 Warp。一个缺点是，我们既不能控制也不能推断块内线程的执行顺序，以便遵从图结构中的单元依赖性。波前松弛方案以这样的方式重新排序单元更新：所有线程同时处理分数矩阵中没有依赖关系的元素。仔细查看图 7.15 发现，我们可以同时松弛位于惩罚矩阵同一条次对角线（从左下角到右上角）上的所有结点，而不破坏依赖关系。$2 \cdot n+1$ 条次对角线可以逐个更新，因为每个元素仅依赖于存储在前面的 2 条对角线中的 3 个元素。图 7.18 可视化了上述访问机制。不幸的是，波前松弛的内存和计算量略高于传统方法。我们必须存储 3 条长度为 $n+1$ 的通道，而不是 2 条，而且 $(2 \cdot n+1) \cdot (n+1) = 2 \cdot n^2 + 3 \cdot n + 1$ 个松弛单元的数量几乎是初始方案的 2 倍。初始方案中更新单元的个数为 $(n+1)^2 = n^2 + 2 \cdot n + 1$。尽管如此，我们还是将会观测到，所述策略与初始方法相比具有很高的竞争力。

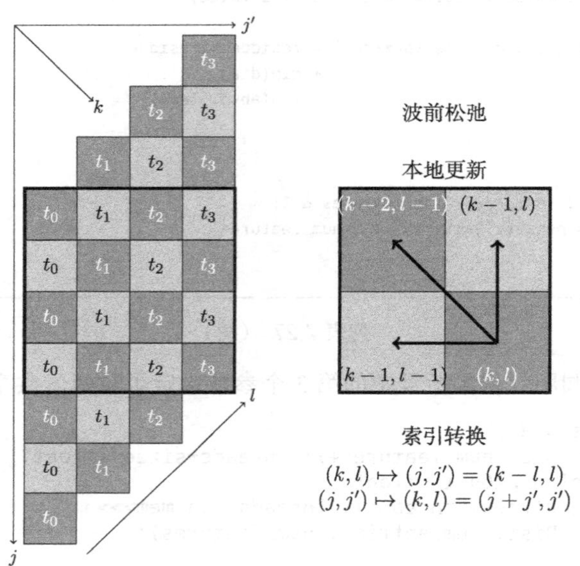

图 7.18　一个针对 $(n+1) \times (n+1) = 4 \times 4$ 的分数矩阵的波前松弛策略的例子。次对角线上的单元格（左下角到右上角）可以并发更新，而没有破坏图结构中的依赖关系。要实现这一点，枚举行和列（j, j'）的传统索引方案必须重写为通过索引 k 访问 $2 \cdot n+1$ 条次对角线。每条次要对角线中的 n 个条目由不同的线程 t_i 处理。所述方案可以在线性内存中按循环顺序访问 3 个连续的次对角线实现

- ❑ 让我们开始编码。列表 7.28 显示了 DTW 算法的内核函数声明和初始化阶段。首先，在第 12 ～ 13 行，我们定义了块标识符 `blid`（用于枚举主题序列，每 DTW 分数对一个块）和本地线程标识符 `thid`（用于访问一条对角线上的单元）。其次，定义了常量 `lane` 方便索引，并定义了偏移量 `base`，调整为使用块标识符而不是全局线程标识符（见第 16 ～ 17 行）。第三，我们使用 `extern` 和 `__shared__` 关键字保留了 3 个通道的共享内存（见第 20 行）。共享内存容量将在后面通过内核函数的启动参数来指定 0。随后，除了第 1 个元素（左上角单元格）设置为零以外，其他通道的元素都初始化为无穷大（参见第 20 ～ 31 行）。最后，在第 34 行中，我们使用一个线程块域的屏障在一个线程块内同步全部线程。这一步非常关键，因为我们希望确保所有线程在继续松弛分数矩阵之前都已经完成了初始化。值得注意的是，如果使

用了 32 个或更少的线程，调用 `__syncthreads()` 是多余的，因为直到 CUDA 8 版本，一个 Warp 中的全体线程总是同步的。从 CUDA 9 及更新的协同组模式开始，这一点已不再保证。因此，我们强烈建议在后面的代码中总是显式地同步线程！

```
1  template <
2      typename index_t,
3      typename value_t> __global__
4  void DTW_wavefront_kernel(
5      value_t * Query,          // pointer to the query
6      value_t * Subject,        // pointer to the database
7      value_t * Dist,           // pointer to the distance
8      index_t num_entries,      // number of time series (m)
9      index_t num_features) {   // number of time ticks (n)
10
11     // compute block and local thread identifier
12     const index_t blid = blockIdx.x;
13     const index_t thid = threadIdx.x;
14
15     // calculate lane length and time series offset
16     const index_t lane = num_features+1;
17     const index_t base = blid*num_features;
18
19     // define score matrix in shared memory
20     extern __shared__ value_t Cache[];
21     value_t * penalty = Cache;
22
23     // initialize score matrix with infinity
24     for (index_t l = thid; l < lane; l += blockDim.x) {
25         penalty[0*lane+l] = INFINITY;
26         penalty[1*lane+l] = INFINITY;
27         penalty[2*lane+l] = INFINITY;
28     }
29
30     // upper left corner set to zero
31     penalty[0*lane+0] = 0;
32
33     // force all threads within a block to synchronize
34     __syncthreads();
```

列表 7.28　使用共享内存初始化波前 DTW 内核函数

这时候，我们可以开始松弛分数矩阵。用 k 来枚举 $2\cdot(n+1)-1$ 条对角线通道。接下来，必须计算循环通道索引：当前通道 $k\%3$ 记为 `target_row`，前一行（$k-1$）%3 记为 `source_row`，再之前的行（$k-2$）%3 记为 `before_row`。建议使用三目运算符 `( )?( ):( )`，因为它减少了取模运算的次数，并且能够容易地由编译器优化。通过把 `target_row` 的初始化移到外循环之外，可以进一步减少昂贵的取模运算的次数。在第 47 行中的内部循环用 l 枚举各个单元，采用了长度为 `blockDim.x` 的块循环分派。循环体包含 4 个步骤。首先，在第 50 ～ 51 行，我们计算传统索引 (j, j')，目的是在后面阶段访问时间序列条目。其次，我们确定索引组合 (k,l) 是否对应于分数矩阵中的有效位置 (j, j')（见第

54 行)。第三，如果索引组合 (j, j') 对应的单元位于分数矩阵内，就计算确定差值；相反的情况下，单元的差值设为无穷大。第四，使用图 7.18 所示的访问模式，并发地更新对角线上的全部单元。在第 73 行中，线程块域的屏障，确保在推进到下一条对角线之前，已经更新了通道中的全部单元格。最后，我们写下结果，存储在分数矩阵的右下角单元（见第 77 行）。

```
36      // relax diagonals
37      for (index_t k = 2; k < 2*lane-1; k++) {
38
39          // compute cyclic lane indices
40          const index_t target_row = k % 3;
41          const index_t before_row = target_row == 2 ? 0 :
42                                     target_row + 1;
43          const index_t source_row = before_row == 2 ? 0 :
44                                     before_row + 1;
45
46          // each thread updates one cell
47          for (index_t l = thid; l < lane; l += blockDim.x) {
48
49              // compute traditional indices (j, j') from (k, l)
50              const index_t j = k-l;
51              const index_t J = l;
52
53              // determine if indices are outside of score matrix
54              const bool outside = k <= l || J == 0 || j >= lane;
55
56              // compute the residue Q_{j-1} - S^{(i)}_{j'-1}
57              const value_t residue = outside ? INFINITY :
58                                      Query[j-1]-Subject[base+J-1];
59
60              // concurrently relax the cells
61              const index_t bfr_off = before_row*lane;
62              const index_t src_off = source_row*lane;
63              const index_t trg_off = target_row*lane;
64
65              penalty[trg_off+l] = outside ? INFINITY :
66                                   residue*residue
67                                 + min(penalty[bfr_off+l-1],
68                                   min(penalty[src_off+l+0],
69                                       penalty[src_off+l-1]));
70          }
71
72          // force all threads within a block to synchronize
73          __syncthreads();
74      }
75
76      const index_t last_diag = (2*num_features) % 3;
77      Dist[blid] = penalty[last_diag*lane+num_features];
78  }
```

列表 7.29　利用共享内存的波前 DTW 内核函数中的主要计算

必须修改内核函数调用，为每个数据库条目创建一个线程块。除此之外，我们还必须调整共享内存容量。

```
uint64_t threads = 32;
uint64_t sh_mem  = 3*(num_features+1)*sizeof(float);
DTW_wavefront_kernel<<<num_entries, threads, sh_mem>>>
    (Data, Data, Dist, num_entries, num_features);
```

现在的 940 ms 运行时间高于初始版本的 630 ms，原因是松弛的单元数量增加了。然而，这个内核函数现在能够处理的时间序列长度高达 n = 4 095，而初始内核函数限制于最大长度 n = 191。

7.4.5 并发调度和 bank 冲突

在我们进一步优化波前内核函数之前，让我们简要地分析一下测量到的执行时间。波前内核函数只比采用共享内存的初始内核函数慢了 1.5 倍，尽管它更新了双倍数量的单元。通常，导致运行时长与估计时长偏差的明确原因很难准确地找到，因为现代 GPU 是复杂的动态系统，无法用简单的性能模型来描述。但是，我们可以基于频繁的观察做出有根据的推测。

作为一个例子，我们知道，线程块调度器可以分派多个线程块到同一个 SM，如果它能为内核函数的执行提供足够的资源。初始版本的内核函数需要大约 33 KB 的共享内存，针对 32 个处理时间序列之一存储两条长度为 129 的通道。因此，共享内存小于 66 KB 的 SM 不能同时处理 2 个块。Pascal 系列 GPU 卡仅为每个 SM 提供了 64 KB 的共享内存，相比之下，一些 Maxwell GPU（比如 GM200）提供了高达 96 KB 的共享内存。因此，如果使用的内存超过了提供的物理内存大小的一半，我们大约会遭受一半的性能损失。该理论模型可以验证如下。从一个完全不使用共享内存的内核函数开始，我们通过 `extern __shared__ dummy[]` 在内核函数中定义一个共享内存数组。现在，我们可以针对不同共享内存大小的内核函数测量其执行时间。如果我们增长暂存器内存数量，内核函数的性能将单调下降。波前内核函数占用的共享内存不足 2 KB，允许在同一个 SM 上并发执行多达 24 个线程块。归功于这个并行度提高的程度，我们期待运行时间将会减少。

正确的内存访问模式是影响共享内存性能的另一个方面。自从 Fermi GPU 发布以后，暂存器按照 32 个内存 bank 来组织，以块循环方式分配给其条目，也就是说，存储在位置 k 的 4 个字节词的读写访问由编号为 $k\%32$ 的内存 bank 处理。这样的话，如果一个 Warp 中有 2 个或更多个线程访问同一个 bank，则存储器的多个访问被序列化，导致性能退化。一个例外是，Warp 中的全部线程都访问同一个共享内存地址，则通过一个广播有效地处理。举一个例子，考虑这样一种情况：我们处理存储在共享内存中的 8 字节词（例如 `int64_t` 或 `double`），使用的 bank 宽度为 4。线程 0 从 bank0 加载低位的 4 个字节，从 bank1 加载高位部分。以此类推，线程 1 从内存的 bank2 和 bank3 加载数据，如此等等。在同一个 Warp 中，线程 16 使用内存 bank0 和 bank1，导致了所谓的 bank 冲突。幸运的是，从 Kepler 一代 GPU 开始，我们能够重新配置 bank 的宽度为 4 或 8，通过 `cudaDeviceSetSharedMemConfig()` 作用于整个设备，或者通过

cudaFuncSetSharedMemConfig() 作用于单个内核函数。为解决这些问题，使用的参数有

- ❑ cudaSharedMemBankSizeDefault (use the device default)
- ❑ cudaSharedMemBankSizeFourByte (4 B)
- ❑ cudaSharedMemBankSizeEightByte (8 B)

值得注意的是，在 Kepler 之前，不可能编写一个处理 8 字节词的无 bank 冲突算法。初始版本的 DTW 内核函数使用共享内存存储分数矩阵的 2 个通道，偏移量为 $c = 2 \times (128+1) = 258$ 条目。因此，我们以步长为 2 访问存储器，因为线程 0 使用内存 bank $(0 \cdot c)\%32 = 0$ 用于条目 $M[0,0]$，线程 1 使用内存 bank$(1 \cdot c)\%32 = 2$，如此等等。相比之下，波前内核函数同时访问共享内存中的连续条目，避免了任何 bank 冲突。总之，波前内核函数有较小的共享内存占用，就能允许在同一个 SM 上并发执行多个线程块，并进一步采用了更好的内存访问模式。

还不得不提到另外一种微调共享内存的方式。CUDA 允许手动调整共享内存来支持 L1 缓存，两者在芯片上共享相同的晶体管。暂存器到 L1 缓存的比例可以使用 cudaDeviceSetCacheConfig() 针对全局，也可以使用 cudaFuncSetCacheConfig() 针对每个内核函数级别。优选比例（暂存器 / L1）的可能参数给出如下：

- ❑ cudaFuncCachePreferNone (use the device default)
- ❑ cudaFuncCachePreferShared (48 KB / 16 KB)
- ❑ cudaFuncCachePreferL1 (16 KB / 48 KB)
- ❑ cudaFuncCachePreferEqual (32 KB / 32 KB)

需要注意的是，如果使用指定的比率，CUDA 不能实现共享内存的数量，将忽略你的配置。这个层面的优化很少影响整体性能，因此，不建议在程序的早期开发阶段就使用它。关于 bank 冲突，也有类似的观点。总的来说，都希望设计避免 bank 冲突的算法，然而，却不能保证获得最优的代码。举例来说，如果我们对初始内核函数的共享内存布局转置（类似本地内存)，以避免 bank 冲突，我们最终却得到一个更慢的实现。

7.4.6 纹理内存和常量内存

现在，我们通过利用 CUDA 支持的 GPU 高级缓存机制优化波前内核函数，使其性能优于初始版本变体。出于初始目的，GPU 专门用于高效处理图像。场景渲染的一个重要方面是纹理的线性、双线性和三线性插值。就编程而言，纹理可以描述为一个多维数组，表现出一种空间局部特性。举例来说，一个 2D 纹理 T 的纹理元素 (texel) 应该在两个维度上都能高效访问，也就是说，读取条目 $T[i,j]$ 、$T[i,j+1]$ 和 $T[i+1,j]$，延迟应该都差不多，因为它们在一个相邻区域上编码了类似的视觉特征。然而，我们已经知道，$T[i,j]$ 和 $T[i,j+1]$ 很可能位于同一个缓存行上，相反，$T[i,j]$ 和 $T[i+1,j]$ 的存储距离就相差很远。为解决此问题，支持 CUDA 的 GPU 提供了基于硬件的高效纹理插值机制。该机制利用了智能缓

存策略。此外，可以使用基于硬件的多线性插值，在分数纹理元素位置评价纹理，或者自动将强度值映射到归一化区间 [0,1]。尽管在我们的例子中没有使用，两种特征都可以用来在插值任务中节省一些 Flop/s。DTW 的波前实现方案可以从纹理内存中受益，因为我们在遍历对角线时，查询和主题都以随机顺序访问。

纹理在编译时定义，并且可以在运行时绑定到数组。值得注意的是，CUDA 在数组和线性内存之间进行了细微的区分——贯穿本章，我们交替使用线性内存和数组这两个术语。更多细节可以参考 CUDA 编程指南 [4]。允许绑定到线性内存的纹理元素的最大个数，在 1D 情况下是 2^{27}，在 2D 情况下是 65 000^2，在 3D 情况下是 4 096^3。在下文中，我们将 1D 纹理与存储在数组 `float * Data` 中的主题数据库绑定。首先，我们必须将纹理本身声明为静态全局变量：

```
texture<float, 1, cudaReadModeElementType> tSubject;
```

通常，纹理 `texture<DataType,Type,ReadMode>` 的模板参数如下指定：

- 数据类型：一个基本的 32- 位类型，比如 float 或 int
- 类型：维度可以选择设置为 1, 2, 或 3（默认为 1）
- 读取模式：模式可以是 `cudaReadModeElementType`，按原样传递数据；或者 `cudeReadModeNormalizedFloat`，将整数类型映射到区间 [0,1]（可选：default= `cudaReadModeElementType`）

在文档中声明后，我们现在可以在 main 函数中的运行时绑定纹理，使用

```
cudaBindTexture(0, tSubject, Data,
                sizeof(float)*num_entries*num_features);
```

第一个参数是 `size_t *` 类型的指针，存储一个偏移量，我们省略了。其余参数指定声明的纹理对象、指向线性内存的地址，以及以字节为单位的相应容量。需要注意，在我们的例子中，我们在数据库中存储 $m = 2^{20}$ 个长度为 $n = 128 = 2^7$ 的时间序列，产生了 2^{27} 个纹理元素。纹理可以通过调用 `cudaUnbindTexture()` 解除绑定。波前内核函数的声明略有修改：我们简单地删除了指向 `Subject` 的指针，因为纹理对象在整个设备中都是可见的。

```
template <
    typename index_t,
    typename value_t> __global__
void DTW_wavefront_tex_kernel(
    value_t * Query,          // pointer to the query
    value_t * Dist,           // pointer to the distance
    index_t num_entries,      // number of time series (m)
    index_t num_features) {   // number of time ticks (n)

    // basically the wavefront kernel with the exception
    // that we substitute the expression in Line 58
    // Subject[base+J-1] with tex1Dfetch(tSubject, base+J-1)
}
```

列表 7.30 使用纹理内存的波前 DTW 内核函数

最后，我们必须修改波前内核函数体（第 58 行），通过 `tex1Dfetch(tSubject, base+J-1)` 访问主题数据库中的条目，而不再是 `subject [base+J-1]`。内核函数调用与未优化的波前内核函数相同，只是省略了参数 `Subject`。对运行时间的测量显示，纹理存储器的使用，将运行时间从 940 毫秒减少到了 900 毫秒。对于 $n = 128$ 情形，4% 的运行时间改善有点微不足道。然而，对于更高的 n 值，我们获得了明显的性能提升，如 [11] 所示。此外，这种优化几乎毫不费力，因为只依赖于对源代码的微小修改：从技术上讲，程序员甚至都不需要删除指向 `Subject` 的指针，因为无论如何它都需要定义。

如果我们使用常量内存，就可以追求一个甚至更加强大的缓存策略。支持 CUDA 的 GPU 在全局内存中提供了存储高达 48 KB 的大块高速缓存只读存储器的可能性。由于其容量小，我们只能存储有限数量的信息。在一个内核函数执行期间，这些信息能够在整个设备范围内访问。典型的用例包括分发运行时常量来指定算法性质，比如 L_p 范数的指数，或弹性匹配算法中的空隙罚分。实际上，CUDA 使用常量内存把内核参数广播给全体线程块。在我们的实验中，将缓存长度为 $n = 128$ 的查询，因为它频繁地由每个线程块访问。

与纹理内存类似，常量内存也必须在编译时全局声明，并可以在运行时更改。在我们的例子中，我们在程序的 include 部分之后直接声明常量内存：

```
__constant__ float cQuery[12*1024];
```

不幸的是，我们必须在编译时知道常量内存的大小。因此我们决定采用最大值。如果我们确定不想处理更长查询，我们就可以将尺寸硬编码为 $n = 128$。随后，我们必须在 main 函数中把对应于主题数据库中的第 1 个时间序列的查询从设备端数组 `float * Data` 复制到 `cQuery`：

```
cudaMemcpyToSymbol(cQuery, Data,
                   sizeof(value_t)*num_features);
```

初始版本的波前内核函数的最后修改比较直观：简单地用 `cQuery [j-1]` 替换对 `Query [j-1]` 的访问。值得注意的是，与纹理内存类似，我们不需要将 `cQuery` 作为内核参数传递，因为它在整个设备中都是可见的。

```
template <
    typename index_t,
    typename value_t> __global__
void DTW_wavefront_const_kernel(
    value_t * Subject,       // pointer to the subject
    value_t * Dist,          // pointer to the distance
    index_t num_entries,     // number of time series (m)
    index_t num_features) {  // number of time ticks (n)

    // basically the wavefront kernel with the exception
    // that we substitute the expression in Line 58
    // Query[j-1] with cQuery[j-1]
}
```

列表 7.31 使用常量内存的波前 DTW 内核函数

除了缺少参数 Query，内核函数调用与未优化的波前内核函数相同。与非优化版本的 940 毫秒相比，使用敞亮内存的内核函数运行时间仅为 510 毫秒，产生了接近 2 倍的性能提升，却只有很少的源代码修改。我们甚至胜过了初始的共享内存方法（执行了 640 毫秒），性能提高了 20%。值得注意的是，在同一个内核函数中，我们可以组合常量内存和纹理内存；但是，性能提升很不明显。综上所述，使用常量内存的波前内核函数，比前面提到的基于初始的松弛方案的全部内核函数，都要明显快得多，并且还进一步支持对适度更长查询的处理。

7.5 优化准则

本节简要总结优化方法和执行时间，以便得出可能有助于优化代码的一般规则。此外，我们还讨论了本例中没有涉及的其他可能的优化技术。最重要的是，*一切都是关于内存的有效利用*。GPU 提供了超多数量的 FLOP/s，然而，如果我们不能好好利用附加内存的特性，就无法从中获益。因此，我们必须确保计算单元有数据可算，并且在等待数据时不要浪费它们的计算潜力。这可以总结如下：

"在真空中计算是徒劳的。"

从 CPU 上耗时约 90s 的串行算法开始，我们发现，一个简单的粗粒度任务并行化方案在 32 个核心的 CPU 上的性能基本是线性扩展的。然而，当将算法直接移植到 GPU 时，由于采用非凝聚的内存访问模式，导致了大约一个数量级的性能下降。然而，如果重新调整内存布局，使用本地内存或全局内存中的转置索引方案，允许凝聚的内存访问，我们就获得了比较可观的性能。此外，针对分数矩阵，采用共享内存访问，我们可以显著加快内核函数的速度。

"确保你的内存访问模式是凝聚的。如果没有，那就去做。"

由于共享内存尺寸太小，所以使用上会有很多硬性限制。 这可以通过使用细粒度并行化策略来解决。这种策略将任务分配给一个整线程块，而不是每个任务使用一个线程。该方法可以极大地减少算法的共享内存占用，但缺点是，我们必须去并行化任务本身。不幸的是，这需要彻底地源重构代码，正如在波前内核函数所示。此外，细粒度并行化方案可能不明显，或者最坏情况完全未知。因此，程序员必须花费大量的时间来发掘核心算法细粒度并行的潜力。

"细粒度并行优于粗粒度并行。"

我们采用了先进的缓存策略，对于频繁访问的数据，通过使用纹理或常量内存，来进一步提高性能。我们观测到，如果我们在整个设备上重复读取相同的数据，那么常量内存是值得的。纹理内存可用于从数据访问的空间局部性中获益，然而，只有我们利用基于硬件的高维纹理插值能力，才能期望在运行时得到合理的改进。

需要注意的是，本书仅涵盖了可以使用的内存类型的一小部分。CUDA 编程指南 [4] 中还记录了其他类型，如表面存储器，分层纹理或 CUDA 阵列。我们强烈建议定期阅读提供的文档，因为每一代 GPU 都会引入新的指令。这些指令可能会大大加快算法的速度。

"不要依赖理论假设—用新技术做实验。"

最后，我们声明，通过使用每个 SM 的大量寄存器，而不是共享内存，还可以进一步优化波前内核函数的分数矩阵。弹性匹配算法的最新实现，实际上是在寄存器中展开了几条次对角线的松弛计算，带来了更快的执行时间 [15]。类似地，下一章将向你展示如何在 Warp 中的线程之间有效地共享信息，而无须共享内存。

7.6 附加练习

1. 编写一个 CUDA 程序，计算存储在主机数组 `float * x` 和 `float * y` 中的两个向量 $x, y \in \mathbb{R}^n$ 之和。并对该内核执行和内存传输的执行时间与在单个 CPU 核的串行程序执行时间进行比较。看自己的 CUDA 并行化是否有益。
2. 设 $x = (x_0, x_1, x_2, x_3) \in \mathbb{R}^4$ 是四维空间任意的向量，v 是 N 个 x 类型的数组。我们的目标是将每个向量 $x(k)$ 独立标准化：

$$\hat{\cdot}: \mathbb{R}^4 \to \mathcal{S}^3 \subset \mathbb{R}^4 x \mapsto \hat{x} := \frac{x}{\sqrt{x_0^2 + x_1^2 + x_2^2 + x_3^2}} \quad \text{使得} \quad \|\hat{x}\| = 1$$

   实际上，向量 v 由长度为 $4 \cdot n$ 的 `float` 数组给出。该任务的一个重要应用是将哈密顿四元数归一化，使其具有单位模量，以表示三维欧几里得空间中的旋转。在下面，我们将使用 n 个 CUDA 线程来完成这项任务。你的实现应该使用几个线程块来处理任意尺寸的数组。

   (i) 编写一个简单的 CUDA 内核函数，使用 n 个线程对 n 个向量进行标准化。

   (ii) 做同样的操作，但是要将输入数组 `float *V` 修改为一个结构数组 `float4*V`。请使用 `float4` 数据类型一次读取四个值来完成。看运行时间是否有变化。

   (iii) 在 CUDA 文档中查阅数学函数 `rsqrt` 和 `rsqrtf`。使用它们能带来性能提升么？

   (iv) 提出另一个优化方法，实现并测试运行时间。使用 GPU 来完成这项任务是否有益？并做出证明。
3. 设 $A, B \in \mathbb{R}^{n \times n}$ 是两个方阵，通过转置可以互相映射，即 $A = B^{\mathrm{T}}$，用坐标表示：

$$A_{ij} = B_{ij}^{\mathrm{T}} = B_{ji} \quad \text{对所有的} \ i, j \in \{0, \cdots, n-1\}$$

   假设 A 和 B 存储在全局内存，然后我们可以根据 A 来计算 B，反之亦然。目标是使用 $\mathcal{O}(n^2)$ 个 CUDA 线程在 B 中存储 A 的转置版本。你的实现应该使用一些线程块来处理任意矩阵长度。

   (i) 写一个简单 CUDA 内核，使用 n^2 线程在二维网格上完成 A 的转置。

   (ii) 设分块切片 $\texttt{TILE} \in \{1,2,4,8,16\}$ 为 A 的子矩阵长度，$n = \texttt{TILE} \cdot k, k \in \mathbb{N}$。编写一个使用 $n^2/\texttt{TILE}^2$ 个线程的 CUDA 内核，使每个线程完成包含 $\texttt{TILE}^2$ 元素的子矩阵的转置。该内核应该适用于上述所有 `TILE` 的选择。看哪一种分块表现最好，并给出解释。

   (iii) 假设 `TILE`= 4, 每个分块还有 16 个元素。每个 CUDA 线程采用 `float4` 存储这 16 个元素。然后，使用 6 个 `float` 值交换完成存储在 4 个 `float4` 中的 4×4 子矩阵转置。最后，使用 `float4` 类型的四次写操作将转置的子矩阵写到 B 的对应部分。用图可视化索引方案。

   测量上述三种实现的执行时间。看哪个性能最好，并做出解释。

4. 回顾基于共享内存的内核，以便有效地计算列表 7.13 中的协方差矩阵。

$$C_{jj'} = \frac{1}{m}\sum_{i=0}^{m-1} \bar{v}_j^{(i)} \cdot \bar{v}_{j'}^{(i)} = \frac{1}{m}\sum_{i=0}^{m-1} \bar{D}_{ji}^{\mathrm{T}} \cdot \bar{D}_{ij'} \quad \text{对所有} \quad j, j' \in \{0, \cdots, n-1\}$$

修改代码，使之适用于两个任意形状的矩阵 A 和 B 的相乘，即 $C = A \cdot B$。讨论矩阵的内存布局，是否能保证 A 和 B 矩阵能够采用凝聚访存？

5. 背包问题描述了一个最优化任务，窃贼试图尽可能多地把 n 个物品打包到容量为 c 的背包中，其中每个对象的值为 $V[i]$，重量为 $W[i]$，$i \in \{0, \cdots, n-1\}$。对于每件物品，窃贼可以决定拿走还是留下，最终目标是在不违反容量约束的情况下最大化选出物品的累积值。从数学上讲，我们感兴趣的是所有子集 $\mathcal{J} \subseteq \mathcal{I} := \{0,\cdots,n-1\}$ 中的最优子集 $\mathcal{J}^* \subseteq \mathcal{I}$ 比如：

$$\mathcal{J}^* := \underset{\mathcal{J} \subseteq \mathcal{I}}{\arg\max} \sum_{j \in \mathcal{J}} V[j] \quad \text{满足} \quad \sum_{j \in \mathcal{J}} W[j] \leqslant c$$

对完全积分权重问题，存在一个伪多项式算法，利用动态规划，它在 $\mathcal{O}(n \cdot c)$ 时间和空间上解决这个 NP 完全问题。为了实现这个目的，以 0 值初始化一个大小为 $(n+1) \times (c+1)$ 的矩阵 M，采用如下代码增量松弛：

```
unsigned int M[n+1][c+1], // filled with zeros
             W[n], V[n];  // weights and values

for (size_t i = 1; i < n+1; i++) {
    for (size_t j = 0; j < c+1; j++)
        if (W[i-1] <= j)
            M[i,j] = max(M[i-1,j)],
                         M[i-1,j-W[i-1]]+V[i-1]);
        else
            M[i,j] = M[i-1,j];
```

最佳累计值存储在 `M [n, c]` 中。我们的目标是使用多个线程块编写有效的 CUDA 并行化。

(i) 讨论矩阵 `M` 的各个条目之间的依赖关系。哪些单元可以独立更新？是否存在全局屏障？如果是，我们如何在支持 CUDA 的 GPU 上实施全局同步？

(ii) 实现提出的方法。使用共享内存、常量内存或纹理内存看是否有益，测试几个实现并创建适当策略。

(iii) 上述算法的渐近时间复杂度和内存消耗均为 $\mathcal{O}(N \cdot C)$。使用（i）的方法，提供一个线性内存算法，该算法只使用 $\mathcal{O}(C)$ 单元格来计算结果。实现该算法。

参考文献

[1] Donald J. Berndt, James Clifford, Using dynamic time warping to find patterns in time series, in: KDD Workshop, 1994, pp. 359–370.

[2] Thomas H. Cormen, et al., Introduction to Algorithms, 3rd edition, The MIT Press, 2009.

[3] NVIDIA Corporation, CUDA, parallel programming and computing platform, https://developer.nvidia.com/cuda-zone (visited on 10/12/2015).

[4] NVIDIA Corporation, CUDA programming guide version 8.0, https://docs.nvidia.com/cuda/cuda-c-programming-guide/, 2016 (visited on 09/25/2016).

[5] NVIDIA Corporation, GeForce 256, the world's first GPU, http://www.nvidia.com/page/geforce256.html (visited on

10/12/2015).

[6] NVIDIA Corporation, NVLink high-speed interconnect: application performance (whitepaper), http://www.nvidia.com/object/nvlink.html, 2014 (visited on 09/25/2016).

[7] NVIDIA Corporation, Thrust parallel algorithms and data structures library, https://developer.nvidia.com/thrust (visited on 10/12/2015).

[8] Richard O. Duda, Peter E. Hart, David G. Stork, Pattern Classification, 2nd edition, Wiley-Interscience, ISBN 0471056693, 2000.

[9] Khronos Group, OpenCL, the open standard for parallel programming of heterogeneous systems, https://www.khronos.org/opencl/ (visited on 10/12/2015).

[10] Translational Imaging Group, NiftyReg: medical image registration using CUDA, http://cmictig.cs.ucl.ac.uk/wiki/index.php/NiftyReg (visited on 10/12/2015).

[11] C. Hundt, B. Schmidt, E. Schömer, CUDA-accelerated alignment of subsequences in streamed time series data, in: 2014 43rd International Conference on Parallel Processing, 2014, pp. 10–19.

[12] Mohammed Waleed Kadous, Learning comprehensible descriptions of multivariate time series, in: Ivan Bratko, Saso Dzeroski (Eds.), Proceedings of the 16th International Conference of Machine Learning (ICML-99), Morgan Kaufmann, 1999, pp. 454–463.

[13] David B. Kirk, Wen-mei W. Hwu, Programming Massively Parallel Processors: A Hands-on Approach, 2nd edition, Morgan Kaufmann Publishers Inc., San Francisco, CA, USA, 2013.

[14] Jeff Larkin, James Bayer, Comparing OpenACC 2.5 and OpenMP 4.5, in: NVIDIA GPU Technology Conference, 2016, http://on-demand.gputechconf.com/gtc/2016/presentation/s6410-jeff-larkin-beyer-comparing-open-acc-openmp.pdf (visited on 10/01/2016).

[15] Yongchao Liu, Bertil Schmidt, CUSHAW2-GPU: empowering faster gapped short-read alignment using GPU computing, IEEE Design & Test 31 (1) (2014) 31–39, http://dx.doi.org/10.1109/MDAT.2013.2284198.

[16] Ziwei Liu, et al., Deep learning face attributes in the wild, in: Proceedings of International Conference on Computer Vision (ICCV), 2015, http://mmlab.ie.cuhk.edu.hk/projects/CelebA.html (visited on 09/25/2016).

[17] OpenACC Organisation, OpenACC, directives for accelerators, http://www.openacc.org/ (visited on 10/12/2015).

[18] Oxford Learner's Dictionaries: entry for the word 'exact', http://www.oxfordlearnersdictionaries.com/definition/english/exact_1 (visited on 10/12/2015).

[19] H. Sakoe, S. Chiba, Dynamic programming algorithm optimization for spoken word recognition, Acoustics, Speech and Signal Processing, IEEE Transactions on 26 (1) (1978) 43–49, http://dx.doi.org/10.1109/TASSP.1978.1163055.

[20] Christian Szegedy, et al., Going deeper with convolutions, in: Proceedings of the IEEE Conference on Computer Vision and Pattern Recognition, 2015, pp. 1–9.

第 8 章 Chapter 8

高级 CUDA 编程

摘要

最近，CUDA 已成为大规模并行加速器编程的主要框架。NVIDIA 估计，2016 年 CUDA 安装数量将超过 100 万。此外，随着深度学习的兴起，在不远的将来，预计这个数字将会以指数速度增长。因此，深厚的 CUDA 知识是高性能计算领域中每个程序员的根本追求。前一章重点介绍了基本编程模型和现代 GPU 的内存层次结构。我们已经发现合理利用内存是获得高效代码的关键。上一章的示例我们主要关注在线程级别的实现，现在我们会研究 warp 级并行和原子函数的有效使用。这两种技术组合能够进一步优化代码。此外，我们讨论在单 GPU 中的通信与计算重叠，以及多 GPU 场景下使用流。在本章结束时，我们会简要讨论 CUDA 9 及其新颖特性。

关键词

CUDA，GPU，warp 内联函数，原子操作，Z- 归一化，比较和交换循环，并行前缀扫描，多重 GPU，CUDA 流，异步内存传输，动态并行，CUDA 感知的 MPI

8.1 warp 内联函数和原子操作

到目前为止，我们已经使用了寄存器专门存储状态变量，比如索引或中间值。本节将向你展示如何把每个 SM 的大量寄存器用作数据存储。过去，寄存器常常设计为线程域的本地存储器，可以在单个线程的范围内独占地操作。由于 warp 中的 32 个线程以锁步方式并发执行，人们希望它们之间能共享信息。传统方法使用共享内存实现线程间通信。从 Kepler GPU 开始，CUDA 引入了所谓的 warp 内联函数，来实现这样的目的。它们具有两个优点：首先线程间通信更加有效；其次，我们可以在共享内存中节省出宝贵的空间，用来缓存其他数据。另一个重要技术是使用原子操作，允许在无竞争条件的情况下并发访问内存。在本节的其余部分中，我们将详细展示这两项技术。

8.1.1 分段并行归约

接下来，我们基于 warp 内联函数开发了一个简单的并行归约算法。假设你要处理一个数据矩阵 $D_{ij} = S_j^{(i)}$，其中存储了 m 个固定长度为 n 的一维时间序列。索引 i 枚举时间序列，j 表示时间节拍（time ticks）。时间序列数据挖掘领域的一种流行的预处理技术是 z- 归一化（z-normalization），用来调整每个序列的均值和方差。

$$z(S_j^{(i)}) = \frac{S_j^{(i)} - \mu^{(i)}}{\sigma^{(i)}} \tag{8.1}$$

其中，$\mu^{(i)}$ 和 $\sigma^{(i)}$ 为 m 个时间序列中每一个的均值和标准差。值得注意的是，在深度神经网络 [12] 按批归一化时，也采用了类似的技术。处理之后，每个时间序列就消除了均值和单位方差。Z- 归一化通常用于消除振幅的偏移和变化，以便在后续阶段得到鲁棒的分类效果。传统的细粒度并行方法是每个线程块处理一个时间序列。通过并行归约，利用共享内存来计算相应的总和。

$$\mu^{(i)} = \frac{1}{n}\sum_{j=0}^{n-1} S_j^{(i)},\ \sigma^{(i)} = \sqrt{\frac{1}{n-1}\sum_{j=0}^{n-1}(S_j^{(i)} - \mu^{(i)})^2} \tag{8.2}$$

需要注意，每个线程处理一个时间序列的粗粒度并行化方案也是可行的。然而，必须转置数据矩阵，以确保能够凝聚地内存访问。在这里，我们可以不用转置，达到同样效果。为了简单起见，假设 $n = 32$，这样我们就可以在单个 warp 内处理全部时间节拍。我们将要实现的算法可以分为 4 个阶段：

1）一个 warp 内的每个线程 j，读取相对应的数据 $S_j^{(i)}$ 到一个寄存器；

2）在寄存器上执行一个全局归约，计算均值 $\mu^{(i)}$；

3）在寄存器上执行另一个全局归约，计算 $\sigma^{(i)}$；

4）最后，对寄存器中的每个条目执行归一化，并把结果写入全局内存。

第 2 步和第 3 步使用所谓的 warp 内联函数实现，允许在一个 warp 内有效地共享寄存器。起初，我们将使用一个传统并行归约方案实现全局归约原语，然后，将结果广播到 warp 内的全体线程，如图 8.1 所示。稍后，我们将使用另一种方法直接累加全体线程中的结果。

直到 CUDA 8，可以使用 shuffle–down 指令 `__shfl_down()` 实现跨步访问。该指令已经在 Kepler GPU 中引入。CUDA 8 的这个内联操作，需要 3 个参数：第 1 个对应于使用的寄存器，第 2 个表示步长，第 3 个指定 warp 尺寸，最大值为 32（可选）。

```
// CUDA 8 shuffle down
T __shfl_down_(T var, unsigned int delta, int width=32)
```

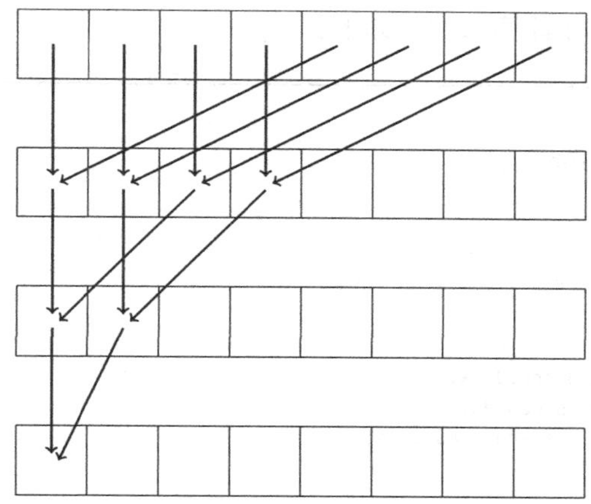

图 8.1 一个例子：在一个尺寸为 8 的 warp 内的并行归约。在 $\log_2(8) = 3$ 次迭代中，每次迭代 k，我们把步长为 $8/2^{k+1}$ 的两个值合并。最终结果写入线程 0 的寄存器

需要注意的是，从 CUDA 9 开始，内联命令 __shfl_down() 被弃用，由 __shfl_down_sync() 代替，因为 warp 中的线程不再隐式同步。

```
// CUDA 9 shuffle down
T __shfl_down_sync(unsigned int mask, // <- the mask is new
                   T var, unsigned int delta, int width=32)
```

新参数 unsigned int mask 以二进制表示（0xFFFFFFFF 表示全体线程）编码 warp 中的参与线程。它允许使用 warp 的任意子集，不同于 CUDA 8，限定为 width 个连续线程，其中 width ∈ {1,2,4,8,16,32}。以下封装能使 CUDA 8 和 CUDA 9 两者兼容：

```
template <typename T>
T my_warp_shfl_down(T var, unsigned int delta) {
    #if defined(CUDART_VERSION) && CUDART_VERSION >= 9000
    return __shfl_down_sync(0xFFFFFFFF, var, delta, 32);
    #else
    return __shfl_down(var, delta, 32);
    #endif
}
```

另一个 shuffle 内联函数，可以用来读取一个特定线程 srcLane 对应的值：

```
template <typename T>
T my_warp_shfl(T var, int srcLane) {
    #if defined(CUDART_VERSION) && CUDART_VERSION >= 9000
    return __shfl_sync(0xFFFFFFFF, var, srcLane, 32);
    #else
    return __shfl(var, srcLane, 32);
    #endif
}
```

假设我们已经提供了一个设备端指针，指向数据矩阵 Data。数据矩阵 Data 通过调用 generate_cbf()，用 CBF 数据集的实例填充，长度 $n = 32$，如列表 7.22 的 main 函数所示。

然后，我们可以为均值 $\mu(i)$ 计算求和，如下：

```
template <
    typename index_t,
    typename value_t> __global__
void znorm_kernel(
    value_t * Subject,        // pointer to the subject
    index_t num_entries,      // number of time series (m)
    index_t num_features) {   // number of time ticks (n)

    // get thread and block identifiers
    const index_t blid = blockIdx.x;
    const index_t thid = threadIdx.x;
    const index_t base = blid*num_features;

    // 1. coalesced load of entries
    value_t v = Subject[base+thid];
    value_t x = v; // copy for later usage

    // 2a. perform a warp reduction (sum stored in thread zero)
    for (index_t offset = num_features/2; offset > 0; offset /= 2)
        x += my_warp_shfl_down(x, offset);

    // 2b. perform the first broadcast
    value_t mu = my_warp_shfl(x, 0)/num_features;
```

列表 8.1　Z- 归一化的内核函数初始化

for 循环通过使用 my_warp_shfl_down() 从上面获取数据条目，执行并行归约。在第二阶段，我们通过 my_warp_shfl() 读取 Thread 0 的寄存器，将最终的总数广播回上面的条目。这样，我们能够进一步计算方差。除了计算残差平方和，我们都使用相同的方法。最后，我们执行归一化，并将结果写回全局内存。

```
    // define the square residues
    value_t y = (v-mu)*(v-mu);

    // 3a. perform a warp reduction (sum stored in thread zero)
    for (index_t offset = num_features/2; offset > 0; offset /= 2)
        y += my_warp_shfl_down(y, offset, num_features);

    // 3b. perform the second broadcast
    value_t var = my_warp_shfl(y, 0)/(num_features-1);

    // 4. write result back
    Subject[base+thid] = (v-mu)*cuda_rsqrt(var);
}
```

列表 8.2　Z- 归一化内核函数中的主要计算

对 cuda_rsqrt 的调用，映射到了 rsqrt 的单精度或双精度变体：一个逆向开方（reverse square root）的高效指令。一般来说，你能够通过定义重载函数，允许 C ++ 模板与某些 CUDA 调用的 C 函数声明混合使用。

```
__forceinline__ __device__
double cuda_rsqrt(const double& value) {
    return rsqrt(value);
}

__forceinline__ __device__
float cuda_rsqrt(const float& value) {
    return rsqrtf(value);
}
```

列表 8.3 映射 C 风格的函数到模板化的 C ++

值得注意的是，通过使用 CUDA 8/9 中的指令 __shfl_xor() / __shfl_xor_sync()，而不是调用前面提到的 __shfl_down()/ __shfl_down_sync() 指令，我们能够完全省去广播阶段 2b 和 3b，如 [9] 所述。处理更长的时间序列时，可以使用进一步的优化技术。一种显而易见的方法是，每个 warp 在不同的寄存器上执行多次归约堆叠。基本上，我们实现了一种类似的技术，在一个 warp 内同时计算平均值和方差。然而，在我们的实验中，这两种归约相互依赖 ——通常情况下，为了从指令并行性中获益，将会错开几个独立的归约。此外，我们可以在每个块中使用多个 warp，以增加 SM 上的线程驻留数量。不幸的是，在这种情况下，我们必须使用共享内存，在不同的 warp 之间传递分部的中间结果。

8.1.2 全局并行归约

有时，程序员必须在一个巨大的数组上累加求和，而不是对许多较短的数组各自归约。在这种情况下，我们可以采用类似的方法，先用全部线程块完成部分归约，然后再合并结果。为做到这一点，我们基本上有两种选择。一方面，我们可以将部分结果存储在全局内存中的辅助数组 value_t * Aux 中，然后在辅助内存上递归调用相同的内核函数，直到我们在单个内存位置累积了全部贡献。举个例子，如果执行归约的 32 线程块包含 32 个线程，我们将存储 32 份部分结果在 Aux 中，然后再用一个线程块执行并行归约。另一方面，程序员可以并发地把部分结果写入某一个内存位置。不幸的是，这将在存储最终结果的内存位置上引入竞争条件。

如果我们使用原子操作，以保证结果正确，就能解决这个问题。CUDA 编程语言提供了一套丰富的原子指令，如 AtomicAdd()、AtomicSub()、AtomicMin() 和 AtomicMax() 等 [4]。前述全部命令接受的第一个参数为一个指向全局或共享内存的指针，第二个参数为对应的值。

接下来，我们将计算一个长度为 length 的数组 value_t * Input 中全体条目的总和，随后用原子操作在 value_t * Output 中存储最终结果。算法的工作流程包括 3 个步骤：

1）加载 Input 中的全部条目到寄存器。

2）每个线程块包含单个 warp，执行一个 warp 归约。

3）最后，每个 warp 把它的部分结果在 Output 上相加。

相应的实现很直观（见列表 8.4）。

```
template <
    typename index_t,
    typename value_t,
    index_t warp_size=32> __global__
void global_reduction_kernel(
    value_t * Input,         // pointer to the data
    value_t * Output,        // pointer to the result
    index_t   length) {      // number of entries

    // get thread and block identifiers
    const index_t thid = threadIdx.x;
    const index_t blid = blockIdx.x;
    const index_t base = blid*warp_size;

    // store entries in registers
    value_t x = 0;
    if (base+thid < length)
        x = Input[base+thid];

    // do the Kepler shuffle
    for (index_t offset = warp_size/2; offset > 0; offset /= 2)
        x += my_warp_shfl_down(x, offset, warp_size);

    // write down result
    if (thid == 0)
        atomicAdd(Output, x);
}
```

列表 8.4 全局归约内核函数

这个内核函数的缺点是，每个线程块仅使用了 32 个线程，进一步还需要创建数目高达 SDIV（length，32）个线程块。使用任意数量线程块，以及每个线程块有多个 warp 的一个工作方案实现如下：

1）我们创建一个固定数目个线程块，有固定数目个 warp。

2）全部 warp 从 Input 读取它们的值到寄存器。如果我们用完了 warp，就简单地以循环（round robin）方式读取一些值，并累加起来，直到穷尽 length。

3）每个 warp 执行一个并行归约，并且随后自动累加最终结果到 Output。

对应的源代码见列表 8.5。

```
template <
    typename index_t,
    typename value_t,
    index_t warp_size=32> __global__
void static_reduction_kernel(
    value_t * Input,         // pointer to the data
    value_t * Output,        // pointer to the result
    index_t length) {        // number of entries (n)

    // get global thread identifier
```

列表 8.5 使用多个 warp 的全局归约内核函数

```
    const index_t thid = blockDim.x*blockIdx.x+threadIdx.x;

    // here we store the result
    value_t accum = value_t(0);

    // block-cyclic summation over all spawned blocks
    for (index_t i = thid; i < length; i += blockDim.x*gridDim.x)
        accum += Input[i];

    // reduce all values within a warp
    for (index_t offset = warp_size/2; offset > 0; offset /= 2)
        accum += my_warp_shfl_down(accum, offset, warp_size);

    // first thread of every warp writes result
    if (thid % 32  == 0)
        atomicAdd(Output, accum);
}
```

列表 8.5 （续）

值得注意的是，我们对提供的实现方案必须保持谨慎态度。如果我们为模板参数 value_t 选择了整数类型，比如 int32_t 或 uint32_t，那么存储在 Output 中的结果总是一样，与 warp 的执行顺序无关。然而，如果使用了浮点数据类型，比如 float 或者 double），我们不能依赖于加法交换律，因为一般情况下，对所有的浮点数 a、b 和 c，有 $(a+b)+c= a+(b+c)$。因此，浮点值的数字上稳定求和需要更多一点努力 [14]。

8.1.3　任意原子操作

尽管 CUDA 提供了一套全面的原子指令 [4]，你还是有可能会遇到一种情形，你不得不用一个未支持的操作去自动更新一个值。假设我们定义了以下二元结合⊖运算：

$$\circ:\mathbb{R}\times\mathbb{R},(x,y)\mapsto x\circ y:=x+y+x\cdot y \tag{8.3}$$

然后，你将在 CUDA 文档中拼命搜索原子赋值操作 o=。坏消息是，你不会找到它。好消息是，只要数据类型恰好能装入内存的 64 位，就能自己实现几乎所有原子操作。这可以通过使用比较与交换（compare-and-swap，CAS）指令来实现。该指令原子地执行下面 3 个操作而不会中断。

1）把一个给定值 expectation 与存储在内存中的一个值 source 进行比较。

2）如果两个值 expectation 和 source 相等，就将 source 的值设置为给定值 target，否则不执行任何操作。

3）如果步骤 2 中的交换成功，则返回 target，否则返回 source。

步骤 3 中的返回值可以重写为三元条件语句：(expected == source) ? target : source。从概念上讲，CAS 试图在约束条件下交换两个值。约束条件使我们针对 source 位置的假设得到满足。但是，如何使用它以原子方式更新一个值？ 我们必须考虑到我们的期望可能是错

⊖ 你在第 1 章的附加练习中证明过它。

误的，也就是说，一个另外的线程已经改变了 source 位置，因此交换将（并且应该因此）失败。我们可能不得不更新我们的期望，并重新应用 CAS 操作。因此，CAS 总是在循环内执行，直到我们最终成功，或者作为另外一种选择，我们或许取消尝试，由于某种约束冲突。为了演示后者，让我们人为地扩展式（8.3）中的二元运算。该计算仅在 $0 \leqslant x \circ y < 10$ 时应用。最后，我们的目标是实现一个自定义函数 atomicUpdateResultBoundedByTen()。

CUDA 编程语言为 3 种基本的整型数据类型 value_t ∈ {int,unsigned int,unsigned long long int} 提供了 CAS 原语：

```
value_t atomicCAS(value_t* source_address,
                  value_t  expected,
                  value_t  target)
```

不幸的是，我们必须把指针级别上适合 32 位或 64 位的任何其他数据类型重新转换为这 3 种类型之一（甚至是现代的 int32_t、uint32_t 和 uint64_t 等效类型）。举例来说，通过 int x =(int *)(& y)，你可以在字节级重新解释 float y 作为 int x，反之亦然。这样的话，我们就可以实现我们的 atomicUpdateResultBoundedByTen() 函数。为简单起见，我们假设 value_t 是一个基本的整数类型。

```
1  __device__ __forceinline__
2  int atomicUpdateResultBoundedByTen(
3      int* address,
4      int value) {
5
6      // get the source value stored at address
7      int source = *address, expected;
8
9      do {
10         // we expect source
11         expected = source;
12
13         // compute our custom binary operation
14         int target = expected+value+expected*value;
15
16         // check the constraint
17         if (target < 0 || target >= 10)
18             return source;
19
20         // try to swap the values
21         source = atomicCAS(address, expected, target);
22
23     // expected == source on success
24     } while (expected != source);
25
26     return source;
27 }
```

列表 8.6　定制的原子操作

循环语句渐近地用 source 更新 expected（第 11 行），用存储在 address（第 21 行）的值更新 source 本身，直到满足我们的假设，从而交换了两个值（第 24 行），或者另外一种可能是违反了约束（第 17 行）。最后，每个原子函数都可以用 CAS 循环来表示。

8.1.4 展望

我们已经看到，warp 内联函数和原子操作是非常强大的工具，使我们能够编写简短而高效的代码。一般来说，它们可以用于加速 GPU 上的许多传统算法（太多了，在本书范围内无法讨论）。尽管如此，我们还是想提到一些值得注意的例子：前面讨论过的 DTW 波前松弛方案（见 7.4 节），对于最长到 32 的时间序列，可以在寄存器中实现存储 3 条对角线。此外，我们可以设计排序网络（sorting network），如比并排序（Bitonic Sort）或使用 warp 内轮换（intra-warp shuffle）的选择网络（selection network）。其他例子包括短长度的快速傅里叶变换（FFT）、分段和全局前缀扫描 [15]，或者 warp 聚合 [1]。此外，可以使用原子性动态分配块标识符，根据块的派生顺序 [11] 枚举块。这可以用来构建线程块之间的依赖关系模型。在计算需要块间同步的前缀扫描时使用了类似的方法，而没有必要终止内核 [15]。

最后，让我们列举一些有用的库。这些库都深度使用了所讨论的技术。Thrust [10] 是一个与 CUDA 捆绑的高级库，它为 GPU 提供了高效的并行原语，如前缀扫描、归约、直方图和排序算法。它模仿了 STL 向量的接口，因此，尤其为没有经验的用户提供了一个较低的进入门槛。CUDA Unbound (CUB)[2] 是一个更高效的底层库，它具有高度可配置的设备级、线程块级和 warp 级的并行原语，分别针对多代 GPU 进行了优化。此外，CUB 是一个仅要头文件的库，可以很容易地集成到现有项目中。使用 cuFFT 库 [6] 可以计算单精度和双精度且任意长度的快速傅里叶变换（Fast Fourier Transform），也已经绑定到了 CUDA 工具集。其他值得注意的例子还包括 cuBLAS[3]、cuRAND[7]、cuDNN[5] 和 cuSOLVER[8]。所以，在尝试重新发明轮子之前，强烈建议先搜索可能存在的库。这些库通常都有很好的文档，都针对当前几代 GPU 经过了优化和大量的测试，支持它们在产品代码中使用。

8.2 利用多块 GPU 和流

到目前为止，我们已经使用单块 GPU 来执行内核函数。在本节中，你将学习如何同时利用单个计算节点安装的多块加速卡。此外，我们将讨论，你怎样通过错开存储器传输和内核函数执行，做到把速度较慢的 PCIe 总线通信隐藏到计算的背后。最后，我们把这两种技术结合起来，充分利用配有多块 GPU 的单节点工作站的巨大计算资源。

8.2.1 牛顿迭代

为了展示利用多块 GPU 进行流式计算的好处，我们需要一个很少访问全局内存的计算密集型内核函数。这类内核函数的一个很好的代表，是任意可微函数零点交叉的迭代不动点计算。为了简单起见，我们选择用牛顿迭代法计算某个值的平方根。令 $f:\mathbb{R}\to\mathbb{R}, x\mapsto f(x)$

为可微函数，其中对于所有 x，有 $f'(x) = 0$，并且 x_0 是 $f(x)= 0$ 的初始（不一定是好的）猜测，然后是递归应用

$$x_{n+1} = x_n - \frac{f(x_n)}{f'(x_n)} \tag{8.4}$$

产生一个零交叉的更好的近似。需要注意的是，可能存在 $f(x)= 0$ 的多个解，例如，当研究更高次多项式时——该方法仅计算一种可能的解。公式 (8.4) 的推导、几何解释，以及收敛速度和数值稳定性的进一步分析，能够在任何单变量分析（Univariate Analysis）的基础教材中找到。在我们例子中，我们想要确定某个给定值 α 的正平方根。因此，我们的目标是解这个方程

$$f(x) = x^2 - a \overset{!}{=} 0 \tag{8.5}$$

在定义域 $\mathbb{R}^+ = (0, \infty)$。一阶导数 $f'(x) = 2 \cdot x$ 在整个定义域上大于零，因此公式（8.4）中的商总是有明确的定义。如果我们把这个函数代入迭代式子，我们得到一个简单的递归公式：

$$x_{n+1} = x_n - \frac{x_n^2 - \alpha}{2 \cdot x_n} = \frac{1}{2}\left(x_n + \frac{\alpha}{x_n}\right) \tag{8.6}$$

注意，对于 x_0 和 α 的正值，所有连续值 x_n 都是正的，因此我们计算 $\mathbb{R}^+$ 上的唯一解。因此，我们可以在初始化步骤中设置 $x_0 = \alpha$。通常一直执行迭代，直到两个连续结果 x_n 和 x_{n+1} 在某个误差阈值范围内，或者两者的按照浮点值一致时结束。本例中，我们采用正交方法，执行固定次数的迭代更新过程。列表 8.7 展示了一个示例内核函数，它确定了存储在设备数组 value_t * Data 中的所有条目的平方根。

```
template <
    typename index_t,
    typename value_t,
    index_t num_iters=256> __global__
void square_root_kernel(
    value_t * Data,
    index_t   length) {

    const index_t thid = blockDim.x*blockIdx.x+threadIdx.x;

    for (index_t i = thid; i < length; i += blockDim.x*gridDim.x){

        value_t value = Data[i];
        value_t root  = value;

        # pragma unroll 32
        for (index_t iter = 0; iter < num_iters && value; iter++)
            root = 0.5*(root+value/root);

       Data[i] = root;
```

列表 8.7 基于牛顿迭代的平方根内核函数

```
    }
}
```

列表 8.7 （续）

需要注意的是，因为存在快速的 sqrt() 调用，以及相当高的迭代次数，这种方法显得效率很低。但是，我们可以很容易地修改参数 num_iters，来调整实验中的执行时间。此外，可能存在困难的任务，例如求解 $f(x) = x \cdot \exp(x) - \alpha = 0$ 等，无法用 x 来明确表示。在这种情况下，CUDA 没有提供专门的指令可以有效地计算出 Lambert W 函数 $x = W(\alpha)$。

可以从 main 函数中调用内核函数。我们还添加计时器，以便对比内核函数的执行时间和内存传输花费的时间。

```
#include "../include/hpc_helpers.hpp"

int main () {

    typedef float    value_t;
    typedef uint64_t index_t;

    const index_t length = 1UL << 30;

    value_t * data = nullptr, * Data = nullptr;

    cudaMallocHost(&data, sizeof(value_t)*length);      CUERR
    cudaMalloc    (&Data, sizeof(value_t)*length);      CUERR

    for (index_t index = 0; index < length; index++)
        data[index] = index;

    TIMERSTART(overall)
    TIMERSTART(host_to_device)
    cudaMemcpy(Data, data, sizeof(value_t)*length,
               cudaMemcpyHostToDevice);                 CUERR
    TIMERSTOP(host_to_device)

    TIMERSTART(square_root_kernel)
    square_root_kernel<<<1024, 1024>>>(Data, length);   CUERR
    TIMERSTOP(square_root_kernel)

    TIMERSTART(device_to_host)
    cudaMemcpy(data, Data, sizeof(value_t)*length,
               cudaMemcpyDeviceToHost);                 CUERR
    TIMERSTOP(device_to_host)
    TIMERSTOP(overall)

    for (index_t index = 0; index < 10; index++)
        std::cout << index << " " << data[index] << std::endl;

    cudaFreeHost(data);                                 CUERR
    cudaFree(Data);                                     CUERR
}
```

列表 8.8 牛顿迭代 main 函数

当在单块基于 Pascal 的 Titan X 上执行时，得到如下输出：

```
TIMING: 357.873 ms (host_to_device)
TIMING: 1346.27 ms (square_root_kernel)
TIMING: 325.595 ms (device_to_host)
TIMING: 2029.82 ms (overall)
```

存储在 data 中类型为单精度浮点的 4GB 数据，通过 PCIe 总线从主机复制到设备上，大约需要 350 ms，反之亦然。内核函数本身运行大约 1 300ms。因此，内存传输和计算的总时间为 2s。最后，我们在计算上花费的时间大约是内存传输时间的两倍。

8.2.2 利用多块 GPU

本小节将演示前面提到任务的分配到装配在同一台工作站上的多块 GPU 中。值得注意的是，在本节的其余部分中，我们将只修改 main 函数，而保持内核函数不变。通过简单地把设备数组 Data 分割成长度为 length/num_gpu 的批块，我们就能重用相同的内核。确定可用的支持 CUDA 的 GPU 数量，可以使用以下两个主机端命令：

```
int num_gpus;
cudaGetDeviceCount(&num_gpus);
```

如果你想显式地屏蔽某些 GPU，可以在终端中设置环境变量 CUDA_VISIBLE_DEVICES。例如，CUDA_VISIBLE_DEVICES=0,2 命令将屏蔽带有 4 块 GPU 设备的工作站中的 1 和 3。这样做可能会更加方便，如果你使用第三方库（如 Tensor flow），还希望独占正在渲染桌面的 GPU，以避免偶尔冻结你的 GUI。在一个 CUDA 应用中，我们可以使用 cudaSetDevice() 选择当前使用的设备。函数接受从 0 到 num_gpus-1 的整数作为参数。值得注意的是，这个命令不是一个硬件开关，就像在状态机中全局地选择可供使用的 GPU：cudaSetDevice() 在当前定义的范围内工作，而且进一步是线程安全的。相应地，内存的分配和内核的启动，都在指定范围的生命周期中绑定到选定的设备。这时，我们可以选择收集关于安装设备的信息，例如，能提供的 VRAM、SM 数量，或者时钟速率等，以便设计数据的合适分发模式。这些可以如下代码实现：

```
cudaDeviceProp property;
cudaGetDeviceProperties(&property, gpu);
```

其中，gpu 是一个整数，用来枚举设备编号。结构体 cudaDeviceProp 存储有用的成员变量，比如 VRAM 的数量（size_t totalGlobalMem），SM 的个数（int multiProcessorCount），或者 GPU 的频率（int clockRate）[4]。在我们的实验中，将使用 2 块基于 Pascal 的 Titan X GPU，带 12 GB 的 VRAM。因此，我们可以安全地假设两个设备都可以存储大小为 4 GB 的数据数组，并且进一步表现出相同的峰值性能。此外，我们假设 Data 的长度是安装的 GPU 块数的整倍数。接下来，我们将主机数组 data 拆分成多个大小为 length / num_gpus 的数据批块，在各块 GPU 上分配 num_gpus 个相同长度的设备数组，复制部分数组到相应的设备上，启动内核函数操作各自的部分设备数组，最后复制结果回到主机。

```
#include "../include/hpc_helpers.hpp"

int main () {

    typedef float    value_t;
    typedef uint64_t index_t;

    const index_t length = 1UL << 30;

    // get number of GPUs
    int num_gpus;
    cudaGetDeviceCount(&num_gpus);
    const index_t batch_size = length/num_gpus;

    value_t * data = nullptr, * Data[num_gpus];

    cudaMallocHost(&data, sizeof(value_t)*length);          CUERR

    // for each GPU allocate partial data array
    for (index_t gpu = 0; gpu < num_gpus; gpu++) {
        cudaSetDevice(gpu);
        cudaMalloc(&Data[gpu], sizeof(value_t)*batch_size); CUERR
    }

    for (index_t index = 0; index < length; index++)
        data[index] = index;

    TIMERSTART(overall)
    // for each gpu copy partial array to GPUs
    for (index_t gpu = 0; gpu < num_gpus; gpu++) {
        const index_t offset = gpu*batch_size;
        cudaSetDevice(gpu);                                 CUERR
        cudaMemcpy(Data[gpu], data+offset,
                   sizeof(value_t)*batch_size,
                   cudaMemcpyHostToDevice);                 CUERR
    }

    // for each gpu execute the kernel on partial array
    for (index_t gpu = 0; gpu < num_gpus; gpu++) {
        cudaSetDevice(gpu);                                 CUERR
        square_root_kernel<<<1024, 1024>>>
                          (Data[gpu], batch_size);          CUERR
    }

    // for each gpu copy results back
    for (index_t gpu = 0; gpu < num_gpus; gpu++) {
        const index_t offset = gpu*batch_size;
        cudaSetDevice(gpu);                                 CUERR
        cudaMemcpy(data+offset, Data[gpu],
                   sizeof(value_t)*batch_size,
                   cudaMemcpyDeviceToHost);                 CUERR
    }
    TIMERSTOP(overall)

```

列表 8.9 采用多块 GPU 的牛顿迭代 main 函数

```
55      // some output of the result
56
57      //free memory for host and each of the devices
58      cudaFreeHost(data);                                   CUERR
59      for (index_t gpu = 0; gpu < num_gpus; gpu++) {
60          cudaSetDevice(gpu);
61          cudaFree(Data[gpu]);                              CUERR
62      }
63  }
```

列表 8.9 （续）

当使用了 2 块基于 Pascal 的 Titan X 设备时，程序中与 GPU 相关的部分（第 28 行到第 53 行），包括内存传输和内核函数启动，花费大概 1 400 ms。这只是单 GPU 版本 2 000ms 总执行时间的一半多一点。我们可以将 400ms 的差异解释为：2 块 GPU 都阻塞顺序指令流，直到各自的内存传输完成，因此，我们能仅仅把单块 GPU 内核函数执行时间 1 300 ms 减半，得到大约 650ms 时间用于计算，以及 750ms 用于内存传输（见图 8.2）。因此，当使用 3 个或更多的设备时，我们预计这种方法的扩展性会更差。值得注意的是，通过融合内存到设备的传输（第 30 行）和内核函数的启动所在的 for 循环（第 39 行），我们能够稍微降低多 GPU 方法的总执行时间到 1 200ms。图 8.3 给出了相应的进度表。

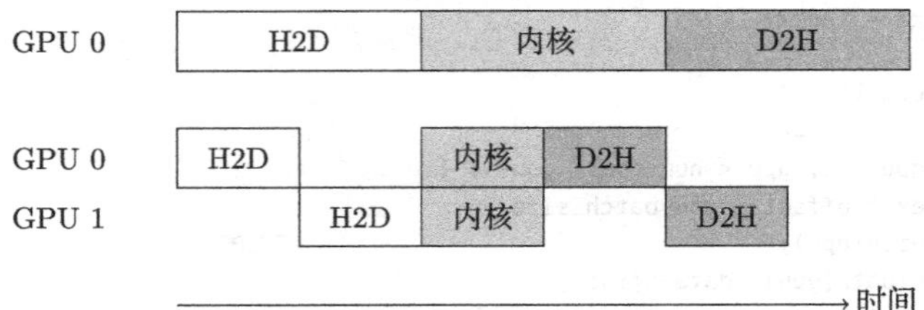

图 8.2 一个任务在单块 GPU 上执行和在 2 块 GPU 上并发执行的示意图。在后一种情况中，通过把内核函数的执行时间减半，能节省总执行时间的六分之一。值得注意的是，内存传输花费了相同的时间，因为它们共享了 PCIe 总线的相同带宽

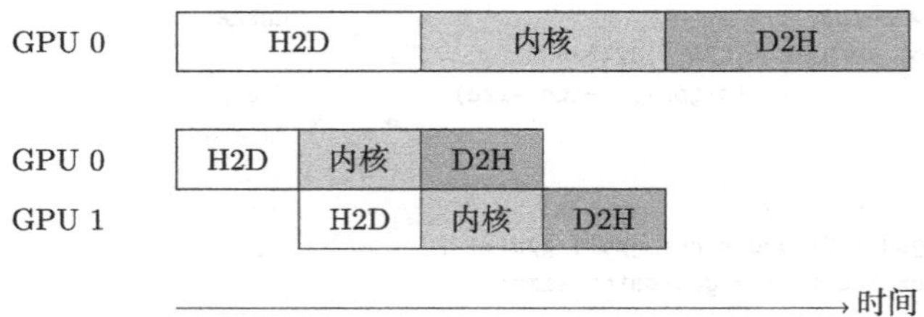

图 8.3 一个任务在单块 GPU 上执行和在 2 块 GPU 上并发执行的示意图。在后一种情况中，通过融合内存传输和内核启动的 for 循环，我们能节省总执行时间三分之一

8.2.3 通信和计算交叉

本小节讨论另一种可选的替代方法，在单块 GPU 上使用 CUDA 流显著减少 square_

root_kernel 执行时间。流计算背后的主要思想依赖于这样一个事实，我们可以重叠缓慢的 PCIe 传输和快速的内核执行。因此，在将一部分数据传输到设备之后，我们就可以开始计算，同时另一部分数据仍在复制传输。在理想情况下，我们可以将可感知的内存传输降低为第一个数据块到设备的初始复制时间，以及最后一个数据块从设备到主机的传输时间。剩余的内存传输都重叠于计算期间，所以没有对总体执行时间产生贡献。不幸的是，只有当内核函数执行时间与内存传输时间的数量级相同时，这种方法才有用。需要注意的是，出于教学目的，我们一开始就选择了一个计算密集型内核函数。图 8.4 描绘了使用 2 个 CUDA 流的一个例子。

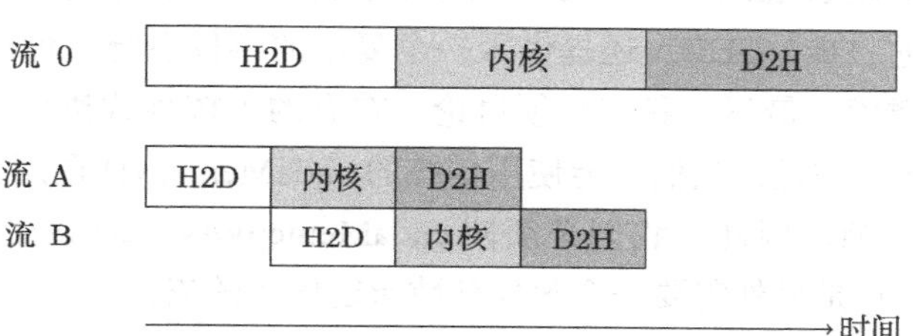

图 8.4 一个任务调度示意图：任务在默认的零号流（流 0）中执行，以及内存传输（H2D：设备到主机，D2H：主机到设备）和内核函数启动在两个流（流 A 和流 B）交错执行。在后一种情况中，通过把通信隐藏到计算背后，我们能节省总执行时间三分之一

在讨论用户定义流的使用之前，让我们简要回顾一下 CUDA 的默认行为。如果我们没有显式地指定用户定义的流，那么内存传输和内核函数启动将在默认的零号流（zero-stream）中执行。0 号流会按照预期执行：按顺序执行多个堆叠的内核函数，没有重叠，也没有显式的全局屏障（cudaDeviceSynchronize()）同步或隐式定义的屏障（例如 cudaMalloc[Host]()、cudaMemset() 和 cudaMemcpy()）同步。这种顺序行为的唯一例外是主机代码的执行，它不会阻塞于异步内核函数调用。最后，零号流以严格的串行方式组织了程序的工作流程。因此，传统的内核函数调用相当于零号流中的内核函数调用（由三重尖括号中的第 4 个参数指定）：

```
kernel <<<num_blocks, num_threads, sh_mem>>>    (args);
kernel <<<num_blocks, num_threads, sh_mem, 0>>> (args);
```

相反，在用户定义的不同流中启动的内核函数是独立工作的，不会彼此同步，也不会与零号流中的内核函数同步。因此，我们可以异步地创建几个内核函数，各自使用自己的流，在 GPU 上并行执行。用户定义的流可以声明如下：假设我们想创建 num_streams 个流，那么我们可以简单地定义一个类型为 cudaStream_t * 的数组，然后通过下面语句初始化：

```
cudaStream_t streams[num_streams];
for (int streamID = 0; streamID < num_streams; streamID++)
    cudaStreamCreate(&streams[streamID]);
```

在我们程序的结尾，需要使用 cudaStreamDestroy 销毁这些流：

```
for (int streamID = 0; streamID < num_streams; streamID++)
    cudaStreamDestroy(streams[streamID]);
```

在不同的流中异步调用多个内核函数，也很直观：

```
for (int streamID = 0; streamID < num_streams; streamID++)
     kernel <<<num_blocks, num_threads,
                 sh_mem, streams[streamID]>>> (args);
```

几个内核函数启动后排队在同一个流里面，行为与往常一样：它们按顺序执行，没有重叠。此外，我们可以使用 cudaStreamSynchronize(streams[streamID]) 使特定流与主机代码同步，或者通过调用 cudaDeviceSynchronize() 强制设置一个全局屏障，影响所有用户定义的流和零号流。进一步，CUDA 还提供了一个复杂的事件系统，可以用来为多个流 [4] 之间的复杂依赖关系建模。最后，我们必须讨论，在有的内核函数执行计算时，某些内核正在执行内存传输。不幸的是，我们不能使用传统的 cudaMemcpy() 调用，因为它会在整个设备上强制一个全局屏障。因此，我们必须使 cudaMemcpyAsync() 接受与 cudaMemcpy() 几乎完全相同的参数，只是另外需要一个附加参数指定使用的流：

```
cudaMemcpyAsync(target_ptr, source_ptr, size_in_bytes,
                transfer_mode, streams[streamID]);
```

正如预期，同一个流中的异步复制顺序入栈，由内核函数的调用同步。只有一个重要限制：应使用 cudaMallocHost 将主机内存分配为固定内存（pinned memory），以避免交换到磁盘。本章不建议把使用 new 或 malloc 分配的主机内存与流结合使用。值得注意的是，CUDA 进一步提供了异步命令 MemsetAsync()。遗憾的是，没有写过在设备上分配而可从主机调用内存的异步例程。因此，我们必须在程序的最开始分配设备内存。

让我们开始编码。列表 8.10 中我们程序的工作流程非常简单。我们将主机数组 value_t * data 划分为大小为 length/num_streams 的批块，随后把这些批块异步传输到设备（第 34 行）。然后，我们启动 num_streams 个内核函数，运行在各自对应的批块上（第 40 行）。最后，我们再次使用流，把结果一块接一块地复制回主机端（第 44 行）。为了简单起见，假设数组 Data 的长度是流数量的倍数。

```
1  #include "../include/hpc_helpers.hpp"
2
3  int main (int argc, char * argv[]) {
4
5      typedef float    value_t;
6      typedef uint64_t index_t;
7
8      const index_t length = 1UL << 30;
9
10     // get number of streams as command line argument
11     const index_t num_streams = atoi(argv[1]);
12     const index_t batch_size = length/num_streams;
```

列表 8.10 使用 CUDA 流的牛顿迭代的 main 函数

```

    // create streams
    cudaStream_t streams[num_streams];
    for (index_t streamID = 0; streamID < num_streams; streamID++)
        cudaStreamCreate(streams+streamID);                 CUERR

    value_t * data = nullptr, * Data = nullptr;

    cudaMallocHost(&data, sizeof(value_t)*length);          CUERR
    cudaMalloc    (&Data, sizeof(value_t)*length);          CUERR

    for (index_t index = 0; index < length; index++)
        data[index] = index;

    TIMERSTART(overall)
    for (index_t streamID = 0; streamID < num_streams; streamID++){

        // compute global offset to local chunk
        const index_t offset = streamID*batch_size;

        // copy the data to the device using streams
        cudaMemcpyAsync(Data+offset, data+offset,
                        sizeof(value_t)*batch_size,
                        cudaMemcpyHostToDevice,
                        streams[streamID]);                 CUERR

        // launch the kernel on each chunk
        square_root_kernel<<<1024, 1024, 0, streams[streamID]>>>
                          (Data+offset, batch_size);        CUERR

        // copy the data back in chunks
        cudaMemcpyAsync(data+offset, Data+offset,
                        sizeof(value_t)*batch_size,
                        cudaMemcpyDeviceToHost,
                        streams[streamID]);                 CUERR
    }

    // synchronize all streams at once
    cudaDeviceSynchronize();
    TIMERSTOP(overall)

    // some output of the result

    // destroy the streams
    for (index_t streamID = 0; streamID < num_streams; streamID++)
        cudaStreamDestroy(streams[streamID]);               CUERR

    // get rid of the memory
    cudaFreeHost(data);                                     CUERR
    cudaFree(Data);                                         CUERR
}
```

列表 8.10 （续）

在基于 Pascal 的 Titan X 上，根据使用的流数量测得以下运行时间：

流	1	2	4	8	16	32	64
时间（单位：ms）	2 030	1 860	1 770	1 560	1 450	1 390	1 350

明显，通过用计算过程隐藏慢速的 PCIe 传输，我们几乎能把整体执行时间降低到内核函数的纯执行时间（1 300 ms）。值得注意的是，多流单 GPU 版本甚至比前面小节中的初始非流多 GPU 版本更快（1 400 ms）。

8.2.4 多块 GPU 上的流式计算

让我们回顾讲过的内容：

1）我们可以通过使用多块 GPU 来减少内核函数的执行时间。

2）使用流可以有效地隐藏内存传输。

很明显，我们应该结合这两种技术，以便有效地利用安装的全部 GPU 的计算能力。我们调整代码如列表 8.10，其中每块 GPU 使用 num_streams 个流，每个流处理大小为 length/(num_streams*num_gpus) 的数据批块。为了简单起见，我们再次假设 length 是批块大小的倍数。

```
#include "../include/hpc_helpers.hpp"

int main (int argc, char * argv[]) {

    typedef float    value_t;
    typedef uint64_t index_t;

    const index_t length = 1UL << 30;
    const index_t num_streams = atoi(argv[1]);

    int num_gpus;
    cudaGetDeviceCount(&num_gpus);
    const index_t batch_size = length/(num_gpus*num_streams);

    value_t * data = nullptr, * Data[num_gpus];
    cudaStream_t streams[num_gpus][num_streams];

    cudaMallocHost(&data, sizeof(value_t)*length);          CUERR

    // malloc memory and create streams
    for (index_t gpu=0; gpu<num_gpus; gpu++) {
      cudaSetDevice(gpu);
      cudaMalloc(&Data[gpu],
                 sizeof(value_t)*batch_size*num_streams);   CUERR

      for (index_t streamID=0; streamID<num_streams; streamID++)
        cudaStreamCreate(&streams[gpu][streamID]);          CUERR
    }

    for (index_t index = 0; index < length; index++)
        data[index] = index;
```

列表 8.11 使用多块 GPU 和多个流的牛顿迭代的 main 函数

```
    // asynchronous transfers and launches
    TIMERSTART(overall)
    for (index_t gpu=0; gpu<num_gpus; gpu++) {
      const index_t offset = gpu*num_streams*batch_size;
      cudaSetDevice(gpu);                                        CUERR

      for (index_t streamID=0; streamID<num_streams; streamID++) {
        const index_t loc_off = streamID*batch_size;
        const index_t glb_off = loc_off+offset;

        cudaMemcpyAsync(Data[gpu]+loc_off, data+glb_off,
                        sizeof(value_t)*batch_size,
                        cudaMemcpyHostToDevice,
                        streams[gpu][streamID]);                CUERR

        square_root_kernel
              <<<1024, 1024, 0, streams[gpu][streamID]>>>
                   (Data[gpu]+loc_off, batch_size);             CUERR

        cudaMemcpyAsync(data+glb_off, Data[gpu]+loc_off,
                        sizeof(value_t)*batch_size,
                        cudaMemcpyDeviceToHost,
                        streams[gpu][streamID]);                CUERR
      }
    }

    // synchronize all devices
    for (index_t gpu=0; gpu<num_gpus; gpu++) {
      cudaSetDevice(gpu);                                       CUERR
      cudaDeviceSynchronize();                                  CUERR
    }
    TIMERSTOP(overall)

    // some output of the result

    // get rid of memory and streams
    cudaFreeHost(data);                                         CUERR
    for (index_t gpu=0; gpu<num_gpus; gpu++) {
      cudaSetDevice(gpu);
      cudaFree(Data[gpu]);                                      CUERR

      for (index_t streamID=0; streamID<num_streams; streamID++)
        cudaStreamDestroy(streams[gpu][streamID]);              CUERR
    }
}
```

列表 8.11（续）

在 2 块基于 Pascal 的 Titan X GPU 上执行，根据每块 GPU 上使用的流的数量测得以下运行时间：

每个 GPU 的流	1	2	4	8	16	32	64
时间（单位：ms）	1 020	930	880	770	710	690	670

我们能够把单 GPU 非流式版本的整体运行时间 2 000 ms，减少到仅 670 ms，相当于单 GPU 内核函数的纯执行时间（1 300 ms）的一半。值得注意的是，即使是单流版本（1 020 ms），也比多 GPU 非流式的版本（1 400 ms）表现得更好。因此，在使用多块 GPU 时，强烈建议使用流。

最后，让我们提及一个用于监控和调试 CUDA 应用程序的有用工具。NVIDIA 可视化分析工具（NVIDIA visual profiler，nvvp）是一个综合的应用程序，通过一个用户友好的 GUI，允许深入研究多块 GPU 上的流调度，和其他重要的性能指标。它能够来分析和改进应用程序的工作流。

8.3 展望

至此，我们已经完成了本章的学习旅程。正如你所观察到的，CUDA 是一个很强大的框架，允许在短时间内实现大量数据集上的大规模并行计算。尤其是，它常常能够超越最先进的多核 CPU，如在 7.4 节所讲，与一个启动了多达 32 个硬件线程的双槽 Xeon CPU 相比，我们获得了大约 6 倍的额外加速比。然而，速度来自复杂性：为了产生合理的性能，必须正确访问对应的内存、利用本地缓存，并使用复杂的技术，比如 warp 内联函数、原子操作和流。尽管我们已经涵盖了 CUDA 特性最重要的部分，仍然有一些有用的技术没能在本书的范围内详细讨论。

8.3.1 统一内存

随着 CUDA 8 的发布，NVIDIA 引入了一个*统一虚拟内存*（Unified Virtual Memory，UVM）层，把主机内存和设备内存的地址空间视为一体。UVM 允许设计全新的分发模式，尤其是在处理多块 GPU 时。在可预见的将来，我们将看到一些新的方法，比如利用系统级的原子操作，在多块 GPU 上实现免锁哈希映射分发。然而，这种对源代码复杂性的降低，可能会导致难以分析的程序，因为程序员必须查明完全隐藏在便捷语法背后的内存瓶颈。作为一个例子，下面的代码是一个在 GPU 上运行的有效的 CUDA 8 程序，尽管缺乏显式的内存传输：

```
#include <cstdint>
#include <iostream>

__global__ void iota_kernel(float * input, uint64_t size) {

    uint64_t thid = blockIdx.x*blockDim.x+threadIdx.x;
    for (uint64_t i = thid; i < size; i += gridDim.x*blockDim.x)
        input[i] = i;
}
```

列表 8.12 CUDA 8 中统一寻址的一个例子

```
int main () {

    uint64_t size = 1UL << 20;
    float * input = nullptr;
    cudaMallocHost(&input, sizeof(float)*size);
    iota_kernel<<<1024, 1024>>>(input, size);

    cudaDeviceSynchronize();

    for (uint64_t i = 0; i < 20; i++)
        std::cout << input[i] << std::endl;
}
```

列表 8.12 （续）

8.3.2 动态并行性

本书中讨论的全部例子，都执行在线程块的一个静态网格（static grid）上，必须在内核函数启动时定义。然而，一个应用程序可能会在按需优化的自适应网格上运行。例如，流体动力学领域的非定常流积分，基本的递归应用程序，比如快速排序、Strassen 的快速矩阵乘算法、分形计算。或分支定界算法等。网格的这种自适应优化，可以通过从内核函数中递归调用内核函数来实现。然而，这伴随着合理的额外开销，使得动态并行（Dynamic Parallelism，DP）在许多情况下变得不切实际。尽管如此，在处理空间域的递归改进时，尤其应该考虑 DP。

8.3.3 协作组

直到 CUDA 8，warp 内联函数正在实现的一种寄存器条目的 warp 内变换限制在 32 个连续线程。此外，我们还了解到，warp 是 CUDA 编程模型中事实上的计算单元，要么在锁步中执行 32 条指令，要么使用掩码序列化指令分支。然而，CUDA 版本 9（2017 年 8 月发布候选版）引入了线程组织的新范式，即所谓的协作组。不严格地讲，协作组是用户定义的数量灵活的线程团队，提供方便的同步、通信和指令划分。这种线程组织的范式转换，可能会对未来大规模并行算法的设计产生重大影响。例如，_ _syncthreads() 调用同时保证了一个线程屏障和一个内存屏障。从 CUDA 9 开始，warp 中的线程不再保证在锁步中运行（所谓的独立线程调度），因此，我们必须使用共享内存或 warp 内联函数重新考虑块内通信。结果是，使用了隐式 warp 同步的传统软件，所谓的 warp 同步代码，必须重写或用 _ _syncwarp() 语句来增强。在 CUDA 9 的新特性当中，持久网格和多网格能够跨线程块和不同 GPU 同步。对于依赖全局屏障的迭代算法，提供了新的计算方案，比如并行归约、并行前缀和，或者序列对齐算法等。

8.3.4 张量核心

Volta 一代 GPU 引入了新颖的计算单元，可以实现小矩阵的超高效乘法，即所谓的张量核心。每 80 个 SM 中包含 8 个张量核心，用于计算仿射变换 $D = A \cdot B + C$，其中，A 和 B 是 4×4 FP16 矩阵，C 是一个形状相同的 FP16 或 FP32 矩阵。

这种特定的操作是深度学习算法的基本构成要素。特斯拉 V100 卡的 640 个张量核心提供了高达 120 张量 TFlop/s 性能。因此，一个配备了 8 块 V100 卡的工作站，例如 DGX Volta 盒子，对这个特定任务执行到 960 张量 TFlop/s 性能。总之，如果你需要加速的一个应用程序，涉及线性代数和半精度就满足要求（随机优化、概率机、弱线性分类器组合），就应该好好考虑使用张量核心。

8.3.5 GPU 集群上的分布式计算

本章除了最后一节外，我们主要讨论了单 GPU 应用程序。尽管分发内核函数到同一工作站上安装的多块 GPU 相对简单，但分布式内存体系结构中的多个计算节点之间的通信就要复杂很多。这可以通过将 CUDA 与消息传递接口语言（比如 MPI（参见第 9 章））或基于 PGAS 的语言（比如 UPC ++，参见第 10 章）混合实现。在这种情形中，一个值得关注的技术是 CUDA 感知的 MPI（CUDA-aware MPI）[13]，为点对点原语和全局集合通信提供了上层封装，允许在多个计算节点之间直接通信，而无须声明通过 PCIe 总线的显式内存传输。

8.4 附加练习

1. 互相关是卷积的一个小修改，使用权重系数 g 计算局部邻域内信号 f 的加权平均值。假设 f 和 g 在离散网格上采样，因此可以用数组来表示，我们可以计算 f 和 g 的互相关 h，如下所示：

$$h[i] := (f \star g)[i] = \sum_{j=0}^{m-1} f[i+j] \cdot g[j] \quad \text{对所有} \quad i \in \{0, \cdots, n-m\}$$

其中 n 为信号 f 的长度，m 为存储在 g 中权值的个数。当 $m \leqslant n$ 时，最终结果 h 有 $n - m + 1$ 个元素，下面，假设 $n = 2^{30}$，$m = 2^5$。

(i) 所描述的计算模式的时间和内存复杂度是多少？

(ii) 实现一个有效的内核，它将 g 存储在常量内存中，在共享内存中进一步计算和，以避免对全局内存的冗余访问。不要忘记为 g 和 f 重叠造成的边界值预留空间：

执行L个线程的CUDA线程块

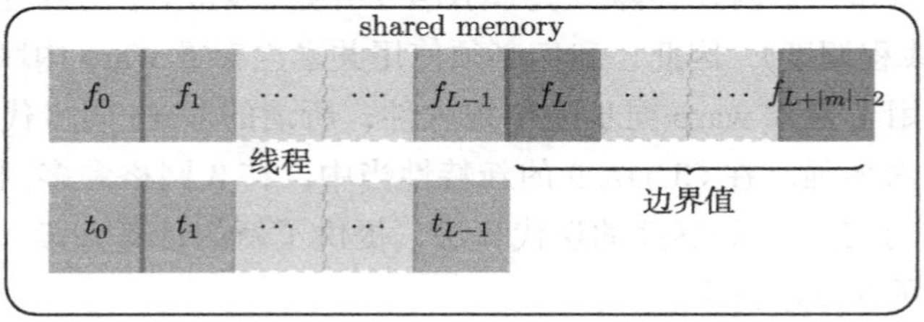

shared memory

f_0 f_1 ⋯ ⋯ f_{L-1} f_L ⋯ ⋯ $f_{L+|m|-2}$

线程 边界值

t_0 t_1 ⋯ ⋯ t_{L-1}

(iii) 互相关也可以通过对应的离散傅里叶变换（DFT）的点乘计算得到：

$$h = \mathcal{F}^{-1}(\mathcal{F}(f)^* \cdot \mathcal{F}(g)), \text{ 其中 } \mathcal{F}(f)[k] = \frac{1}{n}\sum_{i=0}^{n-1} f[i] \cdot \exp\left(2\pi\imath \frac{i \cdot k}{n}\right)$$

这里 * 对应复数共轭（索引空间时间反转），$\iota=\sqrt{-1}$ 表示为方程 $\iota^2=-1$ 的虚解，· 是两个数的指数复乘法。可以使用所谓的快速傅立叶变换（FFT）在 $\mathcal{O}(n\log_2 n)$ 时间内有效地计算 DFT 及其逆。使用 FFT 计算 h 的速度有多快？将你的结果与（i）中的理论复杂度进行比较。

（iv）通过调用 NVIDIA 的快速 cuFFT 库来实现（iii）中讨论的想法。首先，将 g 嵌入长度为 n 的零向量中。其次，计算 f 和 g 的 FFT。第三，使用自定义内核评估点乘。最后，计算结果的逆变换。

（v）这个作业主要针对数学专业读者：证明（iii）中的相关定理。首先，索引空间中的常数平移等同于傅里叶空间中一个常量和相 $\exp(\iota\varphi 0)$ 的乘积。其次，用线性指数替换乘积 $\mathrm{F}(f)^* \cdot \mathrm{F}(g)$ 中的相位因子。最后通过方程找出逆变换。

2. 回顾列表 7.28 中所示动态时间 warp 相似性度量的计算波前内核。接下来，我们将进一步研究并行化的潜力。

（i）可以手动将主题序列缓存在共享内存中，而不是使用纹理内存作为主题数据库，以便在松弛期间加速随机访问。请完成这种方法。

（ii）在每个单元格的更新过程中，每个线程 t_1 必须读取已经由前一个线程 t_{l-1}（左边和对角线上）处理的两个条目以及已经由相同线程（上面）处理的一个条目，如图 7.18 所示。为 DTW 实现波前内核，使用内嵌函数而不是共享内存来执行内部 warp 通信。为简单起见，假设时间序列的长度恰好是 $n=31$。

3. Hillis-Steele scan 是一种高效计算前缀和的并行计算方案。使用 n 个计算单元，在 $\log_2 n$ 时间内并行计算向量 $x \in \mathbb{R}^n$ 的包含前缀扫描。对应的 OpenMP 代码如下：

```
#include <cmath>      // log
#include <assert.h>   // assert
#include <omp.h>      // openMP

template <
    typename index_t,
    typename value_t>
void hillis_steele(
    value_t * x,
    index_t   n) {

    // make sure n is power of 2
    assert((n & (n-1)) == 0);

    // auxiliary memory
    value_t *  y = new value_t[n];

    # pragma omp parallel
    for (index_t k = 0; k < std::log(n)/std::log(2); k++) {

        // perform Hillis-Steele update
        # pragma omp for
        for (index_t i = 0; i < n; i++)
            if (i >= (1<<k))
                y[i]  = x[i] + x[i-(1<<k)];
            else
                y[i]  = x[i];

        // copy auxiliary memory back to x
```

```
        #pragma omp for
        for (index_t i = 0; i < n; i++)
            x[i] = y[i];
    }

    // free auxiliary memory
    delete[] y;

}
```

（i）绘制一个草图，描述外循环 $\log_2 n$ 次迭代的计算模式。

（ii）用 warp 内 shuffle 指令完成 warp 内扫描。

（iii）如下所示，将你的实现扩展到一个块中包含 32 个以上线程的段上。每个 warp 独立完成扫描计算，将每个前缀和的最后一个条目存储在共享内存中，接着在寄存器中确定这些条目的前缀和。使用上一步的结果调整整个前缀和。

4. 设 uint32_t * Data 是一个长度为 $n = 2^{30}$ 的数组，存储集合 $S = \{0,\cdots,9\}$ 的数字，设 uint32_t * Count 是一个长度为 $M = 10$ 的数组，存储 S 中每个元素在 n 中出现的次数。

（i）实现一个直方图内核，其中每个线程从 Data 中读取一个条目，然后在 Counts 中的对应槽进行原子累积操作。

（ii）通过在共享内存中计算每个 CUDA 线程块的局部直方图来改进内核，然后使用原子操作合并部分直方图。

（iii）提供一个寄存器变量，每个线程独立地对 m=10 个寄存器进行累加。随后，必须使用 warp 内联函数对存储在寄存器中的数量进行累加。最后以原子方式将块本地直方图写入 Counts。

度量执行时间，看哪种方法执行得最好？

5. 重新回顾列表 7.13 所示的基于共享内存的内核，有效地计算其中的协方差矩阵。

$$C_{jj'} = \frac{1}{m}\sum_{i=0}^{m-1} \bar{v}_j^{(i)} \cdot \bar{v}_{j'}^{(i)} \quad \text{对所有} \quad j, j' \in \{0,\cdots,n-1\}$$

显然，由于加法结合律，求和可以在索引 i 上递增计算，因此，可以利用一半的索引确定 C，然后直接加上另一半。

（i）实现一个多 GPU 版本，在不同的设备上计算部分协方差矩阵，然后合并部分结果。

（ii）同样的方法也适用于 CUDA 流，实现它。

（iii）完成多 GPU 和多个流的版本，以最大限度地发挥 GPU 的计算能力。

（iv）另外利用 CPU 的核心，编写一个异构实现来进一步提高性能。

参考文献

[1] NVIDIA Coporation, Optimized filtering with warp-aggregated atomics, https://devblogs.nvidia.com/parallelforall/cuda-pro-tip-optimized-filtering-warp-aggregated-atomics/, 2014 (visited on 01/20/2017).

[2] Duane Merril, NVIDIA Corporation, CUDA unbound, https://github.com/NVlabs/cub, 2017 (visited on 01/20/2017).

[3] NVIDIA Corporation, cuBLAS library, https://developer.nvidia.com/cublas, 2017 (visited on 01/20/2017).

[4] NVIDIA Corporation, CUDA programming guide version 8.0, https://docs.nvidia.com/cuda/cuda-c-programming-guide/, 2016 (visited on 09/25/2016).

[5] NVIDIA Corporation, cuDNN library, https://developer.nvidia.com/cudnn, 2017 (visited on 01/20/2017).

[6] NVIDIA Corporation, cuFFT library, https://developer.nvidia.com/cufft, 2017 (visited on 01/20/2017).
[7] NVIDIA Corporation, cuRAND library, https://developer.nvidia.com/curand, 2017 (visited on 01/20/2017).
[8] NVIDIA Corporation, cuSOLVER library, https://developer.nvidia.com/cusolver, 2017 (visited on 01/20/2017).
[9] NVIDIA Corporation, Faster parallel reductions on Kepler (blog), https://devblogs.nvidia.com/parallelforall/faster-parallel-reductions-kepler/, 2016 (visited on 09/25/2016).
[10] NVIDIA Corporation, Thrust parallel algorithms and data structures library, https://developer.nvidia.com/thrust (visited on 10/12/2015).
[11] Juan Gomez-Luna, et al., In-place data sliding algorithms for many-core architectures, in: Parallel Processing (ICPP), 2015 44th International Conference on, 2015, pp. 210–219.
[12] Sergey Ioffe, Christian Szegedy, Batch normalization: accelerating deep network training by reducing internal covariate shift, in: Proceedings of the 32nd International Conference on Machine Learning, ICML 2015, Lille, France, 6–11 July 2015, 2015, pp. 448–456, http://jmlr.org/proceedings/papers/v37/ioffe15.html.
[13] Jülich Supercomputing Centre (JSC), CUDA-aware MPI, https://www.fz-juelich.de/SharedDocs/Downloads/IAS/JSC/EN/slides/cuda/07-cuda-aware-MPI.pdf, 2016 (visited on 01/20/2017).
[14] W. Kahan, Pracniques: further remarks on reducing truncation errors, Communications of the ACM (ISSN 0001-0782) 8 (1) (Jan. 1965) 40–48, http://dx.doi.org/10.1145/363707.363723, http://doi.acm.org/10.1145/363707.363723.
[15] Yongchao Liu, Srinivas Aluru, LightScan: faster scan primitive on CUDA compatible manycore processors, in: CoRR, 2016, http://arxiv.org/abs/1604.04815.

Chapter 9

第 9 章 MPI

摘要

截至目前，我们已经研究了在基于共享内存架构的多核和众核系统上如何开发并行代码。然而，正如在第 1 章解释的那样，一些高性能计算系统（如计算机集群和超级计算机）由许多通过网络相互连接的计算节点组成。每个计算节点拥有自己的内存、几个计算核心或者若干个加速卡，利用前几章介绍的编程技术能够使用这些计算核心和/或加速卡的计算能力。然而，我们需要在相同的程序中使用其他的编程模型。对分布式内存系统而言，最常使用的编程模型就是消息传递。MPI 已经成为事实上的标准接口，因为其建立在 MPI 论坛的共识之上，该论坛有超过 40 个参与单位，包括相关厂商、研究者、软件库开发者以及用户。MPI 提供了一个可移植的、高效的、可伸缩的消息传递标准。

本章的目的是教你如何基于 MPI 标准编写 C++ 并行程序。本章中的代码示例对 MPI 新手提供最有用的主题：点对点通信（阻塞和非阻塞）、集合通信、派生数据类型、基于虚拟拓扑的复杂通信。

关键词

MPI，分布式内存，集群计算，单程序多数据，双侧通信，死锁，非阻塞通信，集合通信，屏障，广播，发散，聚合

9.1 MPI 简介

20 世纪 90 年代以前，对不同的并行架构编写并行程序是一件困难且烦琐的任务。尽管一些专业库能够简化并行应用的构建，但是仍然缺乏相应的能够接受的标准。一些并行

程序开发者意识到大多数库使用了消息传递模型并且只具有细微的差异。因此，他们决定一起制定一个通用的接口，使程序员能够为不同的并行架构编写可移植的应用。他们因此被称为 MPI 论坛，并且在 1994 年完成了第一个 MPI 规范（MPI-1）[7]。撰写本书时最新的 MPI（v3.1）[8] 于 2015 年 6 月发布。尽管有其他的消息传递方法如并行虚拟机（PVM）[15]，但 MPI 在高性能计算领域极其受欢迎以至于它实际上成为了标准。

需要指出的是 MPI 仅仅是一个接口定义，它已经被不同的开发者在不同的架构上实现。当今，存在很多的 MPI 实现，它们的例程或函数能够直接从 C、C++ 和 Fortran 代码中调用。MPI 实现的例子如开源的 MPICH[19]、OpenMPI[20]。以及 Intel[23]、IBM[4] 或者 HP[17] 等开发的商业版本。所有遵循 MPI 规范的并行代码应该能在所有上述的 MPI 实现上运行。但是性能会有差异 [2,21]。例如，供应商的 MPI 实现通常会对自己的机器做特殊的优化。

MPI 遵循单程序多数据（SPMD）方式，也就是说它把工作量分隔成不同的任务，在不同的处理器上执行。从源头上说，MPI 被设计成面向当时流行的分布式内存架构。图 9.1 示例了这些传统系统的特点：几个 CPU 通过网络互联并且每个 CPU 拥有一个内存模块。一个并行的 MPI 程序由若干关联本地内存的进程组成。从传统的视角看，每个进程关联一个 CPU 核。这些进程间的通信通过发送（send）和接收（receive）例程在互联的网络执行。

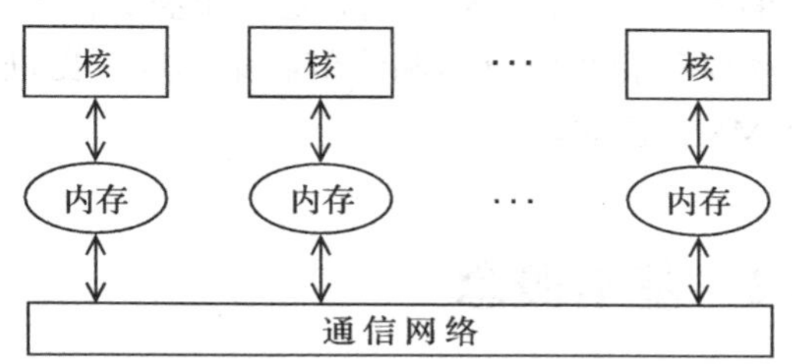

图 9.1　传统分布式内存系统：每个节点有一个 CPU 核和一个内存模块

随着计算机架构的演变，包含共享内存节点的计算机集群成为主流，这些节点通过互联网络形成一个混合分布式内存 / 共享内存的系统，如图 9.2 所示。当代计算机集群甚至在计算节点上能够包含若干众核加速卡。如今，MPI 实现能够在同一台机器上运行多个 MPI 进程。然而，为了提高性能，一些并行应用使用上述的混合方法：为了充分利用现存的 CPU 和节点内的加速卡的计算能力，每个计算节点只运行一个 MPI 进程，它调用多线程 [3,10] 或者 CUDA[1,13]。

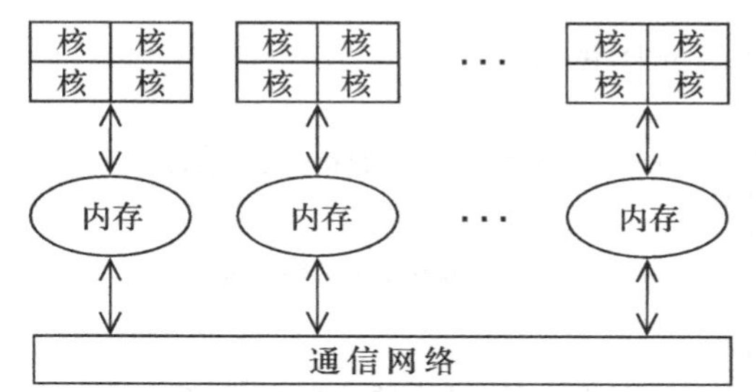

图 9.2　当代分布式内存系统：每个节点有多个 CPU 核和一个内存模块

编译和执行 MPI 程序的命令有所不同，依赖于其具体的实现。例如，OpenMPI 使用命令 mpic++ 编译 C++ 源代码。mpirun 命令用来执行程序运行，同时使用 -np 选项控制 MPI 进程个数。在整个程序执行期间，MPI 进程个数保持不变。MPI 进程通过用户配置文件映射到不同节点上运行。任何 MPI 进程崩溃，整个 MPI 程序将永远停留在一个错误状态[⊖]。下一步，你将要学习使用 OpenMPI 编译和执行一个 4 个进程的 MPI 程序：Hello World（假设我们能够通过网络访问编译好的二进制可执行程序而不需要手动把编译好的二进制可执行程序复制到所有节点）。

```
mpic++ -o hello hello.cpp
mpirun -np 4 ./hello
```

本章我们展示计算机集群上最受欢迎的接口——MPI 的主要特点。和前几章类似，我们在 9.2 节以一个简单的 Hello World 程序展示如何建立一个基本的 MPI 程序，并解释通信域的概念。我们继续在 9.3 节和 9.4 节使用 ping-pong 通信模式的变种分别介绍如何实现点到点阻塞和非阻塞通信（send 和 receive）。在 9.5 节，通过素数计数问题介绍如何使用集合通信例程（用于在一个通信域内所有进程交换数据）。介绍如何使用集合通信的更多例子散布于本章其他章节。9.6 节通过使用非重叠和重叠通信模式展示了两个版本的 Jacobi 迭代的并行程序，主要目的是通过重叠通信模式展示提高程序性能的方法。9.7 节使用派生数据类型简化矩阵分布和终值收集问题。更进一步，在 9.8 节介绍了通过复杂通信域实现了 SUMMA 算法。

9.2 基本概念

```
#include "mpi.h"

int main (int argc, char *argv[]){
  // Initialize MPI
  MPI::Init(argc,argv);

  // Get the number of processes
  int numP=MPI::COMM_WORLD.Get_size();

  // Get the ID of the process
  int myId=MPI::COMM_WORLD.Get_rank();

  // Every process prints Hello
  std::cout << "Process " << myId << " of "
    << numP << ": Hello, world!" << std::endl;

  // Terminate MPI
  MPI::Finalize();
  return 0;
}
```

列表 9.1 MPI 版 Hello World 程序

⊖ 注意，高级技巧诸如检查点扩展 openmpi–checkpoint 或者 dmtcp 工具用于从故障点恢复。

我们从列表 9.1 开始我们的 MPI 编程旅程，列表 9.1 是一个流行的 Hello World 程序，能够帮助我们解释 MPI 的一些基本特色。首先，需要包含头文件 mpi.h 以便能编译 MPI 代码。在主函数 main() 中，所有进程全部独立运行直到遇到初始化函数（MPI::Init()）。从这一点开始，MPI 进程能够协作、收发消息或者同步直到到达析构函数 MPI::Finalize()。析构函数会释放所有 MPI 占用的资源。两个重要的概念在这个例子中介绍如下：

- **通信域**：MPI 使用通信域对象定义一组彼此间可以通信的进程。MPI::Comm 是通信域的抽象基类，包含了所有 MPI 通信域的基础函数。现在，我们使用预定义的通信域 MPI::COMM_WORLD，它包含我们程序执行过程所有的 MPI 进程。一个通信域包含的所有 MPI 进程个数可以通过函数 Get_size() 获得。
- **进程号**：在一个通信域内部，每个 MPI 进程在进程初始化时系统会自动分配一个唯一的整数标识符（称为进程号）。进程号是连续的，从 0 开始，通过 Get_rank() 获得。

这是一个没有任何通信的简单代码。每个 MPI 进程仅仅打印一条信息。因为我们不能控制每个 MPI 进程到达 std::cout 的次序，打印次序会存在差异。一个可能的输出如下：

```
Process 3 of 4: Hello, world!
Process 0 of 4: Hello, world!
Process 1 of 4: Hello, world!
Process 2 of 4: Hello, world!
```

9.3　点到点通信

上节介绍的概念使我们能够开发 MPI 程序，其中程序中不同进程的任务全部独立，因为进程间不需要交换信息。遗憾的是，大多数应用不能够如此容易地切分工作任务，这依赖于进程间通信。传统的 MPI 进程间通信方式包含两个方面，也就是说，源 MPI 进程和目标 MPI 进程必须通过 send 和 receive 例程同步。

成对 MPI 进程间的 ping-pong 有时称为 heartbeat 或者持活讯息（keep-alive message)，用来展示点到点通信。假如我们把偶数个进程成对切分，如图 9.3 所示：（0,1）、（2,3）、（4,5）等等。计算从配对进程中的左侧进程发送一个消息（ping）到其对应的右侧进程。一旦右侧进程收到消息（ping)，它立即向左侧进程发送一个消息（pong）。发送 – 接收（ping-pong）消息的迭代次数通过命令行参数设定。为简单起见，消息仅仅包含一个代表迭代次数的整数。

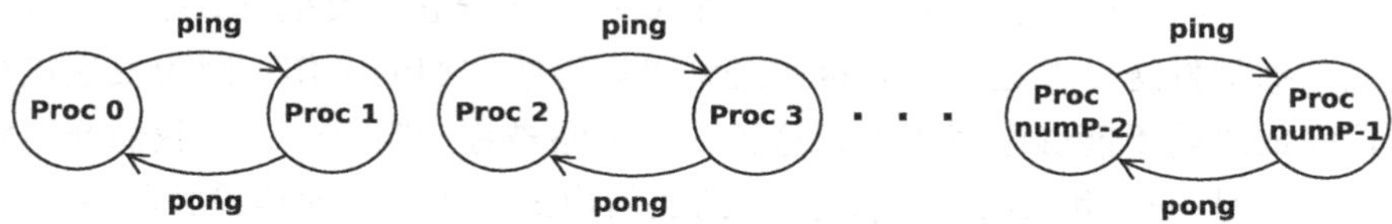

图 9.3　涉及 ping-pong 通信策略的进程对

列表 9.2 展示了 ping-pong 程序的开始部分，由以下几个我们已经熟悉的部分组成：

1）MPI 初始化。

2）进程号和进程个数获取信息。

3）从命令行参数解析迭代次数。

4）检查进程个数是否是偶数。

假如有参数不满足上述的限制，我们调用例程 Abort() 终止 COMM_WORLD 通信域的所有进程，通常发送 SIGTERM 到所有进程来终止。列表 9.2 是相关的初始化代码。

```
#include <stdlib.h>
#include "mpi.h"

int main (int argc, char *argv[]){
  // Initialize MPI
  MPI::Init(argc,argv);
  // Get the number of processes
  int numP=MPI::COMM_WORLD.Get_size();
  // Get the ID of the process
  int myId=MPI::COMM_WORLD.Get_rank();

  if(argc < 2){
    // Only the first process prints the output message
    if(!myId)
      std::cout << "ERROR: The syntax of the program is
        ./ping-pong num_ping_pong" << std::endl;
    MPI::COMM_WORLD.Abort(1);
  }

  if((numP%2) != 0){
    // Only the first process prints the output message
    if(!myId)
      std::cout << "ERROR: The number of processes must be a "
                << "multiple of 2" << std::endl;
    MPI::COMM_WORLD.Abort(1);
  }

  int num_ping_pong = atoi(argv[1]);
  int ping_pong_count = 0;
```

列表 9.2 ping-pong 程序初始化部分

现在我们可以开始发送 ping-pong 消息了。传统的 MPI 通信策略包含两个方面：发送进程和接收进程必须是通信域包含的进程。发送进程里的 send 例程涉及存储数据到一个缓存并通知通信可以开始的通信设备（通常是一个网络）。通信设备负责按照线路把消息发送到正确的位置。然而，接收进程仍然需要告诉 receive 例程它需要接收数据。一旦上述过程发生，消息数据被发送，发送进程和接收进程可以继续它们的工作。因为发送进程和接收进程在通信完成之前不能够继续工作，这种通信策略被称为阻塞通信。我们开始解释这种通信方式因为它是 send 和 receive 例程默认的通信模式。非阻塞通信模式将在 9.4 节介绍。send 和 receive 例程接口如下所示。

- `void Send(const void* buf, int count, const Datatype& datatype, int dest, int tag)`
- `void Recv(void* buf, int count, const Datatype& datatype, int source, int tag)`

第 1 个参数指定了数据缓存，第 2 个参数则定义了需要传输的元素个数。第 3 个参数表示 MPI::Datatype，其描述数据缓存里的数据类型。MPI 提供了几种基本的数据类型，如 MPI::INT、MPI::FLOAT、MPI::DOUBLE 等。而且，开发者可以进一步定义复杂的数据类型，我们将在 9.7 节给出。Send 例程发送 count 个元素，接收进程 Receive 最多接收 count 元素。其余参数分别定义了发送 / 接收进程的进程号和消息标签。假定相同的进程必须发送许多不同类型的消息到同一个接收进程。MPI 允许发送进程和接收进程附加额外的消息 ID（称为消息标签），不必通过额外措施来区分这些消息。当目标进程仅请求具有特定标签号的消息时，不同标签的消息被网络缓存直到相应的接收进程请求接收。一般地，对通信完成来说，Send 和 Receive 例程必须匹配。这意味着相应的进程号必须被正确设定、大小限制必须满足、消息标签必须一致。

返回我们的例子，每个 ping 和 pong 消息仅仅包含一个整数代表当前的迭代步数。这样，我们已经具有了调用 Send 和 Receive 所有的参数信息。列表 9.3 显示了如何决定每对进程的伙伴标识符。

```
int partner_id;
bool odd = myId%2;

if(odd){
  partner_id = myId-1;
} else {
  partner_id = myId+1;
}
```

列表 9.3 ping-pong 程序中配对 ID 计算

如果一个进程的进程号是偶数（myId % 2 == 0），它的伙伴 ID 通过把自己的进程号加 1 获得。如果一个进程的进程号是奇数，它的伙伴 ID 通过把自己的进程号减 1 获得。我们在列表 9.4 中完成这个示例程序。偶数号进程发送 ping 消息到它们对应的伙伴进程并且等待 pong 消息。奇数号进程具有相反的行为：它们等待 ping 消息，一旦接收到就发送 pong 消息到它们的伙伴进程。

```
while(ping_pong_count < num_ping_pong){
  // First receive the ping and then send the pong
  ping_pong_count++;

  if(odd){
    MPI::COMM_WORLD.Recv(&ping_pong_count, 1, MPI::INT,
                         partner_id, 0);
```

列表 9.4 ping-pong 程序中的消息

```
      MPI::COMM_WORLD.Send(&ping_pong_count, 1, MPI::INT,
                          partner_id, 0);
    } else {
      MPI::COMM_WORLD.Send(&ping_pong_count, 1, MPI::INT,
                          partner_id, 0);
      MPI::COMM_WORLD.Recv(&ping_pong_count, 1, MPI::INT,
                          partner_id, 0);
    }
  }

  // Terminate MPI
  MPI::Finalize();
}
```

列表 9.4 （续）

9.4 非阻塞通信

我们已经使用函数 Send() 实现点到点通信。这是基本的阻塞发送操作，在不同的系统上有不同的实现。尽管我们前面章节提到它是阻塞通信，然而这是一个过度简化的阐述。正式的定义是只有当发送任务中的应用缓存能够再次自由使用时它才返回。MPI 标准允许使用系统缓存但不强求这样做。一些 MPI 实现可能使用同步发送（Ssend()）实现基本的阻塞发送，发送进程一直处于阻塞状态直到接收进程已经开始接收消息。因此，当 Recv() 总是阻塞时，Send() 通常仅阻塞大的消息。

阻塞通信能够在进程间导致死锁。死锁被定义为一个特定的条件，即当 2 个或多个进程都在等待另外一个进程释放资源，或者多于 2 个进程在一个环形链中等待资源时。我们在列表 9.5 中使用 ping-pong 程序的一个变种示例这种死锁状态。不是在进程配对间通信，而是如图 9.4 那样组织成有序的环。这样，我们需要上一个和下一个进程号来进行通信。几乎对任意进程 i，下一个进程号是 i+1，唯一的例外是进程 numP-1，它的下一个进程号是 0。计算上一个进程号的方法与此类似：除了进程 0 上的进程号是 numP-1 外，其他的都是 i−1。这里我们展示一个初步的新 ping-pong 程序：

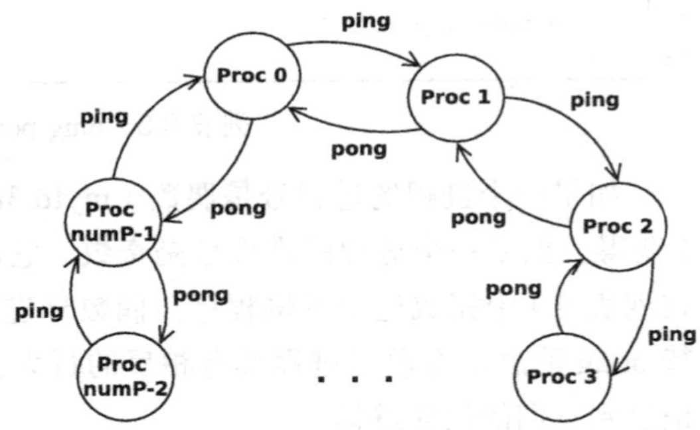

图 9.4 有序环形进程中的 ping-pong 消息抽象图

```
#include <stdlib.h>
#include "mpi.h"

```

列表 9.5 ping-pong 程序在环形进程中的阻塞通信模拟

```
int main (int argc, char *argv[]){
  // Initialize MPI
  MPI::Init(argc,argv);
  // Get the number of processes
  int numP=MPI::COMM_WORLD.Get_size();
  // Get the ID of the process
  int myId=MPI::COMM_WORLD.Get_rank();

  if(argc < 2){
    // Only the first process prints the output message
    if(!myId)
      std::cout << "ERROR: The syntax of the program is
        ./ping-pong num_ping_pong" << std::endl;
    MPI::COMM_WORLD.Abort(1);
  }

  int num_ping_pong = atoi(argv[1]);
  int ping_pong_count = 0;
  int next_id = myId+1, prev_id=myId-1;

  if(next_id >= numP)
    next_id = 0;

  if(prev_id < 0)
    prev_id = numP-1;

  while(ping_pong_count < num_ping_pong){
    ping_pong_count++;

    // Send the ping
    MPI::COMM_WORLD.Send(&ping_pong_count,1,MPI::INT,next_id,0);

    // Wait and receive  the ping
    MPI::COMM_WORLD.Recv(&ping_pong_count,1,MPI::INT,prev_id,0);

    // Send the pong
    MPI::COMM_WORLD.Send(&ping_pong_count,1,MPI::INT,prev_id,0);

    // Wait and receive the pong
    MPI::COMM_WORLD.Recv(&ping_pong_count,1,MPI::INT,next_id,0);
  }

  // Terminate MPI
  MPI::Finalize();
```

列表 9.5 （续）

遗憾的是，上述代码产生了一个环形链的 Send() 调用。令人惊讶的是，上述列表代码实际上在许多场景中并不产生死锁。如前所述，尽管 Send() 是阻塞调用，MPI 规范规定这个例程阻塞，直到发送缓存能够重新给使用，也就是说当网络能够缓存这个消息时。假如这个消息最终不能被网络缓存，消息将被阻塞，直到一个匹配的接收动作发出。在我们的示例中，消息足够小以至于能够被大多数网络缓存。然而，假如消息大到不能被网络缓存将会有什么发生？一般而言，网络具有不同的特征，依赖于网络缓存并不是一个好的实践。

一个阻止意外死锁的解决方法就是使用非阻塞通信调用：

- ❑ `MPI::Request Isend(const void* buf, int count, const Datatype& datatype, int dest, int tag)`
- ❑ `MPI::Request Irecv(void* buf, int count, const Datatype& datatype, int source, int tag)`

同基本的 Send() 和 Receive() 调用相比，唯一的语义区别在于非阻塞例程返回一个类 MPI::Request 的对象。这个对象包含消息的状态信息。Isend() 和 Irecv() 立即返回而不阻塞后续的计算，并且我们必须同 MPI::Request 对象交互来同步消息。MPI 提供 2 个方法来同步非阻塞通信：方法 Wait()（在类 MPI::Request 中）阻塞计算直到消息被发送或接收；Test() 返回一个布尔值指示这个操作是否结束，但它从不阻塞进程。

我们修改列表 9.6 的循环以便使用非阻塞通信例程。因为 Isend() 并不阻塞计算，所有进程不存在被 Isend()[⊖]阻塞的风险。下面代码安全且不会产生死锁：

```
#include <stdlib.h>
#include "mpi.h"

int main (int argc, char *argv[]){
  // Initialize MPI
  MPI::Init(argc,argv);
  // Get the number of processes
  int numP=MPI::COMM_WORLD.Get_size();
  // Get the ID of the process
  int myId=MPI::COMM_WORLD.Get_rank();

  if(argc < 2){
    // Only the first process prints the output message
    if(!myId)
      std::cout << "ERROR: The syntax of the program is
        ./ping-pong num_ping_pong" << std::endl;
    MPI::COMM_WORLD.Abort(1);
  }

  int num_ping_pong = atoi(argv[1]);
  int ping_pong_count = 0;
  int next_id = myId+1, prev_id=myId-1;

  if(next_id >= numP)
    next_id = 0;

  if(prev_id < 0)
    prev_id = numP-1;

  MPI::Request rq_send, rq_recv;

  while(ping_pong_count < num_ping_pong){
```

列表 9.6 ping-pong 程序在环形进程中的非阻塞通信模拟

⊖ 原书错误。——译者注

```
    // First receive the ping and then send the pong
    ping_pong_count++;
    rq_send = MPI::COMM_WORLD.Isend(&ping_pong_count, 1, MPI::INT,
                                    next_id, 0);
    rq_recv = MPI::COMM_WORLD.Irecv(&ping_pong_count, 1, MPI::INT,
                                    prev_id, 0);
    rq_recv.Wait();

    rq_send = MPI::COMM_WORLD.Isend(&ping_pong_count, 1, MPI::INT,
                                    prev_id, 0);
    rq_recv = MPI::COMM_WORLD.Irecv(&ping_pong_count, 1, MPI::INT,
                                    next_id, 0);
    rq_recv.Wait();
  }

  // Terminate MPI
  MPI::Finalize();
```

列表 9.6 （续）

需要说明的是，死锁情况通过使用 Isend() 取代 Send() 已经解决了。我们同时修正了 receive 函数以提供使用 Irecv() 的示例。除了能够避免意外死锁，非阻塞通信通常用来实现计算 – 通信重叠，这将在 9.6 节说明。

9.5 集合通信

大多数通信模式能够使用前面解释的点到点通信模式来设计。然而，MPI 提供了一系列涉及某个特定通信域所有进程的通信模式，就是所谓的集合通信。使用集合通信的主要好处在于：

- 降低编程难度。我们能够重用 MPI 开发者已经实现的代码，而不是手工编程实现的复杂通信模式。
- 性能优化。MPI 的实现通常都是高效调优的，特别是对特定的架构更是如此 [14,22]。

下面使用一个新的例子作为使用集合通信的示例。我们使用并行编程计算 0 到 n 之间的所有素数，n 的大小由命令行输入，串行计算素数个数的参考代码如下所示：

```
int totalPrimes = 0;
bool prime;
for(int i=2; i<=n; i++){
  prime = true;
  for(int j=2; j<i; j++){
    if((i%j) == 0){
      prime = false;
      break;
    }
  }
  totalPrimes += prime;
}
```

上述代码的外层循环强制所有数字从 2 到 n 循环（0 和 1 不是素数）。对每个 j，我们查看 i 是否是 j 的整数倍。如果这样的整数倍存在，我们结束对 i 的探索，因为很明显它不是素数；如果没有发现，i 就是素数，totalPrimes 增加 1。

计算素数的并行代码开始部分和前面的例子（见列表 9.7）非常相似：MPI 初始化并解析相关参数。然而，我们引入一点细微的调整：只有进程 0 从标准输入读取数字 n，这样我们需要在开始计算前把 n 发送给其他进程。请注意，这个例子具有随意性，因为所有进程都能访问 MPI 的传入参数。然而，解释如何高效地将相同的数据从一个进程发送到其他进程是很有用的。并行代码初始化如下：

```
#include <stdlib.h>
#include "mpi.h"

int main (int argc, char *argv[]){
  // Initialize MPI
  MPI::Init(argc,argv);
  // Get the number of processes
  int numP=MPI::COMM_WORLD.Get_size();
  // Get the ID of the process
  int myId=MPI::COMM_WORLD.Get_rank();

  if(argc < 2){
    // Only the first process prints the output message
    if(!myId)
      std::cout << "ERROR: The syntax of the program is ./primes n"
        << std::endl;
    MPI::COMM_WORLD.Abort(1);
  }

  int n;
  if(!myId)
    n = atoi(argv[1]);

  // Barrier to synchronize the processes before measuring time
  MPI::COMM_WORLD.Barrier();

  // Measure the current time
  double start = MPI::Wtime();
```

列表 9.7 计算素数个数初始化部分

包含在上述代码里的 2 个新的 MPI 函数需要进一步解释。MPI::Wtime() 是一个以双精度类型返回当前时间的函数。它用于衡量程序执行的时间。然而，在并行程序中所有的进程都应该在同一个时刻开始计算程序执行时间。这就是我们在上述代码中包含函数 Barrier() 的原因。这是 MPI 中同步特定通信域进程最简单的集合函数：所有进程全部到达同步点才能继续进行。

一旦计时器被正确地初始化，我们广播上界 n 的值，也就是说，从进程 0 发送 n 值到指定通信域的所有其他进程，如图 9.5 所示。Bcast() 是指定通信域的所有进程都涉及的另一个集合函数。当然，同样的功能可以使用如下简单点对点通信实现。

```
if(!myId)
  for(i=1; i<numP; i++)
    MPI::COMM_WORLD.Send(&n, 1, MPI::INT, i, 0);
else
  MPI::COMM_WORLD.Recv(&n, 1, MPI::INT, 0, 0);
```

然而，我们可以通过 MPI 提供的上述广播通信函数实现相同功能，这样可以减轻我们的编程负担。而且，相对于我们的实现，这些函数通常能获得更好的性能，因为它们被设计用于树状或其他类型的通信模式，这些通信模式针对潜在的互联通信网络的特点和拓扑结构进行了优化。广播函数原型如下：

- void Bcast(void* buffer, int count, const MPI::Datatype& datatype, int root)

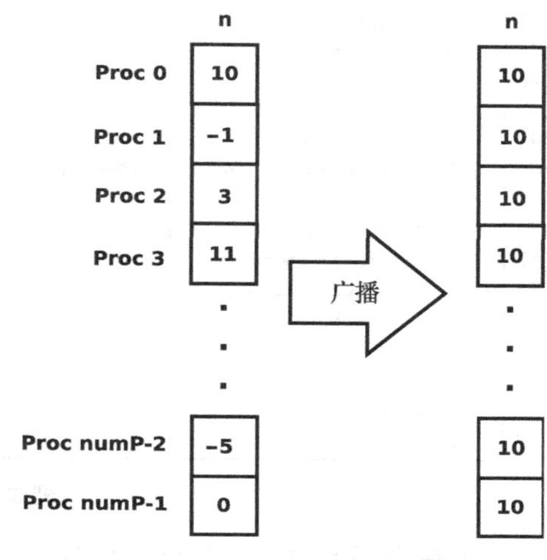

图 9.5 从进程 0 广播一个整数

这个例程必须被通信域的所有进程调用。大多数参数已在点对点通信一节中解释过。唯一的新参数就是 root：它规定了持有数据的源进程。尽管根进程和接收进程执行不同，但它们调用相同的方法。当根进程（在我们的例子中是进程 0）调用 Bcast()，数据就被发送到其他所有进程。当接收进程调用 Bcast() 时，根进程中的数据被复制到局部变量中。所有进程接收到数据广播才结束。如果相同通信域的进程没有参与广播（简单起见没有在源代码中使用），死锁就会发生。我们在列表 9.8 中示例广播并检查 n 值是否正确。

```
  // Send the value of n to all processes
  MPI::COMM_WORLD.Bcast(&n, 1, MPI::INT, 0);

  if(n < 1){
    // Only the first process prints the output message
    if(!myId)
      std::cout << "ERROR: The parameter 'n' must be higher than 0"
        << std::endl;
    MPI::COMM_WORLD.Abort(1);
  }
```

列表 9.8 广播上界值到所有进程

现在所有进程获得了 n 值，我们可以开始计算素数了。我们分隔工作量以使每个进程探测不同的整数，例如把外循环的元素 i 切分到每个进程。从概念上讲，我们使用循环分配使每个进程一个接一个分配到相关数字。从列表 9.9 可以看出，变量 myId 和 numP 在循环语义中使每个进程处理比 i 多 1 的数值。

```
  // Perform the computation of the number of primes
  // between 0 and n in parallel
  int myCount = 0;
  int total;
  bool prime;

  // Each process analyzes only part of the numbers below n
  // The distribution is cyclic for better workload balance
  for(int i=2+myId; i<=n; i=i+numP){
    prime = true;
    for(int j=2; j<i; j++){
      if((i%j) == 0){
        prime = false;
        break;
      }
    }
    myCount += prime;
  }
```

列表 9.9　计算素数个数

现在程序的每个进程已经计算了不同的数值 myCount，它代表在规定索引区间中发现的素数个数。全部的素数个数是每个进程中的 myCount 变量之和。同广播类似，我们能够通过发送所有进程的 myCount 值到进程 0，然后使用串行方式求和，获得全部的素数个数：

```
if(!myId){
  total = myCount;
  for(int i=1; i<numP; i++){
    MPI::COMM_WORLD.Recv(&myCount, 1, MPI::INT, i, 0);
    total += myCount;
  }
}
else
  MPI::COMM_WORLD.Send(&myCount, 1, MPI::INT, 0, 0);
```

这是使用点对点通信进行归约的正确但低效的实现。一个显著的缺点是上述代码的目标进程要求有序接收。假设进程 2 先于进程 1 几秒发送消息。一个高效的乱序实现会使用进程 2 发送的值更新 total 值。然而，先前实现 total 值更新必须先使用序号靠前的进程值，然后再使用进程 2 的值。现在我们使用乱序更新修改前述的代码：

```
MPI::Status status;
if(!myId){
  total = myCount;
  for(int i=1; i<numP; i++){
    MPI::COMM_WORLD.Recv(&myCount, 1, MPI::INT,
                         MPI::ANY_SOURCE, 0, status);
    total += myCount;
  }
}
else {
  MPI::COMM_WORLD.Send(&myCount, 1, MPI::INT, 0, 0);
}
```

在根进程中简单设定 MPI::ANY_SOURCE，目标进程收到一个消息就更新 total 值。它并不关心是哪个进程首先发送的。MPI::ANY_TAG 为 tag 参数提供了类似的功能。更进一步，我们在 Recv() 中设定了类 MPI::Status 的一个对象，它在函数 Get_source()、Get_tag()、Get_error() 用于获得消息的状态。

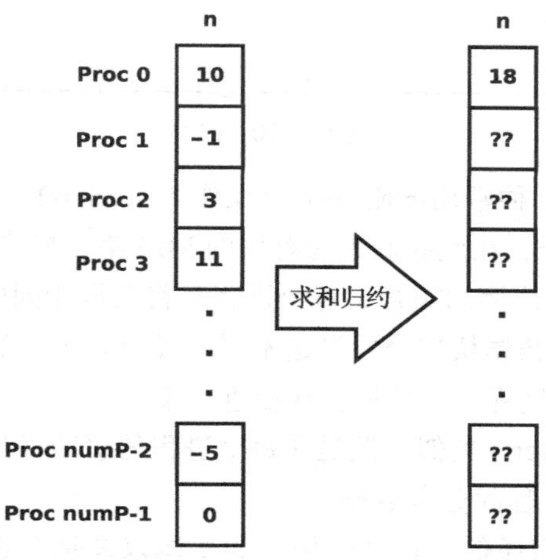

图 9.6　求和归约到进程 0

一般而言，更高效的方法是使用集合归约函数 Reduce()，它是为这种类型的操作而显式设计的（见图 9.6）。集合归约函数 Reduce() 原型如下：

- void Reduce(const void* sendbuf, void* recvbuf, int count, const MPI::Datatype& datatype, const MPI::Op& op, int root)

唯一需要解释的参数是 op，它表示在归约过程中执行的操作。在我们的程序中需要使用求和（MPI::SUM），但是存在其他类型的归约操作如乘、逻辑与 / 或、最大值、最小值等。此外，我们能够使用用户自定义的归约操作。注意，请确保自定义操作是关联映射，否则结果可能不正确。我们程序（参见列表 9.10）剩余部分包括：

1）集合归约操作

2）最后时间的度量

3）打印最终结果

4）MPI 结束

```
// Reduce the partial counts into 'total' in the Process 0
MPI::COMM_WORLD.Reduce(&myCount, &total, 1,
                       MPI::INT, MPI::SUM, 0);

// Measure the current time
double end = MPI::Wtime();

if(!myId){
```

列表 9.10　每个进程获得的素数个数归约

```
    std::cout << total << " primes between 1 and "
      << n << std::endl;
    std::cout << "Time with " << numP << " processes: "
      << end-start << " seconds" << std::endl;
  }

  // Terminate MPI
  MPI::Finalize();
```

列表 9.10 （续）

本节示例程序使用了 3 种常用的阻塞集合操作（Barrier()、Bcast() 和 Reduce()）。下节的示例程序将使用更多例子，在此我们先对有用的 MPI 集合操作小结如下。

- Allreduce()：归约和广播的组合，每个进程都将获得相同的输出。
- Scatter()：把根进程数据块切分并发送不同的部分到不同的进程。
- Gather()：从不同的进程发送数据，在根进程聚合。
- Allgather()：与 Gather() 类似，但是在每个进程的缓冲里都聚合输出。
- Alltoall()：在所有进程间分散数据。

除此之外，对于非阻塞通信存在这些例程的变体以及每个进程的可变块大小。关于这些集合操作的详细信息可在 MPI 手册中找到。

9.6 计算通信重叠

科学应用中一个常见任务是稳态泊松方程 $\Delta\phi(p) = f(p)$ 在矩形区域 Ω 上满足狄利克雷边界条件 $\phi(p) = g(p)$ 的迭代计算，其中 p 是边界 $\partial\Omega$ 上的点。二阶偏导数的和

$$\Delta = \sum_{k=0}^{d-1} \frac{\partial^2}{\partial x_k^2} = \frac{\partial^2}{\partial x_0^2} + \ldots + \frac{\partial^2}{\partial x_{d-1}^2}$$

称为欧几里得空间的拉普拉斯算子，用于衡量定义在 d 维区域上的实值函数 ϕ 的局部曲率大小。大致来说，如果使用矩阵 A 代替线性映射 Δ，且以向量 $\boldsymbol{x}$ 和 $\boldsymbol{b}$ 分别代替 ϕ 和 f，上述问题简化为给定矩阵 A 和向量 b，寻找方程 $Ax = b$ 的解。我们将会发现特例 $A = \Delta$ 的解通过重复计算局部近似解在 ϕ 的离散表示获得。

更一般的算法是所谓的 stencil 代码或张量卷积算法[⊖]，它们分别对矩阵迭代使用小尺寸 mask（stencil）或高维数组（张量）。为简单起见，我们设定维数为 2，也就是说 ϕ 可以解释为连续的图像，并且它的离散化形式可表示为 rows×cols 有限形状的矩阵数据。进一步，我们设定异构项 f 为 0。然而，非零的 f 推导显而易见，留给读者作为练习。

使用正向步长 h 的有限差分方法，离散拉普拉斯算子近似如下：

$$(\Delta\phi)(x,y) \approx \frac{\phi(x+h,y)+\phi(x-h,y)+\phi(x,y+h)+\phi(x,y-h)-4\cdot\phi(x,y)}{h^2}$$

⊖ 非线性张量卷积如 max-pooling 是深度神经网络中一个重要的过滤器。

因为每个迭代步中 $\Delta\phi = 0$，我们能够求解方程得到函数 $\phi(x, y)$。进一步，我们设定 h=1 为单位步长，假如我们要使用索引元组 (i, j) ⊖模拟网格顶点，这很合理。代表连续图像 ϕ 的矩阵数据的离散更新规则由邻域 4 的像素点 $(i, j) \in \Omega \setminus \partial\Omega$ 确定：

$$\text{data}[i, j] \leftarrow \frac{\text{data}[i+1, j] + \text{data}[i-1, j] + \text{data}[i, j+1] + \text{data}[i, j-1]}{4}$$

由于每个元组（i，j）可以独立更新，并且由于连续域的适当近似需要大量网格顶点，因此张量卷积算法通常是并行化的 [6,18]。直到矩阵收敛前，更新步骤以固有的串行方式重复进行。图 9.7 示意了所谓的面向任意矩阵的 Jacobi 算法。

初始矩阵

-1	-1	-1	-1	-1	-1	-1	-1	-1	-1	-1	-1
3	3	3	3	3	3	3	3	3	3	3	3
3	3	3	3	3	3	3	3	3	3	3	3
2	2	2	2	2	2	2	2	2	2	2	2
2	2	2	2	2	2	2	2	2	2	2	2
2	2	2	2	2	2	2	2	2	2	2	2
1	1	1	1	1	1	1	1	1	1	1	1
1	1	1	1	1	1	1	1	1	1	1	1
1	1	1	1	1	1	1	1	1	1	1	1
0	0	0	0	0	0	0	0	0	0	0	0
0	0	0	0	0	0	0	0	0	0	0	0
-1	-1	-1	-1	-1	-1	-1	-1	-1	-1	-1	-1

1次迭代后

-1	-1	-1	-1	-1	-1	-1	-1	-1	-1	-1	-1
3	2	2	2	2	2	2	2	2	2	2	3
3	2.8	2.8	2.8	2.8	2.8	2.8	2.8	2.8	2.8	2.8	3
2	2.3	2.3	2.3	2.3	2.3	2.3	2.3	2.3	2.3	2.3	2
2	2	2	2	2	2	2	2	2	2	2	2
2	1.8	1.8	1.8	1.8	1.8	1.8	1.8	1.8	1.8	1.8	2
1	1.3	1.3	1.3	1.3	1.3	1.3	1.3	1.3	1.3	1.3	1
1	1	1	1	1	1	1	1	1	1	1	1
1	0.8	0.8	0.8	0.8	0.8	0.8	0.8	0.8	0.8	0.8	1
0	0.3	0.3	0.3	0.3	0.3	0.3	0.3	0.3	0.3	0.3	0
0	-0.3	-0.3	-0.3	-0.3	-0.3	-0.3	-0.3	-0.3	-0.3	-0.3	0
-1	-1	-1	-1	-1	-1	-1	-1	-1	-1	-1	-1

25次迭代后

-1	-1	-1	-1	-1	-1	-1	-1	-1	-1	-1	-1
3	1.0	0.2	-0.1	-0.3	-0.3	-0.3	-0.3	-0.1	0.2	1.0	3
3	1.6	0.9	0.5	0.4	0.3	0.3	0.4	0.5	0.9	1.6	3
2	1.6	1.2	0.9	0.8	0.7	0.7	0.8	0.9	1.2	1.6	2
2	1.6	1.3	1.1	1.0	0.9	0.9	1.0	1.1	1.3	1.6	2
2	1.5	1.3	1.1	1.0	1.0	1.0	1.0	1.1	1.3	1.5	2
1	1.1	1.0	1.0	0.9	0.9	0.9	0.9	1.0	1.0	1.1	1
1	0.9	0.8	0.7	0.7	0.7	0.7	0.7	0.7	0.8	0.9	1
1	0.6	0.5	0.4	0.3	0.3	0.3	0.3	0.4	0.5	0.6	1
0	0.1	0.0	0.0	-0.1	-0.1	-0.1	-0.1	0.0	0.0	0.1	0
0	-0.3	-0.5	-0.5	-0.5	-0.5	-0.5	-0.5	-0.5	-0.5	-0.3	0
-1	-1	-1	-1	-1	-1	-1	-1	-1	-1	-1	-1

75次迭代后

-1	-1	-1	-1	-1	-1	-1	-1	-1	-1	-1	-1
3	0.9	0.1	-0.3	0.4	-0.5	-0.5	-0.4	-0.3	0.1	0.9	3
3	1.5	0.7	0.3	0.1	0.0	0.0	0.1	0.3	0.7	1.5	3
2	1.5	1.0	0.6	0.4	0.3	0.3	0.4	0.6	1.0	1.5	2
2	1.5	1.1	0.8	0.6	0.5	0.5	0.6	0.8	1.1	1.5	2
2	1.4	1.0	0.8	0.6	0.5	0.5	0.6	0.8	1.1	1.4	2
1	1.0	0.8	0.6	0.5	0.5	0.5	0.5	0.6	0.8	1.0	1
1	0.8	0.6	0.4	0.4	0.3	0.3	0.4	0.4	0.8	0.8	1
1	0.5	0.3	0.2	0.1	0.1	0.1	0.1	0.2	0.3	0.5	1
0	0.0	-0.1	-0.2	-0.2	-0.3	-0.3	-0.2	-0.2	-0.1	0.0	0
0	-0.4	-0.5	-0.6	-0.6	-0.6	-0.6	-0.6	-0.6	-0.5	-0.4	0
-1	-1	-1	-1	-1	-1	-1	-1	-1	-1	-1	-1

图 9.7　左上角输入矩阵的重复更新步骤

⊖ 这里我们通过忽略图像域和矩阵形状间的仿射变换抑制方程中不必要的噪声。

下一步你能够看到使用形状为 rows×cols 的 2 个数组（data 和 buffer）的一个单独的 Jacobi 迭代步骤串行代码。第 1 个数组存储矩阵数据而第 2 个是更新值的辅助数组。

```
for(int i=1; i<rows-1; i++)
  for(int j=1; j<cols-1; j++)
    // calculate discrete Laplacian by averaging 4-neighborhood
    buff[i*cols+j] = 0.25f*(data[(i+1)*cols+j]+data[i*cols+j-1]+
                    data[i*cols+j+1]+data[(i-1)*cols+j]);

// this copy could be avoided by swapping pointers
memcpy(data, buff, rows*cols*sizeof(float));
```

存储在 data 和 buffer 中的值之间的平方残差之和将用于我们的例子的收敛判断：

```
float error = 0.0;
for(int i=1; i<rows-1; i++)
  for(int j=1; j<cols-1; j++)
      // determine difference between 'data' and 'buff'
      error += (data[i*cols+j]-buff[i*cols+j])*
               (data[i*cols+j]-buff[i*cols+j]);
```

我们使用一维块状分布的 Jacobi 迭代并行版本如图 9.8 所示。矩阵形状和收敛阈值作为程序参数输入。为简单起见，我们假定矩阵行数是进程个数的整数倍。列表 9.11 表示了参数和矩阵的初始化。只有进程 0 调用初始化矩阵（矩阵数据可以从文件读入或者临时生成矩阵）的函数 readInput。

Proc 0	-1	-1	-1	-1	-1	-1	-1	-1	-1	-1	-1	-1
	3	3	3	3	3	3	3	3	3	3	3	3
	3	3	3	3	3	3	3	3	3	3	3	3
	2	2	2	2	2	2	2	2	2	2	2	2
Proc 1	2	2	2	2	2	2	2	2	2	2	2	2
	2	2	2	2	2	2	2	2	2	2	2	2
	1	1	1	1	1	1	1	1	1	1	1	1
	1	1	1	1	1	1	1	1	1	1	1	1
Proc 2	1	1	1	1	1	1	1	1	1	1	1	1
	0	0	0	0	0	0	0	0	0	0	0	0
	0	0	0	0	0	0	0	0	0	0	0	0
	-1	-1	-1	-1	-1	-1	-1	-1	-1	-1	-1	-1

图 9.8 一维分布使用 3 个进程的例子，矩阵行使用块方法分布在不同进程

```
#include <stdlib.h>
#include <stdio.h>
#include <iostream>
#include <string.h>
#include "mpi.h"

```

列表 9.11 并行 Jacobi 迭代变量和矩阵的初始化

```
int main (int argc, char *argv[]){
  // Initialize MPI
  MPI::Init(argc,argv);
  // Get the number of processes
  int numP=MPI::COMM_WORLD.Get_size();
  // Get the ID of the process
  int myId=MPI::COMM_WORLD.Get_rank();

  if(argc < 4){
        // Only the first process prints the output message
        if(!myId)
      std::cout << "ERROR: The syntax of the program is
                ./jacobi rows cols errThreshold" << std::endl;

          MPI::COMM_WORLD.Abort(1);
  }

  int rows = atoi(argv[1]); int cols = atoi(argv[2]);
  float errThres = atof(argv[3]);

  if((rows < 1) || (cols < 1)){
    // Only the first process prints the output message
    if(!myId)
      std::cout << "ERROR: The number of rows and columns must
                   be higher than 0" << std::endl;

    MPI::COMM_WORLD.Abort(1);
  }

  if(rows%numP){
    // Only the first process prints the output message
    if(!myId)
      std::cout << "ERROR: The number of rows must be multiple
                   of the number of processes" << std::endl;

    MPI::COMM_WORLD.Abort(1);
  }

  float *data;

  // Only one process reads the data of the initial matrix
  if(!myId){
    data = new float[rows*cols];
    readInput(rows, cols, data);
  }
```

列表 9.11 （续）

下一个步骤是把矩阵数据分配到每个进程。我们使用集合函数 Scatter()，如 9.5 节所示，它把根进程的块状数据发送到不同进程。它的行为如图 9.9 所示，原型如下：

- `Scatter(const void* sendbuf, int sendcount, const MPI::Datatype& sendtype, void* recvbuf, int recvcount, const MPI::Datatype& recvtype, int root)`

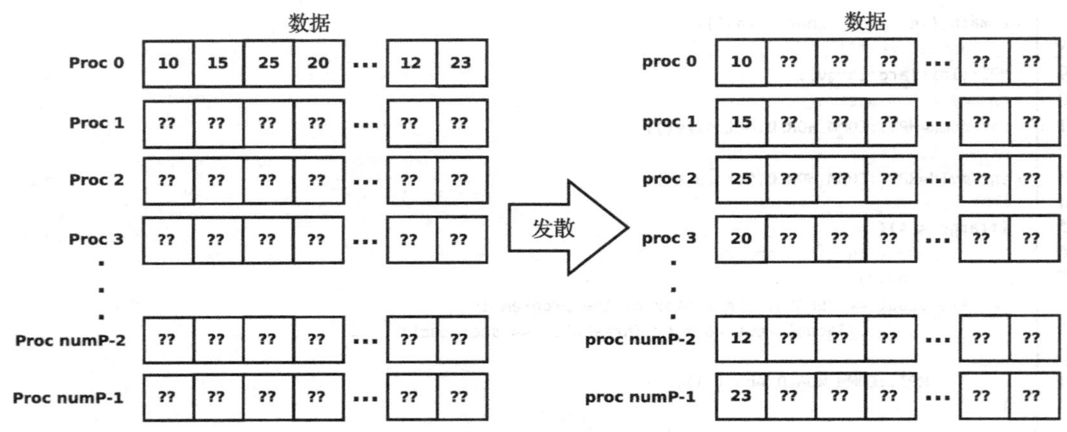

图 9.9　从进程 0 发散数据

除了设定 root 进程参数之外，我们还必须为源进程和目标进程设定 3 个参数：data 数组的源 / 目标缓冲、数据类型和元素个数。注意 sendcount 是一个进程接收的元素个数，不是发散的数组长度。列表 9.12 示例了如何使用图 9.8 中 Scatter() 方法分布数据。这段代码同样包含了初始化计时器和辅助数组 buff 的代码。

```
// The computation is divided by rows
int myRows = rows/numP;

MPI::COMM_WORLD.Barrier();

// Measure the current time
double start = MPI::Wtime();

// Arrays for the chunk of data to work
float *myData = new float[myRows*cols];
float *buff = new float[myRows*cols];

// Scatter the input matrix
MPI::COMM_WORLD.Scatter(data, myRows*cols, MPI::FLOAT, myData,
                        myRows*cols, MPI::FLOAT, 0);
memcpy(buff, myData, myRows*cols*sizeof(float));
```

列表 9.12　使用一维块分布发散矩阵数据

在目前阶段，进程已经几乎具有所有必要的数值，用于在第一次迭代步中初始化更新拥有的矩阵行。例如，图 9.8 进程 1 拥有更新第 5 行和第 6 行（也就是说它的中心行）的所有必需信息，但是它还不能更新第 4 行和第 7 行。然而，为了更新边界行，进程需要存储在其他进程中的矩阵行数据。在我们的例子中，进程 1 需要第 3 行（存储在进程 0）来更新第 4 行，它同样需要第 8 行（存储在进程 2）来更新第 7 行。因此，我们需要在每次迭代开始时共享边界行。

在这些假设下，Jacobi 迭代步骤在列表 9.13 的 while 循环中实现。在发送和接收边界行后，每个进程更新网格并计算它的局部误差。迭代结束于扩展版本的归约集合操作

Allreduce()，它存储了所有进程的局部误差和。需要注意的是，这个全局误差的合并归约和广播对于避免 while 循环中检查条件的混合评估引起的死锁十分关键。

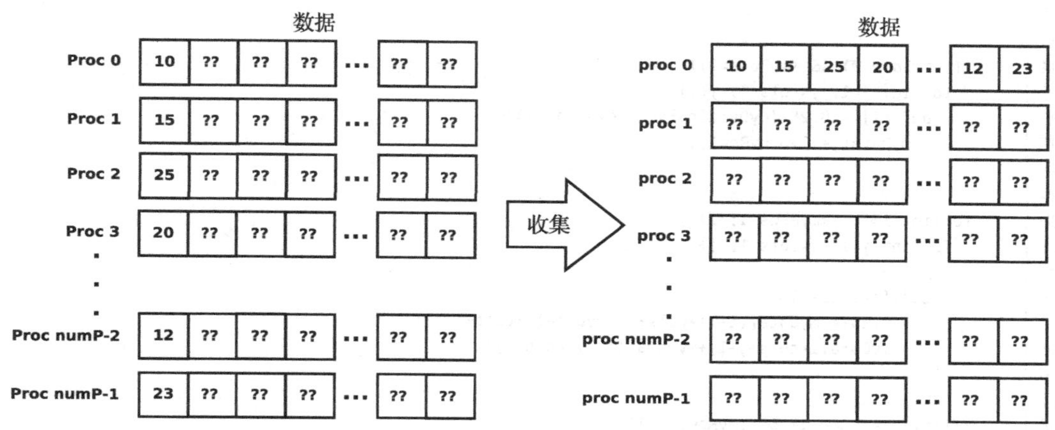

图 9.10 收集数组数据到进程 0

一旦矩阵收敛，所有进程必须发送它们最终的部分矩阵到根进程，这样根进程才能打印最终结果。这个操作使用集合函数 Gather() 完成，它的行为和集合函数 Scatter() 恰恰相反（参见图 9.10）。

- ❑ `Gather(const void* sendbuf, int sendcount, const MPI::Datatype& sendtype, void* recvbuf, int recvcount, const MPI::Datatype& recvtype, int root)`

```
float error = errThres+1.0;
float myError;

// Buffers to receive the boundary rows
float *prevRow = new float[cols];
float *nextRow = new float[cols];

while(error > errThres){
  if(myId > 0)
    // Send the first row to the previous process
    MPI::COMM_WORLD.Send(myData, cols, MPI::FLOAT, myId-1, 0);

  if(myId < numP-1){
    // Receive the next row from the next process
    MPI::COMM_WORLD.Recv(nextRow, cols, MPI::FLOAT, myId+1, 0);

    // Send the last row to the next process
    MPI::COMM_WORLD.Send(&myData[(myRows-1)*cols], cols,
                      MPI::FLOAT, myId+1, 0);
  }

```

列表 9.13 并行雅各比迭代

```
  if(myId > 0)
    // Receive the previous row from the previous process
    MPI::COMM_WORLD.Recv(prevRow, cols, MPI::FLOAT, myId-1, 0);

  // Update the first row
  if((myId > 0) && (myRows>1))
    for(int j=1; j<cols-1; j++)
      buff[j] = 0.25*(myData[cols+j]+myData[j-1]+
        myData[j+1]+prevRow[j]);

  // Update the main block
  for(int i=1; i<myRows-1; i++)
    for(int j=1; j<cols-1; j++)
      // calculate discrete Laplacian by average 4-neighborhood
      buff[i*cols+j]=
         0.25f*(myData[(i+1)*cols+j]+myData[i*cols+j-1]+
         myData[i*cols+j+1]+myData[(i-1)*cols+j]);

  // Update the last row
  if((myId < numP-1) && (myRows > 1))
    for(int j=1; j<cols-1; j++)
      buff[(myRows-1)*cols+j] =
         0.25*(nextRow[j]+myData[(myRows-1)*cols+j-1]+
         myData[(myRows-1)*cols+j+1]+myData[(myRows-2)*cols+j]);

  // Calculate the error of the block
  myError = 0.0;
  for(int i=0; i<myRows; i++)
    for(int j=1; j<cols-1; j++)
      // determine difference between 'data' and 'buff'
      myError += (myData[i*cols+j]-buff[i*cols+j])*
                 (myData[i*cols+j]-buff[i*cols+j]);

  memcpy(myData, buff, myRows*cols*sizeof(float));

  // Sum the error of all the processes
  // Output is stored in the variable 'error' of all processes
  MPI::COMM_WORLD.Allreduce(&myError, &error, 1, MPI::FLOAT,
                            MPI::SUM);
}
```

列表 9.13 （续）

收集和打印结果（调用外部函数 printOutput()）、计算执行时间和 MPI 终值代码参见列表 9.14。

```
// Only Process 0 writes
// Gather the final matrix to the memory of Process 0
MPI::COMM_WORLD.Gather(myData, myRows*cols, MPI::FLOAT, data,
                       myRows*cols, MPI::FLOAT, 0);

// Measure the current time
double end = MPI::Wtime();
```

列表 9.14 使用一维块分布收集矩阵数据

```

  if(!myId){
    std::cout << "Time with " << numP << " processes: "
              << end-start << " seconds" << std::endl;
    printOutput(rows, cols, data);
    delete [] data;
  }

  delete [] myData;
  delete [] buff;
  delete [] prevRow;
  delete [] nextRow;

  // Terminate MPI
  MPI::Finalize();
}
```

列表 9.14 （续）

遗憾的是，上述的并行策略存在一个性能问题：所有进程必须等待更新行直到通信结束。然而，每个进程的大多数计算（比如更新内部行）独立于通信，因为我们仅仅访问存储在相同进程的行。

若我们在更新内部行时让通信和计算重叠，消息仍然能够传递吗？答案是肯定的。通信和计算重叠是 MPI 程序中经常使用的性能提升技巧 [5,12]。

列表 9.15 展示了如何通过计算和通信的重叠使用 9.4 节的非阻塞通信函数修正上述算法。同前述版本类似，每次迭代开始于通信。然而，现在我们使用 Isend() 和 Irecv() 函数而不是相应的阻塞函数。因此，进程可以在通信消息时更新其内部行。在更新边界行前，我们使用定义在类 MPI::Request 中的函数 Wait() 等待通信完成。

```
  float error = errThres+1.0;
  float myError;

  // Buffers to receive the boundary rows
  float *prevRow = new float[cols];
  float *nextRow = new float[cols];
  MPI::Request request[4];

  while(error > errThres){
    if(myId > 0){
      // Send the first row to the previous process
      request[0] = MPI::COMM_WORLD.Isend(myData, cols, MPI::FLOAT,
                                         myId-1, 0);
      // Receive the previous row from the previous process
      request[1] = MPI::COMM_WORLD.Irecv(prevRow, cols, MPI::FLOAT,
                                         myId-1, 0);
    }

    if(myId < numP-1){
      // Send the last row to the next process
      request[2] = MPI::COMM_WORLD.Isend(&myData[(myRows-1)*cols],
```

列表 9.15 非阻塞通信并行 Jacobi 迭代

```
                       cols, MPI::FLOAT, myId+1, 0);
      // Receive the next row from the next process
      request[3] = MPI::COMM_WORLD.Irecv(nextRow, cols,
                       MPI::FLOAT, myId+1, 0);
    }

    // Update the main block
    for(int i=1; i<myRows-1; i++)
      for(int j=1; j<cols-1; j++)
        // Discrete Laplacian by averaging 4-neighborhood
        buff[i*cols+j]=
            0.25f*(myData[(i+1)*cols+j]+myData[i*cols+j-1]+
            myData[i*cols+j+1]+myData[(i-1)*cols+j]);

    // Update the first row
    if(myId > 0){
      request[1].Wait(status);
      if(myRows > 1)
        for(int j=1; j<cols-1; j++)
          buff[j] = 0.25*(myData[cols+j]+myData[j-1]+
                myData[j+1]+prevRow[j]);
    }

    // Update the last row
    if(myId < numP-1){
      request[3].Wait(status);
      if(myRows > 1)
        for(int j=1; j<cols-1; j++)
          buff[(myRows-1)*cols+j] =
            0.25*(nextRow[j]+myData[(myRows-1)*cols+j-1]+
            myData[(myRows-1)*cols+j+1]+myData[(myRows-2)
            *cols+j]);
    }

    memcpy(myData, buff, myRows*cols*sizeof(float));

    // Sum the error of all the processes
    // Output is stored in the variable 'error' of all processes
    MPI::COMM_WORLD.Allreduce(&myError, &error, 1, MPI::FLOAT,
                      MPI::SUM);
  }
```

列表 9.15 （续）

为了测试非阻塞通信是否有效，我们在 4 个 16 核 AMD Opteron 6272 处理器（也就是 64 核 2.10GHz）系统上运行阻塞和非阻塞版本程序。图 9.11 显示计算 4 096 × 4 096 浮点数大小的矩阵（强扩展）和误差为 0.1 时的加速比曲线。对于小规模进程加速比几乎相同，这是因为分块很大以至于每次迭代的计算时间远大于通信时间。因此，隐藏通信时间并不影响性能。然而，64 进程非阻塞实现性能提升明显。这种情况下，每个迭代步的通信和计算时间更加接近（因为块更小）。因此，隐藏通信时间对性能影响很大。需要注意的是，因为通信高要求，阻塞方法 64 进程时扩展性差。

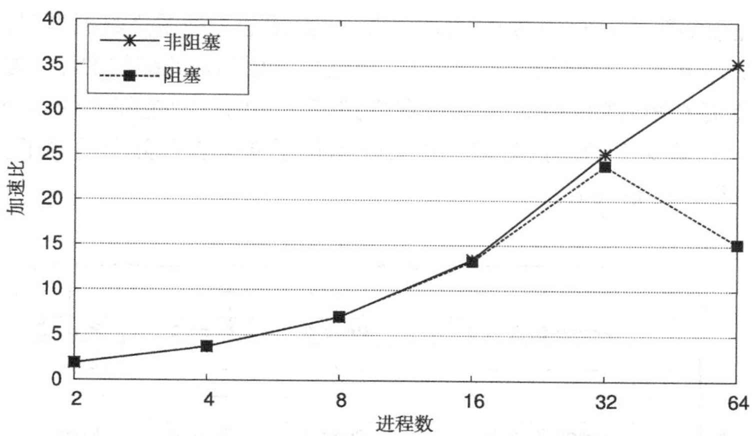

图 9.11 64 核系统上 Jacobi 矩阵阻塞和非阻塞通信性能，矩阵规模为 4 096×4 096，误差阈值为 0.1

9.7 派生数据类型

正如我们在前述章节看到的，所有的通信例程（点到点通信和集合通信）都有 MPI::Datatype 类的参数设置数据类型。到目前为止，我们一直在使用 MPI 预定义的数据类型如 MPI::INT 或 MPI::FLOAT，这使我们能够传递在内存中连续分布的相同类型的数据。

然而，如果我们传递内存中不连续的数据，会发生什么？我们应该为每个连续字块创建一个消息吗（发送几个短消息伴随性能损失）？如果我们发送不同类型的数据会发生什么？使用预定义的数据类型作为构建起点，MPI 允许程序员使用一系列 MPI 函数定义派生数据类型。

有 3 种派生 MPI 数据类型。相关函数是任何派生于类 MPI::Datatype 的一部分：

- `MPI::Datatype Create_contiguous(int count)`- 使用现存的另一种数据类型定义一种有 count 个连续元素的新数据类型。
- `MPI::Datatype Create_vector(int count, int blocklength,int stride)`- 用于引用等矩空间且固定大小的块数据类型。每个数据块是 blocklength 长度的旧数据类型和数据块间的一个简单的连接，并且这些空间偏移是可忽略的旧数据类型的整数倍距离。新数据类型的数据块个数由参数 count 指定。
- `MPI::Datatype Create_struct(int count,`
  `const int array_of_blocklengths[],`
  `const MPI::Aint array_of_displacements[],`

`const MPI::Datatype array_of_types[])`- 这是更一般的数据类型。它允许在非连续块中复制旧数据类型。然而，数据块大小和偏移能够变化。

我们将在缩放矩阵乘 $\alpha \cdot A \cdot B = C$ 并行实现中使用这 3 种派生数据类型，这里 A、B 和 C 分别是 $m \times k$, $k \times n$ 和 $m \times n$ 的矩阵。而且，α 是用于矩阵乘的缩放的浮点数。

每个进程负责 C 矩阵的一个小区域。我们把矩阵 A 的行和矩阵 B 的列分布在每个进程以使该进程能够计算保有的小区域 C。图 9.12 示例了 9 个进程分布的例子。为简单起见，m 和 n 必须是进程数的整数倍。

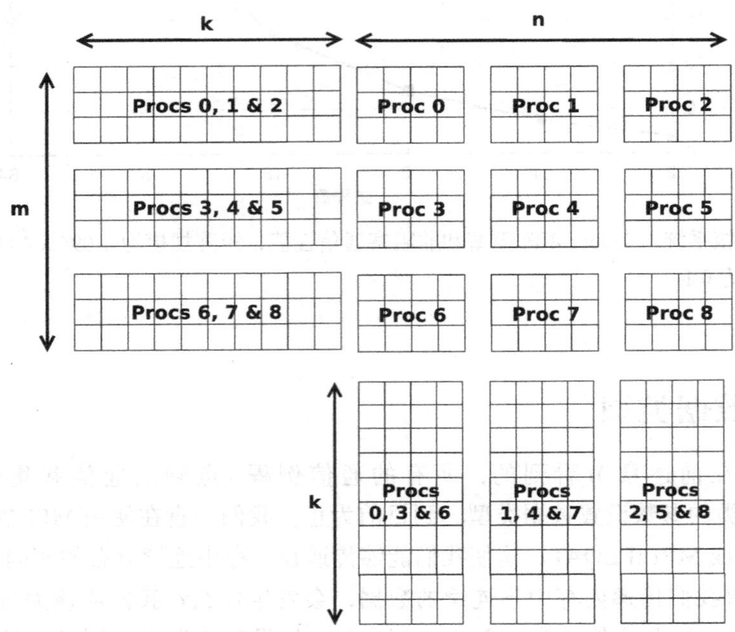

图 9.12　矩阵乘涉及的 3 个矩阵数据分布：A(左)•B(下)=C(右)。我们使用 9 个进程，矩阵维数分别是 m=9, k=10, n=12

在这个例子中，矩阵形状和缩放参数 α 由进程 0 从配置文件中读取然后发送给所有进程。正如在列表 9.16 中看到的那样，我们开始设计一个结构体 params 以存储这样的参数。MPI 初始化后，我们创建一个 MPI 结构体数据类型以使用一个消息发送这些参数。需要注意的是，我们还在变量 dimGrid 中保存进程网格的维度，并且检查我们是否可以创建方形进程网格（第 24 行）。

创建派生数据类型由 2 个步骤组成。第一，我们用正确的 Create_struct 例程声明它。第一个参数规定了我们的结构体有 2 个数据块。因此其他参数必须有 2 个条目的数组，每个块一个。填充块长度 (3,1) 和它们的数据类型 (MPI::INT, MPI::FLOAT) 是显而易见的。然而，设定位移或偏移不是显而易见的。尽管我们知道第一个块没有偏移（值为 0），我们仍然需要函数 Get_extent() 提供 MPI 数据类型的大小来指示块中第 2 个偏移。一旦数据类型定义完毕，我们必须使用函数 Commit() 提交确认创建派生类型。列表 9.16 通过广播结构体、检查维数和由进程 0 完成的矩阵初始化来完成（使用一个从输入文件中读取矩阵数据的函数）。

```
#include <stdlib.h>
#include <stdio.h>
#include <iostream>
#include <string.h>
#include <math.h>
#include "mpi.h"

struct params{
  int m, k, n;
  float alpha;
};

int main (int argc, char *argv[]){
  // Initialize MPI
  MPI::Init(argc,argv);

  // Get the number of processes
  int numP=MPI::COMM_WORLD.Get_size();
  int gridDim = sqrt(numP);

  // Get the ID of the process
  int myId=MPI::COMM_WORLD.Get_rank();

  if(gridDim*gridDim != numP){
    // Only the first process prints the output message
    if(!myId)
      std::cout << "ERROR: the number of processes must be square"
                << std::endl;

    MPI::COMM_WORLD.Abort(1);
  }

  // Arguments for the datatype
  params p;
  int blockLengths[2] = {3, 1};
  MPI::Aint lb, extent;
  MPI::INT.Get_extent(lb, extent);
  MPI::Aint disp[2] = {0, 3*extent};
  MPI::Datatype types[2] = {MPI::INT, MPI::FLOAT};

  // Create the datatype for the parameters
  MPI::Datatype paramsType =
       MPI::INT.Create_struct(2, blockLengths, disp, types);
  paramsType.Commit();

  // Process 0 reads the parameters from a configuration file
  if(!myId)
    readParams(&p);

  MPI::COMM_WORLD.Barrier();
  double start = MPI::Wtime();

  // Broadcast of all the parameters using one message
  MPI::COMM_WORLD.Bcast(&p, 1, paramsType, 0);
```

列表 9.16 并行矩阵乘的初始化和变量广播

```

  if((p.m < 1) || (p.n < 1) || (p.k<1)){
    // Only the first process prints the output message
    if(!myId)
      std::cout << "ERROR: 'm', 'k' and 'n' must be higher than 0"
                << std::endl;

    MPI::COMM_WORLD.Abort(1);
  }

  if((p.m%gridDim) || (p.n%gridDim)){
    // Only the first process prints the output message
    if(!myId)
      std::cout << "ERROR: 'm', 'n' must be multiple of the grid
                      dimensions" << std::endl;

    MPI::COMM_WORLD.Abort(1);

  }

  float *A, *B, *C, *myA, *myB, *myC;
  // Only one process reads the data from the files
  if(!myId){
    A = new float[p.m*p.k];
    B = new float[p.k*p.n];
    readInput(p.m, p.k, p.n, A, B);
  }
```

列表 9.16 （续）

因为只有进程 0 初始化了矩阵，我们必须把矩阵数据在进程间分布。注意，图 9.12 示意了矩阵乘中矩阵的数据分布。在我们的例子中，因为网格维数是 3×3，每个数据块的行数和列数分别是 9/3=3 和 12/3=4。列表 9.17 前两行展示了如何设定矩阵 A 和 C(blockRows）中块的行数和矩阵 B 和 C（blockCols）中块的列数。

列表 9.17 继续矩阵 A 的行分布。因为 C++ 中矩阵元素以连续行主序存储，我们能够使用派生的数据类型连续地表示行块。在数据类型的声明中（第 86 ～ 87 行）我们必须只规定元素个数，也就是说每个块的行数（blockRows）乘以每行的长度（k）。在提交 Commit() 后，进程 0 发送相应的行的块到所有进程，其存储辅助数组 myA。

这个简单的派生类型例子展示 Create_contiguous() 命令的有用性。然而，这个例子的矩阵 A 的行分布能够通过仅仅发送 $blockRows \cdot k$ 次 MPI::FLOAT 实现。虽然如此，Create_contiguous() 命令对预定义的基本数据类型或者程序员定义派生类型的组合数据类型是有益处的。

```
82    int blockRows = p.m/gridDim;
83    int blockCols = p.n/gridDim;
84    MPI::Request req;
85
```

列表 9.17 矩阵 A 在多个进程间的分布

```
  // Create the datatype for a block of rows of A
  MPI::Datatype rowsType =
       MPI::FLOAT.Create_contiguous(blockRows*p.k);
  rowsType.Commit();

  // Send the rows of A that needs each process
  if(!myId)
    for(int i=0; i<gridDim; i++)
      for(int j=0; j<gridDim; j++)
        req = MPI::COMM_WORLD.Isend(&A[i*blockRows*p.k], 1,
                                    rowsType, i*gridDim+j, 0);

  myA = new float[blockRows*p.k];
  MPI::COMM_WORLD.Recv(myA, 1, rowsType, 0, 0);
```

列表 9.17 （续）

列表 9.18 展示了矩阵 B 的列在多个进程间的分布。前几行用于创建派生数据类型。在这个例子中列块在内存中是不连续的，因此我们使用函数 Create_vector()。图 9.13 示意了当创建列块的派生数据类型时 Create_vector() 参数的含义。count 是列块的个数，也就是矩阵的行数。列块的长度已在 blockCols 中计算。stride 表示在每个块的第一个位置间的元素个数，也就是行的长度（矩阵 B 的 n）。

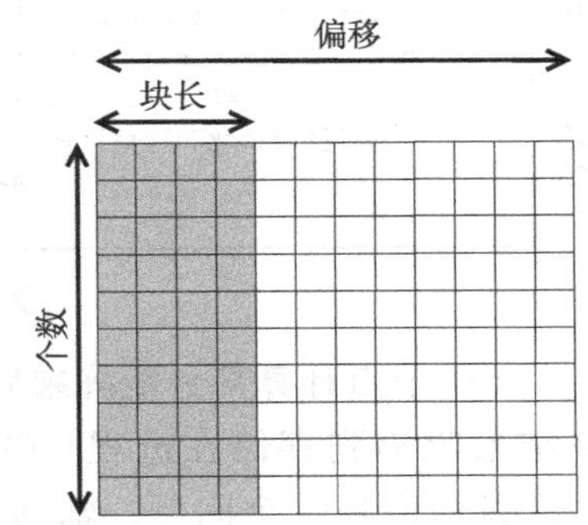

图 9.13 在 `Create_vector()` 函数的参数表示中，为列块设计了一种数据类型。本例中，每个块有 4 列

在调用 Commit() 函数后，进程 0 对每个进程发送一个相应列数的消息。在初始的矩阵中块是不连续的。因此，如果没有新的派生数据类型我们将需要给每个进程发送 k 个长度为 blockCols 浮点数的消息，这样增加了我们代码的复杂度和运行时间。至于函数 Recv()，我们想把与每个进程相关联的元素连续地存储在数组 myB 中。我们不能够使用 colsType 完成，因为这将在块之间留下空的偏移。因此，在函数 Recv() 中，我们表示要保存 $k \cdot blockCols$ 个浮点数值。

到目前为止，所有的发送和接收例程使用了相同的点到点通信统一的数据类型。然而，如我们在例子中的展示，这并不是强制的（甚至有时是不可取的）。传输的字节数必须在发送和接收的约束范围内相一致，但是元素能够使用不同的数据类型表示。

```
  // Create the datatype for a block of columns of B
  MPI::Datatype colsType =
            MPI::FLOAT.Create_vector(p.k, blockCols, p.n);
  colsType.Commit();

  // Send the columns of B that needs each process
  if(!myId)
```

列表 9.18 矩阵 B 的列在所有进程间的分布

```
    for(int i=0; i<gridDim; i++)
      for(int j=0; j<gridDim; j++)
        req = MPI::COMM_WORLD.Isend(&B[blockCols*j], 1, colsType,
                                    i*gridDim+j, 0);

  myB = new float[p.k*blockCols];
  MPI::COMM_WORLD.Recv(myB, p.k*blockCols, MPI::FLOAT, 0, 0);
```

列表 9.18 （续）

一旦所有进程获得它们所需的矩阵 *A* 的行和矩阵 *B* 的列，它们就开始计算存储在数组 myC 中的部分矩阵乘。列表 9.19 展示了程序相应的代码：

```
  // Array for the chunk of data to work
  myC = new float[blockRows*blockCols];

  // The multiplication of the submatrices
  for(int i=0; i<blockRows; i++)
    for(int j=0; j<blockCols; j++){
      myC[i*blockCols+j] = 0.0;
        for(int l=0; l<p.k; l++)
        myC[i*blockCols+j] += p.alpha*myA[i*p.k+l]*
                                    myB[l*blockCols+j];
    }
```

列表 9.19 每个进程的部分矩阵乘

每个节点计算部分矩阵乘后，我们必须将最终结果收集到存储在进程 0 中的矩阵 *C* 中。然而，我们面临一个问题：辅助矩阵 myC 不是存储在 *C* 的连续部分。重新回到图 9.12 的例子。在底部矩阵，我们能够看到进程 0 的 *C* 矩阵二维块的第 1 行和第 2 行在 *C* 中被 8 个元素分隔（进程 1 和 2 的块的第一行）。在列表 9.20，部分结果使用预定义的数据类型 MPI::FLOAT 被发送到进程 0，因为数值在 myC 中是连续存储的。然而，为了只调用一次 Recv() 函数存储二维块的值，使用函数 Create_vector() 定义一种新的数据类型 block2DType。使用 colsType 的唯一区别就是正确选择参数 count（*nRows* 而不是 *k*）。图 9.14 说明了向量类型参数的意义。程序在释放数组和数据类型内存空间（使用 Free() 例程）后结束。

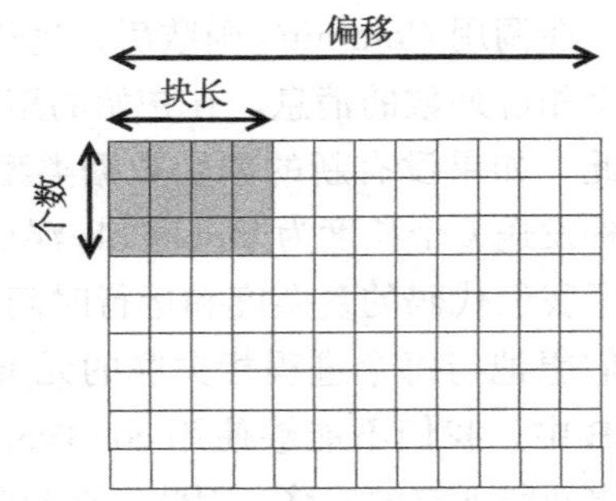

图 9.14 在 `Create_vector()` 函数的参数表示中，为二维块设计了一种数据类型。本例中，每个块有 3 行 4 列

```
  // Only Process 0 writes
  // Gather the final matrix to the memory of Process 0
```

列表 9.20 矩阵 *B* 的列在进程间的分布

```
  // Create the datatype for a block of columns
  MPI::Datatype block2DType =
                MPI::FLOAT.Create_vector(blockRows,
                                         blockCols, p.n);
  block2DType.Commit();

  if(!myId){
    C = new float[p.m*p.n];

    for(int i=0; i<blockRows; i++)
      memcpy(&C[i*p.n], &myC[i*blockCols],
             blockCols*sizeof(float));

      for(int i=0; i<gridDim; i++)
        for(int j=0; j<gridDim; j++)
          if(i || j)
            MPI::COMM_WORLD.Recv(&C[i*blockRows*p.n+j*blockCols],
                                 1, block2DType, i*gridDim+j, 0);
  } else
      MPI::COMM_WORLD.Send(myC, blockRows*blockCols,
                           MPI::FLOAT, 0, 0);

  // Measure the current time and print by Process 0
  double end = MPI::Wtime();

  if(!myId){
    std::cout << "Time with " << numP << " processes: "
              << end-start << " seconds" << std::endl;
    printOutput(p.m, p.n, C);
    delete [] A;
    delete [] B;
    delete [] C;
  }

  // Delete the types and arrays
  rowsType.Free();
  colsType.Free();
  block2DType.Free();

  delete [] myA;
  delete [] myB;
  delete [] myC;

  // Terminate MPI
  MPI::Finalize();
  return 0;
}
```

列表 9.20 （续）

9.8　复杂通信域

前述章节展示的算法有一个缺点，就是矩阵 A 和矩阵 B 的数据存在冗余存储。例如，矩阵行的第一个块就重复存储在进程 0、进程 1 和进程 2（参见图 9.12）。在我们的集群中内存不是无限的。因此当大规模矩阵相乘时我们必须降低内存开销。而且，假如我们复制数据，数据的初始化分发成本非常高昂。在本节中，我们将使用可扩展通用矩阵乘算法（SUMMA）[9] 作为一个 3 个矩阵分布在没有冗余的进程之间的并行算法的例子。

图 9.15 描述了 3 个矩阵如何划分，以及进程如何关联每个矩阵块。这种分布同先前章节相比任何矩阵的单个元素没有在多个进程中复制。然而，计算部分矩阵乘的数据并不总是存储在进程的本地内存中。比如，进程 0 计算 C_{00} 块。因此它需要使用本地内存的分块计算乘积 $A_{00} \cdot B_{00}$，同时也需要计算 $A_{01} \cdot B_{10}$ 和 $A_{02} \cdot B_{20}$。然而，子矩阵 A_{01}、A_{02}、B_{10} 和 B_{20} 并不存储在进程 0 的本地内存。类似地，进程 1 计算 $C_{01}=A_{00} \cdot B_{01}+A_{01} \cdot B_{11}+A_{02} \cdot B_{21}$ 的累加，但是 4 个涉及的块（A_{00}、A_{02}、B_{11} 和 B_{21}）存储在其他进程。

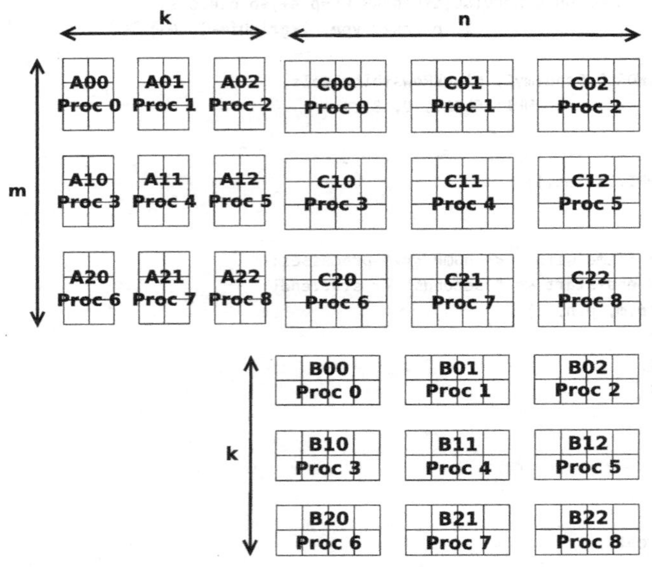

图 9.15 SUMMA 算法中 3 个矩阵分布示意图：A(左) · B(底)=C(右)。我们使用 9 个进程且维数为 m=9，k=6，n=2

```
#include <stdlib.h>
#include <stdio.h>
#include <iostream>
#include <string.h>
#include <math.h>
#include "mpi.h"

int main (int argc, char *argv[]){
  // Initialize MPI
  MPI::Init(argc,argv);

```

列表 9.21 SUMMA 算法中的矩阵初始化和分布

```
  // Get the number of processes
  int numP=MPI::COMM_WORLD.Get_size();

  // Get the ID of the process
  int myId=MPI::COMM_WORLD.Get_rank();

  if(argc < 4){
    // Only the first process prints the output message
    if(!myId)
      std::cout <<
      "ERROR: The syntax of the program is ./summa m k n"
      << std::endl;

    MPI::COMM_WORLD.Abort(1);
  }

  int m = atoi(argv[1]);
  int k = atoi(argv[2]);
  int n = atoi(argv[3]);

  int gridDim = sqrt(numP);
  // Check if a square grid could be created
  if(gridDim*gridDim != numP){
    // Only the first process prints the output message
    if(!myId)
      std::cout << "ERROR: The number of processes must be square"
                << std::endl;

    MPI::COMM_WORLD.Abort(1);
  }

  if((m%gridDim) || (n%gridDim) || (k%gridDim)){
    // Only the first process prints the output message
    if(!myId)
      std::cout
      << "ERROR: 'm', 'k' and 'n' must be multiple of sqrt(numP)"
      << std::endl;

    MPI::COMM_WORLD.Abort(1);
  }

  if((m < 1) || (n < 1) || (k<1)){
    // Only the first process prints the output message
    if(!myId)
      std::cout << "ERROR: 'm', 'k' and 'n' must be higher than 0"
      << std::endl;

    MPI::COMM_WORLD.Abort(1);
  }

  float *A, *B, *C;

  // Only one process reads the data from the files
  if(!myId){
```

列表 9.21 （续）

```
    A = new float[m*k];
    readInput(m, k, A);
    B = new float[k*n];
    readInput(k, n, B);
    C = new float[m*n];
  }

  // The computation is divided by 2D blocks
  int blockRowsA = m/gridDim;
  int blockRowsB = k/gridDim;
  int blockColsB = n/gridDim;

  // Create the datatypes of the blocks
  MPI::Datatype blockAType = MPI::FLOAT.Create_vector(blockRowsA,
                                 blockRowsB, k);
  MPI::Datatype blockBType = MPI::FLOAT.Create_vector(blockRowsB,
                                 blockColsB, n);
  MPI::Datatype blockCType = MPI::FLOAT.Create_vector(blockRowsA,
                                 blockColsB, n);
  blockAType.Commit(); blockBType.Commit(); blockCType.Commit();

  float* myA = new float[blockRowsA*blockRowsB];
  float* myB = new float[blockRowsB*blockColsB];
  float* myC = new float[blockRowsA*blockColsB]();
  float* buffA = new float[blockRowsA*blockRowsB];
  float* buffB = new float[blockRowsB*blockColsB];

  // Measure the current time
  MPI::COMM_WORLD.Barrier();
  double start = MPI::Wtime();

  MPI::Request req;

  // Scatter A and B
  if(!myId){
    for(int i=0; i<gridDim; i++)
      for(int j=0; j<gridDim; j++)
        req = MPI::COMM_WORLD.Isend(A+i*blockRowsA*k+j*blockRowsB,
                        1, blockAType, i*gridDim+j, 0);
        req = MPI::COMM_WORLD.Isend(B+i*blockRowsB*n+j*blockColsB,
                        1, blockBType, i*gridDim+j, 0);
  }

  MPI::COMM_WORLD.Recv(myA, blockRowsA*blockRowsB,
                  MPI::FLOAT, 0, 0);
  MPI::COMM_WORLD.Recv(myB, blockRowsB*blockColsB,
                  MPI::FLOAT, 0, 0);
```

列表 9.21 （续）

为了在进程间分布矩阵块，SUMMA 算法调用广播实现通信，广播沿着进程的二维网格的行和列进行。计算在一个 $\sqrt{\text{numP}}$ 迭代次数的循环中实现。每次迭代中，每行的一个进程广播它的块 A_{ij} 到本行的其他进程。类似地，块 B_{ij} 被广播到本列的其他进程。图 9.16、图 9.17 和图 9.18 示例了 3 × 3 网格上的 9 个进程来说明这一过程。在每个迭代步骤中，涉及的进程乘以接收到的矩阵 A 和 B 的块，之后在相应的矩阵 C 的块中叠加贡献值。例如，进程 0 在连续的迭代步骤中乘以矩阵块对（A_{00}, B_{00}）、（A_{01}, B_{10}）和（A_{02}, B_{20}）。在循环结尾，期望的结果 $A_{00} \cdot B_{00}+A_{01} \cdot B_{10}+A_{02} \cdot B_{20}$ 存储在块 C_{00} 中。

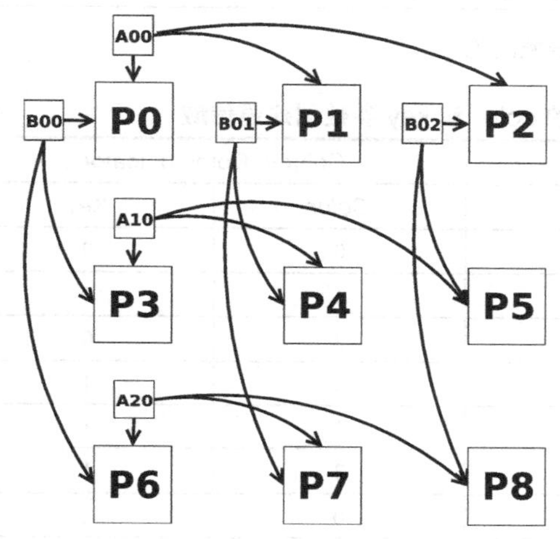

图 9.16 3×3 网格上的 SUMMMA 算法第 1 次迭代广播策略

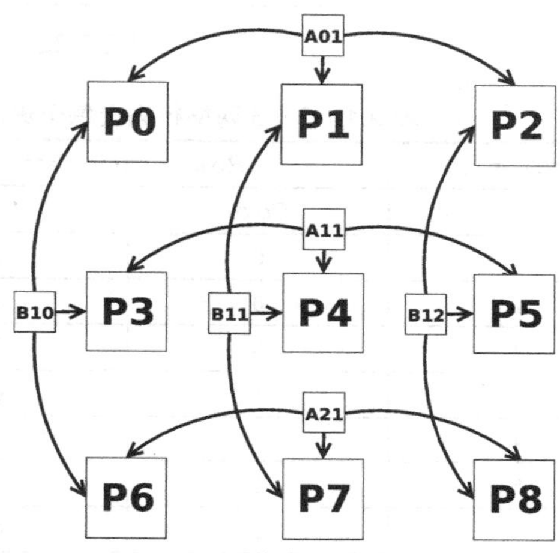

图 9.17 3×3 网格上的 SUMMMA 算法第 2 次迭代广播策略

列表 9.21 示例了 MPI 的 SUMMA 算法实现的第一部分。所有概念已在前述章节解释。在 MPI 初始化后，所有进程从命令行（第 28 ～ 30 行）解析矩阵维数。代码随之进行参数检查：第 34 ～ 41 行显示了这一过程，矩阵维数是网格维数的整数倍（第 43 ～ 51 行），并且矩阵维数非零（第 53 ～ 60 行）。假如参数满足所述的限制，进程 0 从一个文件读取输入矩阵（第 65 ～ 71 行）并使用新的数据类型分配为 2D 块，如前一节所示（第 73 ～ 112 行）。

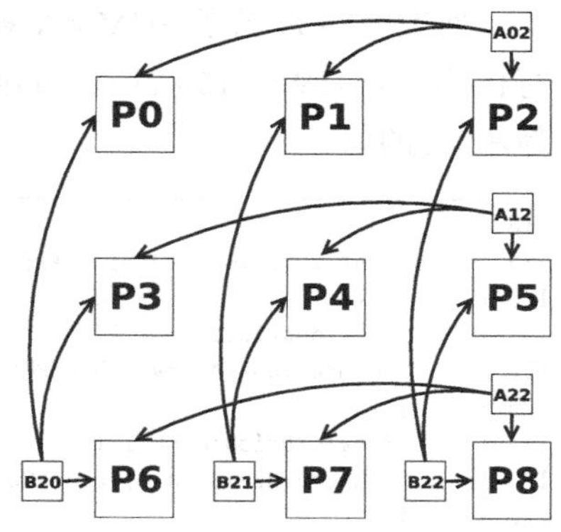

图 9.18 3×3 网格上的 SUMMA 算法第 3 次迭代广播策略

矩阵分布后，我们可以开始 SUMMA 循环。我们每次迭代需要沿着网格的行和列广播一次。我们不能直接使用 9.5 节的广播，因为我们不需要发送每个块到所有进程，而是所有进程的子集。到目前为止，我们只知道包含所有进程的通信域 MPI :: COMM_WORLD。然而，MPI 提供了例程 Split() 创建先前通信域的新的子通信域。

- Split（int color, int key）- 它返回先前通信域的一个新的子通信域。参数 color 表示包含进程的子集。参数 key 表示自己在通信域中的进程号。

表 9.1 列出了将通信域 COMM_WORLD 中的进程划分为上述讨论的通信策略需要的数值。每个通信域都是通过对 Spit() 的简单调用创建的，如列表 9.22 所示。

```
// Create the communicators
MPI::Intercomm rowComm = MPI::COMM_WORLD.Split(myId/gridDim,
                                               myId%gridDim);
MPI::Intercomm colComm = MPI::COMM_WORLD.Split(myId%gridDim,
                                               myId/gridDim);
```

列表 9.22 通信域的创建

表 9.1 3×3 网格行列上每个进程的 color 和 key 参数创建通信域

Process ↓	Row Communicator		Column Communicator	
	Color	*Key*	*Color*	*Key*
0	0	0	0	0
1	0	1	1	0
2	0	2	2	0
3	1	0	0	1
4	1	1	1	1
5	1	2	2	1
6	2	0	0	2
7	2	1	1	2
8	2	2	2	2

列表 9.23 展示了 SUMMA 算法的主循环。幸亏新的通信域，每次迭代的广播只需要 2 行代码（第 129 ～ 130 行）。特定块通信后，每个进程用相应矩阵乘（第 133 ～ 137 行）更新块 C_{ij} 的值。

```
118  // The main loop
119  for(int i=0; i<gridDim; i++){
120    // The owners of the block to use must copy it to the buffer
121    if(myId%gridDim == i){
122      memcpy(buffA, myA, blockRowsA*blockRowsB*sizeof(float));
123    }
124    if(myId/gridDim == i){
125      memcpy(buffB, myB, blockRowsB*blockColsB*sizeof(float));
126    }
127
128    // Broadcast along the communicators
129    rowComm.Bcast(buffA, blockRowsA*blockRowsB, MPI::FLOAT, i);
130    colComm.Bcast(buffB, blockRowsB*blockColsB, MPI::FLOAT, i);
131
132    // The multiplication of the submatrices
133    for(int i=0; i<blockRowsA; i++)
134      for(int j=0; j<blockColsB; j++)
135        for(int l=0; l<blockRowsB; l++)
136          myC[i*blockColsB+j] += buffA[i*blockRowsB+l]*
137                                 buffB[l*blockColsB+j];
138  }
```

列表 9.23 SUMMA 算法主循环

最后 C 的块必须被发送到进程 0，以使它能够打印输出。程序的剩余部分（列表 9.24）类似上节所示的矩阵乘。

```
  // Only Process 0 writes
  // Gather the final matrix to the memory of Process 0
  if(!myId){
    for(int i=0; i<blockRowsA; i++)
      memcpy(&C[i*n], &myC[i*blockColsB],
             blockColsB*sizeof(float));

      for(int i=0; i<gridDim; i++)
        for(int j=0; j<gridDim; j++)
          if(i || j)
            MPI::COMM_WORLD.Recv(&C[i*blockRowsA*n+j*blockColsB],
                                 1, blockCType, i*gridDim+j, 0);
  } else
    MPI::COMM_WORLD.Send(myC, blockRowsA*blockColsB,
                         MPI::FLOAT, 0, 0);

  // Measure the current time
  double end = MPI::Wtime();

  if(!myId){
    std::cout << "Time with " << numP << " processes: "
              << end-start << " seconds" << std::endl;
    printOutput(m, n, C);
    delete [] A;
    delete [] B;
    delete [] C;
  }

  MPI::COMM_WORLD.Barrier();

  delete [] myA;
  delete [] myB;
  delete [] myC;
  delete [] buffA;
  delete [] buffB;

  // Terminate MPI
  MPI::Finalize();
  return 0;
}
```

列表 9.24 SUMMA 算法的结束部分

我们提供了 2 个 MPI 实现的矩阵乘性能比较（矩阵发散和 SUMMA）。结果显示 SUMMA 是一个更好的选择，因为我们使用更少的内存和更短的运行时间。使用 SUMMA 的好处可以从它的高级的数据分布策略得到解释。第一种矩阵发散算法中的数据复制致使通信代价更加高昂。而且，SUMMA 中的块更小，由于更好的 CPU 高速缓存使用我们提高了计算效率（见图 9.19）。

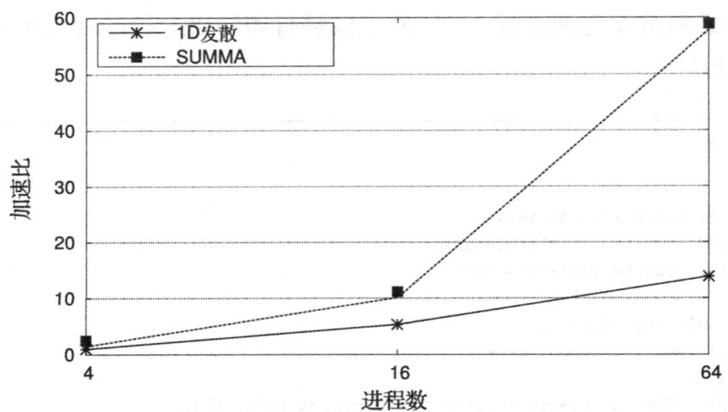

图 9.19 在 64 核系统上使用矩阵发散和 SUMMA 策略矩阵乘算法的性能比较。3 个矩阵大小固定在 8 192 × 8 192

尽管 Split() 函数是最通用的通信域创建函数，但仍存在其他替代函数。例如，Dup() 函数创建原始通信域的副本。另外，我们能够使用类 MPI::Group 关联多个进程，并在随后使用它们创建一个小组。包含通信域的所有进程的小组可以使用 Get_group() 获得。相反的函数是 MPI::Intercomm::Create，它使用小组的所有进程创建一个通信域。不能够通过简单的 Split() 和 Dup() 函数创建一个通信域，其过程由先创建期望的 MPI::Group 然后调用 Create() 组成。小组的内存释放使用函数 Free()。存在几个控制小组的函数：

- ❑ Union()- 合并 2 个初始小组的进程产生一个新的小组。
- ❑ Intersection()- 使用 2 个小组作为输入并创建一个小组包含 2 个原始小组的交集。
- ❑ Difference()- 创建一个小组包含有第一个小组的进程而这些进程不在第 2 个小组中。
- ❑ Incl()- 它接收一个小组和一些列进程号作为输入，创建一个包含原始小组和输入的进程号的新的小组。
- ❑ Excl()- 同上面一个类似，但新的小组包含原始小组中除列表之外的所有进程。

9.9 展望

额外的特性，如包含在 MPI 规范 v3.1[8] 的如非阻塞集合函数和并行 I/O 例程，本章没有涉及。自从远程内存访问（RMA）或者单侧通信以来，一个额外且重要的改进包含在 MPI 中。然而，我们建议读者跳过这些主题直到本书结束，因为 MPI 单侧通信调用 [8] 是一个来自 PGAS 语言中的远程复制的改编，如 UPC++，它将在下一章详细解释。

9.10 附加练习

1. 设 S 是一个边长 l=2 的正方形，D 为半径 r=1 的实心圆盘，两者中心点坐标均为 (0,0)。它们两者内切面积的比值正比于 π，因为有下式成立：

$$Q=\frac{A(D)}{A(S)}=\frac{\pi\cdot r^2}{l^2}=\frac{\pi}{4}$$

因此，一个合理的 π 值逼近可以通过均匀地在 S 中选取 n 个随机采样计算落入 D 中的样本比率得到。极限情况下 $n\to\infty$，我们重新计算 $A(D)$ 和 $A(S)$ 的内切面积（见图 9.20）。利用 MPI 实现上述的蒙特卡洛算法，每个进程选取 n/#processes 个随机样本。

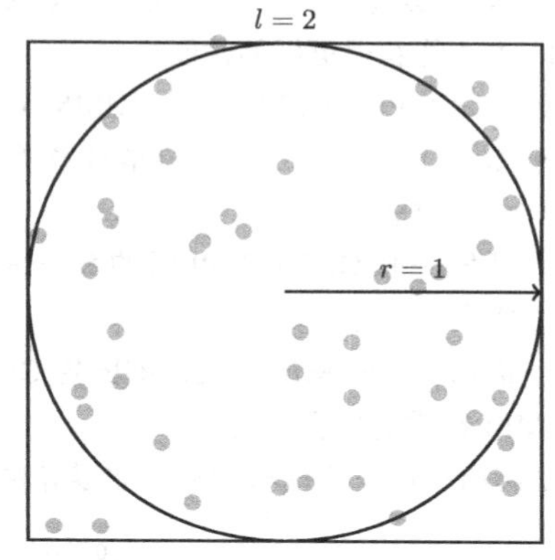

图 9.20 在区间 $[-1,1]\times[-1,1]$ 随机均匀选取 n=50 个采样，近似计算内切面积 $A(D)$ 和 $A(S)$

2. Allreduce 是 MPI 的一个集合通信函数，它执行一次归约操作并对所有进程的结果进行额外广播操作。在如图 9.4 中的循环进程中只使用 send 和 recv 函数实现一个相同功能的自定义 Allreduce 函数。具体来说，在长度为 n 的数组上为操作 MPI::SUM 和数据类型 MPI::INT 设计一种归约操作，要求同 MPIMPI::COMM_WORLD. Allreduce(myA, A, n, MPI::INT, MPI::SUM) 兼容。
3. 一个复数 $c=x+i\cdot y\in\mathbb{C}$，$x$ 和 y 是实数，是曼德布洛特集合的一部分当且仅当递归地定义复数序列 $z_{n+1}=z_n^2+c$ 且初始值 $z_0=0$ 时收敛，即 $n\to\infty$ 时 z_n 存在（是一个有限值）。无须证明，可以看出复数 c 满足平方半径 $|c|^2=x^2+y^2>4$ 生成一个收敛序列。因此在一定的迭代次数后，我们用所有半径小于 2 的复数集合来逼近曼德布洛特集合。这可以通过二维图像的 x 坐标表示实部，y 坐标表示虚部实现（见图 9.21）。在区域 $[-2,1]\times[-1.5,1.5]$ 的每个轴上采样作为输入数据，使用 MPI 实现近似曼德布洛特集合。

   a. 使用静态分布分配像素（每个进程像素相同）

   b. 衡量你的程序的扩张性。静态分布的缺点是什么？

   c. 使用主 – 从策略提高程序扩展性。提示：主节点中 Recv() 函数利用 MPI::ANY_SOURCE 实现。

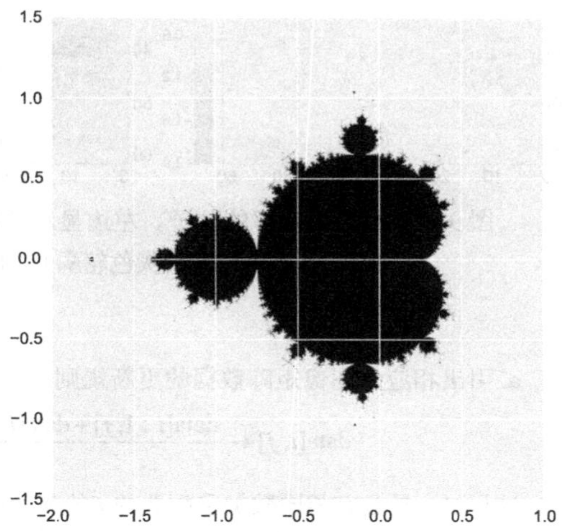

图 9.21 每个坐标轴 1 920 个采样的曼德布洛特集合（黑色区域）

4. 标准的集合例程是阻塞型的。然而，存在一些非阻塞的集合通信例程，如非阻塞广播：

```
• MPI::Request Ibcast(void *buffer, int count,
  MPI::Datatype & type, int root);
```

类似 Isend 和 Irecv(), 它们可以结合 Wait() 和 Test() 使用。在 9.8 节，通过计算和通信重叠提高 SUMMA

算法的性能。在 MPI 进程第 k 次迭代计算部分矩阵乘之前，为 k+1 次迭代开始所需矩阵的广播。提示：使用 MPI 的 C 语言函数 MPI_Ibcast()。

5. 如 9.1 节所述，一些现代计算机集群由多核 CPU 由多个节点组成，每个节点提供多核 CPU 核心。利用 MPI 实现节点间通信而利用 OpenMP 进行共享内存的计算的混合实现，通常比纯粹的使用 MPI 方法能获得更好的性能。

   开发一套 MPI/OpenMP 版的 SUMMA 实现，其中每个进程使用 n 个线程以并行化部分矩阵乘。

6. 由于 GPU 的日益流行，高性能计算领域的集群节点中安装 CUDA 加速卡成为一种趋势。这些集群也称为异构平台。

   开发一套 CUDA/MPI 版的 SUMMA 实现，其中部分矩阵乘使用 cuBLAS 或者手工的 CUDA 核心实现并行计算。

   提示：一些 MPI 实现能够配置 CUDA 感知模式。或者，你能够交错使用 CUDA 版的内存复制和 MPI 提供的集合通信。

7. 设 $\Delta\phi(p) = f(p)$ 为泊松方程，非零异构项 $f(p) \neq 0$，类比于 Jacobi 迭代（见图 9.22）。

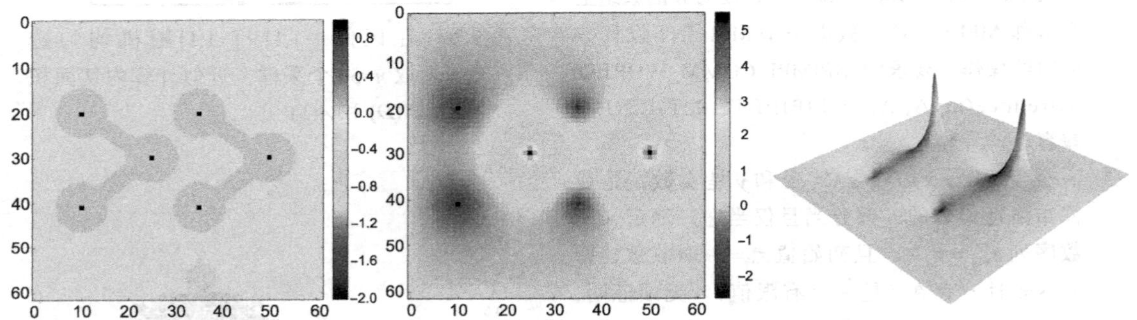

图 9.22　泊松方程解的例子。左边显示了两个带正电的氢原子和一个带负电的氧原子在两个水分子中的分布 f（灰色轮廓）；中间描绘了相应的电势 φ；右边提供了 φ 的三维可视化图形

a. 引出相应的图像矩阵数据的更新规则：

$$\text{data}[i,j] \leftarrow \frac{\text{data}[i+1,j]+\text{data}[i-1,j]+\text{data}[i,j+1]+\text{data}[i,j-1]-\text{rho}[i,j]}{4}$$

这里 rho 是具有相同数据和配置的 f 的离散版本。

b. 设计 MPI 算法实现矩阵数据在二维块上的分布。为了在邻近块的列高效通信使用派生数据类型。

c. 在合理的进程规模范围内，比较使用一维块分布的算法和你自己新的二维分布的运行时间。你能用理论解释它吗？

8. 在生物信息学领域，史密斯－沃特曼算法用来排列一对蛋白质或者长度为 m 和 n（成对序列对齐）的核苷酸序列 [16]。算法主要由 2 部分构成：

- **松弛**：松弛一个二维的得分矩阵表。串行代码参考如下：

```
int n, m; // specified by the user

// char arrays of length m and n
char * seq0 = read_seq0(m);
char * seq1 = read_seq1(n);

// the relaxation table
int * table = new size[(m+1)*(n+1)];

// initialization of borders with zeros
for (int i = 0; i < m+1; i++)
    table[i*(n+1)] = 0;
for (int j = 1; j < n+1; j++)
    table[j] = 0;

// start the relaxation
for (int i = 1; i < m+1, i++) {

    // get i-1 th symbol in sequence 0
    char symb0 = seq0[i-1];

    for (int j = 1; j < n+1; j++) {
        // get j-1 th symbol in sequence 1
        char symb1 = seq1[j-1];

        // get diagonal upper and left entry
        int diag = table[(i-1)*(n+1)+j-1];
        int abve = table[(i-1)*(n+1)+j];
        int left = table[i*(n+1)+j-1];

        // here we use a simplified scoring scheme
        int score = (symb0 == symb1) ? 1 : -1;

        // determine the best predecessor
        int contribution = score + max(diag,
                                   max(abve, left));

        // update the cell: values cannot be negative
        table[i*(n+1)+j] = max(contribution, 0);
    }
}

// proceed with finding the greatest score value in table
// ...

// free resource
// ...
```

列表 9.25 史密斯 – 沃特曼算法参考代码

- **回溯**：决定一个优选（或许不唯一）对齐路径。

松弛部分（$\mathcal{O}(m \cdot n)$）比回溯部分（$\mathcal{O}(\max(n \cdot m))$）计算更密集。因此我们专注于松弛部分的并行。为 2 个给定的序列松弛得分表编写一个 MPI 程序。程序分布这个表的列以使每个进程负责计算一个列块的值。为简单起见，假定序列长度是进程数的整数倍。

一些优化你的 MPI 代码的提示：

a. 注意进程 p 需要进程 $p-1$ 最后一列的值。假如进程 p 等待直到进程 $p-1$ 结束自己列的计算，计算将序列化。这无论如何避免。这样当这些列部分结束松弛计算就发送列碎片。

b. 建议使用派生数据类型。

c. 为了计算通信重叠，使用非阻塞例程发送列。

9. 佳能算法 [11] 是另一种不需在进程间复制数据的矩阵乘 SUMMA 的替代算法。它基于部分块的移位。使用 MPI 实现这种算法，对实现中的行和列使用通信域。

a. 检索并理解串行算法。

b. 使用 MPI 高效实现佳能算法。提示：如在 SUMMA 算法中那样使用相同的通信域和派生数据类型。

10. k-Means 是一种流行的用于聚合 d 维数据中 n 个实数数据点 x 的 k 个聚类的数据挖掘算法。假定数据点存储在 n × d 维数据矩阵 D 中。劳埃德算法通常用于求解目标函数的一个近似解：

$$\min_{\{C_l\}} \sum_{l=0}^{k-1} \sum_{x \in C_l} \left(x - m_l\right)^2 \text{ 且 } m_l = \frac{1}{|C_l|} \sum_{x \in C_l} x$$

这里 l 枚举聚类 C_l，m_l 表示使用数据点的平均距离获得的每个聚类中心。算法被划分为重复交错存取直到收敛的 2 部分（也就是聚类不再变化）

- **赋值部分**：对每个数据点 x 我们计算相应的聚类索引 $l=\text{argmin}_{l'}(x-m_{l'})^2$，也就是说最近的聚类中心到数据点 x 的欧几里得距离通过强力枚举所有 $0 \leqslant l' < k$ 的聚类索引获得。这可以在 $\mathcal{O}(n)$ 时间内实现。
- **更新部分**：在为每个数据点 x 计算相应的聚类索引 l 后，也就是 $x \in C_l$，我们用平均法在线性时间内更新聚类中心 m_l。

最后，假如 τ 是迭代次数，劳埃德算法具有 $\mathcal{O}(\tau \cdot n)$ 时间复杂度。遗憾的是，由于使用了欧几里得距离度量，k-means 只能够用于分离球形聚类（见图 9.23）。这个缺点可以使用描述的算法的核心变体进行修正。假定我们能够通过一些高维空间（或许无限维）函数 ϕ 映射数据点 $x \mapsto \phi(x)$，那么聚类可能通过平面分离。内核 k-Means 的核心思想是在特征空间应用 k-Means 而不是在数据空间。用特征映射和方程取代目标函数的中心：

$$\min_{\{C_l\}} \sum_{l=0}^{k-1} \sum_{x \in C_l} \left(\phi(x) - \frac{1}{|C_l|} \sum_{y \in C_l} \phi(y) \right)^2$$

$$= \min_{\{C_l\}} \sum_{l=0}^{k-1} \sum_{x \in C_l} \left(\phi(x)^2 - \frac{2}{|C_l|} \sum_{y \in C_l} \phi(x) \cdot \phi(y) + \frac{1}{|C_l|^2} \sum_{y \in C_l} \sum_{z \in C_l} \phi(y) \cdot \phi(z) \right)$$

整个表达式能被唯一地在特征空间重写成标量积形式 $K(x,y) := \varphi(x) \cdot \varphi(y)$ ⊖。令人吃惊的是，假如有人提供我们一个有效（对称并且正定）的 $n \times n$ 维核矩阵 K，我们甚至都不需知道特征映射 φ。

a. 分析内核 k-Means 的时间和内存需求。

b. 假如有人提供你一个动态计算 K 的入口的函数，例如 $K(x, y)=\exp(-(x-y)^2)$，你能降低内存占用吗？在 MPI 中使用多个进程实现这个想法。

c. 核矩阵 K 可能非常大，这取决于点的个数 n。为了高效计算集群任务，对分布式内存架构设计一种通信模式。编写一套高效的 MPI 实现，使用最少的数据冗余通过分布 K 到几个计算节点。

⊖ 注意，$\phi(x) = x, K(x, y) = x \cdot y$ 是传统 k-Means 的特例。

注意你只知道 K，ϕ是未知的。

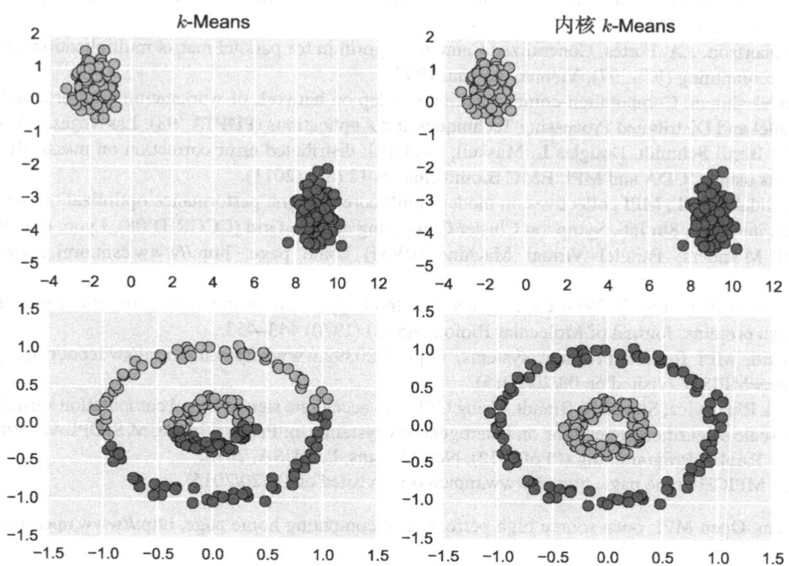

图 9.23 每个有 100 个数据点组成的两簇数据集的聚类。k-Means 在球形高斯（左上）上得到正确结果，但是在非线性可分割环（左下）预测聚类失败。然而，内核 k-Means（右图）通过使用径向基函数核心矩阵 $K(x,y)=\exp(-0.5\cdot(x-y)^2)$，可在这两个数据集上预测正确的聚类。可在更高维特征空间（简单地把内层环形图移出 $x-y$ 平面）分离环形图

参考文献

[1] Tejaswi Agarwal, Michela Becchi, Design of a hybrid MPI-CUDA benchmark suite for CPU-GPU clusters, in: Procs. 23rd Intl. Conf. on Parallel Architectures and Compilation Techniques (PACT'14), Edmonton, Canada, 2014.

[2] Ahmed Bukhamsin, Mohamad Sindi, Jallal Al-Jallal, Using the Intel MPI benchmarks (IMB) to evaluate MPI implementations on an Infiniband Nehalem Linux cluster, in: Procs. Spring Simulation Multiconference (SpringSim'10), Orlando, FL, USA, 2010.

[3] Martin J. Chorley, David W. Walker, Performance analysis of a hybrid MPI/OpenMP application on multi-core clusters, Journal of Computational Science 1 (3) (2010) 168–174.

[4] IBM Platform Computing, IBM Platform MPI home page, http://www-03.ibm.com/systems/platformcomputing/products/mpi/ (visited on 08/20/2015).

[5] Anthony Danalis, et al., Transformations to parallel codes for communication-computation overlap, in: Procs. ACM/IEEE Conf. on Supercomputing (SC'05), Seattle, WA, USA, 2005.

[6] Hikmet Dursun, et al., A multilevel parallelization framework for high-order stencil computations, in: Procs. 15th Euro-Par Conf. (Euro-Par'09), Delft, The Netherlands, 2009.

[7] Message Passing Interface Forum, MPI: A Message-Passing Interface Standard, report, University of Tennessee, Knoxville, Tennessee, May 1994, http://www.mpi-forum.org/docs/mpi-1.0/mpi10.ps (visited on 08/20/2015).

[8] Message Passing Interface Forum, MPI: A Message-Passing Interface Standard Version 3.1, report, University of Tennessee, Knoxville, Tennessee, June 2015, http://www.mpi-forum.org/docs/mpi-3.1/mpi31-report.pdf (visited on 08/20/2015).

[9] Robert A. van de Geijn, Jerrel Watts, SUMMA: scalable universal matrix multiplication algorithm, Concurrency and Com-

putation: Practice and Experience 9 (4) (1997) 255–274.
[10] Haoqiang Jina, et al., High performance computing using MPI and OpenMP on multi-core parallel systems, Parallel Computing 37 (9) (2011) 562–575.
[11] H. Lee, J.P. Robertson, J.A. Fortes, Generalized Cannon's algorithm for parallel matrix multiplication, in: Procs. 11th Intl. Conf. on Supercomputing (ICS '97), Vienna, Austria, 1997.
[12] G. Liu, T. Abdelrahman, Computation-communication overlap on network-of-workstation multiprocessor, in: Procs. Intl. Conf. on Parallel and Distributed Processing Techniques and Applications (PDPTA '98), Las Vegas, NV, USA, 1998.
[13] Yongchao Liu, Bertil Schmidt, Douglas L. Maskell, DecGPU: distributed error correction on massively parallel graphics processing units using CUDA and MPI, BMC Bioinformatics 12 (85) (2011).
[14] Amith R. Mamidala, et al., MPI collectives on modern multicore clusters: performance optimizations and communication characteristics, in: Procs. 8th Intl. Symp. on Cluster Computing and the Grid (CCGRID'08), Lyon, France, 2008.
[15] PVM Project Members, Parallel Virtual Machine (PVM) home page, http://www.csm.ornl.gov/pvm/ (visited on 08/20/2015).
[16] Saul B. Needleman, Christian D. Wunsch, A general method applicable to the search for similarities in the amino acid sequence of two proteins, Journal of Molecular Biology 48 (3) (1970) 443–453.
[17] Hewlett Packard, MPI for HP ProLiant systems, https://h20392.www2.hp.com/portal/swdepot/displayProductInfo.do?productNumber=MPISW (visited on 08/20/2015).
[18] Jian Tao, Marek Blazewicz, Steven R. Brandt, Using GPU's to accelerate stencil-based computation kernels for the development of large scale scientific applications on heterogeneous systems, in: Procs. 17th ACM SIGPLAN Symp. on Principles and Practice of Parallel Programming (PPoPP'12), New Orleans, LA, USA, 2012.
[19] MPICH Team, MPICH home page, https://www.mpich.org/ (visited on 08/20/2015).
[20] OpenMPI Team, Open MPI: open source high performance computing home page, http://www.open-mpi.org/ (visited on 08/20/2015).
[21] Rajeev Thakura, William Gropp, Test suite for evaluating performance of multithreaded MPI communication, Parallel Computing 35 (12) (2009) 608–617.
[22] Bibo Tu, et al., Performance analysis and optimization of MPI collective operations on multi-core clusters, The Journal of Supercomputing 60 (1) (2012) 141–162.
[23] Intel Developer Zone, Intel MPI library home page, https://software.intel.com/en-us/intel-mpi-library/ (visited on 08/20/2015).

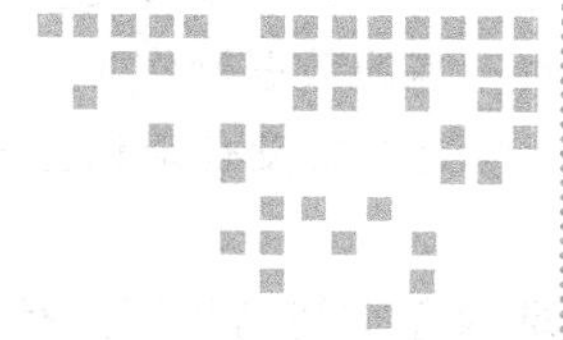

第 10 章 Chapter 10

统一并行 C++

摘要

尽管 MPI 通常用于分布式内存系统的并行编程，分隔全局地址空间（Partitioned Global Address Space，PGAS）方法也在现代多核 CPU 集群的编程上正日益获得关注。它刻画了一个混合内存抽象：为了简化编程，分布式内存被看作在节点间分隔的共享内存。在本章中，你将会学习统一并行 C++（Unified Parallel C++，UPC++），一个基于 C++ 的扩展库，它汇聚了 PGAS 和面向对象风格的优点。

本章例子将帮助你理解 PGAS 语言的主要特性和它们如何在集群和超级计算机上编写并行源代码的任务。特别地，我们将研究统一并行 C++ 例子，这些例子覆盖了内存亲和性、私有化、远程内存访问、异步复制和锁等主题。

关键词

分隔全局地址空间，PGAS，分布式内存，集群计算，统一并行 C++，UPC++，内存亲和性，远程内存，共享数组，指针私有化，单侧通信

10.1 PGAS 和 UPC++ 简介

如前面章节所述，为了在现代混合共享内存和分布式内存架构上提高性能，一些应用支持 MPI+OpenMP 的混合方法。开发这样的混合并行代码具有挑战性，因为程序员必须知道两种方法的特点和性能问题。为了提高现代集群和超级计算机的可编程性而不牺牲性能和可移植性，一种替代方法就是使用 PGAS 方法。PGAS 融合了前面章节学习过的传统消息传递模型和共享内存模型。语言暴露给程序员一个全局共享地址空间，它在进程间逻辑

地划分，这样每个进程关联或者提供共享内存的一部分。PGAS 语言明确地暴露了访存时间的非均匀性本质：本地数据操作（如一个具体的处理器具有亲和性的内存空间部分）比远程数据操作（如一个处理器没有亲和性的共享内存空间的任何部分）更快。这种方法吸引人的特色是：

- 全局共享内存空间简化了并行程序开发，允许直接读写远程数据并且避免了消息传递原型数据移动易错的问题[9,5]。
- 对共享内存的访问允许开发有效的单侧通信，其可以胜过传统的双侧通信，因为一个进程能够直接读写远程数据而不需要远程计算核心上进程的明确配合[1,7]。
- 同共享内存原型相比，通过考虑数据亲和性提高了代码性能，因为远程数据的典型访问比本地数据访问代价更加高昂。
- PGAS 语言提供了整个系统使用的编程模型而不是依赖于 2 个截然不同需要合并的编程模型，如 MPI+OpenMP 混合解决方案那样。因此，PGAS 语言致力于相同的性能提升，如同混合方法使用统一编程模型那样。

PGAS 语言例子包含统一并行 C（UPC）[14,13]、共有数组 Fortran（CAF，包含在 Fortran 98 规范中）[4]、Titanium [10]、Chapel [2]、X10 [15] 和 Fortress [8]。统一并行 C++[16] 是一种基于 UPC 的不受编译器约束的方法，它使用 C++ 模板和运行库提供 PGAS 功能（见图 10.1）。因为它是一个 C++ 库，我们仅需要一款 C++ 编译器简化安装过程（没有高深的编译器知识需要）。而且，这种不受编译器约束的思想在平台更好的可移植性、与其他并行语言扩展的交互性、开发成本的维护及节约（可编程性）等方面获益。

UPC++ 的执行模型是单程序多指令（SPMD），并且每个独立的执行单元称作一个线程，它可以作为操作系统的进程或者 Pthreads ⊖ 线程实现。UPC++ 的线程数目在程序执行期间是固定的。在 UPC++ 中（更通用一点，所有的 PGAS 方法）存在一个所有线程都可访问的全局地址空间（见图 10.2）。这种地址空间逻辑上在所有线程间划分。每个线程关联或者展示亲和性内存的一部分。当把这种内存模型转换为实际的分布式内存系统时，UPC++ 运行时保证内存驻

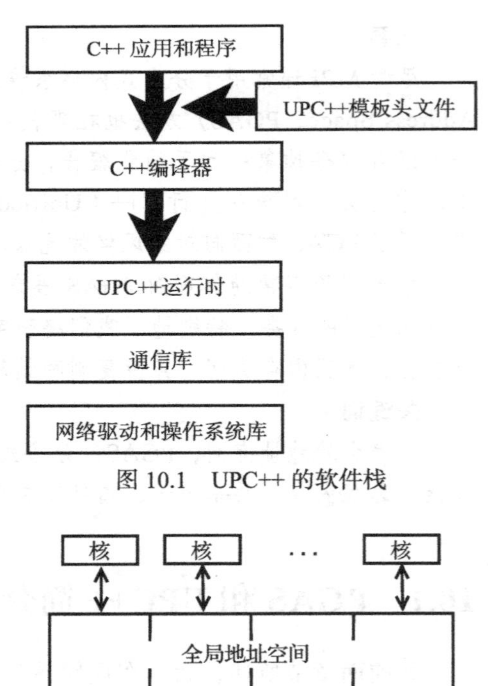

图 10.1 UPC++ 的软件栈

图 10.2 PGAS 语言的抽象内存模型

⊖ 原书为 Pthread，译为 Pthreads 更为恰当。——译者注

留在和线程具有亲和性的节点，并且我们知道这部分内存访问相对较快。不具有亲和性的内存访问可能需要额外的通信，因此需要更长的时间。

写这本书的时候，UPC++ 是一个新的库，它的安装和执行机制依赖于硬件和系统的软件。我们建议遵循 UPC++ 社区的指导来获取更新信息 [12]。

如何建立 UPC++ 代码的基本思想示例在 10.2 节。在 10.3 节继续描述如何使用全局分隔内存高效工作，其中共享数组和指针私有化概念用来开发一个并行向量程序。高效管理内存的其他特性（诸如全局指针和集合）在 10.4 节介绍，作为并行计算一段文本中字母出现次数的代码的一部分。10.5 节介绍了 UPC++ 锁，并将它们用于并行计算直方图。最后，在 10.6 节中远程函数调用来加速曼德布洛特集合的绘制。

10.2　基本概念

```
#include <upcxx.h>

int main (int argc, char *argv[]){
  // Initialize UPC++
  upcxx::init(&argc, &argv);

  // Get the number of threads
  int numT=upcxx::ranks();

  // Get the ID of the thread
  int myId=upcxx::myrank();

  // Every thread prints Hello
  std::cout << "Thread " << myId << " of "
    << numT << ": Hello, world!" << std::endl;

  // Terminate UPC++
  upcxx::finalize();
  return 0;
}
```

列表 10.1　UPC++ 版的 Hello World

因为这是本书的一个传统，你可以使用统一编程 C++ 版的 hello world 开始统一编程 C++ 学习，你可在列表 10.1 查看其代码。这个简单的代码类似 MPI 版的 hello world（见列表 9.1）。只是用这个新库的特定语法替换例程。首先，必须包含头文件 upcxx.h，这样 UPC++ 接口才能使用。在主函数 main() 中，upcxx::init() 用来生成线程，这些线程一直可用直到使用函数 upcxx::finalize() 销毁这些线程。

同 MPI 版概念上的区别就是 UPC++ 没有使用通信域。因此标识线程和所有线程数目分别使用函数 upcxx::myrank() 和 upcxx::ranks() 获得。列表 10.1 代码一个可能的输出是

```
Thread 3 of 4: Hello, world!
Thread 1 of 4: Hello, world!
```

```
Thread 0 of 4: Hello, world!
Thread 2 of 4: Hello, world!
```

10.3 内存亲和性和私有化

现在，我们知道如何创建第一个 UPC++ 程序，让我们继续展示如何在线程间分布数据和任务。首先，我们介绍本地和远程的概念。按照图 10.2 所示的抽象，共享全局地址空间在线程间被逻辑地分隔。我们将线程 i 的*远程内存*定义为没有对线程 i 展示亲和性的子空间，而且将线程 i 的*本地内存*定义为具有亲和性的子空间。需要注意的是，不同于 MPI，本地不等同于私有，即任何线程能够直接从其他线程的本地内存读取数据，而不需要明确地调用通信函数。

全局地址空间是 UPC++ 创建的一个逻辑抽象，但是它并不直接对应于任何特殊的并行硬件。相同的 UPC++ 程序能够在不同的并行架构上运行（不管是共享还是分布式内存系统）。运行时仅仅把全局地址空间的不同部分映射到对应的硬件内存。例如，当在一个共享内存系统上工作时，所有线程均衡地划分全局内存。这种情况下，远程和本地内存访问性能是一样的，因为所有数据存储在相同的内存模块。相反，当一个 UPC++ 程序在一个分布式内存系统上执行时，每个节点有自己的内存模块，逻辑全局空间收集整个系统的内存，并且每个内存划分对应于每个节点的内存模块。在这种情况下，本地内存被映射到线程执行节点的内存模块上（因此，是共享内存访问）。远程内存访问可能需要从其他节点传输数据，因为需要网络通信速度会非常慢。然而，这样的通信并不影响 UPC++ 可编程性，因为它们是被运行时系统直接执行的，并且复杂性对程序员不可见。

列表 10.2 示例了在 UPC++ 全局地址空间分配内存的不同方法。首先，我们在第 8 行声明一个传统的 C++ 数组 p，这将在不同的子空间创建这个数组的私有复制。正如在图 10.3 看到的那样，数据被复制在内存的不同部分（每个线程一个复制）。每个线程有它自己数组的起始指针，并且每个线程能够访问亲和方式分配的内存。我们也能够使用 C++ 的动态内存分配方法得到相同的结果（例如使用 new[] 函数）。

```
1  #include <upcxx.h>
2
3  int main (int argc, char *argv[]){
4    // Initialize UPC++
5    upcxx::init(&argc, &argv);
6
7    // Private C++ array
8    float p[3];
9
10   // Shared UPC++ arrays
11   upcxx::shared_array<float, 3> a(18);
12   upcxx::shared_array<float> c(18);
```

列表 10.2 UPC++ 中的数组定义

```
13    float *privC = (float *) &c[upcxx::myrank()];
14
15    // Terminate UPC++
16    upcxx::finalize();
17    return 0;
18  }
```

列表 10.2 （续）

然而，我们知道并行工作经常需要在线程间分布数据，而不是复制。UPC++ 共享数组是一个代表分布数据的有用结构。当创建一个共享数组时我们必须规定数据类型和块因子（例如每个块的大小）作为 C++ 模板参数。例如，数组 *a* 有 18 个元素，每块分配 3 个连续元素。前 3 个元素分配在与线程 0 亲和的全局内存部分；第 4、5、6 个元素按照亲和性分配在线程 1，依此类推。数据分配 / 赋值是循环方式的，例如，按照亲和性分配了最后一个线程的块后，下一个块在第一个线程的内存部分分配。默认的块因子是 1，也就是纯粹的循环数据分布，参见列表 10.2 中第 12 行数组 *c*。注意，使用共享数组工作时没有数据被复制，并且所有的线程可以使用相同的指针访问相同的数组。

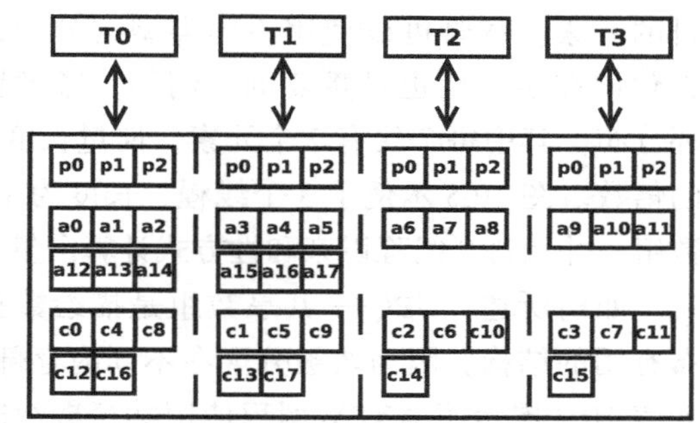

图 10.3 统一并行 C++ 中的不同数组

由于共享数组，我们能够简单地使用分布式数据工作，因为我们只需要知道全局指针即可。相反地，在 MPI 里，我们需要知道数据驻留在哪里，并把数据从全局索引传到本地索引。而且，在 UPC++ 里，所有线程能够直接访问数组的任何部分以实现远程内存访问。图 10.4 示例了 UPC++ 访问共享数组的行为。远程访问的复杂性对用户不可见，这简化了编程任务。

在我们研究本节例子前，我们要注意的是，我们还可以使用传统的 C ++ 指针访问共享数组中分配的本地数据。一个例子就是列表 10.2 中的指针 *privC*。每个线程有自己的 *privC* 副本能够访问共享数组 *c* 的不同部分。例如，线程 0 的 *privC* 初始化地址为 *c*[0]，而线程 1 的则指向 *c*[1]。这个私有指针只能访问线程持有者亲和性关联的全局内存部分。例如线程 0 的 *privC*

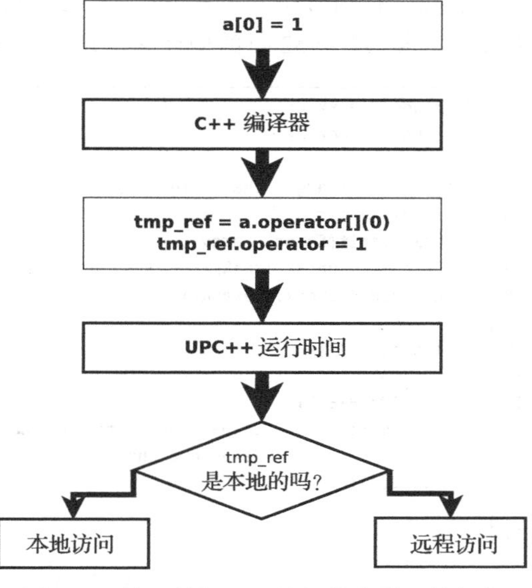

图 10.4 统一并行 C++ 访问共享数组的行为

指向的下一个元素是 $c[4]$（$privC[1]==c[4]$）而不是 $c[1]$（它有线程 1 的亲和性）。使用传统 C++ 指针访问共享数组数据的机制被称为私有化。我们必须谨慎，并且不能初始化私有指针，它指向没有亲和性的全局内存（例如所有线程中使用 $privC=c[0]$）。私有化强制我们注意数据的相仿性以及与本地索引的协作（类似 MPI），增加了编程复杂性。然而，因为 C++ 指针并不需要保存块因子信息和内存亲和性，指针运算简洁性通常能提升。

在本节中我们使用向量更新（有时称作 AXPY）作为例子示意如何使用全局地址空间分布数据和线程间的工作量。这个数值例程接收 2 个长度为 n 的向量 x 和 y 和标量值 α 作为输入，它以如下方式更新向量 y（$0 \leqslant i < n$）的所有元素：

```
for (i=0; i<n; i++) y[i] = alpha * x[i] + y[i];
```

因为每个元素 i 计算的开销相同，工作量可以分配在线程间，以使每个线程计算相同数目的元素。尽管可以使用不同类型的分布，最大化内存亲和性也是重要的。例如，考虑块循环分布，其中每个块有 2 个元素，向量长度是 2 的倍数。图 10.5 示例了 3 个线程、长度为 10 的数组，并且每个线程以亲和性方式计算向量。

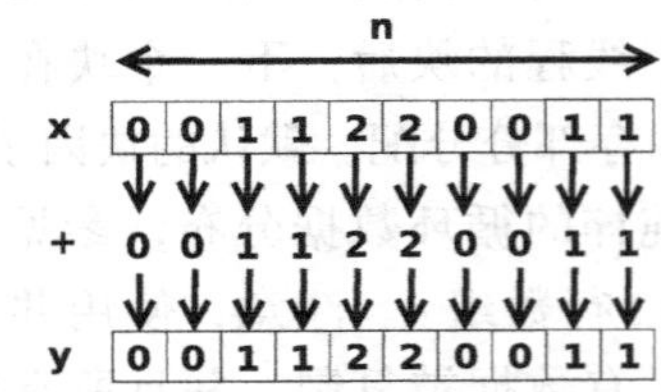

图 10.5　3 个线程计算长度为 10 的 AXPY 时块因子为 2 的块循环分布的抽象

如前所述，UPC++ 共享数组是描绘数据分布有用的结构，因为块被分配在不同内存部分。列表 10.3 展示了 AXPY 例程使用共享数组时的初始化部分。这段代码开始于 UPC++ 环境的初始化（第 6 行）、线程数和线程 id 的取出（第 7 ～ 8 行）、参数检查（第 10 ～ 35 行）。通过指定块具有 2 个浮点（在模板中）并且数组的全部长度（在括号中）为 n（以先前的接收数据作为参数）在第 38 ～ 39 行中创建 2 个共享数组。在第 47 ～ 52 行的循环中，每个线程初始化数组中具有亲和性的元素。

```
1   #include <upcxx.h>
2   #include <timer.h>
3
4   int main (int argc, char *argv[]){
5     // Initialize UPC++
6     upcxx::init(&argc, &argv);
7     int numT = upcxx::ranks();
8     int myId = upcxx::myrank();
9
10    if(argc < 3){
11      // Only the first process prints the output message
12      if(!MYTHREAD)
13        std::cout << "ERROR: The syntax of the program is
14                    ./axpy n alpha" << std::endl;
15      exit(1);
16    }
17
```

列表 10.3　AXPY 的向量初始化

```
18   int n = atoi(argv[1]);
19   float alpha = atof(argv[2]);
20
21   if(n < 1){
22     // Only the first process prints the output message
23     if(!myId)
24       std::cout << "ERROR: 'n' must be higher than 0"
25                 << std::endl;
26     exit(1);
27   }
28
29   if(n\%2){
30     // Only the first process prints the output message
31     if(!myId)
32       std::cout << "ERROR: The blocks (of size 2) must
33                     be complete" << std::endl;
34     exit(1);
35   }
36
37   // Declare the shared arrays
38   upcxx::shared_array<float, 2> x(n);
39   upcxx::shared_array<float, 2> y(n);
40
41   // To measure time
42   upcxx::timer t;
43   upcxx::barrier();
44   t.start();
45
46   // Initialize arrays
47   for(int i=2*myId; i<n; i+=2*numT){
48     x[i] = i;
49     y[i] = numT;
50     x[i+1] = i+1;
51     y[i+1] = numT;
52   }
```

列表 10.3 （续）

这段代码也介绍了使用 UPC++ 测量时间类：timer。它包含在头文件 timer.h 中，提供了 start()、stop()、reset() 函数控制计时器，同时也提供了以不同单位输出测量时间的方法（从秒到纳秒）。为了正确地测量程序性能，我们需要在启动计时器之前同步所有线程（第 44 行）。这通过第 43 行函数 barrier()——一个简单的 UPC++ 的集合函数做到。更多的 UPC++ 集合函数将在下节展示。

一旦向量初始化完成，展示在列表 10.4 的 AXPY 例程就简洁明了。线程不需要计算它们的本地索引，因为可直接在一个简单的 for 循环（第 54 行）遍历整个共享向量。每个线程开始丢弃那些前面线程具有亲和性的元素并指向第一个亲和性元素（$2 \cdot myId$）。在每个迭代步中，线程计算 2 个元素的值，跳过其他线程的块到下一个从属它的块（偏移 $2 \cdot numT$）继续计算。程序通过在相应的屏障后停止计时（第 60 行），程序结束，一个线程把输出写入文件并打印测量时间结束。

```
53   // Compute AXPY with block factor 2
54   for(int i=2*myId; i<n; i+=2*numT){
55     y[i] += alpha*x[i];
56     y[i+1] += alpha*x[i+1];
57   }
58
59   upcxx::barrier();
60   t.stop();
61   if(!myId){
62     std::cout << "Time with " << numT << " processes: "
63               << t.secs() << " seconds" << std::endl;
64     printOutput(n, y);
65   }
```

列表 10.4　AXPY 的数值计算

```
53   // Compute AXPY with block factor 1
54   for(int i=myId; i<n; i+=numT){
55     y[i] += alpha*x[i];
56   }
57
58   upcxx::barrier();
59   t.stop();
60   if(!myId){
61     std::cout << "Time with " << numT << " processes: "
62               << t.secs() << " seconds" << std::endl;
63     printOutput(n, y);
64   }
```

列表 10.5　使用远程访问的 AXPY 数值计算

注意在循环（第 55 ～ 56 行）迭代中所有的内存访问在本地内存或者具有亲和性的内存执行。依照性能这是有益的，因为我们能够确保线程被映射到那些能够直接访问内存地址的计算核心。然而，展示在列表 10.5 里的主循环变种是完全合法的，尽管它要求一些远程访问。这种情况下线程间的工作量遵循一个纯粹循环分布（块因子为 1），这不同于共享数组（块因子为 2）的数据分布。尽管写入输出文件（函数 printOutput()）的向量 y 同列表 10.4 和列表 10.5 中的一样，但后者更慢，因为线程可能需要网络通信访问这些远程数据。图 10.6 示意了为数据和工作量使用不同分布问题，3/10 的计算要求 2 次远程访问。作为例子，我们在 2 个节点的 InfiniBand 网络的集群上运行了这 2 个版本的程序，并且设置每个节点一个 UPC++ 线程，第 2 个版本的程序大约慢 2 倍。

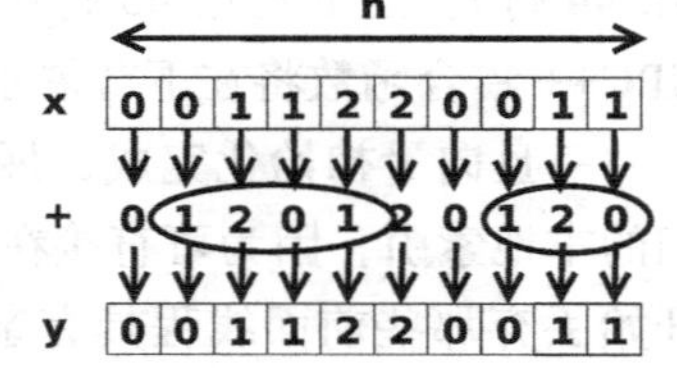

图 10.6　3 个线程和向量长度为 10 时 AXPY 一个低效的工作量分布的抽象

列表 10.6 显示了一个类似的计算，但是使用了私有指针访问具有亲和性的内存片段。因为共享数组以块因子 2 声明，因此私有指针初始地指向 2 · *myId* 位置，也就是第一个亲和性元素位置（参见第 54 ～ 55 行）。于是，每个线程只需要在第 58 行循环里连续访问本地内存的元素。私有指针将永不访问没有亲和性的地址。此外，与共享数组相比，传统 C++ 指针较低的复杂性也带来性能提升。实际上，利用私有化，前面谈到的 2 个节点且每个节点一个线程（列表 10.6）场景，比初始的 AXPY 版本（列表 10.4）快 5 倍。

```
  // Private pointers
  float *privX = (float *) &x[myId*2];
  float *privY = (float *) &y[myId*2];

  // Compute AXPY with private pointers
  for(int i=0; i<myBlocks*2; i++){
    privY[i] += alpha*privX[i];
  }

  upcxx::barrier();
  t.stop();
  if(!myId){
    std::cout << "Time with " << numT << " processes: "
              << t.secs() << " seconds" << std::endl;
    printOutput(n, y);
  }
```

列表 10.6 使用私有化的 AXPY 数值计算

10.4 全局指针和集合函数

上一节我们已经学习了共享数组结构，它作为一种简易手段在全局地址空间分配数据。然而，关于块因子存在 2 个非常重要的限制：所有块必须相同且在编译时其大小必须被知晓。假定我们需要以纯粹块方式（也就是说每个线程只有元素连续的一个块）分布一个数组，并且数组长度 *n* 通过参数设定。这样一个数组的块因子应该是 *n/numT*。可是，因为这不是一个在编译时就知道的常量，我们不能够使用它作为共享数组结构的模板参数。

我们如何在 UPC++ 中使用动态块因子分布我们的数据呢？这能够通过全局指针（global_ptr）实现。这些指针能够分配和访问全局地址空间内存的任何部分。因此，我们能够为分布式数组的每个块使用一个全局指针。通过独立地调用函数 allocate(int rank, size_t bytes) 每个全局指针（rank 是关联相关子空间的线程标号，数据在子空间里存储，bytes 是分配数据大小），实现动态地分配内存，这样每个块能够有不同的大小，且大小可以在运行时指定。注意 UPC++ 函数 allocate() 允许远程内存分配（也就是说一个线程为其他线程分配亲和性内存）。这一点在其他 PGAS 语言（如 UP C）中是不可能的。一旦内存不再使用，我们应该调用函数 deallocate() 释放内存。

我们以计算一段文本中一个字符出现次数的 UPC++ 程序示例如何使用全局指针创建分布式数组。我们以纯粹块形式分布这段文本，也就是块大小相同并且每线程一个块。每个线程计算自己的文本片段匹配字符的出现次数，部分出现次数用来计算最终结果。要计数的字符和文本长度通过命令行参数设定。为简单起见，我们假定文本长度是线程数的倍数。输入文本通过辅助函数 readText() 从一个文件读取。

```
#include <upcxx.h>

int main (int argc, char *argv[]){
  // Initialize UPC++
  upcxx::init(&argc, &argv);

  int numT = upcxx::ranks();
  int myId = upcxx::myrank();

  if(argc < 3){
    // Only the first thread prints the output message
    if(!MYTHREAD)
      std::cout << "ERROR: The syntax of is ./letter l n"
                << std::endl;
    exit(1);
  }

  char l = *argv[1];
  int n = atoi(argv[2]);

  if(n < 0){
    // Only the first thread prints the output message
    if(!myId)
      std::cout <<"ERROR: 'n' must be higher than 0" << std::endl;
    exit(1);
  }

  if(n%numT){
    // Only the first thread prints the output message
    if(!myId)
      std::cout << "ERROR: 'n' must be a multiple of the number of
                threads" << std::endl;
    exit(1);
  }

  // Create the array of global pointers
  upcxx::shared_array<upcxx::global_ptr<char>> p(numT);

  // Each thread allocates the memory of its subspace
  int blockFactor = n/numT;
  p[myId] = upcxx::allocate(myId, blockFactor*sizeof(char));

  // Thread 0 must wait until all threads have allocated memory
  upcxx::barrier();

  // Thread 0 reads the text and copies the fragments
  if(!myId){
    char *text = new char[n];
    readText(n, text);

    for(int i=0; i<numT; i++)
      upcxx::copy<char>(&text[blockFactor*i], p[i], blockFactor);

    delete text;
```

列表 10.7 并行字符计数出现次数的程序初始化

```
55    }
56
57    // Threads must wait until Thread 0 has copied all the fragments
58    upcxx::barrier();
```

列表 10.7 （续）

列表 10.7 概括了文本初始化和在全局地址空间的分布。在参数检查后，我们声明了有助于我们表示分布文本的结构。首先，在第 37 行声明有全局指针的一个共享数组 p。因为输入文本将通过每个线程一个块的形式分布，因此我们需要 *numT* 个全局指针（每个块一个）。指针循环地分配在全局地址空间部分，因为没有为 p 结构指定具体的块因子。每个线程使用映射到亲和性内存的指针（`p[myId]`）在其内存子空间动态地分配内存。这主要通过前面描述的 allocate() 函数在第 41 行实现。

一旦所有线程在它们本地内存分配了所需块，线程 0 将使用全局指针复制相应的输入片段。第 44 行中的函数 barrier() 确保所有块在作为复制目的地前已经分配了内存空间。然后，线程 0 读取输入（简单起见，我们没有包含 readText() 函数的代码），并把文本片段复制到相应块的内存。对每个块，我们决定不使用 for 循环一个接一个地直接分配元素，因为当内存模块位于集群不同结点时，直接分配元素将导致一些短消息在网络间充塞。相反，我们使用函数 copy<T>(T *src, T *dst, size_t count) 从源地址 src 复制一个块的全部 count 个元素到目的地址 dst（见第 52 行），复制的数据类型为 T。每个块仅执行一次复制。第 58 行的 barrier() 函数调用确保输入文本已经分布到每个线程。每个线程计算分配给自己的文本片段匹配字符出现的次数。

```
// Privatize the pointer
int myNumOcc = 0;
char *myText = (char *) (upcxx::global_ptr<char>) p[myId];

// Check whether it is really local
if(!((upcxx::global_ptr<char>) p[myId]).is_local())
  std::cout << "Thread " << myId << " not accessing local memory"
            << std::endl;

// Find the local occurrences
for(int i=0; i<blockFactor; i++)
  if(myText[i] == l)
    myNumOcc++;

// Put the local occurrences accessible to all threads
upcxx::shared_array<int> occs(numT);
occs[myId] = myNumOcc;

// All threads must have put accessible the local occurrences
upcxx::barrier();

if(!myId){
```

列表 10.8 并行字符计数的主要计算部分

```
81       int numOcc = myNumOcc;
82       for(int i=1; i<numT; i++)
83         numOcc += occs[i];
84
85       std::cout << "Letter " << l << " found " << numOcc
86                 << " in the text " << std::endl;
87     }
88
89     // Deallocate the local memory
90     upcxx::deallocate<char>(p[myId]);
91
92     // Terminate UPC++
93     upcxx::finalize();
94     return 0;
95   }
```

列表 10.8 （续）

每个线程的计数显示在列表 10.8 中。我们使用上一节的私有化方法提高性能。每个线程使用标准的 C++ 指针 myText 仅访问自己本地内存中的文本片段。注意，我们必须明确地表示转换全局指针到标准 C++ 指针，如第 61 行所示。我们知道传统 C++ 指针仅仅访问本地内存，并不需要注意循环中第 69 行和第 71 行中的数据亲和性。

我们使用每线程一个整数的共享数组（见第 74 行）保存所有线程计算的部分结果。一旦某个线程结束了它本地的计数，它就把部分结果存储在总是位于本地内存的位置 myId 处，因为数组块因子是 1（纯粹循环分布）。第 78 行的函数 barrier() 确保所有线程已经完成工作并写入了所有部分结果，于是线程 0 能够累加所有部分结果（第 82 ～ 83 行的循环）并打印字符计数结果。程序结束于内存分配（第 90 行），UPC++ 最终完成（第 93 行）。

列表 10.8 为 UPC++ 程序员感兴趣的全局指针提供了一个附加方法。具体地，方法 is_local() 显示在第 64 行，它表明一个全局指针的地址对线程来说是否是本地的。它能够用来保证只有本地的访问才被执行。

这个版本的并行字符计数程序使用了阻塞块复制函数 copy()。可是，我们也能使用非阻塞复制函数让 CPU 继续工作直到网络完成远程复制。因此我们能重叠计算和数据复制减少总体的运行时间。非阻塞数据复制函数原型如下：

- ❑ `upcxx::async_copy<T> (T *src, T *dst, size_t count, upcxx::event *e);`

这里 src 和 dst 分别是指向源和目的地址的指针（类型为 T）。count 规定了复制的元素个数，最后一个参数类型为指向 event 类型的结构体指针，它由 UPC++ 提供，以同步前面事件的计算，如非阻塞数据复制或者异步函数（在 10.6 节学习）。这个结构体提供了 2 个同步函数：

- ❑ wait()- 阻止线程执行直到事件结束。
- ❑ test()- 假如任务已经结束，返回 1；假如任务仍然在运行，返回 0。它等价于函数 async_try()。

我们将在并行字符计数程序中使用非阻塞复制和事件，优化文本在全局地址空间的不同部分的分布。线程 0 将逐个地读取输入文本片段，而不是一次性读取输入文本。而且，还将复制当前文本片段和从输入文件读取下一个文本片段相重叠。为了这个目的，使用函数 async_try() 和 event 在列表 10.9 的第 49 ～ 62 行中展示。因为最后一个文本片段的复制无法重叠于任何下一个文本读取，因此它使用了阻塞复制函数 copy()（见第 65 行）。

```
1  int main (int argc, char *argv[]){
2    // Initialize UPC++
3    upcxx::init(&argc, &argv);
4  
5    int numT = upcxx::ranks();
6    int myId = upcxx::myrank();
7  
8    if(argc < 3){
9      // Only the first process prints the output message
10     if(!MYTHREAD)
11       std::cout << "ERROR: The syntax of is ./letter l n"
12                 << std::endl;
13     exit(1);
14   }
15 
16   char l = *argv[1];
17   int n = atoi(argv[2]);
18 
19   if(n < 0){
20     // Only the first process prints the output message
21     if(!myId)
22       std::cout <<"ERROR: 'n' must be higher than 0" << std::endl;
23     exit(1);
24   }
25 
26   if(n%numT){
27     // Only the first process prints the output message
28     if(!myId)
29       std::cout << "ERROR: 'n' must multiple of the number of
30                 processes" << std::endl;
31     exit(1);
32   }
33 
34   // Create the array of global pointers
35   upcxx::shared_array<upcxx::global_ptr<char>> p(numT);
36 
37   // Each thread allocates the memory of its subspace
38   int blockFactor = n/numT;
39   p[myId] = upcxx::allocate(myId, blockFactor*sizeof(char));
40 
41   // Thread 0 reads the text and copies the fragments
42   if(!myId){
43     char *text = new char[blockFactor];
44     char *text2 = new char[blockFactor];
45     upcxx::event e;
46 
```

列表 10.9　使用非阻塞数据复制的并行字符计数结构的初始化

```
    readText(blockFactor, text);

    for(int i=0; i<numT-1; i++){
      upcxx::async_copy<char>
                    (text, p[i], blockFactor, &e);

      // Overlap the copy with reading the next fragment
      // We cannot use text for the next fragment before it is sent
      readText(blockFactor, text2);
      char *aux = text;
      text = text2;
      text2 = aux;

      // The previous copy must have finished to reuse its buffer
      e.wait();
    }

    // The last copy does not overlap
    upcxx::copy<char>(text, p[numT-1], blockFactor);

    delete text;
    delete text2;
  }

  // Threads must wait until Thread 0 has copied all the fragments
  upcxx::barrier();
```

列表 10.9 （续）

一旦数据分布被优化，我们将精力集中于最终结果求和的计算上。我们使用 UPC++ 提供的集合例程，而不是强制线程 0 遍历一个共享数组（使用 $numT-1$ 次远程访问）。正如在 9.5 节中已经学习的那样，集合函数涉及所有线程的例程，它实现了通用数据复制模式。集合例程的主要优点是可用性提高（因为我们不需要自己实现这些模式）和性能提升（因为提供的实现通常是高效的，特别是对特定架构的优化 [6,11]）。可获得的 UPC++ 集合例程为：

- barrier()：所有线程阻塞执行直到所有线程已经到达代码的这个点。
- bcast(void *src, void *dst, size_t nbytes, uint32_t root) ：线程 root 中源地址为 src，大小为 nbytes 的数据复制到所有线程中的目的地址 dst 指向的内存地址。
- gather(void *src, void *dst, size_t nbytes, uint32_t root)：每个线程中地址为 src，大小为 nbytes 的数据汇聚到线程 root 中 dst 指向的地址。
- allgather(void *src, void *dst, size_t nbytes) ：同 gather() 一样，但是输出是复制到所有线程。
- alltoall(void *src, void *dst, size_t nbytes)：所有线程的 src 地址，大小为 nbytes 数据，发散到所有线程，输出写入到 dst 指向的地址。
- reduce<T>(T *src, T *dst, size_t count, uint32_t root, upcxx_op_t op, upcxx_datatype_t dt) ：所有线程中 src 地址处，在类型为 dt 的 count 个元素上执行 op 操作。输出写入到 dst 指向的内存。UPC++ 可获得的操作和数据类型在头文件 upcxx_types.h 中指定。

列表 10.10 第 89 行展示了如何使用 reduce() 集合例程，以便于线程 0 能够获得文本中字符出现的所有次数。

```
73    // Privatize the pointer
74    int myNumOcc = 0;
75    char *myText = (char *) (upcxx::global_ptr<char>) p[myId];
76
77    // Check whether it is really local
78    if(!((upcxx::global_ptr<char>) p[myId]).is_local())
79      std::cout << "Thread " << myId << " not accessing local memory"
80                << std::endl;
81
82    // Find the local occurrences
83    for(int i=0; i<blockFactor; i++)
84          if(myText[i] == l)
85        myNumOcc++;
86
87    // Reduce number of occurrences
88    int numOcc;
89    upcxx::reduce(&myNumOcc, &numOcc, 1, 0, UPCXX_SUM, UPCXX_INT);
90
91    if(!myId)
92      std::cout << "Letter " << l << " found " << numOcc
93                << " in the text " << std::endl;
94
95    // Deallocate the local memory
96    upcxx::deallocate<char>(p[myId]);
97
98    // Terminate UPC++
99    upcxx::finalize();
100   return 0;
101 }
```

列表 10.10　使用归约集合例程获取并行字符计数的最终结果的主计算部分

10.5　锁

在 UPC++ 为了避免竞争条件，同步访问全局内存是重要的（例如 2 个线程同一时间修改相同的元素）。我们已经解释了以 barrier() 和 event 作为基本的 UPC++ 同步线程竞争的特性。然而，如何保证仅仅一个线程读 / 写特定的变量？在 UPC++ 中有继承自 OpenMP 的机制：共享锁 shared_lock。一个共享锁就是包含一种决定它当前状态的结构，例如是否被使用（锁住）或者没有被使用（解锁），以及当它锁住时，表明线程所有者的一个整数。当一个线程获得这把锁，直到锁被释放，没有其他线程能够进入随后的代码片段。因此，UPC++ 保证了临界区一段时间内只被一个线程执行。特别地，UPC++ 共享锁 shared_lock 提供了如下的同步方法：

- void lock()：有关线程设法获取锁。假如锁是开放的，线程获得锁变成新的所有者。否则，线程等待，直到锁可以获取。

- void unlock()：有关线程释放锁并使其他线程可以获得该锁。
- int trylock()：线程试图获取锁，但并不等待直到锁能够获得。成功获取锁时它返回 1，否则返回 0。
- int islocked()：假如线程是所有者，返回 1，否则返回 0，但是并不试图获取锁。

我们使用基于 UPC++ 的图像直方图计算作为使用锁的有用并行例子。这个程序读取灰度图像（数值介于 0 ～ 255 的二维整数矩阵）并计算每个灰度级的像素个数。直方图通常在图像处理应用中使用。我们的程序通过命令行读取图像的维数作为输入，采用了图 10.7 所示的基于行划分的块分布方法。为简单起见，我们假定行数是线程数的倍数。

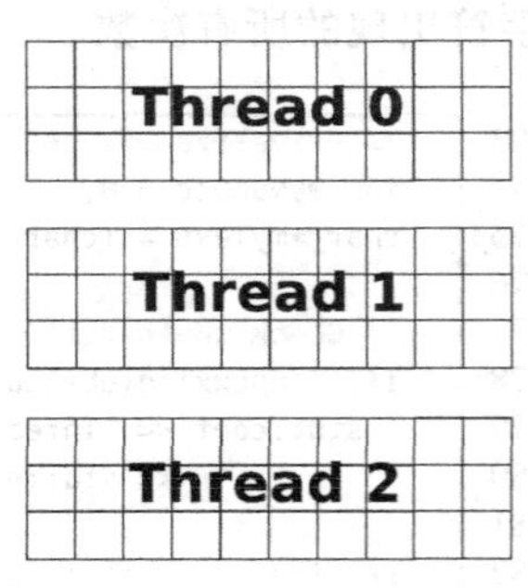

图 10.7　使用 3 个线程，图像按行分布的示例

整个程序除了读取输入函数和打印输出函数（为简单起见没有显示）外展示在列表 10.11。程序首先声明了将在第 3 行开始使用的共享锁，初始化 UPC++（第 7 行），检查从第 12 ～ 45 行获取的参数并将输入图像分发给线程（第 47 ～ 85 行）。数据分布使用了非阻塞复制，如前面章节描述的并行字符计数优化那样。

```
1  #include <upcxx.h>
2
3  upcxx::shared_lock l;
4
5  int main (int argc, char *argv[]){
6    // Initialize UPC++
7    upcxx::init(&argc, &argv);
8
9    int numT = upcxx::ranks();
10   int myId = upcxx::myrank();
11
12   if(argc < 3){
13     // Only the first thread prints the output message
14     if(!MYTHREAD)
15       std::cout << "ERROR: The syntax of the program is
16                     ./histo rows cols" << std::endl;
17     exit(1);
18   }
19
20   int rows = atoi(argv[1]);
21   int cols = atoi(argv[2]);
22
23   if(rows < 0){
24     // Only the first thread prints the output message
25     if(!myId)
26       std::cout << "ERROR: 'rows' must be higher than 0"
27                 << std::endl;
28     exit(1);
29   }
```

列表 10.11　并行的 UPC++ 直方图计算

```
  if(cols < 0){
    // Only the first thread prints the output message
    if(!myId)
      std::cout << "ERROR: 'cols' must be higher than 0"
                << std::endl;
    exit(1);
  }

  if(rows%numT){
    // Only the first thread prints the output message
    if(!myId)
      std::cout << "ERROR: 'n' must multiple of the number
                   of threads" << std::endl;
    exit(1);
  }

  // Create the array of global pointers
  upcxx::shared_array<upcxx::global_ptr<int>> p(numT);

  // Each thread allocates the memory of its subspace
  int blockRows = rows/numT;
  p[myId] = upcxx::allocate(myId, blockRows*cols*sizeof(int));

  // Thread 0 reads the image and copies the fragments
  if(!myId){
    int *block = new int[blockRows*cols];
    int *block2 = new int[blockRows*cols];
    upcxx::event e;

    readImage(blockRows, cols, block);

    for(int i=0; i<numT-1; i++){
      upcxx::async_copy<int>(block, p[i], blockRows*cols, &e);

      // Overlap the copy with reading the next fragment
      // We cannot use "block" for the next fragment because
      // it has not been sent yet
      readImage(blockRows, cols, block2);

      // The previous copy must have finished to reuse its buffer
      e.wait();
      int *aux = block;
      block = block2;
      block2 = aux;
    }

    // The last copy does not overlap
    upcxx::copy<int>(block, p[numT-1], blockRows*cols);

    delete block;
    delete block2;
  }

```

列表 10.11 （续）

```
84    // Threads must wait until Thread 0 has copied the fragments
85    upcxx::barrier();
86
87    // Privatize the pointer
88    int *myImage = (int *) (upcxx::global_ptr<int>) p[myId];
89
90    // Check whether it is really local
91    if(!((upcxx::global_ptr<int>) p[myId]).is_local())
92      std::cout << "Thread " << myId << " not accessing
93                  local memory" << std::endl;
94
95    // Declare the histogram
96    upcxx::shared_array<int> histogram(256);
97    for(int i=myId; i<256; i+=numT)
98      histogram[i] = 0;
99
100   // Threads must wait until the histogram has been initialized
101   upcxx::barrier();
102
103   // Examine the local image
104   for(int i=0; i<blockRows*cols; i++){
105     // Close the lock to access the shared array
106     l.lock();
107
108     histogram[myImage[i]] = histogram[myImage[i]]+1;
109
110     // Open the lock again
111     l.unlock();
112   }
113
114   // All threads must have finished their local computation
115   upcxx::barrier();
116
117   if(!myId)
118     printHistogram(histogram);
119
120   // Deallocate the local memory
121   upcxx::deallocate<int>(p[myId]);
122
123   // Terminate UPC++
124   upcxx::finalize();
125   return 0;
126 }
```

列表 10.11 （续）

特有的并行直方图开始于第 87 行，使用分布式图像的私有化，这样每个线程使用标准的 C++ 指针 myImage 访问本地输入片段。通过第 91 行的 is_local() 函数检查内存确实是本地之后，存储直方图的 256 个元素的共享数组在第 96 行声明，并在第 97 ～ 98 行循环中初始化为 0。遍历部分图像直方图的循环在第 104 行和第 112 行之间。每个线程检查自己的像素，并在发现相应的像素值时，增加相应的直方图的索引。然而问题是，2 个线程可能局部地发现相同的像素值，并试图在同一时间更新直方图的相同元素，这样就创造了一个竞争条件。因此，这些操作的结果之一将丢失。因此，锁 l 用来保护直方图的更新，通过在变量更新前后调用 lock() 和 unlock() 方法实现。

第 101 行的 barrier() 函数是必需的，以保证在开始更新直方图数值前直方图被完全初始化为 0。本例我们为直方图数组使用了循环数组（也就是块因子为 1）。因为访问依赖于图像的值，没有这样的块因子可以确保对任何图像获得更高百分比的本地访问。

这种实现遇到了一个简单但严重的问题。只存在一把锁，并且被所有线程使用，即使只有 2 个线程试图更新直方图的不同部分，尽管这 2 个操作能够并行执行。为了解决这个问题并实现更高的并行度，我们能够使用和直方图条目个数一样多的锁。这样每个直方图条目可以单独地控制。

列表 10.12 显示了优化程序（初始化、参数检查和数据分布同列表 10.11 类似）的修改部分。我们也需要声明一个能够被所有线程访问的锁的共享数组，如下：

- upcxx::shared_array<upcxx::shared_lock> locks

```
100   // Initialize the locks
101   locks.init(256);
102   for(int i=myId; i<256; i+=numT)
103     new (locks[i].raw_ptr()) upcxx::shared_lock(myId);
104
105   // Threads must wait until all locks and
106   // histogram have been initialized
107   upcxx::barrier();
108
109   // Examine the local image
110   for(int i=0; i<blockRows*cols; i++){
111     // Close the lock to access the shared array
112     ((upcxx::shared_lock) locks[myImage[i]]).lock();
113
114     histogram[myImage[i]] = histogram[myImage[i]]+1;
115
116     // Open the lock again
117     ((upcxx::shared_lock) locks[myImage[i]]).unlock();
118   }
119
120   // All threads must have finished their local computation
121   upcxx::barrier();
122
123   if(!myId)
124     printHistogram(histogram);
125
126   // Deallocate the local memory
127   upcxx::deallocate<int>(p[myId]);
128
129   // Terminate UPC++
130   upcxx::finalize();
131   return 0;
132 }
```

列表 10.12 使用了多个锁的并行的 UPC++ 直方图计算

因此，只有当另一个线程同一时间访问相同的直方图入口时，每个线程才会在第 111

行阻塞。

我们也使用这段代码示意如何动态地分配共享数组。截至目前，我们一直在使用编译时就确定元素个数的共享数组（例如，参见列表 10.11 的第 96 行）。然而，我们也只能够声明它，在需要时用 init() 函数分配内存（参见第 101 行）。而且，如果共享数组的数据类型是一个指针，我们能够利用函数 raw_pointer()，在 UPC++ 共享数组结构后获得标准 C++ 数组，然后动态地分配指针，如第 103 行共享锁指针做的那样。

10.6 远程函数调用

在本章中，另一个重要的 UPC++ 特性是使用 async() 宏的远程函数调用。同其他 PGAS 语言如 UP C 相比，这是个新颖的特性。UPC++ 中的异步远程任务为远程矩阵元素封装成的大块数据更新提供了强有力的策略，它们以独立的方式执行。UPC++ 允许应用程序员显式设定大块数据移动和自定义更新逻辑，并把后者装载到目标执行（确保一致性保证、最大化数据本地特性、利用已知的优化策略等）用户可以使用如下语句开始远程函数调用：

- `future<T> f = async(place)(function, args...)`

这里 place 规定了使用参数 args 调用函数所在的线程。因为 UPC++ async() 调用可选择性地返回一个 future 对象，这在以后能够用于检索 future.get() 的远程函数调用的返回值。

此外，UPC++ 提供了一种在任务间设置动态依赖的机制：用已经展示的事件 event 类（见 10.4 节）实现事件驱动执行。用户可以在任务完成后使用一个发送信号的事件注册 async() 操作。一个事件通过一个或多个 async() 操作发送信号，并作为启动其后 async 操作的一个前提条件。我们现在看一些例子：

- `async(place, event *e)(task1, args...)`
- `async_after(place, event *after)(task2, args...)`

第一个例子中的 task1 在任务池一旦启动（使用方法 advance()）就立即运行，并且我们能够使用事件 e（见 10.4 节）的 wait() 和 test() 方法来控制任务是否已经结束。在第 2 个例子，我们指定 task2 必须在先前与任务关联的事件结束后启动。

本节我们研究曼德布洛特集合的并行计算。众所周知，一个复数 $c = x + i \cdot y \in \mathbb{C}$，其中 x 和 y 是实数，是曼德布洛特集合的一部分当且仅当递归地定义复数序列 $z_{n+1} = z_n^2 + c$ 且初始值 $z_0 = 0$ 时收敛，即 $n \to \infty$ 时 z_n 存在（是一个有限值）。无须证明，可以看出复数 c 满足平方半径 $|c|^2 = x^2 + y^2 > 4$ 生成一个收敛序列。因此我们通过一些固定迭代后的所有半径小于 2 的复数集合中近似生成曼德布洛特集合。假如我们映射一个图像的每个像素到一个复数（坐标 x 和 y 分别为实部和虚部），通过公式迭代，我们仅需检查它是否属于曼德布洛特集合，假如是，则将对应像素标黑。因为迭代可能永远不会结束，我们限制了迭代的次数。列表 10.13 显示了大小为 rows × cols 的图像使用最大迭代次数 maxIter 时函数返回某一像素 (i, j)

的迭代次数。假如像素不属于曼德布洛特集合，则返回 0。图 10.8 显示了一个例子。

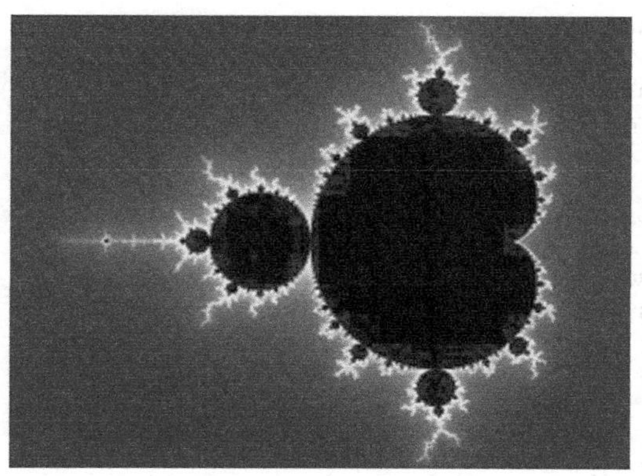

图 10.8 每轴 1 920 个采样时的曼德布洛特集合（黑色区域）

```
int mandel(int i, int j, int rows, int cols, int maxIter){
  float zReal = 0.0, zImag = 0.0, cReal, cImag, temp, lengthsq;

  cReal = -2.0+j*4.0/rows;
  cImag = 2.0-i*4.0/cols;
  int k = 0;

  do { // Iterate for pixel color
    temp = zReal*zReal-zImag*zImag+cReal;
    zImag = 2.0*zReal*zImag+cImag;
    zReal = temp;
    lengthsq = zReal*zReal+zImag*zImag;
    k++;
  } while (lengthsq<4.0 && k < maxIter);

  if(k>=maxIter)
    return 0;

  return k;
}
```

列表 10.13 获取像素曼德布洛特值的函数

我们提出的用 UP C ++ 实现这些集合的并行绘制的第一种方法很简单：仅仅使用行的纯粹块分布方式（第一个 *rows*/*numT* 行由线程 0 计算，下一个行块 *rows*/*numT* 由线程 1 计算，等等）把图像在线程间静态划分，如列表 10.14 所示。我们从开始到第 53 行开始通常的初始化和参数检查。注意，同本书通常做法一样，为简单起见我们要求行数是线程数的整数倍数。

```
1 #include <upcxx.h>
2
```

列表 10.14 使用基于行的块分布并行生成曼德布洛特集合

```
int main (int argc, char *argv[]){
  // Initialize UPC++
  upcxx::init(&argc, &argv);

  int numT = upcxx::ranks();
  int myId = upcxx::myrank();

  if(argc < 4){
    // Only the first process prints the output message
    if(!MYTHREAD){
      std::cout << "ERROR: The syntax of the program is ./mandel
                   rows cols maxIter" << std::endl;
    }
    exit(1);
  }

  int rows = atoi(argv[1]);
  int cols = atoi(argv[2]);
  int maxIter = atoi(argv[3]);

  if(rows < 0){
    // Only the first process prints the output message
    if(!myId)
      std::cout << "ERROR: 'rows' must be higher than 0"
                << std::endl;
    exit(1);
  }

  if(cols < 0){
    // Only the first process prints the output message
    if(!myId)
      std::cout << "ERROR: 'cols' must be higher than 0"
                << std::endl;
    exit(1);
  }

  if(maxIter < 0){
    // Only the first process prints the output message
    if(!myId)
      std::cout << "ERROR: 'maxIter' must be higher than 0"
                << std::endl;
    exit(1);
  }

  if(rows%numT){
    // Only the first process prints the output message
    if(!myId)
      std::cout << "ERROR: 'n' must multiple of the number of
                   processes" << std::endl;
    exit(1);
  }

  // Output array
  int blockRows = rows/numT;
```

列表 10.14 （续）

```
57    int myImage[blockRows*cols];
58    upcxx::shared_var<upcxx::global_ptr<int>> outImage;
59
60    // Only the owner allocates the array to gather the output
61    if(!myId){
62      outImage.put(upcxx::allocate(0, rows*cols*sizeof(int)));
63    }
64
65    // To guarantee that memory is allocated
66    upcxx::barrier();
67
68    // Mandel computation of the block of rows
69    for(int i=0; i<blockRows; i++)
70      for(int j=0; j<cols; j++)
71        myImage[i*cols+j] = mandel(i+myId*blockRows, j, rows,
72                                   cols, maxIter);
73
74    // Copy the partial result
75    upcxx::copy<int>(myImage, (upcxx::global_ptr<int>)
76                    &(outImage.get())[myId*blockRows*cols],
77                    blockRows*cols);
78
79    // All threads must have finished their local computation
80    upcxx::barrier();
81
82    if(!myId){
83      printMandel((int *) outImage.get(), rows, cols);
84      // Deallocate the local memory
85      upcxx::deallocate<int>(outImage.get());
86    }
87
88    // Terminate UPC++
89    upcxx::finalize();
90    return 0;
91  }
```

列表 10.14 （续）

下一步包括创建一个结构，在其中线程可以保存每个像素的结果。我们将展示如何仅在一个线程（这个例子是线程 0）的子空间里分配整个图像，并让所有线程都可以访问它，而不是再次使用共享数组。我们已经知道全局指针能够在期望的子空间上动态地分配内存。然而，假如我们在代码中直接声明 outImage，我们将创建这个全局指针的不同实例。当线程 0 在第 62 行分配内存时，只有这个线程的实例指向最近分配的空间。如第 58 行那样，这可以通过声明这个指针是共享变量（shared_var）来解决。在所有线程中仅存在这个共享变量的一个实例，一个线程对它的修改对其他线程全部可见。函数 get() 和 put() 用于读写共享变量值。为了避免出现竞争条件，我们必须把对这个共享变量访问的同步考虑进去。这通过第 66 行的 barrier() 函数解决，用于保证在其他线程向 outImage 写入内容前已经分配了内存。

在第 69 行和第 72 行之间每个线程计算相关像素的迭代次数，并初始化地将结果保存到本地数组 myImage 中。然后，每个线程使用一次块复制（copy() 函数）把部分图像复制到 outImage 相应位置。一旦所有线程已经复制了它们的部分结果（第 80 行的 barrier() 函数），线程 0 就会打印结果（第 83 行），并释放先前在其子空间中为 outImage 分配的内存（第 85 行）。

在这种方法里所有线程分析相同的行数。因为每行计算代价不同，这将会导致不均衡的工作量。查看列表 10.13 的函数，我们看到属于曼德布洛特集合的点，必须重复执行 maxIter 次。否则，只有获得收敛标准的迭代才是必需的。存在一个线程分析曼德布洛特集合的点超过其他线程的场景，因此这个线程的工作会比较慢。这将导致并行资源的使用率低，因为一些线程完成了它们的计算（并且无事可做）而其他线程仍在工作。

我们使用主 – 从方法解决这个问题，线程 0（主线程）分配给其他线程（从线程）工作。它初始地分配给每个从线程一个像素行。一旦一个从线程结束了自己的计算，主线程就分配另一行给它，直到整个集合计算完毕。列表 10.15 显示了并行计算曼德布洛特集合的一个主 – 从方法。开始部分代码类似于前面的版本（初始化和参数检查）。主要区别是我们需要创建一个分析一行像素的函数，该函数从主线程远程调用从线程函数 async()。这个函数就是 mandelRow（第 9 ～ 23 行）。这个函数使用的数组和变量必须在主函数 main() 外全局声明。一方面，outImage 和前一版本声明一样；另一方面，我们在第 7 行创建了一个共享数组 busyTh 表明哪个线程在忙碌。一旦一个线程结束了分配给自己行的计算，就表明它处于空闲中（第 22 行）。

```
1  #include <upcxx.h>
2
3  // Output array
4  upcxx::shared_var<upcxx::global_ptr<int>> outImage;
5
6  // Array to know the busy threads
7  upcxx::shared_array<bool> busyTh;
8
9  void mandelRow(int iterRow, int th, int rows, int cols,
10                int maxIter){
11   int rowRes[cols];
12
13   for(int j=0; j<cols; j++){
14     rowRes[j] = mandel(iterRow, j, rows, cols, maxIter);
15   }
16
17   // Copy the partial result
18   upcxx::copy<int>(rowRes, (upcxx::global_ptr<int>)
19                   &(outImage.get())[iterRow*cols],
20                   cols);
21
22   busyTh[th] = false;
23 }
24
25 int main (int argc, char *argv[]){
26   // Initialize UPC++
```

列表 10.15　主 – 从模式并行计算曼德布洛特集合

```
  upcxx::init(&argc, &argv);

  int numT = upcxx::ranks();
  int myId = upcxx::myrank();

  if(numT == 1){
    std::cout << "ERROR: More than 1 thread is required for this
                  master-slave approach" << std::endl;
    exit(1);
  }

  if(argc < 4){
    // Only the first process prints the output message
    if(!MYTHREAD){
      std::cout << "ERROR: The syntax of the program is
                  ./mandel rows cols maxIter" << std::endl;
    }
    exit(1);
  }

  int rows = atoi(argv[1]);
  int cols = atoi(argv[2]);
  int maxIter = atoi(argv[3]);

  if(rows < 0){
    // Only the first process prints the output message
    if(!myId)
      std::cout << "ERROR: 'rows' must be higher than 0"
                << std::endl;
    exit(1);
  }

  if(cols < 0){
    // Only the first process prints the output message
    if(!myId)
      std::cout << "ERROR: 'cols' must be higher than 0"
                << std::endl;
    exit(1);
  }

  if(maxIter < 0){
    // Only the first process prints the output message
    if(!myId)
      std::cout << "ERROR: 'maxIter' must be higher than 0"
                << std::endl;
    exit(1);
  }

  if(rows%numT){
    // Only the first process prints the output message
    if(!myId)
      std::cout << "ERROR: 'n' must multiple of the number of
                  processes" << std::endl;
    exit(1);
```

列表 10.15 （续）

```
81    }
82
83    // Initialize the lazy array
84    // All elements with affinity to Thread 0
85    busyTh.init(numT);
86    busyTh[myId] = false;
87
88    // To guarantee that busyTh is initialized
89    upcxx::barrier();
90
91    // Thread 0 is the master
92    if(!myId){
93      outImage.put(upcxx::allocate(0, rows*cols*sizeof(int)));
94      int nextTh = 1;
95
96      // While there are more rows
97      for(int i=0; i<rows; i++){
98        // Check whether any thread has finished
99        while(busyTh[nextTh]){
100         nextTh++;
101         if(nextTh == numT){
102           nextTh = 1;
103         }
104       }
105       busyTh[nextTh] = true;
106
107       upcxx::async(nextTh)(mandelRow, i, nextTh, rows, cols,
108                            maxIter);
109       upcxx::advance();
110     }
111
112     // Wait for the last row of each thread
113     upcxx::async_wait();
114
115     printMandel((int *) outImage.get(), rows, cols);
116     // Deallocate the local memory
117     upcxx::deallocate<int>(outImage.get());
118   }
119
120   // Terminate UPC++
121   upcxx::finalize();
122   return 0;
123 }
```

列表 10.15 （续）

主函数从第 83 行开始修正。首先，初始化 busyTh 表明所有线程处于空闲状态（第 85 和第 86 行），线程 0（主线程）在自己子空间为输出图像分配内存（第 93 行）。然后，主线程从第 97 行开始在循环中分配不同的行任务。这个循环开始检查哪个是第一个空闲从线程（第 99 ～ 104 行）。一旦我们选择了计算行的从线程，主线程就标识它在 busyTh 数组中处于忙碌状态（第 105 行），创建远程任务（第 107 行），并启动任务池以使任务开始（第 109 行）。最后，当所有任务都结束时，主线程写入输出（第 115 行）并释放内存（第 117 行）。

10.7 附加练习

1. 假设 A 是一个 $m\times n$ 维的矩阵，x 是一个长度为 n 的向量。用 UPC++ 计算 m 维向量 $y=A\times x$。向量 y 的值必须是 $y_i=\sum_{j=0}^{n}A_{i,j}\times x_j$。
   a. 在全局内存空间的不同部分分布矩阵 A 的行和向量 x 的元素。对 y 使用合适分布以使远程访问最少。
   b. 在全局内存空间的不同部分分布矩阵 A 的行并复制向量 x。对 y 使用合适分布以使远程访问最少。
   c. 在全局内存空间的不同部分分布矩阵 A 的列。对 x 和 y 使用合适分布以使远程访问最少。为了获得好的性能结果，你需要一个归约操作。
2. 对数组元素排序是一些应用的常用任务。列表排序的算法各有优缺点，其中被广泛使用和研究的排序算法之一是采用如下分而治之的归并排序：
   a. 以长度 p 分隔长度为 n 的无序列表，使其分割为 n/p 个子列表。
   b. 独立排序子字列表。
   c. 成对排序子字列表以使长度为 $2\times p$ 的新列表有序。迭代归并直到最终的列表有序。

   图 10.9 为 UPC++ 版本的归并排序算法示例，它映射列表片段到全局内存空间的不同部分。为了减少远程内存访问，每个片段必须被特定线程排序。

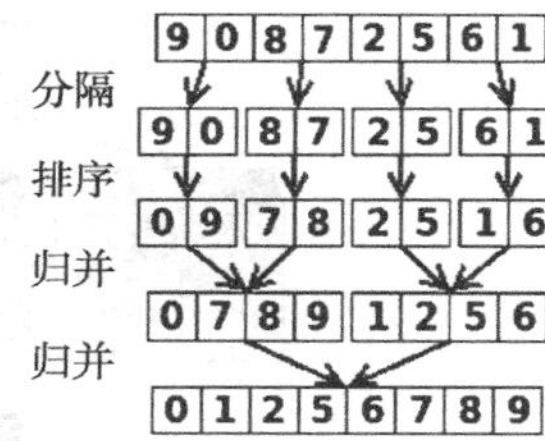

图 10.9 长度为 8 使用 2 个元素的片段的归并排序算法示例

3. 一些生物信息学算法需要读取一系列腺嘌呤，鸟嘌呤，胞嘧啶和胸腺嘧啶 4 个字段的 DNA 序列。这些字段值通常分别用 A、C、G 和 T 表示。开发一个 UPC++ 算法计算一个 DNA 序列上每个碱基的出现次数。你的代码可以基于 10.4 节的并行字符计数。你应该只在整个输入序列迭代一次（一次算法）。
4. DNA 到 RNA 转录包含 DNA 序列转换成 RNA，以创建一个从细胞核心到细胞质的蛋白质。RNA 序列具有和 DNA 序列相同的长度，除了下述转换：A 变 U、C 变 G、G 变 C、T 变 A。开发一个 UPC++ 算法，每个线程读取非常长的 DNA 序列的一段，所有线程合作把 DNA 序列转换成相应的 RNA 序列。每个线程只在自己读取的那段 DNA 序列上工作。
5. 由于它有趣的计算行为、深度优先搜索和回溯和它的处理时间以非多项式（NP）速率增长，N 皇后问题是计算机科学中的一个经典问题。因此，随着问题规模增长，运行时间以更加惊人的步速增长。基于象棋游戏存在很多该问题的描述版本。我们要求你开发一个 UPC++ 程序，寻找在 $N\times N$ 棋谱上放置 N 个皇后的所有解，满足没有皇后能够捕捉其他皇后。因为皇后是最通用的国际象棋棋子，它可以在水平、竖直和对角线方向移动，这提示我们没有两个皇后可以放置在相同的行、列或者对角线上。

   图 10.10 显示了使用简单的 4×4 棋盘示例的 N 皇后问题的计算流程。算法开始于把第 1 个皇后放置于第 1 行的第 1 列上，接着遮挡相同行、相同列和对角线上的格子。接着我们试图把第 2 个皇后放置于第 2 行的第一个开放的位置。显然放置了第 2 个皇后之后棋盘上没有更多的皇后可以放置。因此，这个路径被抛弃，我们不得不回溯到皇后可以放置在第 1 行的第 2 列上。算法继续，最

终显然只有 2 个有效的放置方案，其中 4 个皇后可以安全地放置，并存在。

随着问题规模增大，要求在相同棋盘上寻找所有可能放置 N 皇后共存方案的迭代次数激增。幸运的是，N 皇后本身提供了并行性。这是因为 N 皇后问题是一个子树间相互独立的树搜索问题，因此能够在线程间分布实现。

开发一套解决任意棋盘维度的 N 皇后的 UPC++ 程序（维度从命令行输入）。在 UPC++ 线程间分布第 1 行的元素，于是每个线程执行串行搜索实例，其中皇后被放置在第一行和指定的列。你应该标出当前状态的限制（灰色方块）。你可以使用一个二进制形式的数据结构（0 表示位置合法，1 表示位置非法）。

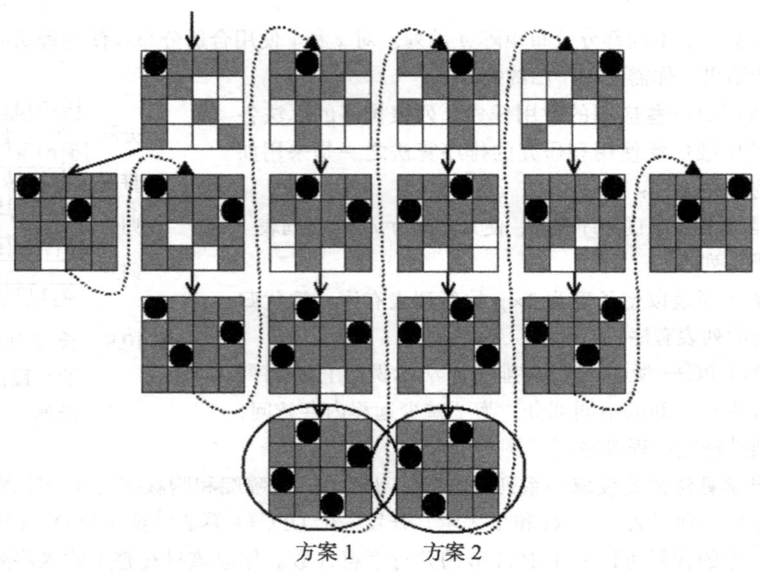

图 10.10　4×4 棋盘上 N 皇后问题的顺序解法示例。黑色圆圈代表皇后。白色和灰色方块分别代表新皇后的合法和非法位置。连续箭头表示向前移动，而点状箭头表示回溯

6. 开发一套 UPC++ 程序模拟哲学家就餐的经典问题 [3]，每个线程代表一个哲学家。图 10.11 表示这个问题的情形。一些哲学家坐在桌旁边就餐边思考，每两个哲学家中间有一个餐叉。然而，每个哲学家需要两把餐叉就餐。每个哲学家随机思考一段时间直到他或她变得饥饿，于是试图抓取两把餐叉开始就餐，一把餐叉从左边抓取，一把餐叉从右边抓取。假如这个哲学家成功了，他或她开始就餐。假如这个哲学家没有获取任何餐叉，就继续尝试。假如这个哲学家只拿到了一把餐叉，他或她就把餐叉放回原处。当所有的哲学家已经就餐一段时间后这个程序结束（这个数值可从命令行输入）。

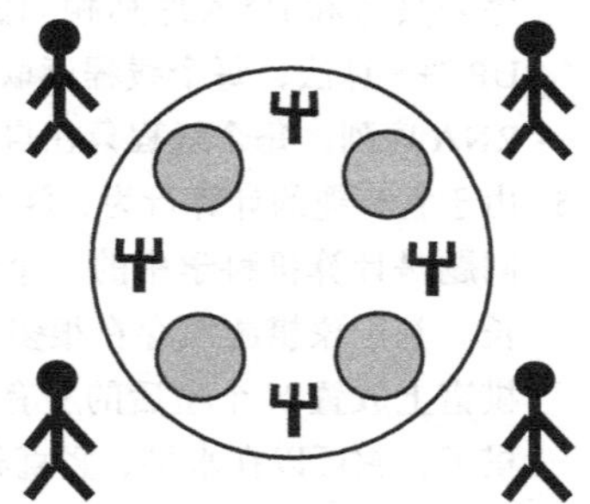

图 10.11　4 个哲学家就餐问题图解

7. 当前的下一代测序技术经常产生重复的或接近重复的读取，它们不提供任何有兴趣生物信息（依赖于应用场景），但是增加了内存需求和下游分析计算时间。

a. 实现一套 UPC++ 程序接收 DNA 序列的集合作为输入（字符 A、C、G、T 组成字符串），并提供

相同的但移除了重复序列的相同集合。

b. 扩展上面的代码以丢弃接近重复的序列。它将从命令行接收一些允许的不匹配。假如不同的DNA碱基数目（也就是字符串的字符）不大于允许的不匹配数目，2个序列被认为接近重复（因此其一必须被抛弃）。

8. 为了利用安装在集群相同或不同节点上的一些GPU加速卡，UPC++能够和CUDA一起使用。开发一套代码，集成UPC++和CUDA在多块GPU加速卡上，完成下述的矩阵乘：$C=A\cdot B+C$，这里$m\times k$，$k\times n$和$m\times n$是矩阵A，B和C的维数。注意m、n和k不必相等。

参考文献

[1] Christian Bell, et al., Optimizing bandwidth limited problems using one-sided communication and overlap, in: Procs. 20th IEEE Intl. Parallel and Distributed Processing Symp. (IPDPS'06), Rhodes Island, Greece, 2006.

[2] Cray Chapel Group, The Chapel parallel programming language, http://chapel.cray.com/ (visited on 08/20/2016).

[3] Edsger W. Dijkstra, Hierarchical ordering of sequential processes, Acta Informatica 1 (1971) 115–138.

[4] GCC Developers, CAF wiki, https://gcc.gnu.org/wiki/Coarray (visited on 08/20/2016).

[5] Jorge González-Domínguez, et al., Design and performance issues of Cholesky and LU solvers using UPCBLAS, in: Procs. 10th Intl. Symp. on Parallel and Distributed Processing with Applications (ISPA'12), Leganés, Spain, 2012.

[6] Amith R. Mamidala, et al., MPI collectives on modern multicore clusters: performance optimizations and communication characteristics, in: Procs. 8th Intl. Symp. on Cluster Computing and the Grid (CCGRID'08), Lyon, France, 2008.

[7] Rajesh Nishtala, et al., Tuning collective communication for partitioned global address space programming models, Parallel Computing 37 (9) (2011) 576–591.

[8] Project Kenai, Project Fortress, https://projectfortress.java.net/ (visited on 08/20/2016).

[9] Carlos Teijeiro, et al., Evaluation of UPC programmability using classroom studies, in: Procs. 3rd Partitioned Global Address Symposium (PGAS'09), Ashburn, VI, USA, 2009.

[10] Titanium Developers, Titanium project webpage, http://titanium.cs.berkeley.edu/ (visited on 08/20/2016).

[11] Bibo Tu, et al., Performance analysis and optimization of MPI collective operations on multi-core clusters, The Journal of Supercomputing 60 (1) (2012) 141–162.

[12] UPC++ Community, UPC++ wiki, https://bitbucket.org/upcxx/upcxx/wiki/Home (visited on 08/20/2016).

[13] UPC Consortium, UPC Language and Library Specifications, v1.3, report, Lawrence Berkeley National Laboratory, Nov. 2013, http://upc.lbl.gov/publications/upc-spec-1.3.pdf (visited on 08/20/2016).

[14] David E. Culler, et al., Introduction to UPC and Language Specification, IDA Center for Computing Sciences, 1999.

[15] X10 Developers, X10: performance and productivity at scale, http://x10-lang.org/ (visited on 08/20/2016).

[16] Yili Zheng, et al., UPC++: a PGAS extension for C++, in: Procs. 28th IEEE Intl. Parallel and Distributed Processing Symp. (IPDPS'14), Phoenix, AR, USA, 2014.

推荐阅读

并行多核体系结构基础

作者：[美] 汤孟岩（Yan Solihin）著 译者：钱德沛 杨海龙 王锐 等译

ISBN：978-7-111-61041-0 定价：99.00元

本书成功地涵盖了并行多核体系结构和相应的编程模型，并在存储层次设计这个关键上下文中论述相应主题。本书可供计算机科学与技术专业高年级本科生和研究生使用，不仅内容丰富，而且在现代多核体系结构的设计原则和实现细节间达到了很好的平衡。

—— Robert van Engelen，佛罗里达州立大学

作者首先讨论了硬件基础和多核体系结构的历史，接着讨论了如何分析代码以确定并行性（以及不同并行化技术的基本概念），然后讨论了如何编写共享存储并行程序的具体细节等。通过这种方式，主题可以更加集中在本书想要表达的内容上，即构建多核体系结构的细节。本书内容得到了精心的组织和安排，我相信学生会喜欢本书。

—— Daniel R. Reynolds，南卫理公会大学

本书非常适合想要深入理解多核体系结构，并针对这些体系结构设计高效程序的学生和实践者。

—— Purushotham Bangalore，阿拉巴马大学伯明翰分校

并行计算机组成与设计

作者：[美] 米歇尔·杜波依斯（Michel Dubois）[美] 穆拉里·安纳瓦拉姆（Murali Annavaram）[瑞典] 佩尔·斯坦斯托姆（Per Stenström）著 译者：范东睿 叶笑春 王达

ISBN：978-7-111-56223-8 定价：99.00元

书中没有晦涩抽象的技巧以及使人手足无措的大量数据，而是以完整且易于教学的方式组织成章，并且包含片上多处理器等紧跟工业发展前沿的内容，最后一章量化评估更是点睛之笔。——Mikko Lipasti，威斯康星大学麦迪逊分校

这本书不仅可以帮助你清晰理解并行系统的原理，而且对于并行系统设计者来说也是不可多得的好书。——陈云霁，中国科学院计算技术研究所

并行体系结构是计算机系统获得高性能和高效率的关键，与此同时，并行编程困难和设计瓶颈也带来了重重挑战。这一领域的知识较为艰深，且技术更新迅速，因此，教育界、学术界和企业界都在渴望一本综合性强、权威性高但又浅显易读的书，无疑，本书将是最佳选择。

推荐阅读

分布式机器学习：算法、理论与实践

书号：978-7-111-60918-6　定价：89.00元（全彩）

作者：刘铁岩 陈薇 王太峰 高飞 著　出版时间：2018年10月

全面展示分布式机器学习理论、方法与实践

微软亚洲研究院机器学习核心团队潜心力作

鄂维南院士、周志华教授倾心撰写推荐序

内容前沿全面，讨论系统深刻，全彩印刷

相比较而言，机器学习这个领域本身是比较单纯的领域，其模型和算法问题基本上都可以被看成纯粹的应用数学问题。而分布式机器学习则不然，它更像是一个系统工程，涉及数据、模型、算法、通信、硬件等许多方面，这更增加了系统了解这个领域的难度。刘铁岩博士和他的合作者的这本书，从理论、算法和实践等多个方面，对这个新的重要学科给出了系统、深刻的讨论，对整个机器学习、大数据和人工智能领域都是很大的贡献。我看了这本书受益匪浅。相信对众多关注机器学习的工作人员和学生，这也是一本难得的好书。

——鄂维南 中国科学院院士，美国数学学会、美国工业与应用数学学会士

普林斯顿大学、北京大学教授，北京大数据研究院院长

值得一提的是，市面上关于机器学习的书籍已有许多，但是分布式机器学习的专门书籍还颇少见。刘铁岩博士是机器学习与信息检索领域的国际著名专家，带领的微软亚洲研究院机器学习研究团队成果斐然。此次他们基于分布式机器学习方面的丰富经验推出《分布式机器学习：算法、理论与实践》一书，将是希望学习和了解分布式机器学习的中文读者的福音，必将有力促进相关技术在我国的推广和发展。

——周志华 欧洲科学院外籍院士，ACM / AAAS / AAAI / IEEE / IAPR 会士

南京大学教授、计算机科学与技术系主任、人工智能学院院长

推荐阅读

高性能计算：现代系统与应用实践

作者：Thomas Sterling 等 译者：黄智濒 等 ISBN：978-7-111-64579-5 定价：149.00元

戈登·贝尔亲笔作序，回顾并展望超算领域的发展之路。

戈登·贝尔奖获得者及其团队撰写，打造多路径的高效学习曲线。

入门级读物，全面涵盖重要的基础知识和实践技能。

本书为初学者构建了一条易于理解的学习路径，夯实基础的同时注重培养实战能力。书中首先介绍基础知识，包括执行模型、体系结构、性能度量、商品集群等；接着讲解吞吐量计算、共享内存计算、消息传递计算和加速GPU计算，围绕这些模型的概念、细节及编程实践展开讨论；然后引导读者构建应用程序，涵盖并行算法、库、可视化及性能优化等；最后，考虑真实系统环境，讨论了操作系统、大容量存储、文件系统及MapReduce算法等。书中通过大量示例来说明实际操作方法，这些均可在并行计算机上执行，以帮助读者更好地理解方法背后的原因。